Progress in Mathematics
Vol. 22

Edited by
J. Coates and
S. Helgason

Birkhäuser
Boston · Basel · Stuttgart

Séminaire de Théorie des Nombres, Paris 1980-81

Séminaire Delange-Pisot-Poitou

Marie-José Bertin, editor

1982

Birkhäuser
Boston • Basel • Stuttgart

Editor:

Marie-José Bertin
Institut Henri Poincaré
11, rue Pierre et Marie Curie
75005 Paris
FRANCE

CIP-Kurztitelaufnahme der Deutschen Bibliothek

Seminaire de Theorie des Nombres:
Seminaire de Theorie des Nombres. - Boston; Basel; Stuttgart:
Birkhäuser
1980/81. Paris 1980 - 81. - 1982
(Progress in mathematics; Vol. 22)
ISBN 978-1-4612-5790-5
NE: GT

LC# 76-642 403

ISBN 978-1-4612-5790-5

CONTENTS

Preface vii

Liste de Conferences 1980-81 viii

VALEURS DE FONCTIONS THETA ET HAUTEURS p-ADIQUES
Daniel Bertrand..1

FRACTIONAL PARTS OF POWERS OF 3/2
F. Beukers 13

FAMILIES OF PISOT AND SALEM NUMBERS
David W. Boyd 19

COMMENT L'HYPOTHESE DE RIEMANN NE FUT PAS PROVEE
P. Cartier 35

STRUCTURE GALOISIENNE DES ANNEAUX D'ENTIERS
Ph. Cassou-Nogues 49

OUTER AUTOMORPHISMS AND INSTABILITY, etc.
Yuval Z. Flicker 57

SUR LE THEOREME DE FUKASAWA-GEL'FOND-GRUMAN-MASSER
François Gramain 67

ALGEBRAIC HECKE CHARACTERS FOR FUNCTION FIELDS
Benedict H. Gross 87

LA CONJECTURE DE LANGLANDS LOCALE POUR GL(3)
Guy Henniart 91

REPRESENTATIONS ℓ-ADIQUES ABELIENNES
Guy Henniart 107

ISOALGEBRAIC GEOMETRY: FIRST STEPS
Manfred Knebusch 127

ON A QUESTION OF COLLIOT-THELENE
H. W. Lenstra, Jr. 143

FONCTIONS THETA p-ADIQUES ET HAUTEURS p-ADIQUES
A. Néron 149

CONSTRUCTION DE HAUTEURS ARCHIMEDIENNES ET p-ADIQUES
SUIVANT LA METHODE DE BLOCH
J. Oesterle 175

REFORMULATION DE LA CONJECTURE PRINCIPALE D'IWASAWA
J. Oesterle 193

DESCENTE INFINIE ET HAUTEUR p-ADIQUE SUR UNE COURBE
ELLIPTIQUE
Bernadette Perrin-Riou 209

INTERPOLATION DANS LES ESPACES AFFINES
Patrice Philippon 221

DEVELOPPEMENT EN ALGORITHME DE JACOBI DE CERTAINS COUPLES D'IRRATIONNELLES
Charles Pisot 237

DESCENTE ET PRINCIPE DE HASSE POUR CERTAINES VARIETES RATIONNELLES
Jean-Jacques Sansuc 253

UNE CLASSE DE COURBES ELLIPTIQUES A MUTIPLICATION COMPLEXE
Norbert Schappacher 273

SIMULTANEOUS RATIONAL ZEROS OF QUADRATIC FORMS
Wolfgang M. Schmidt 281

HEIGHT PAIRINGS IN THE IWASAWA THEORY OF ABELIAN VARIETIES
Peter Schneider 309

ON SOME DIOPHANTINE EQUATIONS AND RELATED LINEAR RECURRENCE SEQUENCES
C. L. Stewart 317

SUR CERTAINS CARACTERES DU GROUPE DES CLASSES D'IDELES D'UN CORPS DE NOMBRES
Michel Waldschmidt 323

ZEROES OF p-ADIC L-FUNCTIONS
Lawrence C. Washington 337

NULLSTELLENABSCHÄTZUNGEN AUF VARIETÄTEN
G. Wüstholz 359

PREFACE

Ce livre reproduit la plupart des conférences faites au Séminaire de Théorie des nombres de Paris (Delange-Pisot-Poitou), 1980-81.

Ces conférences exposent les recherches récentes d'éminents théoriciens des nombres du monde entier, dans des domaines variés et difficiles où abondent parfois les conjectures de longue date.

Cet ouvrage montre donc les progrès réalisés dans ces diverses voies et ouvre aux jeunes chercheurs de talent de brillantes perspectives.

Marie-José Bertin
Paris

Seminaire Delange-Pisot-Poitou
(Theorie des Nombres)
1980-81

VALEURS DE FONCTIONS THETA ET HAUTEURS p-ADIQUES

Daniel Bertrand
Université de Nice

Soit E une courbe elliptique admettant des multiplications complexes par un corps quadratique imaginaire K, et définie sur une extension finie F de K. Diverses fonctions hauteurs p-adiques sur le groupe de Mordell-Weil E(F) ont récemment été introduites (voir [1],[5], et les exposés d'A. Néron, B. Perrin-Riou et J. Oesterlé au présent séminaire) en vue d'un analogue p-adique de la conjecture de Birch et Swinnerton-Dyer. Mais on ne sait en général pas si les formes bilinéaires associées à ces hauteurs sont non dégénérées, ni même si elles sont non identiquement nulles. On se propose ici de rechercher, dans quelques cas particuliers, les vecteurs isotropes des formes quadratiques correspondantes. On établit à ce propos un énoncé général de transcendance sur les valeurs de fonctions thêta à multiplications complexes.

Plus précisément, soient $\mathcal{L}$ le réseau des périodes d'une forme différentielle de première espèce sur E, définie sur l'image de F dans un plongement complexe, et σ la fonction sigma de Weierstrass associée à $\mathcal{L}$. Dans ces conditions, le nombre

$$s_2(\mathcal{L}) = \lim_{s \to 0} \sum_{\omega \in \mathcal{L},\ \omega \neq 0} \frac{1}{\omega^2 |\omega|^s}$$

appartient à F. Ce sont les valeurs de la fonction

$$\theta(z) = \sigma(z) \exp\left(-\frac{1}{2} s_2(\mathcal{L}) z^2\right),$$

et de ses analogues p-adiques, que nous étudierons ici. On fait pour cela appel à la méthode de Baker, appliquée à une extension de E par le carré du groupe multiplicatif $\mathbb{G}_m$ (§1; voir [4] pour d'autres énoncés de transcendance liés à ce groupe algébrique). L'interprétation du résultat obtenu en terme de fonctions thêta est donnée au §2. Enfin, le §3 rassemble quelques applications à la théorie des hauteurs, et conclut par trois problèmes de transcendance. On trouvera le détail des démonstrations dans [3].

La rédaction de cet exposé a profité de discussions avec M. S. Narasimhan et J. Oesterlé, que je remercie ici.

1. Extensions à multiplications complexes et méthode de Baker.

Dans ce paragraphe, et le suivant, on suppose donné un plongement de F dans $\mathbb{C}$ et un complété F_v de F en une place ultramétrique v de F. Pour tout groupe algébrique G défini sur un corps k, on désigne par G(k) l'ensemble des points k-rationnels de G et par t_G l'espace tangent à l'origine de G. Si k est le corps des nombres complexes (resp. un corps v-adique), on note e_G (resp. ε_G) l'application exponentielle (resp. la restriction, à un sous-groupe ouvert τ_G suffisamment petit de $t_G(k)$, des différentes applications exponentielles; cf [12], Appendice I, §4.1) du groupe de Lie G(k). La différentielle à l'origine d'un morphisme ϕ de groupes algébriques est notée $d\phi$.

a) Enoncé des résultats:

On fixe désormais un point P de E(F), d'ordre infini. On désigne par β un endomorphisme non rationnel de E, et par $\mathcal{O}$ l'ordre $\mathbb{Z} + \mathbb{Z}\beta$ de K. On note enfin L le tore déployé $\mathbb{G}_m^2$.

Le groupe Ext(E,L) des classes d'extensions de E par L (dans la catégorie des groupes algébriques commutatifs) s'identifie au carré du groupe $\mathrm{Pic}^0(E)$ des classes de diviseurs de degré 0 sur E (voir [13] et [11], Chap. VI, §§1 et 16). Soit X une extension correspondant au couple $\{(P)-(0), (\beta P)-(0)\}$. La fonctorialité de Ext (ou un argument analytique - voir [4], §2 -, ou encore l'interprétation de X comme groupe des automorphismes d'un fibré de rang 2 sur E au dessus des translations de E - voir [7], §23 -) montre que les éléments de $\mathcal{O}$ se relèvent de façon unique en des endomorphismes de X laissant stable L. La représentation correspondante χ de K sur t_X induit sur t_L une représentation équivalente à la représentation régulière. Si donc i désigne le plongement de K dans F défini par l'action naturelle de K sur t_E, il existe un F-sous-espace t_χ^+ de t_χ de dimension 2, stable sous $\chi(K)$, sur lequel χ se restreint en la somme directe de deux copies de i (voir [5]). Le résultat que nous avons en vue peut alors s'énoncer de la facon suivante.

<u>Théorème 1: soit</u> $\bar{\mathbb{Q}}$ <u>la clôture algébrique de</u> F <u>dans</u> $\mathbb{C}$, <u>et</u> δ <u>un élément de</u> $t_\chi^+(\mathbb{C})$ <u>non nul. Alors</u> $e_\chi(\delta)$ <u>n'appartient pas à</u> $X(\bar{\mathbb{Q}})$.

<u>Théorème 2: soient</u> $\bar{\mathbb{Q}}$ <u>la clôture algébrique de</u> F <u>dans</u> $\bar{F}_v$, <u>et</u> δ <u>un élément de</u> $\tau_\chi \cap t_\chi^+(\bar{F}_v)$ <u>non nul. Alors,</u> $\varepsilon_\chi(\delta)$ <u>n'appartient pas à</u> $X(\bar{\mathbb{Q}})$.

Dans le même ordre d'idée, on notera que le théorème principal de [4] revient à affirmer que, pour tout F-hyperplan W de t_χ stable sous l'action de $\chi(K)$ et distinct de t_L et de t_χ^+, l'intersection de $W(\mathbb{C})$ avec $e_\chi^{-1}(X(\bar{\mathbb{Q}}))$ est réduite à 0. L'analogue v-adique de ce résultat est d'ailleurs également satisfait.

b) <u>Principe de la démonstration:</u>

Soient π la projection canonique de X sur E et D le point $e_\chi(\delta)$ (resp. $\varepsilon_\chi(\delta)$). Si $d\pi(\delta)$ est nul, le point δ appartient à $t_L(\mathbb{C})$, et les théorèmes 1 et 2 sont une conséquence du théorème de Gel'fond-Schneider-Mahler, en vertu duquel le quotient de deux logarithmes non nuls de nombres algébriques ne peut être un nombre algébrique (a fortiori un élément de K) non rationnel. Nous supposerons désormais que $d\pi(\delta) = w$ est non nul, et nous notons Q le point $\pi(D) = e_E(w)$ de $E(F)$.

La démonstration amène à distinguer deux cas, suivant que Q est d'ordre infini dans le groupe $E(F)$ (condition automatiquement satisfaite pour le théorème 2) ou non. Plaçons-nous tout d'abord dans le premier cas. Soient Γ l'orbite de D sous l'action de $\mathcal{O}$ sur X décrite plus haut, ϕ un plongement de X dans un espace projectif $\mathbb{P}_N$, défini sur F, et μ un nombre réel > 0 strictement inférieur au quotient 2/3 du rang de Γ sur $\mathbb{Z}$ par la dimension de X. Sous l'hypothèse que D appartient à $X(\bar{\mathbb{Q}})$, la méthode de Baker permet de construire, pour tout entier S suffisamment grand, un polynôme homogène en N variables R, de degré $\leq S^\mu$, dont la variété des zéros ne contient pas $\phi(X)$, et qui s'annule en tous les points de la forme $\phi((m + n\beta)D)$, où m et n parcourent l'ensemble des entiers rationnels compris entre 0 et S. D'après un résultat fondamental de Masser et Wüstholz [6], il existe donc un sous-groupe algébrique propre X' de X contenant un sous-groupe infini de Γ. Or les hypothèses faites sur X conduisent à l'énoncé suivant, qui entraîne que Q est d'ordre fini dans $E(F)$ et fournit la contradiction désirée.

Lemme 1 (voir [4], Lemme 1): tour sous-groupe algébrique propre X' de X admet un sous-groupe d'indice fini contenu dans L.

Démonstration: s'il n'en était pas ainsi, la composante neutre de X' serait une extension de la courbe elliptique E par un sous-groupe connexe L' de L distinct de L. Comme P est d'ordre infini dans $E(F)$, l'extension X n'est pas isogène à l'extension triviale, et L' est nécessairement isomorphe à $\mathbb{G}_m$. Or les éléments de $\mathrm{Ext}(E,L)$ dans lesquels se plonge une extension de E par $\mathbb{G}_m$ sont paramétrés par des couples de diviseurs linéairement dépendants sur $\mathbb{Z}$. L'irrationalité de β permet de conclure.

Supposons maintenant Q d'ordre fini. Une nouvelle application de la méthode de Baker montre que R s'annule aux points de la forme $\phi(e_X(n\gamma/\ell))$, ou $\ell = S^4$ et n parcourt l'ensemble des entiers compris entre 0 et S^2. Ceci contredit une version effective du lemme 1, récemment établie par D. Masser. Signalons que d'autres conclusions de ces démonstrations, faisant appel à la théorie de Kummer sur X (cf. [10], §4) ou à des majorations du nombre de zéros sur un disque de polynômes en des fonctions thêta (cf. [8], Lemme 5.6) sont également possibles (voir [3]).

§2. Interprétation en terme de fonctions thêta.

On identifie dorénavant $t_E(\mathbb{C})$ à $\mathbb{C}$ au moyen d'une base de t_E définie sur F. On note p: $\mathbb{C} \to E(\mathbb{C})$ la représentation de l'application e_E dans cette base, $\mathcal{L}$ le réseau des périodes de p, et u un nombre complexe tel que $p(u)$ soit le point P d'ordre infini de $E(F)$ fixé au §1. On reprend les notations σ, θ associées à $\mathcal{L}$ dans l'introduction, et on désigne par H la dérivée logarithmique de la fonction θ.

D'après la définition de $s_2(\mathcal{L})$ (voir par exemple [2], §3) la différentielle de H est l'image par p^* d'une F-forme différentielle de deuxième expèce sur E, non régulière, dont la classe de cohomologie est propre sous l'action de K. Par conséquent, la fonction $H(\beta z) - \bar{\beta}H(z)$ s'identifie à une fonction F-rationnelle sur E. En particulier (voir [4], §2), le nombre

$$\delta_u = H(\beta u) - \bar{\beta}H(u) \tag{1}$$

appartient à $\mathcal{L}$, et les pseudo-périodes $h(\omega) = H(z+\omega) - H(z)$ de H relatives aux éléments ω de $\mathcal{L}$ vérifient la relation:

$$h(\beta\omega) = \bar{\beta}h(\omega)\ . \tag{2}$$

a) L'application e_X:

Nous commençons par expliciter, dans un cadre général, l'application exponentielle complexe e_G pour une extension G de E par $\mathbb{G}_m$. Soit $\Delta = (P_1) - (P_2)$ un représentant, de support étranger à l'origine, de l'élément de $\mathrm{Pic}^0(E)$ associé à G. Il existe ainsi une section rationnelle s de la projection de G sur E, de diviseur $-\Delta$ (voir, par exemple, [10], §3). Une telle section fournit un isomorphisme birationnel de G dans $\mathbb{G}_m \times E$, ce produit étant muni de la loi de groupe birationnel définie dans $H^2_{rat}(E,\mathbb{G}_m)$ par le système de facteurs (voir [11], Chap. VII):

$$\psi(Q_1,Q_2) = \frac{\theta(z_1+z_2-u_1)\theta(z_1-u_2)\ \theta(z_2-u_2)\ \theta(u_1)}{\theta(z_1+z_2-u_2)\ \theta(z_1-u_1)\ \theta(z_2-u_1)\theta(u_2)}\ ,$$

où z_1, z_2, u_1, u_2 désignent des représentants des éléments de $\mathbb{C}/\mathcal{L}$ paramétrant les points Q_1, Q_2, P_1, P_2 de $E(F)$ (on vérifie que ψ est une fonction F-rationnelle sur $E \times E$, dont le diviseur satisfait la condition (34) de [11], Chap. VII).

La différentielle $d_0(s)$ de s en 0 permet d'identifier t_E à un supplémentaire de $t_{\mathbb{G}_m}$ dans t_G. Munissant $t_{\mathbb{G}_m}$ de sa base canonique, on déduit des propriétés élémentaires des applications exponentielles que e_G est donnée, avec les identifications précédentes, par l'application

$$(t,z) \mapsto (e^t f_\Delta(z),\ p(z)),$$

où

$$f_\Delta(z) = \frac{\theta(z-u_1)\ \theta(u_2)}{\theta(z-u_2)\ \theta(u_1)} \exp((H(u_1) - H(u_2))z)$$

(f_Δ est en effet une fonction méromorphe sur $t_E(\mathbb{C})$, dont ψ est le corbord, et la différentielle en 0 de $e^t f_\Delta(z)$ est égale à dt).

Revenons à l'extension X de E par L considérée au §1. Pour simplifier les calculs, nous choisirons ici une section de la projection π de diviseur $\{-(P) + (0), -(\beta P) + (0)\}$. La démarche précédente fournit une base B de t_X, définie sur F, telle que e_X soit représentée dans B par l'application

$$(t_1,t_2,z) \mapsto (e^{t_1} f_u(z),\ e^{t_2} f_{\beta\mu}(z),\ \wp(z)). \tag{3}$$

Dans cette formule, (t_1,t_2) désigne l'élément générique de $t_L(\mathbb{C})$; on a identifié les ouverts de X et de $L \times E$ au dessus du complémentaire dans E des points $0, P, \beta P$; et on a posé, pour $u' = u, \beta u$:

$$f_{u'}(z) = \frac{\theta(z-u')}{\theta(z)\ \theta(u')} \exp(H(u')z) .$$

Le calcul des facteurs d'automorphie de la fonction θ montre alors que le noyau $\mathcal{L}_G$ de e_G est somme direct de son intersection avec $t_L(\mathbb{C})$ (voir [12], Appendice II, §3.3) et du sous-groupe représenté dans la base B par les vecteurs de la forme

$$(h(\omega)u - H(u)\omega,\ \beta h(\omega)u - H(\beta u)\omega, \omega), \tag{4}$$

où ω parcourt le réseau $\mathcal{L}$.

b) <u>Le plan</u> t_X^+ :

Identifions $t_X(\mathbb{C})$ et $\mathbb{C}^3$ au moyen de la base B, et notons χ_B l'homomorphisme d'algèbre de K dans $\mathrm{End}(\mathbb{C}^3)$ qui associe à β la matrice

$$\chi_B(\beta) = \begin{pmatrix} b & -1 & -\delta_u \\ d & 0 & -\beta\delta_u \\ 0 & 0 & \beta \end{pmatrix}$$

où b (resp. d) désigne la trace (resp. la norme) de β sur $\mathbb{Q}$. Il est clair que $\chi_B(K)$ laisse t_L stable, et induit sur t_E le plongement i de K dans F. De plus, l'expression (4), jointe à la relation (2), entraîne la stabilité de $\mathcal{L}_G$ sous l'action de $\chi_B(\mathcal{O})$. Le lemme suivant en résulte.

<u>Lemme 2</u>: <u>les représentations</u> χ <u>et</u> χ_B <u>de</u> K <u>sur</u> t_χ <u>sont équivalentes</u>.

L'étude des vecteurs propres de $\chi_B(\beta)$ fournit dans ces conditions l'équation du sous-espace t_χ^+ dans la base B. Elle s'écrit

$$\bar{\beta}\, t_1 - t_2 - \delta_u z = 0\ . \qquad (5)$$

En vertu de (3), (5) et des propriétés de la fonction H (voir (1)), le théorème 1 équivaut ainsi à l'inégalité suivante, où w désigne un nombre complexe non congru à 0, u, βu modulo $\mathcal{L}$, tel que $p(w)$ appartient à $E(\bar{\mathbb{Q}})$: pour <u>tout</u> couple (ℓ_1, ℓ_2) de logarithmes de nombres algébriques,

$$\bar{\beta}\,(\ell_1 - \log \frac{\theta(w-u)}{\theta(w)\theta(u)}) \neq \ell_2 - \log \frac{\theta(w-\beta u)}{\theta(w)\theta(\beta u)}\ . \qquad (6)$$

En choisissant $w = -u$, et en notant que, pour tout élément non nul α de $\mathcal{O}$, de norme A, le carré de la fonction $\theta(\alpha z)\,\theta(z)^{-A}$ est une fonction F-rationnelle sur E (voir [1],[4]) on déduit de (6):

<u>Corollaire 1</u>: <u>soit</u> u <u>un nombre complexe dont l'image par</u> p <u>soit un point d'ordre infini de</u> $E(\bar{\mathbb{Q}})$. <u>Alors, le nombre</u> $\theta(u)$ <u>est transdendant</u>.

Le théorème 2 entraînerait de même, si l'on désigne par p_v, σ_v, $\exp_v$ et

$$\theta_v(z) = \sigma_v(z)\, \exp_v(-\tfrac{1}{2} s_2(\mathcal{L})\, z^2)$$

les analogues v-adiques (voir [1], p. 9) des applications p, σ, exp et θ, et par $\mathcal{D}_v$ leur domaine d'analyticité stricte:

<u>Corollaire 2</u>: <u>soit</u> u <u>un élément non nul de</u> $\mathcal{D}_v$, <u>dont l'image par</u> p_v <u>appartienne à</u> $E(\bar{\mathbb{Q}})$. <u>Alors, le nombre</u> $\theta_v(u)$ <u>est transcendant</u>.

Choisissons enfin pour w un multiple rationnel non nul d'un élément ω de $\mathcal{L}$. La relation (6) implique alors la transcendance du nombre $\exp(h(\omega)u)$. En vertu de (2), et de la relation de Legendre, on peut donc énoncer:

Corollaire 3: *soient* ω *un élément non nul de* $\mathcal{L}$ *et* u *un nombre complexe dont l'image par* p *soit un point d'ordre infini de* $E(\bar{\mathbb{Q}})$. *Alors, le nombre* $\exp(2i\pi\, u/\omega)$ *est transcendant.*

(On pourra rapprocher ce corollaire du problème énoncé dans [12], §4.2, p. 81).

§3. Application aux hauteurs.

Soient p un nombre premier, et E la courbe elliptique à multiplications complexes considérée plus haut. Les hauteurs p-adiques dont la liste a été dressée dans l'introduction admettent des décompositions en facteurs locaux. Aux places finies du corps de nombres F, les valeurs de ces facteurs sont, comme dans le cas classique, des multiples rationnels de logarithmes de nombres rationnels. Quant à l'analogue p-adique des facteurs à l'infini, on en connait parfois une expression analytique. A l'addition du logarithme d'un nombre algébrique près, il est ainsi donné, dans le cas de la hauteur canonique $\hat{h}_p$ définie par D. Bernardi dans [1], par la fonction

$$- \sum_{v|p} \mathrm{Tr}_{F_v/\mathbb{Q}_p} (\log_v(\theta_v \circ \ell_v)),$$

où v parcourt l'ensemble des places de F au-dessus de p, et ℓ_v (resp. $\log_v$) désigne le logarithme du groupe $E(F_v)$ (resp. $\mathbb{G}_m(F_v)$). Dans ces conditions, le corollaire 2 entraîne:

Corollaire 4: *on suppose que la courbe elliptique* E *admet* $\mathbb{Q}$ *pour corps de définition. Soit* P *un point de* $E(Q)$ *de hauteur* $\hat{h}_p(P)$ *nulle. Alors,* P *est un point de torsion de* E.

Démonstration: le nombre $s_2(\mathcal{L})$ appartenant au corps de rationnalité de E (voir, par exemple, [2], §3, Remarque 3), l'hypothèse faite sur E montre que les fonctions $\log_v \circ \theta_v \circ \ell_v$, pour toute place v de F divisant p, coïncident sur $E(\mathbb{Q}_p)$. En vertu de la décomposition décrite plus haut, $\hat{h}_p(P)$ est donc égal à

$$-[F : \mathbb{Q}] \log_v(\theta_v(\ell_v(P))) + \log_v \alpha$$

pour un nombre algébrique α, et ne peut être nul que si la fonction θ_v prend, aux multiples entiers de $\ell_v(P)$ où elle est définie, des valeurs algébriques. D'après le corollaire 2, il existe donc un entier non nul n tel que $nP = 0$.

Pour les courbes elliptiques E définies sur K, le corollaire 2 ne fournit en général pas de renseignement sur $\hat{h}_p$. Cependant, supposons dans ce cas p décomposé dans K, et considérons, pour un idéal $\mathfrak{P}$ de K au-dessus de p, la hauteur p-adique $h_{\mathfrak{P}}$ définie par B. Perrin-Riou dans le présent recueil. Par le même argument, on déduira du corollaire 2 que les points P de $E(K)$ de hauteur $h_{\mathfrak{P}}(P)$ nulle sont les points de torsion. Il est probable que la hauteur canonique associée par B. Gross [5] à cette situation est justifiable de résultats similaires. Mais pour obtenir des résultats généraux (et en particulier, pour étudier les vecteurs isotropes de ces hauteurs sur tout le groupe $E(\bar{\mathbb{Q}})$), il semble nécessaire d'étendre l'étude précédente à des variétés abéliennes de dimension quelconque.

Voici, pour conclure, quelque problèmes concernant le cas classique, où l'on ne suppose plus que E admet des multiplications complexes.

<u>Problème 1: soit $\hat{H}$ l'exponentielle de la hauteur de Néron-Tate sur E. Si P est un point d'ordre infini de $E(F)$, le nombre $\hat{H}(P)$ est-il transcendant?</u>

Dans le cas où F est le corps $\mathbb{Q}$, ce problème se ramène, d'après les formules de Néron et Tate sur les facteurs à l'infini de $\hat{H}$, à l'étude du nombre $\sigma(u) \exp(-\eta(\omega) u^2/(2\omega))$, où, avec les notations du §2, u est un élément de $\wp^{-1}(P)$ (que, par duplication de P, on peut supposer réel), et ω (resp. $\eta(\omega)$) désigne une période réelle non nulle de $\wp$ (resp. la pseudo-période relative à ω de la fonction $\zeta = \sigma'/\sigma$). Citons à ce propos le résultat suivant, dû à E. Reyssat ([9], Th. 1): deux au moins des trois nombres

$$\zeta(u) - \frac{\eta(\omega)}{\omega} u, \ \exp\left(2i\pi \frac{u}{\omega}\right), \ \sigma(u) \exp\left(- \frac{1}{2} \frac{\eta(\omega)}{\omega} u^2\right)$$

sont algébriquement indépendants sur $\mathbb{Q}$. La transcendance du premier de ces nombres résulte d'un énoncé de Chudnovsky (voir également [12], Cor. 3.2.12); le second est traité, dans le cas de multiplications complexes, par le corollaire 3 du §2; mais c'est du troisième qu'il s'agit ici!

Problème 2: le corollaire 3 est-il encore valable sans hypothèse de multiplications complexes? S'étend-il alors aux éléments u de $\mathcal{L}$ linéairement indépendants de ω sur $\mathbb{Q}$?

La deuxième partie de ce problème (qui, dans le cas de multiplications complexes, admet, d'après le théorème de Gel'fond-Schneider, une réponse positive) a été proposée par K. Mahler. Elle admet un analogue p-adique, énoncé par Y. Manin. Pour plus de détails sur cette question, nous renvoyons à [2], §6, où est également discuté le problème suivant, dû à N. Katz.

Problème 3: si $s_2(\mathcal{L})$ est un nombre algébrique, le réseau $\mathcal{L}$ admet-il nécessairement des multiplications complexes?

BIBLIOGRAPHIE

1 D. Bernardi, Hauteur p-adique sur les courbes elliptiques, Séminaire Delange-Pisot-Poitou, 79-80, Birkhaüser Verlag, Progress in Maths., n° 12, 1-14.

2 D. Bertrand, Fonctions modulaires, courbes de Tate et indépendance algébrique, Séminaire Delange-Pisot-Poitou, 77-78, n° 36, 11p.

3 D. Bertrand, Fonctions thêta à multiplications complexes, en préparation.

4 D. Bertrand et M. Laurent, Propriétés de transcendance de nombres liés aux fonctions thêta, C.R.A.S. Paris, 292 (1981) 747-749.

5 B. Gross, Lettre à S. Bloch, Janvier 1981.

6 D. Masser et G. Wüstholz, Zero estimates on group varieties, I, Invent. Math., 64 (1981), 489-516.

7 D. Mumford, Abelian varieties, Oxford U.P., (1979).

8 M. Laurent, Transcendance de périodes d'intégrales elliptiques, J. r. angew. Math., 316 (1980), 122-139.

9 E. Reyssat, Fonctions de Weierstrass et indépendance algébrique, C.R.A.S. Paris, 290 (1981), 439-441.

10 K. Ribet, Kummer theory on extensions of abelian varieties by tori, Duke Math. J. 46 (1979), 745-761.

11 J.P. Serre, Groupes algébriques et corps de classes, Hermann, (1959).

12 M. Waldschmidt, Nombres transcendants et groupes algébriques, Asterisque (1979), 69-70.

13 A. Weil, Variétés abéliennes, in Oeuvres scientifiques, t. I, 437-440.

Séminaire Delange-Pisot-Poitou
(Théorie des Nombres)
1980-81

FRACTIONAL PARTS OF POWERS OF 3/2

F. Beukers
Mathematisch Instituut der Rijksuniversiteit te Leiden

1. INTRODUCTION

Let $A > B > 1$ be positive rational integers and consider the sequence

$$\left(\frac{A}{B}\right)^k \pmod 1 \qquad k = 1,2,3,\ldots \ .$$

Apart from some fragmentary results, almost nothing is known about the behaviour of such sequences. The special case $A = 3$, $B = 2$ has an interesting connection with Waring's problem. Let $g(k) = \min\{s \mid a = n_1^k + \ldots + n_s^k$ for all $a \in \mathbb{N}\}$, then we have the following

FACT. If $k \geq 5$ and $3^k - 2^k[(\frac{3}{2})^k] < 2^k - [(\frac{3}{2})^k]$, then

$$g(k) = 2^k + [(\tfrac{3}{2})^k] - 2 \ .$$

In the following we denote by $<x>$ the nearest integer to x and $||x|| = |x - <x>|$. Notice that if $||(3/2)^k|| > (3/4)^k$ and $k \geq 5$, then we certainly have $g(k) = 2^k + [(3/2)^k] - 2$. We expect this to be the case for all $k \geq 5$, although it seems very hard to prove. A first result in this direction was obtained in 1957 [M],

<u>THEOREM</u> (K. Mahler). <u>For any</u> $\varepsilon > 0$ <u>there exists a constant</u> $c = c(\varepsilon,A,B) > 0$ <u>such that</u>

$$\left|\left|\left(\frac{A}{B}\right)^k\right|\right| > c.e^{-\varepsilon k} \quad \underline{\text{for all}} \quad k \in \mathbb{N} \ .$$

As a consequence in the case $A = 3$, $B = 2$ we find,

$g(k) = 2^k + [(\frac{3}{2})^k] - 2$ for all but a finite number of values of k.

Mahler's theorem is a simple consequence of Ridout's theorem [R]. Unfortunately the constant c appearing in Mahler's theorem cannot be computed explicitly, so that it is not possible to give an explicit upper bound for the exceptional values of k.

The first explicit result was obtained in 1975 [B-C].

<u>THEOREM</u> (A. Baker, J. Coates). <u>There exist explicitly calculable</u> $k_0 > 0$ <u>and</u> $0 < \eta < 1$ <u>both depending on</u> A,B, <u>such that</u>

$$||(\frac{A}{B})^k|| > e^{-k\eta} \quad \underline{\text{for all integers}} \quad k > k_0 .$$

This theorem is an application of a p-adic analogue of a result on linear forms in logarithms. For an account of the latter theory, see [B-M] Chapters 1, 2. In the particular case $A = 3$, $B = 2$ application of Th. 4, page 33 yields a value of η for which $1 - \eta$ has order of magnitude 10^{-64}.

In some cases it turns out to be possible to improve considerably on the constants η and k_0 by an entirely different method, using hypergeometric polynomials. In 1980 the author [Be] showed,

<u>THEOREM 1</u>. <u>Let</u> $N \in \mathbb{N}$, $N > 1$. <u>Then</u>

$$||(1 + \frac{1}{N})^k|| > \frac{1}{4N^{3/2}} (\frac{1}{8.4})^k \quad \underline{\text{for all}} \quad k \in \mathbb{N} .$$

<u>THEOREM 2</u>. <u>We have</u>

$$||(\frac{3}{2})^k|| > 2^{-0.9k} \quad \underline{\text{for all integers}} \quad k > 5000 .$$

Although Theorem 2 is the best explicit lower bound until now, it is still not enough to decide whether the formula $g(k) = 2^k + [(3/2)^k] - 2$ is correct for all $k \geq 5$. It is to be hoped that a further generalization of the method in [Be] will yield a more satisfactory result in this respect.

The proofs of Theorem 1 and 2 run along similar lines and therefore we shall only give an account of the proof of Theorem 2.

Proof of Theorem 2. Notice that

$$\left(\frac{3}{2}\right)^{6m} = \left(2+\frac{1}{4}\right)^{3m} = \sum_{r=0}^{3m}\binom{3m}{r}2^{3m-r}\left(\frac{1}{4}\right)^{r}$$

$$= \sum_{r=0}^{m-1}\binom{3m}{r}2^{3(m-r)} + \sum_{r=m}^{3m}\binom{3m}{r}2^{3(m-r)} \quad .$$

Let

$$H_m(z) = \sum_{r=0}^{2m}\binom{3m}{m+r}(-z)^r \quad ,$$

then we see that $(3/2)^{6m}$ and $H_m(-1/8)$ differ by an integer. Let $k = 6m - \delta$ with $0 \le \delta < 6$, then

$$\left|\left|\left(\frac{3}{2}\right)^k\right|\right| = \min_{x\in\mathbb{Z}}\left|x - \left(\frac{3}{2}\right)^k\right| = \left(\frac{2}{3}\right)^{\delta}\min_{x\in\mathbb{Z}}\left|x\left(\frac{3}{2}\right)^{\delta} - \left(\frac{3}{2}\right)^{6m}\right|$$

$$\ge \left(\frac{2}{3}\right)^{\delta}\min_{x\in\mathbb{Z}}\left|\frac{x}{2^{\delta}} - \left(\frac{3}{2}\right)^{6m}\right|$$

$$= \left(\frac{2}{3}\right)^{\delta}\min_{x\in\mathbb{Z}}\left|\frac{x}{2^{\delta}} - H_m\left(-\frac{1}{8}\right)\right| \quad .$$

We shall give a lower bound for the latter minimum from which it is easy to derive our theorem. First we state four lemmas, the first two without proof, for which we refer to [Be], Lemmas 1 and 2.

LEMMA 1. Let

$$Q_n(z) = \sum_{r=0}^{n}\binom{2n+m-r}{n+m}\binom{2m-n+r-1}{r}z^r$$

and

$$E_n(z) = \sum_{r=0}^{2m-n-1}\binom{n+r}{r}\binom{3m+n}{2n+m+r+1}(-z)^r \quad .$$

Then there exists a polynomial $P_n(z) \in \mathbb{Z}[z]$ of degree n such that

(1) $$P_n(z) - H_m(z)Q_n(z) = (-1)^{n+m}z^{2n+1}E_n(z) \quad .$$

LEMMA 2. Let $E_n(z), Q_n(z)$ be as in Lemma 1. Then

$$Q_n(z) = \frac{(3m+n)!}{(2m-n-1)!(m+n)!n!}\int_0^1 (1-t)^{n+m}t^{2m-n-1}(1-t+zt)^n dt$$

$$E_n(z) = \frac{(3m+n)!}{(2m-n-1)!(m+n)!n!}\int_0^1 t^n(1-t)^{n+m}(1-tz)^{2m-n-1}dt \quad .$$

LEMMA 3. We have $P_n(z)Q_{n+1}(z) - P_{n+1}(z)Q_n(z) \neq 0$ if $z \neq 0$.

Proof. Take identity (1) with n and $n+1$ respectively and eliminate $H_m(z)$. We obtain

$$P_n(z)Q_{n+1}(z) - P_{n+1}(z)Q_n(z) = (-1)^{n+m}z^{2n+1}(E_n(z)Q_{n+1}(z) + z^2E_{n+1}(z)Q_n(z)).$$

The left hand side is a polynomial of degree $\leq 2n+1$ which is divisible by z^{2n+1} , since the right hand side is. Therefore $E_n(z)Q_{n+1}(z) + z^2E_{n+1}(z)Q_n(z)$ should be a constant equalling $E_n(0)Q_{n+1}(0)$ which is clearly non-zero.

LEMMA 4. Let $n = m$ or $m - 1$. Then the coefficients of both $P_n(z)$ and $Q_n(z)$ are integers divisible by all primes p with $m < p \leq \frac{4}{3}m - 1$.

Proof. We prove this lemma for $Q_n(z)$. By relation (1) the lemma then follows automatically for $P_n(z)$. We have

$$Q_n(z) = \sum_{r=0}^{n} \binom{2n+m-r}{n-r}\binom{2m-n+r-1}{r}z^r \quad .$$

Let p be a prime such that $m < p \leq \frac{4}{3}m - 1$. If $r \geq \frac{1}{3}m$, then $2m - n \leq m + 1 \leq p \leq \frac{4}{3}m - 1 \leq 2m - n + r - 1$ and thus p divides $(2m-n+r-1) \ldots (2m-n)$, hence p divides $\binom{2m-n+r-1}{r}$. If $r < \frac{1}{3}m$, then $n + m + 1 < 2m + 2 \leq 2p \leq \frac{8}{3}m - 2 < 2n + m - r$ and thus p

divides $\binom{2n-m-r}{n-r}$ which proves our lemma.

In the following we take $n = m$ or $m - 1$, to be specified later on. Substitute $z = -1/8$ in (1). We obtain

$$P_n(-\tfrac{1}{8}) - H_m(-\tfrac{1}{8})Q_n(-\tfrac{1}{8}) = (-1)^{n+m}(-\tfrac{1}{8})^{2n+1}E_n(-\tfrac{1}{8}) .$$

Suppose $H_m(-\frac{1}{8}) - x2^{-\delta} = \varepsilon$, then we deduce

$$|P_n(-\tfrac{1}{8}) - \tfrac{x}{2^\delta}Q_n(-\tfrac{1}{8})| < |\varepsilon|\ |Q_n(-\tfrac{1}{8})| + (\tfrac{1}{8})^{2n+1}|E_n(-\tfrac{1}{8})| .$$

Choose $n = m$ or $m - 1$ such that the expression on the left hand side is non-zero. Lemma 3 ensures that this is possible. The left hand side is now a non-zero rational number whose denominator divides $2^{3n+\delta}$ and whose numerator, as a consequence of Lemma 4, is divisible by Π_m, where Π_m is the product of all primes between m and $\frac{4}{3}m - 1$. Hence,

$$\Pi_m 2^{-3n-\delta} < |\varepsilon|\ |Q_n(-\tfrac{1}{8})| + (\tfrac{1}{8})^{2n+1}|E_n(-\tfrac{1}{8})| .$$

By using Lemma 2 it is a matter of straightforward computation (see [Be, Lemma 5]) to show that

$$|Q_n(-\tfrac{1}{8})| < 2^{(2.69521\ldots)m} , \quad |E_n(-\tfrac{1}{8})| < 2^{(3.30474\ldots)m} .$$

From estimates in [R-S] one obtains very easily ([Be, Lemma 7]) the bound

$$\Pi_m > 2^{0.3116m} \quad \text{for all} \quad m \geq 800 .$$

These three bounds together imply

$$2^{0.3116m-3n-\delta} < |\varepsilon| 2^{(2.69521\ldots)m} + 2^{(3.30474\ldots)m-6n-3} , \quad m \geq 800$$

from which we obtain,

$$|\varepsilon| > 2^{-(5.38361\ldots)m-\delta-1} \quad \text{for all} \quad m \geq 800 .$$

And the lower bound $||(3/2)^k|| > 2^{-0.9k}$ for $k \geq 5000$ follows in a straightforward fashion.

REFERENCES

[B-C] Baker, A. and J. Coates, Fractional parts of powers of rationals. Math. Proc. Camb. Phil. Soc. 77 (1975), pp. 269-279.

[B-M] Baker, A. and D. W. Masser, Transcendence Theory: Advances and Applications (Academic Press, London), 1977.

[Be] Beukers, F., Fractional parts of powers of rationals. Math. Proc. Camb. Phil. Soc. 90 (1981), pp. 13-20.

[C] Choquet, G., C. R. Acad. Sc. Paris 290 (1980), pp. 575-580, 719-724, 863-868, 291 (1980), pp. 69-74, 239-244.

[M] Mahler, K., On the fractional parts of the powers of a rational number (II). Mathematika 4 (1957), pp. 122-124.

[R] Ridout, D., Rational approximations to algebraic numbers. Mathematika 4 (1957), pp. 125-131.

[R-S] Rosser, J.B. and L. Schoenfeld, Approximate formulas for some functions of prime numbers. Illinois J. Math 6 (1962), pp. 64-94.

F. Beukers
Mathematisch Instituut der Rijksuniversiteit te Leiden
Leiden

Seminaire Delange-Pisot-Poitou
(Theorie des Nombres)
1980-81

FAMILIES OF PISOT AND SALEM NUMBERS

David W. Boyd
University of Paris VI

As is well-known, the set S of Pisot numbers consists of all algebraic integers $\theta > 1$ all of whose other conjugates lie strictly within the unit circle, while the set T of Salem numbers consists of those algebraic integers $\theta > 1$ all of whose conjugates lie inside or on the unit circle which are not Pisot numbers. In 1944, Salem [11] showed that the set S is a closed subset of the reals and in 1945 [12], he showed that every element of S is a limit of a sequence of elements of T. His proof contains a construction which associates with every Pisot number two infinite families of Salem numbers. We recently showed that this construction produces <u>all</u> Salem numbers [2]. Since a great deal is known about the structure of the set S, this relationship between T and S suggests a method of investigating the structure of T. We will describe here some of the work that has been done in this direction and see why it has not yet led to a proof of the conjecture that S is the set of limit points of T.

An analogous construction to that of Salem appears in the work of Dufresnoy and Pisot [6], which characterizes the set S' of limit points of S. In their construction, each element of S' gives rise to a number of families of elements of S. It is not known whether each element of S must appear in one of these families, in contrast to the result for T.

By relaxing some of the hypotheses in both of these constructions, one can generate certain finite families of Salem numbers of Pisot numbers. We will describe how the methods of [2] can be used to investigate such families. As an illustration, we show that there is a rather close relation between three families of Salem numbers which contain most of the "small" Salem numbers listed in [2]. The results described in sections 6 and 7 have not been previously published and are intended to be illustrative rather than definitive.

1. Some preliminary results.

We are concerned here with polynomials

$$P(z) = z^k + c_1 z^{k-1} + \dots + c_k = 1\ c_1\ c_2\ \dots\ c_k\ , \tag{1}$$

where the c_i are integers. The reciprocal of P is $P^*(z) = z^k P(z^{-1}) = c_k\ c_{k-1}\ \dots\ c_1\ 1$. If $P = P^*$ $(P = -P^*)$ then P is said to be reciprocal (anti-reciprocal). Otherwise, P is non-reciprocal.

The type of P, $t(P) = (\lambda,\mu,\nu)$ tells us the number of roots of P in $|z| > 1$, $|z| = 1$ and $|z| < 1$ respectively. This functional is of considerable interest to numerical analysts [10] as well as to number theorists.

Some familiar results concerning $t(P)$ will now be listed, where P is as in (1):

(i) If $t(P) = (0,\mu,\nu)$, then $P(z) = z^\nu K(z)$, where K is cyclotomic (Kronecker).

(ii) If $t(P) = (1,0,\nu)$, then $P(z) = z^m P_0(z)$, where $m \le \nu$, $P_0(0) \ne 0$ and P_0 is irreducible. The root of P_0 in $|z| > 1$ is real and is $\pm\theta$ where $\theta > 1$ is a Pisot number.

(iii) If $t(P) = (1,\mu,\nu)$ with $\mu > 0$ and if P is irreducible, then P is reciprocal, $t(P) = (1,\mu,1)$ and $P(z)$ or $P(-z)$ is the minimal polynomial of a Salem number.

(iv) If $t(P) = (1,\mu,1)$ and $P = \pm P^*$, then $P = P_0 K$, where $P_0(z)$ or $P_0(-z)$ is the minimal polynomial of a Salem number, or else $z^2 \pm qz + 1$ for $q \ge 3$ and K is cyclotomic.

We write S and T for the sets of minimal polynomials of S and T respectively and K for the set of cyclotomic polynomials. It is also convenient to define S^- to be the set S except for the reciprocal quadratics $z^2 - qz + 1$, $(q \ge 3)$ and T^+ to be the set T together with these reciprocal quadratics.

2. Salem's construction.

Let P be in S^- and

$$Q(z) = Q_m^{\varepsilon}(z) = z^m P(z) + \varepsilon P^*(z), \tag{2}$$

where $m > 0$ is an integer and $\varepsilon = \pm 1$.
Since $|P(z)| = |P^*(z)|$ for $|z| = 1$, it follows by a careful application of Rouché's theorem that if $t(Q) = (\lambda,\mu,\nu)$ then $\lambda \leq 1$. But clearly $Q^* = \varepsilon Q$ so $t(Q) = (\lambda,\mu,\lambda)$ and hence $t(Q)$ is either $(0,m+k,0)$ or $(1,m+k-2,1)$. Thus, by (i) and (iv) above, $Q = TK$, where $T \in T^+$ or $T = 1$, and $K \in K$, or $K = 1$. For m sufficiently large, $Q(z)$ will have a zero near $z = \theta$ and hence have type $(1,m+k-2,1)$.

For example, take $P(z) = z^3 - z - 1$, the minimal polynomial of $\theta_0 = \min S = 1.3247...$ Then $Q(z) = z^m P(z) - P^*(z)$ has $Q(1) = 0$ and hence has a root $\sigma > 1$ if and only if $Q'(1) = -m + 7 < 0$. Thus each $m \geq 8$ defines a Salem number. For example, $m = 8$ gives

$$Q_8^-(z) = (z - 1)(1\ 1\ 0\ \text{-}1\ \text{-}1\ \text{-}1\ \text{-}1\ \text{-}1\ 0\ 1\ 1) ,$$

where the second factor defines the Salem number $\sigma_1 = 1.17628...$ which is the smallest known element of T. This polynomial was first discovered by Lehmer [9]. Extensive numerical investigations [4] suggest that $\sigma_1 = \min T$, but it is not even known whether or not $1 < \inf T$.

If $m \leq 7$, $Q_m^-(z)$ must be cyclotomic. For example, if $m = 7$, then

$$Q_7^-(z) = (z^2 - 1)(z^3 - 1)(z^5 - 1) .$$

Notice, for example, that the factor $z^5 - 1$ will divide Q_{7+5k}^- for any k so the factor $K(z)$ need not be trivial. In fact, as we see next, any cyclotomic K with simple roots and $K(1) = 0$ can appear with any $T \in T^+$ in the factorization $Q_m^- = TK$.

3. A closer look at Salem's construction.

In order to more fully appreciate Salem's construction, let us temporarily drop the restriction that $P \in S^-$ and simply assume that $P \neq \pm P^*$. It is fruitful to examine the algebraic curve defined by

$Q(z;t) = 0$, where t is a real parameter and

$$Q(z;t) = z^m P(z) + \varepsilon t P^*(z) . \tag{3}$$

This defines an algebraic function $z = Z(t)$ with $m + k$ branches $z_1(t),\ldots,z_{m+k}(t)$. When $t = 0$, the $z_i(0)$ are the roots of $z^m P(z) = 0$, while $z_i(1)$ are the roots of $Q(z) = Q_m^\varepsilon(z) = 0$.

The condition $|P(z)| = |P^*(z)|$ on $|z| = 1$ means that, if $|t| \neq 1$, then $|z_i(t)| \neq 1$ and thus the curves $z_i(t)$, $0 \leq t < \infty$ can only cross $|z| = 1$ when $t = 1$. Furthermore, the symmetry of (3) shows that $Z(t^{-1}) = 1/Z(t)$. Thus, if α, with $|\alpha| = 1$, is a root of Q of order p, the p curves $z_i(t)$ with $z_i(1) = \alpha$ must meet $|z| = 1$ in a very symmetric way. For example, if $p = 1$, then $z_i(t)$ is orthogonal to $|z| = 1$ at $t = 1$. The possible configurations for $p = 1$, 2 and 3 are as illustrated in Figures 1 through 3 where the arrows are in the direction of increasing t, the solid line indicates $t < 1$ while the dotted line indicates $t > 1$.

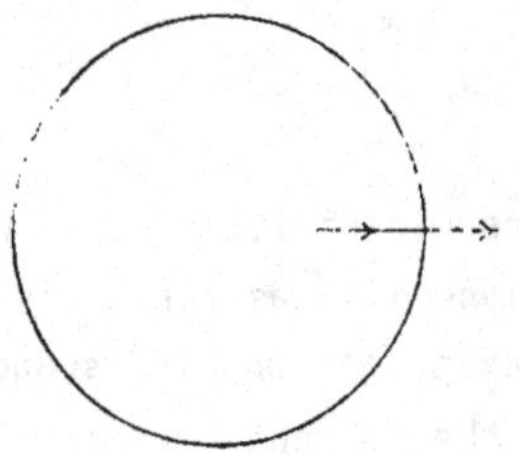

Figure 1 (a). $p = 1$

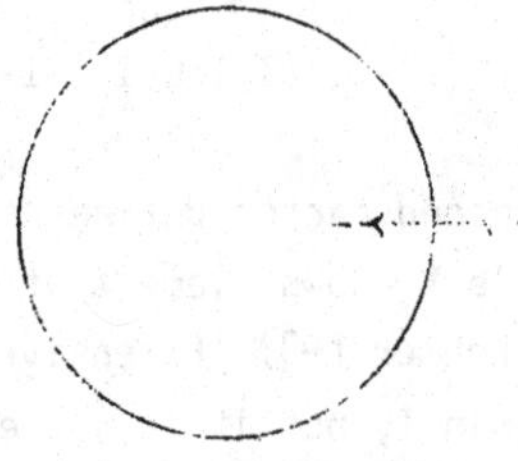

Figure 1 (b). $p = 1$

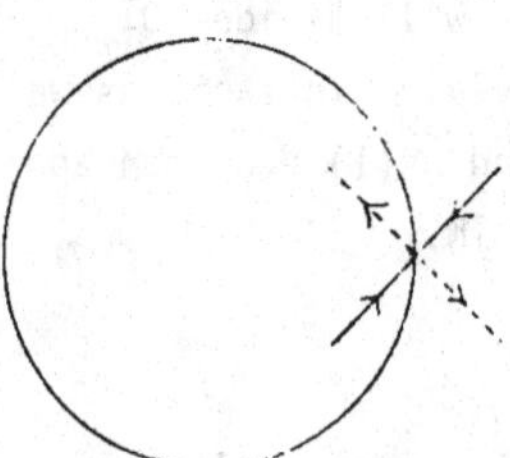

Figure 2 (a). $p = 2$

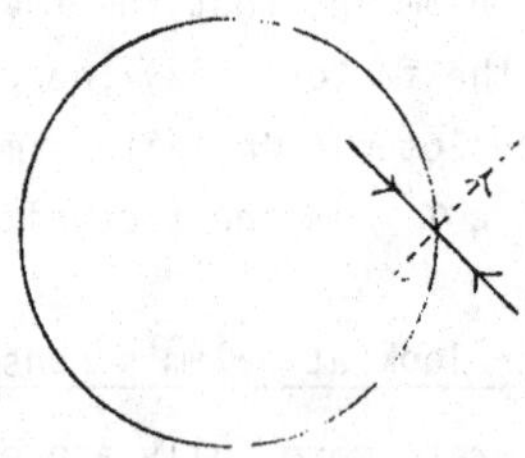

Figure 2 (b). $p = 2$

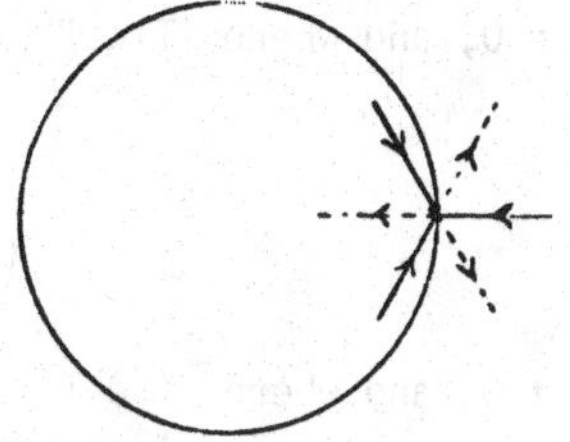

Figure 3 (a). p = 3

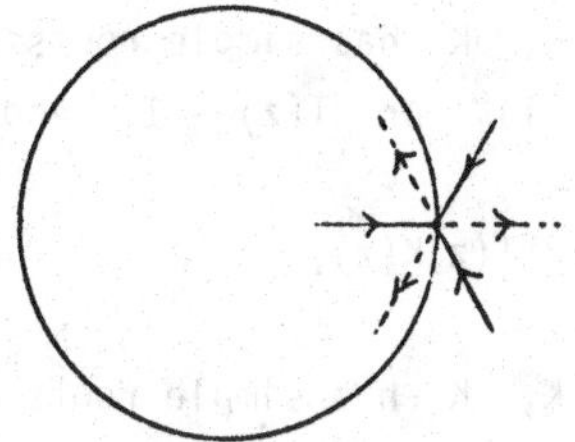

Figure 3 (b). p = 3

Analytically, near $t = 1$, the p curves in question can be parametrized as

$$z(t) = \alpha + c(1 - t)^{1/p} + \ldots \tag{4}$$

where $(1 - t)^{1/p}$ is p-valued. The symmetry in the above figures is reflected in the condition that $(c/\alpha)^p$ be real if p is odd and purely imaginary if p is even. To determine c, write

$$Q(z) = Q(z;1) = (z - \alpha)^p d + \ldots , \tag{5}$$

where $d = Q^{(p)}(\alpha)/p!$. Now observe that $Q(z;t) = (1 - t)z^m P(z) + tQ(z;1)$ and substitute (4) and (5) into (3) to obtain

$$0 = (1 - t)z(t)^m P(z(t)) + t(c^p(1 - t)d + \ldots). \tag{6}$$

Divide (6) by $1 - t$ and let $t \to 1$ to obtain the formula

$$\alpha^m P(\alpha) + c^p d = 0. \tag{7}$$

(It is an interesting exercise to verify analytically that $(c/\alpha)^p$, as defined by (7), is indeed real if p is odd and imaginary if p is even).

Based on the above considerations, we can now prove

Theorem 1. Let $P \in S^-$ and $m > 0$ be an integer then

$$Q_m^-(z) = T(z)K(z), \tag{8-}$$

where $K \in \mathcal{K}$, K has simple roots and $K(1) = 0$, and where $T \in \mathcal{T}^+$, or $T(z) = (z - 1)^2$ or $T(z) = 1$. And

$$Q_m^+(z) = T(z)K(z), \tag{8+}$$

where $K \in \mathcal{K}$, K has simple roots and $K(1) \neq 0$, and where $T \in \mathcal{T}^+$. In addition, if $m + k$ is even, the middle coefficient of Q_m^+ is even.

Theorem 2. Conversely, given any polynomial Q of the form described in (8-) or (8+) above, there is a $P \in \mathcal{S}^-$ and an integer $m > 0$ so that $Q(z) = z^m P(z) \pm P^+(z)$.

Proof of Theorem 1. Since the curves $z_i(t)$ $(t \geq 0)$ can cross $|z| = 1$ only for $t = 1$ and since only one of $z_i(0)$ lies in $|z| > 1$, (i.e. $z_i(0) = \theta > 1$), Q_m^ε has at most one root in $|z| > 1$ and hence is of type $(1, m + k - 2, 1)$ or $(0, m+k, 0)$. The only possible multiple root is at $z = 1$ since a root of order p must be the endpoint of at least $[p/2]$ curves starting in $|z| > 1$. Since there is only one such curve, $p = 2$ or 3, but $p = 2$ is ruled out since the curve with $z_i(0) = \theta$ can obviously never leave the real axis (see Figures 2 and 3). Since $Q_m^+(1) = 2P(1) < 0$, $z = 1$ is not a root of $Q_m^+(z)$. The result thus follows by remarks (i) and (iv) of the previous section.

Proof of Theorem 2. (This is a slight extension of the main result of [2] so we omit details.) The idea is to regard m and P as unknown and Q as known in (2). Since we can replace $z^{m-1}P$ by P we need only examine the case $m = 1$. Thus, $\deg Q = n$, say, and $\deg P = n-1$, so $P = 1\, c_1 \ldots c_{n-1}$. The equation (2) imposes $[n/2]$ linear constraints on the c_i leaving $r = n - 1 - [n/2]$ or $n - 2 - [n/2]$ of the c_i as free parameters. Now, at a simple root α of Q on $|z| = 1$, if a curve $z_i(t)$ is to satisfy $|z_i(t)| < 1$ for $t < 1$, one must have $c < 0$ in (4) and thus

$$\varepsilon\alpha^{n-2} Q'(\alpha) P(\alpha) < 0. \tag{9}$$

If $z = 1$ is to be a triple root with a configuration as in Figure 3(a) then we must have $c^3 > 0$ and thus, from (7),

$$P(1) < 0, \tag{10}$$

(since if $Q(z) = (z-1)^3K(z)$ with K cyclotomic and $K(1) \neq 1$, one has $K(1) > 0$). The inequalities (9) and (10) are <u>linear</u> inequalities in the coefficients of P, and it can be verified that, in all cases, the number of independent inequalities is equal to r, the number of free parameters. The inequalities determine a cone in $\mathbb{R}^r$ and thus there are integer solutions, in fact infinitely many such and with arbitrarily large norms. Using remark (ii) of section 1, we have $P(z) = z^{m-1}P_0(z)$ for some $m \geq 1$ and $P_0 \in S^-$, thus proving the theorem.

4. <u>The Dufresnoy-Pisot Algorithm.</u>

Suppose now that one is interested in determining all Salem numbers in a certain interval of the real line. In [2], we were interested in [1,1.3]. From Theorem 2, each $\sigma \in T$ will be represented in infinitely many ways as a root of Q_m^ε for $m \geq 1$, $P \in S^-$. Let us denote by θ_m^ε the root of $Q_m^\varepsilon(z)$ in $|z| > 1$, if it has one, and otherwise $\theta_m^\varepsilon = 1$.

An algorithm developed by Dufresnoy and Pisot [7] enables one to generate S^- in a systematic way. One associates with $P \in S^-$ the rational function

$$f(z) = \left((\operatorname{sgn} P(0))P(z)/P^*(z)\right) = u_0 + u_1 z + \dots \tag{11}$$

As was pointed out by Salem [11], $|f(z)| = 1$ on $|z| = 1$ and the u_i are all integers. An algorithm of Schur enables one to characterize the coefficient sequences of <u>holomorphic</u> f with the property that $|f(z)| < 1$ in $|z| < 1$. Dufresnoy and Pisot adapted this to f of the form (11) and showed that there are certain inequalities which must hold for all n:

$$w_n(u_0,\dots,u_{n-1}) \leq u_n \leq w_n^*(u_0,\dots,u_{n-1}) \,. \tag{12}$$

The sequences of integers satisfying (12) form an infinite tree.

Now, suppose we specialize to those $P \in S^-$ for which $\theta_m^\varepsilon \in [a,b]$, where $[a,b]$ is disjoint from $\{1\} \cup S$. Then, as shown in [3], there are certain supplementary inequalities

$$s_{n,m}(a;u_0,\ldots,u_{n-1}) \le u_n \le s^*_{n,m}(b;u_0,\ldots,u_{n-1}) \tag{13}$$

which define a smaller tree. In fact,

(i) if m is fixed, $m \geq 2$, then the tree defined by (12) and (13) is finite.

(ii) if $m = 1$ and $u_0 = |P(0)|$ is fixed, then the tree defined by (12) and (13) is finite.

Thus, one can effectively determine all elements of $T \cap [a,b]$ of the form θ_m^ε, $m \geq 2$. Incidentally, Theorem 2 makes it clear why it is impossible to determine all θ_1^ε without further restrictions since it shows that, even to solve $T(z)(z-1) = zP(z) - P^*(z)$, one has solutions with $|P(0)|$ arbitrarily large. Furthermore, the factor $(z-1)$ here could be replaced by any $K \in K$ with simple roots. To a certain extent, however, the above result shows that the non-effectiveness can be described by the single parameter $|P(0)|$. That is, the fact that there are infinitely many $\theta \in S$ in any interval $[1,M]$ with $M > (1+\sqrt{5})/2$ is not the source of the difficulty.

For $m \geq 4$, one can survey that $\theta_m^\varepsilon \in [1,1.3]$ by hand (see [2]) but for $m = 2$ or 3 it is necessary to resort to the use of a computer. For example, using the algorithm described in [3] all θ_2^ε in $[1.125,1.3]$ were found. The tree in this case has more than 57000 nodes but only 576 correspond to $P \in S^-$. These 576 give rise to 41 different Salem numbers. The number σ_1 appeared 18 times accompanied by various different cyclotomic factors. For example, if $P \in S$ is given by

P = 1 0-2-3-2 0 1-1-2-1 1 1-1-3-2 0 1 0-1-1 0 0-1-2-2-1 ,

then $z^2P(z) - P^*(z) = T_1(z)K(z)$, where T_1 is the minimal polynomial for σ_1 and $K(z) = (z-1)(z^6+1)(z^{10}+z^5+1)$.

Unfortunately, there are 43 known Salem numbers in $[1.125,1.3]$ so there are at least two Salem numbers in this interval which are <u>not</u> of the form θ_m^ε for $m \geq 2$. Most of these 43 were discovered by using Salem's construction with $P \notin S$ as we describe next. (N.B. 39 are listed in [2] and an additional 4 in [3, p. 1245].)

5. Small Salem numbers.

If $\theta \in S$ with minimal polynomial $P \in S^-$, then $Q_m^\varepsilon(z) = 0$ defines an infinite family of Salem numbers θ_m^ε such that $\theta_m^\varepsilon \to \theta$ as $m \to \infty$. Since $\theta \geq \theta_0 = 1.3247...$ one cannot expect all of θ_m^ε to be "small." In fact, to have $\theta_m^\varepsilon \leq 1.3$ for $m \geq 2$ requires $\theta \leq 3.069$ so that "usually" only $\theta_1^\varepsilon < 1.3$, and even then $\theta_1^- = 1$ often occurs.

If one takes $P \notin S$, then Q_m^ε will have the same number of roots in $|z| > 1$ as does P for m sufficiently large. Thus, one can only expect a finite set of Salem numbers as roots of Q_m^ε. However, suppose that P has type $(3,0,k-3)$ with a configuration of roots as in Figure 4, for example:

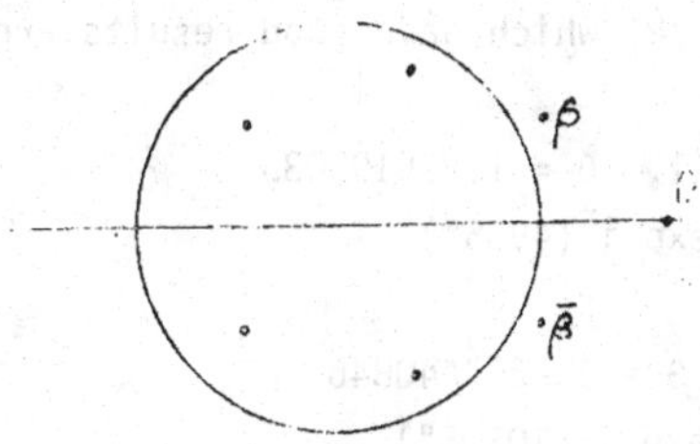

Figure 4

If $|\beta| - 1$ is small, then it is quite conceivable that the branch of $Q(z;t)$ with $z(0) = \beta$ has $|z(1)| = 1$ and that with $z(0) = \theta$ has $z(1) > 1$, as in Figure 5, e.g.

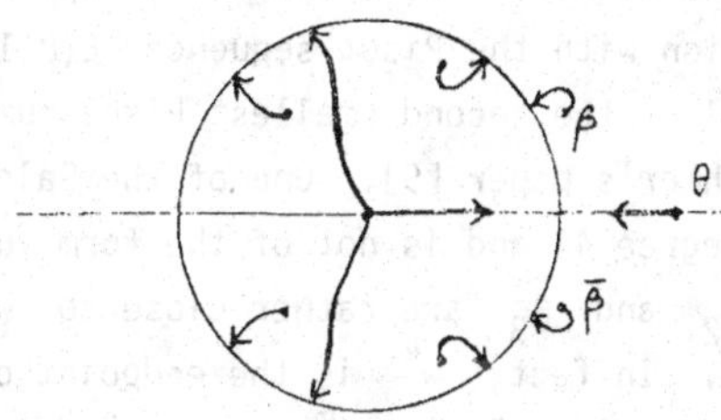

Figure 5

Then $Q(z;1) = 0$ defines a Salem number θ_m^ε which is close to θ for reasonably large m $(\theta_m^\varepsilon = \theta + O(\theta^{-m}))$. Since $\theta \notin S$, one can have

$\theta < \min S$ and thus one may generate a large finite set of Salem numbers all smaller than θ_o.

The ideas in the proof of Theorems 1 and 2 can even be used to produce a simple computational techniques for recognizing the "successful" m for a given P. One simply numerically approximates the branch $z(t)$ starting at $z(0) = \beta$ and ending at $z(1) = \alpha$. If $|\alpha| > 1$, one is unsuccessful while if $|\alpha| = 1$, one is successful. To make sure that one has not left the appropriate branch, one need only check that (9) does not hold since then α must be the endpoint of a branch beginning in $|z| > 1$. One can easily check 100 values of m per second on a modern computer. Using (9) again, one can give an a priori bound on m for which Q_m^ε can have less roots in $|z| > 1$ than P does. The bound is roughly $1/(|\beta| - 1)$.

Three choices of P which gave good results are the following:

P_1 = 1-1 0 0 0 0-1, $\theta = 1.2851990332$
$\beta_1 = 1.033 \exp i\ (49.5°)$

P_2 = 1 0 0-1-1, $\theta = 1.2207440846$
$\beta_2 = 1.063 \exp i\ (103.5°)$

P_3 = 1 0-1 0 0-1, $\theta = 1.2365057034$

$\beta_3 = 1.050 \exp i\ (155.9°)$

The families of Salem numbers generated by P_1, P_2 and P_3 contain 30, 13 and 18 Salem numbers, respectively. These polynomials were determined in an ad hoc manner. For example P_1 appears in a paper of Cantor [5] in connection with the Pisot sequence $E(8,10)$, $P_2^*(-z)$ is the minimal polynomial of the second smallest Pisot number. Both P_2 and P_3 appear in Lehmer's paper [9]. One of the Salem numbers produced by P_1 is of degree 44 and is not of the form θ_2^ε for $\theta \in S$.

Note that β_1, β_2 and β_3 are rather close to w, w^2 and w^3, where $w = \exp(2\pi i/7)$. In fact, w^k is the endpoint of the branch beginning at $z(0) = \beta_k$ for $Q_m^-(z) = z^m P_k(z) - P_k^*(z)$, for $k = 1,2,3$ and $m + \deg P_k = 21$, 28 and 35. Thus there would appear to be some relationship between the three polynomials. We shall give an explanation of this in section 7.

6. Finite families of Pisot numbers.

In [6], Dufresnoy and Pisot characterized the set S' of limit points of S. If $P \in S$ is the minimal polynomial of θ then $\theta \in S'$ if and only if there is a polynomial $A(z)$ with integer coefficients such that $|A(z)| \leq |P(z)|$ for $|z| = 1$ but $A \neq \pm P$ or $\pm P^*$. In this case, the polynomials

$$Q_m(z) = z^m P(z) + A(z) \tag{14}$$

have exactly one root θ_m in $|z| > 1$ for sufficiently large m; clearly $\theta_m \in S$, $\theta_m \neq \theta$ and $\theta_m \to \theta$.

Using their characterization, they showed that $\tau = (\sqrt{5} + 1)/2) = \min S'$ and that all elements of S smaller than τ are roots of polynomials of the form (14). Later, Amara [1] determined all elements of $S' \cap [1,2]$ and Lazami-Talmoudi [8], [13] has recently shown that all but a finite number of elements of $S \cap [1,2 - \delta]$ are roots of polynomials of the form (14) for any $\delta > 0$.

It would be interesting to know if <u>all</u> elements of S satisfy such polynomials since this would provide an analogue of Theorem 2. However, one might have difficulty explaining polynomials such as

$$P = 1\text{-}2\ 2\text{-}3\ 2\text{-}2\ 1\ 0\ 0\ 1\text{-}1\ 2\text{-}2\ 2\text{-}2\ 1\text{-}1$$

which is an element of S with $\theta = 1.62165...$

Clearly, if we take any P of type $(\lambda, 0, k - \lambda)$ and if $|A(z)| \leq |P(z)|$ on $|z| = 1$, with $A \neq \pm P$ or $\pm P^*$, then $Q_m(z)$, as defined by (14) has at most λ roots in $|z| > 1$. As in section 5, it is still conceivable that Q_m has $\nu < \lambda$ roots in $|z| > 1$, but then it must have at least $\lambda - \nu$ roots on $|z| = 1$ and these can only occur at points where $|P(z)| = |A(z)|$.

One example of this type was discussed in [3] but the following is a more systematic construction. Suppose that $A(z)$ has degree k-2, integer coefficients and that $A = A^*$. Define

$$P(z) = z^k - 1 - zA(z)\ . \tag{15}$$

Then, on $|z| = 1$, since $(z^k - 1)^* = -(z^k - 1)$, we have

$$|P(z)|^2 = |z^k - 1|^2 + |A(z)|^2\ . \tag{16}$$

By varying A, one has still freedom to determine the type of P within certain constraints. Let $C(z) = zA(z)$ and

$$P(z;t) = z^k - 1 - tC(z) . \tag{17}$$

The curve $P(z;t)$ has k branches $z_i(t)$ which have $z_i(0) = w^i$, $i = 0,1,\ldots,k-1$, where $w = \exp(2\pi i/k)$. Since

$$|P(z,t)|^2 = |z^k - 1|^2 + t^2|C(z)|^2, \quad \text{on} \quad |z| = 1, \tag{18}$$

we see that $|z_i(t)| = 1$ is only possible if $z_i(t)^k = 1$ and $C(z_i(t)) = 0$. Thus the only zeros of $P(z;t)$ on $|z| = 1$ are those w^i for which $C(w^i) = 0$. Otherwise, the curve $z_i(t)$ cannot meet $|z| = 1$ except for $t = 0$ and hence one has either $|z_i(t)| > 1$ for all $t > 0$ or else $|z_i(t)| < 1$ for all $t > 0$. Writing $\dot{z} = dz/dt$, we thus see from (17) that

$$kz_i^{k-1}(0)\dot{z}_i(0) = C(z_i(0)),$$

so that

$$\dot{z}_i(0)/z_i(0) = C(w^i)/k , \tag{19}$$

which is real since $A^* = A$.

Thus, the type of P is given by the number of 1's, 0's and -1's in $\{\operatorname{sgn} C(w^i)\}$. Since an inequality such as $C(w^i) > 0$ is simply a homogeneous linear inequality in the coefficients of C, one obtains a system of linear inequalities which specify the signs in (19). It can be checked that the $[k/2]$ inequalities specifying the signs of $C(w^i)$, $i = 1,2,\ldots,[k/2]$ are independent. Clearly they cannot be independent for $i = 0,1,\ldots,[k/2]$ since the product of the $z_i(t)$ is ± 1, by (17).

7. An example.

Let

$$P(z) = z^7 - 1 - C(z) = 1 - a - b - c - c - b - a - 1,$$

and $w = \exp(2\pi i/7)$. Then

$$C(w) = C(w^6) = L(a,b,c)$$
$$C(w^2) = C(w^5) = L(c,b,a) \tag{20}$$
$$C(w^3) = C(w^4) = L(b,c,a) ,$$

where $L(a,b,c) = a\alpha + b\beta + c\gamma$, and

$$\alpha = 2\cos(2\pi/7) = 1.2470$$
$$\beta = 2\cos(4\pi/7) = -.4450$$
$$\gamma = 2\cos(6\pi/7) = -1.8019$$

Thus, for example $L(1,1,1) = -1 < 0$ so $C(w^i) < 0$ for $i = 1,\dots,6$, while $C(1) > 0$. Hence $t(P) = (1,0,6)$ so $P = 1\text{-}1\text{-}1\text{-}1\text{-}1\text{-}1\text{-}1\text{-}1 \in S$, as is well-known. However $L(2,1,1) > 0$, $L(1,2,1) < 0$, $L(1,1,2) < 0$ so that if a,b,c are $1,1,2$ in any order, then $t(P) = (3,0,4)$. In this case P has a real root $\theta > 1$ and a pair of roots $\beta,\bar{\beta}$ near the w^i with $C(w^i) > 0$.

Let us fix our attention on these three polynomials and let Q_m be constructed as in (14). We ask whether $Q_m(z)$ can have only a single root in $|z| > 1$. Examining the solutions of $Q(z;t) = 0$ with

$$Q(z;t) = z^m P(z) + tA(z), \tag{21}$$

we see that this can only occur if the branch starting at β ends at $z = w^i$. Then $z^7 - 1 | Q_m$ and $t(Q_m) = (1,7,m-1)$. The condition that $Q_m(w^i) = 0$ is $m \equiv -1 \pmod 7$, while the condition that the branch of $Q(z;t) = 0$ which ends at $z(1) = w^i$ starts in $|z| > 1$ leads to $m + 1 < 7/C(w^i) = 7/L(2,1,1) = 28.34$. Thus, $m = 6,13,20$ and 27 give rise to Pisot numbers in each of the three cases.

It so happens that the polynomials $Q_m(z)/(z^7 - 1)$, $m = 13$, 20 and 27 appear on the list of $P \in S$ which have $\theta_2^- \in [1.125,1.3]$. For example, if $P = 1\text{-}2\text{-}1\text{-}1\text{-}1\text{-}1\text{-}2\text{-}1$ and $A = 2\ 1\ 1\ 1\ 1\ 2$, then an easy calculation shows that

$$(z^7 - 1)(z^2 Q_m - Q_m^*) = z^{m+2}(P + A) + (P + A)^*$$
$$= (z - 1)(z^{m+2} P_1 - P_1^*) ,$$

where $P_1 = 1\text{-}1\ 0\ 0\ 0\ 0\text{-}1$ is one of the polynomials of type $(3,0,3)$ mentioned in section 5. Thus, the four Salem numbers produced as θ_2^- from $Q_m(z)/(z^7 - 1)$ $(m = 6,13,20,27)$ form, in reality, only a small subset of the family of 30 Salem numbers produced from $z^m P_1 \pm P_1^*$.

In exactly the same way, the polynomials P_2 = 1 0 0-1-1 and P_3 = 1 0-1 0 0-1 of section 5 arise from the related polynomials 1-1-1-2-2-1-1-1 and 1-1-2-1-1-2-1-1 of type (3,0,4) constructed above. For example,

$$\begin{aligned}(1\text{-}1\text{-}2\text{-}1\text{-}1\text{-}2\text{-}1\text{-}1) + (1\ 2\ 1\ 1\ 2\ 1) &= 1\text{-}1\text{-}1\ 1\ 0\text{-}1\ 1\ 0 \\ &= z(z-1)P_3(z)\ .\end{aligned}$$

The corresponding families of Pisot numbers $Q_m(z)/(z^7 - 1)$ (m = 6, 13, 20, 27) also give rise to small Salem numbers of the type θ_2^-. Thus, the three polynomials P_1, P_2 and P_3 are more closely related than was initially apparent.

Although a number of other interesting examples have been constructed, the construction of section 6 has not yet been fully explored. It would appear to be profitable to do so.

REFERENCES

1. Amara, M. M. Ensembles fermés de nombres algébriques, Ann. Sci. Sc. Norm. Sup. (3), 83, 215-270 (1966).

2. Boyd, D. W. Small Salem numbers, Duke Math. Jour. 44, 315-327 (1977).

3. Boyd, D. W. Pisot and Salem numbers in intervals of the real line, Math. Comp. 32, 1244-1260 (1978).

4. Boyd, D. W. Reciprocal polynomials having small measure, Math. Comp. 35, 1361-1377 (1980).

5. Cantor, D. G. "Investigation of T-numbers and E-sequences," in Computers in Number Theory, ed. A.O.L. Atkins and B.J. Birch, Acad. Press, N.Y., 1971.

6. Dufresnoy, J. and Pisot, Ch. Sur un ensemble fermé d'entiers algébriques, Ann. Sci. Ec. Norm. Sup. (3) 70, 105-133 (1953).

7. Dufresnoy, J. and Pisot, Ch. Etude de certaines fonctions méromorphes bornées sur le cercle unité, application à un ensemble fermé d'entiers algébriques, Ann. Sci. Ec. Norm. Sup. (3) 72, 69-92 (1955).

8. Lazami, F. Sur les elements de $S \cap [1,2[$, Sem. Delange-Pisot-Poitou, 20e année, 1978/79, no. 3, 6 pp.

9. Lehmer, D. H. Factorization of certain cyclotomic functions, Ann. Math. 34, 461-479 (1933).

10. Miller, J. J. H. On the location of zeros of certain classes of polynomials with applications to numerical analysis, Jour. Inst. Math. Applic. 8, 397-406 (1971).

11. Salem, R. A remarkable class of algebraic integers. Proof of a conjecture of Vijayaraghavan, Duke Math. Jour. 11, 103-108 (1944).

12. Salem, R. Power series with integral coefficients, Duke Math. Jour. 12, 153-172 (1945).

13. Talmoudi, F. (F. Lazami-Talmoudi), Sur les nombres de $S \cap [1,2[$, C.R. Acad. Sci. Paris 287, 739-741 (1978).

Séminaire Delange-Pisot-Poitou
(Théorie des Nombres)
1980-81

COMMENT L'HYPOTHÈSE DE RIEMANN NE FUT PAS PROUVÉE

[Extraits de deux lettres de P. Cartier à A. Weil, datées du 12 août et du 15 septembre 1979]

P. Cartier
IHES
35 route de Chartres
91440 Bures-sur-Yvette, France

... Comme tu t'en souviens, je poursuis depuis plus de dix ans l'étude numérique de la fonction zêta de Selberg. J'ai mené ces recherches dans un grand scepticisme ambiant, personne ne voulant (ou n'osant) croire à un lien entre la fonction zêta de Selberg et celle de Riemann. J'avais un peu abandonné ce travail depuis quelques années, quelque peu découragé et je m'étais contenté à l'automne dernier de faire le point sur mes résultats, dans une note publiée de manière un peu confidentielle, et dont je t'enverrai une copie à mon retour sur le continent.

Or, il y a du nouveau, et assez surprenant! En avril dernier, je donnais un exposé au Séminaire de théorie des nombres, dit DPP, où je mentionnais l'analogie entre ta forme du facteur local dans les "formules explicites" (d'après ta note russe) et la manière dont M. F. Vigneras a traduit l'équation fonctionnelle pour la fonction zêta de Selberg. Mon exposé ne contenait aucun résultat nouveau, mais eut pour résultat que je reçus de M. F. Vigneras un appel téléphonique quelques jours plus tard, pour me signaler des résultats numériques de Neunhoffer (Heidelberg). Je n'ai eu connaissance de ces résultats que de manière indirecte, par l'intermédiaire de Ms Audrey Terras (La Jolla,

Californie) et de M. F. Vigneras (Paris), mais je vais prendre contact directement avec Neunhoffer.

La situation est résumée dans les tables que je te joins. La première est extraite de ma note citée ci-dessus et coïncide avec les résultats de Neunhoffer. En voici la signification. Soit $\Gamma = PSL_2(\mathbb{Z})$ opérant sur le demi-plan de Poincaré $\mathfrak{H}$. On considère l'espace de Hilbert $H = L^2(\Gamma\backslash\mathfrak{H})_0$ formé des fonctions f sur $\mathfrak{H}$, invariantes par Γ , telles que $\int_0^1 f(x+iy)dx = 0$ pour tout $y > 0$, et que

$$\int_D |f(x+iy)|^2 \frac{dx\,dy}{y^2}$$

soit fini (D est le domaine fondamental bien connu de Γ opérant dans $\mathfrak{H}$). Sur cet espace opèrent la symétrie S définie par $Sf(z) = f(-\bar{z})$ et l'opérateur de Laplace-Beltrami

$$L = -y^2\left(\frac{\partial^2}{\partial x^2} + \frac{\partial^2}{\partial y^2}\right) \quad ;$$

on a $S^2 = 1$ et $SL = LS$; donc L laisse stables les sous-espaces H_+ et H_- correspondant aux valeurs propres $+1$ et -1 respectivement de S . Le spectre de L dans chacun des ces espaces est discret et l'on peut le mettre sous la forme des nombres

$$\lambda_n = \frac{1}{4} + r_n^2 \qquad n = 1,2,\ldots \qquad \text{pour } H_- \,,$$

$$\mu_n = \frac{1}{4} + s_n^2 \qquad n = 1,2,\ldots \qquad \text{pour } H_+ \,.$$

La table I donne les nombres $r_1,\ldots,r_{11}$.

J'ai obtenu ces nombres r_n par analyse directe du problème sous forme de valeurs propres d'un opérateur différentiel. Les détails sont dans ma note. Je dirai seulement qu'il m'a fallu des moyens de calcul puissants (Plusieurs heures du monstre IBM 370/168). J'ignore tout de la méthode de Neunhoffer, mais tout cela était obtenu dès août 1975.

La table II contient les nombres s_1 à s_8 d'après Neunhoffer. J'ai essayé de les retrouver par mes méthodes, mais malgré trois semaines de travail acharné en mai 1979, je n'y suis pas parvenu. La raison est bien connue des spécialistes d'analyse numérique: un problème avec conditions aux limites du type Neumann est toujours beaucoup plus délicat que le cas des conditions de Dirichlet.

La table III contient les (parties imaginaires) des premiers zéros de la fonction ζ de Riemann (d'après Haselgrove) et la table IV contient les premiers "zéros" de la fonction de Dirichlet

$$L(X_3,s) = \sum_{n=0}^{\infty} (3n+1)^s - \sum_{n=0}^{\infty} (3n+2)^s$$

(d'après R. Spira). Rappelons que $\zeta(s)L(X_3,s)$ est la fonction ζ du corps $\mathbb{Q}(3\sqrt{1})$.

La comparaison est intéressante. Dans la table de Neunhoffer, les nombres s_n se répartissent en trois classes A,B,C . La classe A comprend les nombres qui sont aussi "zéros" de la fonction $\zeta(s)$, et de même B pour $L(X_3,s)$, enfin la classe C rassemble tous les autres. Bien sûr, l'égalité doit être comprise avec la précision numérique donnée. La classe A contient tous les "zeros" de $\zeta(s)$ de l'intervalle étudié, alors que la classe B contient les "zéros" de $L(X_3,s)$ de l'intervalle étudié, à l'exception du 4e égal à 18,26199... (par défaut). Mais, comme l'a remarqué Audrey Terras, il doit exister une planète inconnue, et Neunhoffer a dû laisser échapper une valeur propre. En effet, d'après un résultat classique de Courant, la n-ième valeur propre pour le problème de Neumann est toujours majorée par la n-ième valeur propre pour le problème de Dirichlet, c'est-à-dire qu'on a toujours $s_n \leq r_n$. Les tables I et II contredisent cette inégalité sauf à admettre que Neunhoffer a manqué s_7 qui serait le 4e "zéro" de $L(X_3,s)$, lui aussi brillant absent.

<u>Ceci conduit donc à postuler que les zéros de la fonction $\zeta_{\mathbb{Q}(3\sqrt{1})}$ sont parmi les zéros de la fonction zêta de Selberg</u>, et cette affirmation est plus forte que l'hypothèse de Riemann (conformément au réve inavoué de Selberg).

Tout ceci est fort beau; précisons que j'ai examiné attentivement les tables de R. Spira, qui donnent les zéros de certaines séries $L(X,s)$ et qu'il semble que seule $L(X_3,s)$ joue un rôle; même la fonction ζ du corps de Gauss $\mathbb{Q}(i)$ ne semble pas intervenir. Bien sûr, en remplaçant $PSL_2(\mathbb{Z})$ par un sous-groupe de congruence, on peut raisonnablement espérer retrouver au moins les fonctions zêta des corps quadratiques.

Voici maintenant le dernier acte. Utilisant une suggestion de Deligne, qui avait entrepris une première vérification numérique, et profitant du calme de la Corse, je viens de faire une série étendue de calculs sur mon calculateur programmable portatif HP-97 . L'idée est d'utiliser la formule des traces de Selberg que je mets sous la forme $U = V$ avec

$$U = h(\tfrac{i}{2}) + \sum_{n=1}^{\infty} h(r_n) - 2\sum_{n=2}^{\infty} \frac{\Lambda(n)}{n}\, g(\log n^2)$$

$$- 2\sum_{n=3}^{\infty} H(n)\, \frac{\log u_n}{\sqrt{n^2-4}}\, g(\log u_n^2)$$

$$V = S + A + B + g(0)\cdot\log\tfrac{\pi}{2} + E + F - \sum_{n=1}^{\infty} h(s_n) \quad .$$

On a posé

$$S = \frac{1}{6}\int_0^{\infty} t \tanh \pi t\; h(t)\, dt$$

$$A = \frac{1}{2}\int_0^{\infty} \frac{h(t)}{e^{\pi t}+e^{-\pi t}}\, dt$$

$$B = \frac{2}{3\sqrt{3}}\int_0^{\infty} \frac{h(t)}{e^{2\pi t/3}-1+e^{-2\pi t/3}}\, dt$$

$$E = -\frac{2}{\pi}\int_0^{\infty} h(t)\log t\, dt$$

$$F = \int_0^{\infty} \Big[\frac{1}{e^{t/2}-1} - \frac{t}{2}\Big]\, g(t)\, dt \quad .$$

Dans ces formules, on désigne par $g(x)$ une fonction d'une variable réelle x qui satisfait à $g(x) = g(-x)$ et $|g(x)| = O(|x|^{-c})$ avec $c > \frac{1}{2}$ convenable. La fonction $h(t)$ est sa transformée de Fourier $\int_{-\infty}^{+\infty} e^{ixt} g(x)\, dx$ définie pour t complexe avec $|\mathrm{Im}\, t| < c$ (d'où $h(\frac{i}{2})$!). Les nombres r_n et s_n ont été introduits plus haut, et sont l'objet de notre intérêt. Le symbole $\Lambda(n)$ a la signification arithmétique usuelle, i.e., $\sum_{d|n} \Lambda(d) = \log n$. On a posé $u_n = \frac{1}{2}(n+\sqrt{n^2-4})$ et $H(n)$ est un nombre pondéré de classes de conjugaison dans le groupe $PSL_2(\mathbb{Z})$. Il se calcule explicitement comme suit: posons $n^2 - 4 = f^2D$, où D est le discriminant du corps $\mathbb{Q}(\sqrt{n^2-4})$ et où $f \geq 1$ est entier. Notons $h(D)$ le nombre de classes du corps $\mathbb{Q}(\sqrt{D}) = \mathbb{Q}(\sqrt{n^2-4})$ et ε_D le générateur du groupe des unités positives de ce corps. Il existe un entier $t \geq 1$ tel que $u_n = \varepsilon_D^t$. Enfin si $f = \Pi\, p^\alpha$ (décomposition en facteurs premiers), posons $\Phi(f,D) = \Pi\{p^\alpha + (1-(\frac{D}{p}))\ (1+p+\ldots+p^{\alpha-1})\}$. On a $H(n) = \frac{2}{t}\, h(D)\cdot\Phi(f,D)$. On désigne come d'habitude par $(\frac{D}{n})$ le symbole de résidu quadratique de Kronecker. Les autres termes S,A,B,E et F se comprennent de soi.

J'ai d'abord vérifié numériquement la formule $U = V$ pour $g(x) = e^{-x^2/2}$, $h(t) = \sqrt{2\pi}\, e^{-t^2/2}$. On peut négliger les sommes $\sum_{n\geq 1} h(r_n)$ et $\sum_{n\geq 1} h(s_n)$ si l'on admet qu'on a $r_1 \geq 8$, $s_1 \geq 8$. On trouve $U-V = 0.000\ 000\ 293$ les calculs étant faits avec dix décimales, c'est-à-dire $U-V = 0$ à la précision du calcul des cinq intégrales $S,\ldots,F$.

J'ai ensuite étudié le cas

$$g(x) = \cos mx\ e^{-x^2/2} \quad , \quad h(t) = \frac{\pi}{2}\,(e^{-(t+m)^2/2} + e^{-(t-m)^2})\ .$$

Alors U et V sont des fonctions de m. J'admets pour valeurs r_n celles de la table I, obtenues par des moyens indépendants. L'évaluation numérique de U, pour toute valeur de m raisonnable, ne pose aucun problème. J'ai considéré le cas $m \leq 24$ et tronqué convenablement les trois séries infinies de manière à obtenir une erreur inférieure à 10^{-10}. Pour le calcul des intégrales $S,\ldots,F$, je me suis limité au cas $8 \leq m \leq 18$ ce qui permet des simplifications.

- Dans S, on peut remplacer $\tanh \pi t$ par 1, d'où $S \simeq \frac{\pi m}{6}$.
- On néglige A et B inférieurs à 10^{-8}.
- On remplace E par les premiers termes de son développement asymptotique, soit

$$E \simeq -2\log m + \frac{1}{m^2} + \frac{3}{2m^4} + \frac{5}{m^6} + \frac{105}{4m^8} + \frac{189}{m^{10}} + \frac{3465}{2m^{12}}\ .$$

- On néglige F.

Les approximations introduites sur S,A,B,E donnent une erreur de l'ordre de 10^{-8}. Par contre, une évaluation un peu imprécise donne

$|F| = O(\frac{1}{100})$ (si j'ose écrire ceci!).

J'ai donc tabulé U et V comme fonctions de m pour m = 8(0,1)18 (i.e., avec un pas de $\frac{1}{10}$ entre 8 et 18). Dans ce calcul, je n'ai retenu que les nombres s_n de la classe C . On trouve alors que U-V est inférieur à 10^{-3} dans les limites de la table.

Autrement dit, tout se passe comme si dans la table II, il ne fallait conserver que les nombres de la classe C . Naturellement, ceci contredit encore plus le principe de Courant que les résultats de Neunhoffer.

Le mystère reste entier. De nouvelles (et ardentes) recherches seront nécessaires pour retrouver le coupable.

: : : : :

... Depuis ma dernière lettre, les choses se sont clarifiées. Il n'y a plus de contradiction en mathématiques, et je ne puis donc démontrer à la fois l'hypothèse de Riemann et sa négation. Mais, hélas, il faut redire: "Adieu veau, vaches, cochons, couvée!" Il ne semble plus y avoir de lien explicite entre la fonction zêta de Selberg et celle de Riemann.

Venons-en à la première contradiction. Il semblait que mes résultats numériques contredisaient les principes généraux de Courant sur les valeurs propres des opérateurs différentiels. En fait, cette contradiction résultait d'une lecture trop superficielle de la référence classique, mais parfois peu précise, sur le sujet (Courant et Hilbert, Methods of Mathematical Physics, Vol. I, p. 409-410). De manière plus précise, avec les notations de ma lettre précédente, les valeurs propres de l'opérateur de Laplace-Beltrami

$$L = -y^2 \left(\frac{\partial^2}{\partial x^2} + \frac{\partial^2}{\partial y^2}\right)$$

dans l'espace H_+ (conditions aux limites de type Neumann) sont les nombres $\mu_0 = 0$ (que j'avais oublié!) et les nombres $\mu_n = \frac{1}{4} + s_n^2$. Mais il se trouve que le domaine fondamental de $PSL_2(\mathbb{Z}) = \Gamma$ opérant dans le demi-plan de Poincaré $\mathfrak{H}$ n'est pas compact, comme l'on sait bien. En conséquence, il y a un spectre continu s'étendant sur l'intervalle $[\frac{1}{4},+\infty]$ et dont les fonctions propres sont décrites explicitement par des séries d'Eisenstein. Posons alors $\overline{\mu}_0 = \mu_0 = 0$, $\overline{\mu}_n = \inf(\mu_n,\frac{1}{4})$ pour $n = 1,2,\ldots$; autrement dit, rabattons vers le bas du spectre continu toutes les valeurs propres plongées dans ledit spectre continu.

L'opérateur L agissant dans l'espace H_- (conditions aux limites de Dirichlet) n'a pas de spectre continu, de sorte que l'on peut garder les valeurs propres (à un décalage d'indice près) et poser $\overline{\lambda}_n = \lambda_{n+1}$ pour $n = 0,1,2,\ldots$.

L'application correcte du principe maximinimal de Courant-Weyl conduit aux inégalités

$$\overline{\mu}_n \leq \overline{\lambda}_n \qquad \text{pour} \qquad n = 0,1,\ldots$$

Comme on a $\overline{\mu}_0 = 0$, $\overline{\mu}_n = \frac{1}{4}$ pour $n \geq 1$, ces inégalités se réduisent à $\lambda_1 \geq 0$ et $\lambda_n \geq \frac{1}{4}$ pour $n \geq 2$. Elles sont trivialement satisfaites puisque $\lambda_n = \frac{1}{4} + r_n^2$ avec r_n réel, et ceci quelles que soient les valeurs exactes des nombres r_n et s_n.

Le raisonnement précédent peut se formuler de la manière suivante. Considérons la fonction zêta de Selberg $Z(s)$. Elle peut se factoriser en $Z(s) = Z_+(s) \cdot Z_-(s)$ avec la propriété suivante: un nombre s tel que $0 < \mathrm{Re}\, s < 1$ annule la fonction Z_+ (resp. Z_-) si et seulement si le nombre $\lambda = s(1-s)$ est valeur propre de L agissant dans l'espace H_+ (resp. H_-). Comme le spectre de L est réel, les zéros non-triviaux de chacune des fonctions Z_+ et Z_- sont donc, ou compris dans l'intervalle $]0,1[$, ou sur la droite critique $\frac{1}{2} + i\mathbb{R}$. Appelons zéros exceptionnels ceux de la première espèce. Alors, si la fonction Z_+ n'a pas de zéro exceptionnel, la fonction Z_- a au plus un zéro exceptionnel. En fait, nous savons qu'il n'y a pas de zéro exceptionnel pour Z_+, ni pour Z_-, mais le raisonnement précédent est sans doute susceptible de généralisations, et il est à rapprocher d'un résultat fameux de Siegel sur les zéros exceptionnels des séries L associées aux corps de nombres.

Les fonctions Z_+ et Z_- ont une interprétation plus directe, qui m'a été suggérée par une remarque de Deligne au début de l'été et par la lecture récente d'un article de A. B. Venkov (Izv. Akad. Nauk URSS, série Math. 1978 tome 42, p. 484-499). Le demi-plan de Poincaré est aussi l'espace homogène $GL_2(\mathbb{R})/N$, où N est le groupe des similitudes directes ou inverses du plan, composé des matrices $\begin{pmatrix} a & b \\ -b & a \end{pmatrix}$ et $\begin{pmatrix} a & b \\ b & -a \end{pmatrix}$ (avec a,b réels, $a^2 + b^2 \neq 0$). De manière explicite, la matrice $g = \begin{pmatrix} a & b \\ c & d \end{pmatrix}$ de $GL_2(\mathbb{R})$ transforme le point $z \in H$ en $\frac{az+b}{cz+d}$ si $g > 0$ et en $\frac{a\bar{z}+b}{c\bar{z}+d}$ si $\det g < 0$. Si l'on considère le groupe $\Delta = GL_2(\mathbb{Z})$, il agit de manière proprement discontinue sur $\mathfrak{H}$ et les transformations correspondantes de $\mathfrak{H}$ forment le groupe engendré par $\Gamma = PGL_2(\mathbb{Z})$ et $I : z \to -\bar{z}$ (symétrie par rapport à l'axe imaginaire). Définissons les caractères χ_+ et χ_- de Δ par

$$\chi_+(g) = 1 \quad , \quad \chi_-(g) = \det g \quad .$$

On a alors $Z_\pm = Z(\Delta, \chi_\pm)$ au sens des fonctions zêta de Selberg associées aux caractères de groupes discrets. Chacune de ces fonctions zêta correspond à une formule des traces, que Venkov écrit explicitement, et que l'on pourrait utiliser pour le calcul numérique des zéros des fonctions Z_+ et Z_-, en séparant ces deux fonctions. Peut-être le ferai-je.

Nous voici un peu loin de la première contradiction. Peut-être ne m'en serais-je pas sorti si Bourbaki ne m'avait précisément demandé de lui expliquer par écrit les principes du minimax!

Venons-en à la deuxième contradiction. Entre temps, elle a été résolue par Hejhal. Une correction tout d'abord. Les valeurs numériques attribuées dans ma lettre précédente à Neunhoffer (en me fiant aux informations d'Audrey Terras) ne sont pas de lui à proprement parler. Voici un bref historique. En 1977, dans un "Diplomarbeit" de l'université de Heidelberg, H. Haas, un étudiant de Neunhoffer, a obtenu la table II de ma lettre précédente. Il semble qu'Harold Stark soit le premier à avoir remarqué que le nombre 14,13473 est la partie imaginaire du premier zéro de $\zeta(s)$. En avril 1979, Audrey Terras communiqua cette remarque à Hejhal, qui tout de suite remarqua la présence des zéros de la série de Dirichlet $L(\chi_3,s)$ où $\chi_3(n) = (\frac{-3}{n})$. Avec une détermination remarquable, Hejhal se mit à la programmation pour contrôler les résultats de Haas. A cette époque, j'étais en possession de mes méthodes de "collocation," qui sont très proches de celles de Haas et Hejhal, et je disposais d'un jeu de programmes parfaitement au point. Je n'ai annoncé publiquement ces résultats qu'en septembre 1978, mais j'en avais parlé en privé à plusieurs reprises aux principales personnes intéressées. Il est clair que si une liaison efficace avait pu s'établir, nous aurions épargné bien du travail.

Aux faits! Les calculs d'Hejhal ont fourni deux résultats qu'il qualifie proprement d'expérimentaux:

1) Les <u>"valeurs propres"</u> de la classe C , <u>c'est-à-dire les nombres</u> 13,77975 , 17,73856 , 19,42348 <u>sont confirmées</u>.
2) <u>Les nombres des classes</u> A <u>et</u> B <u>ne correspondent pas à des "valeurs propres," et de plus la table de Haas est incomplète</u>: une erreur banale lui avait fait omettre le nombre 18,261997 (quatrième zéro de $L(\chi_3,s)$) qui devrait occuper la 7e place dans la table de Haas.

Tout ceci est <u>en accord complet</u> avec les résultats que j'ai rapportés dans ma dernièr lettre. C'est le moment de citer la lettre de Fermat à Pascal:

> "Voilà en peu de mots tout le mystère, qui nous remettra sans doute en bonne intelligence, puisque nous ne cherchons l'un et l'autre que la raison et la vérité."

Il reste à expliquer pourquoi Haas a obtenu ces fausses valeurs propres. Je reproduis ici la brillante démonstration d'Hejhal qui éclaire le rôle inattendu du corps $\mathbb{Q}(j)$ avec $j = \frac{-1+\sqrt{-3}}{2}$. Posons $\rho = \frac{1+\sqrt{-3}}{2}$, d'où $j = \rho^2$ et introduisons la fonction

$$G_s(z;\rho) = -\frac{\Gamma(s)^2}{4\pi\Gamma(2s)} \sum_{\gamma\in\Gamma} \left[1 - \left|\frac{\gamma\cdot z-\rho}{\gamma\cdot z-\bar{\rho}}\right|^2\right]^s F\left[\begin{matrix} s & s \\ & 2s \end{matrix}\middle| 1 - \left|\frac{\gamma\cdot z-\rho}{\gamma\cdot z-\bar{\rho}}\right|^2\right]$$

où $F\left(\begin{matrix}\alpha & \beta \\ \gamma & \end{matrix}\middle| u\right)$ est la fonction hypergéométrique classique. Si l'on choisit pour s un zéro de la fonction $\zeta_{\mathbb{Q}(j)}$, la fonction $G_s(z;\rho)$ jouit des propriétés suivantes:

a) elle est définie et analytique réelle dans le demi-plan de Poincaré privé des points de la forme $\gamma\cdot\rho$ avec γ parcourant $\Gamma = PSL_2(\mathbb{Z})$;

b) elle satisfait à l'équation différentielle

$$-y^2 \left(\frac{\partial^2}{\partial x^2} + \frac{\partial^2}{\partial y^2}\right) G_s(x+iy;\rho) = s(1-s)\, G_s(x+iy;\rho) \quad ;$$

c) on a $G_s(\gamma\cdot z;\rho) = G_s(z;\rho)$ pour γ dans Γ ;

d) on a $G_s(x+iy;\rho) = O(e^{-2\pi y})$ uniformément en x pour $y \to +\infty$;

e) il existe une constante $\alpha \neq 0$ telle que

$$G_s(z;\rho) = \alpha \log|z-\rho| + O(1)$$

lorsque z tend vers ρ .

S'il n'y avait pas la singularité logarithmique décrite en e), on aurait une fonction automorphe à la Maass. En fait, on peut faire la construction précédente lorsque ρ est remplacé par un nombre d'un corps quadratique imaginaire pourvu que s soit choisi tel que $E(\rho,s) = 0$ (série d'Eisenstein). Une construction très analogue est due à D. Zagier (Bonn).

Du point de vue numérique, la méthode utilisée par Haas, Hejhal et moi-même est essentiellement la même. Au départ, on développe une fonction propre de l'opérateur L invariante par le groupe Γ sous la forme que tu donnais dans ta lettre

$$(1) \qquad f(x+iy) = \sum_{N=1}^{\infty} c_N W_{0,ir}(2\pi Ny) \begin{cases} \sin(2\pi Nx) & H_- \\ \cos(2\pi Nx) & H_+ \end{cases} .$$

On a $Lf = (\frac{1}{4} + r^2)f$ et la fonction de Whittaker $W_{0,\nu}$ est reliée aux fonctions de Bessel par les formules classiques

$$(2) \qquad W_{0,\nu}(2z) = \frac{2z}{\pi} K_\nu(z)$$

$$(3) \qquad K_{ir}(z) = \int_0^\infty e^{-z \cosh t} \cos(rt)\, dt \quad .$$

On choisit ensuite M points $z_1,\ldots,z_M$ sur l'arc $C : |z| = 1$, $0 < \operatorname{Re} z < \frac{1}{2}$ et l'on écrit que la fonction

$$f_M(z) = \sum_{N=1}^{M} c_N W_{0,ir}(y) \cos(2\pi Nx)$$

a une dérivée normale nulle aux points $z_1,\ldots,z_M$. Un certain déterminant fabriqué avec des fonctions de Whittaker doit s'annuler et ceci donne une valeur approchée $r^{(M)}$ de r .

Là où nous différons, c'est dans le calcul des fonctions de Whittaker. Hejhal utilise une méthode d'intégration numérique pour évaluer l'intégrale (3) , alors que j'utilise un développement en fraction continue de $K_{ir}(z)$ en fonction de $\frac{1}{z}$ (pour z grand). En fait, l'ex-mari d'Audrey Terras a des méthodes meilleures, mais personne ne les a encore utilisées.

Or il se trouve que la fonction $G_s(z;\rho)$ a aussi un développement de la forme (1) qui converge dans le domaine fondamental classique de Γ . Comme la seule singularité de $G_s(z;\rho)$ se trouve à l'extrémité ρ de l'arc C , la méthode précédente fournit aussi cette fonction, d'où les zéros de $\zeta_{\mathbb{Q}(j)}$ dans la table de Haas, alors qu'ils ne correspondent pas à des fonctions automorphes de Maass. Ce qui distingue les vraies des fausses fonctions propres, ce sont les propriétés de la série de Dirichlet

$$\Phi_f(s) = \sum_{n=1}^{\infty} c_N \cdot N^{-s} \quad .$$

Pour une vraie fonction propre, on a le produit eulérien que tu connais bien

(4) $$\Phi_f(s) = \prod_p (1-c_p\cdot p^{-s} + p^{-1-2s})^{-1} \qquad \text{(p premier)}$$

et aussi les majorations

(5) $$|c_p| \leq 1 + \frac{1}{p} \ .$$

En particulier, on a $c_6 = c_2c_3$, $c_4 = c_2^2 - \frac{1}{2}$, etc.

Toutes ces relations cessent d'être vraies pour les fausses fonctions propres $G_s(z;\rho)$ (avec $\zeta_{\mathbb{Q}(j)}(s) = 0$).

Lors de mes essais au mois de mai dernier, j'avais retrouvé des valeurs de r voisines du premier zéro de $L(X_3,s)$, à savoir 8.039 , mais je ne parvenais pas à vérifier les inégalités (5) ou les relations qui suivent. Haas avait omis cette vérification, et il était dès lors tombé dans la trappe.

Ceci clôt provisoirement notre histoire!

: : : : :

Table I

Problème de Dirichlet

n	r_n	
1	9,533695	Cartier et Haas
2	12,17301	
3	14,35851	
4	16,13807	
5	16,64426	
6	18,18092	
7	19,48471	
8	20,10669	
9	21,47905	Cartier
10	22,19467	
11	24,41965	

Table II

Problème de Neumann

n	s_n	catégorie
1	8,039737	B
2	11,24921	B
3	13,77975	C
4	14,13473	A
5	15,70462	B
6	17,73856	C
7	?	B ?
8	19,42348	C
9	20,45578	B

Table due à Haas

Table III

Zéros de $\zeta(s)$

n	u_n
1	14,13473
2	21,02204
3	25,01086
4	30,42488
5	32,93506
6	37,58618

Table extraite de Haselgrove

Table IV

Zéros de $L(\chi_3,s)$

n	u_n
1	8,039737
2	11,24920
3	15,70462
4	18,26200
5	20,45577
6	24,05941

Table due à Spira

P. Cartier
IHES
35 route de Chartres
91440 Bures-sur-Yvette, France

Séminaire Delange-Pisot-Poitou
(Théorie des Nombres)
1980-81

STRUCTURE GALOISIENNE DES ANNEAUX D'ENTIERS D'EXTENSIONS SAUVAGEMENT RAMIFIÉES II

Ph. Cassou-Noguès*
U. E. R. de Mathématiques et d'Informatique
Université de Bordeaux I

1. INTRODUCTION

Cet exposé est une suite de l'exposé I qui contient les principales notations que nous utilisons. Nous y poursuivons l'étude de la structure de l'anneau des entiers $\mathbb{Z}_N$ d'un corps de nombres N , comme module sur la $\mathbb{Z}$-algèbra de groupe $\mathbb{Z}[\Gamma]$, ou Γ désigne un groupe d'automorphismes de N , sans hypothèses sur la ramification de N , sur le corps des invariants de Γ , noté K ; nous notons r le degré de K sur $\mathbb{Q}$.

Pour tout ensemble S de nombres premieres et pour tout order $\mathcal{O}$ de $\mathbb{Q}[\Gamma]$ contenant $\mathbb{Z}[\Gamma]$, nous notons $K_0^S(\mathcal{O})$ le groupe de Grothendieck de la catégorie des $\mathcal{O}$-modules projectifs en dehors de S , $\tilde{K}_0^S(\mathcal{O})$ son groupe de torsion et [M] l'élément de $K_0^S(\mathcal{O})$ défini par le module M . Dans [5] Queyrut a donné la généralisation suivante de la conjecture faite par Fröhlich lorsque N est une extension modérément ramifiée de K .

Conjecture. Si S contient les ideaux premiers de $\mathbb{Z}$ dont un relèvement premier dans K est sauvagement ramifié dans N alors on a dans $K_0^S(\mathbb{Z}[\Gamma])$ les égálites suivantes:

---

*Les résultats de cet exposé on été obtenus dans un travail commun avec J-Queyrut.

(i) $2([\mathbb{Z}_N] - r[\mathbb{Z}[\Gamma]]) = 0$;

(ii) $[\mathbb{Z}_N] = r[\mathbb{Z}[\Gamma]]$, lorsque les constantes de l'équation fonctionelle des séries L-d'Artin associées aux charactères symplectiques de Γ sont égales à 1 .

Nous supposons dorénavant que S contient ces ideaux premiers. Le groupe $\tilde{K}_0^S(\mathbb{Z}[\Gamma])$ a été décrit dans l'exposé I, théorème 1; nous identifions ce groupe et son image par l'isomorphisme réciproque de $\eta_{\mathbb{Z}[\Gamma]}$ et l'élément $[\mathbb{Z}_N] - r[\mathbb{Z}[\Gamma]]$ de $\tilde{K}_0^S(\mathbb{Z}[\Gamma])$ avec son image $U_{N|K}^S$ par cet isomorphisme. L'élément $U_{N|K}^S$ a été décomposé, [exposé I, §2], en un produit $t_{\mathbb{Z}[\Gamma]}^S(W_{N|K}) \cdot V_{N|K}^S$ où $t_{\mathbb{Z}[\Gamma]}^S(W_{N|K})$ est un élément d'ordre 1 ou 2 , suivant le signe des constantes symplectiques de N sur K , qui généralise "au cas sauvage" l'élément $t(W_{N|K})$ introduit dans [1]. Nous nous proposons de donner de nombreux exemples où nous provons démontrer la conjecture précédente sous la forme:

$$U_{N|K}^S = t_{\mathbb{Z}[\Gamma]}^S(W_{N|K}) .$$

Les résultats de [1] et [2] se généralisent sans hypothèse sur la ramification de N sur K quand on se place dans un groupe de Grothendieck convenable. Pour cela nous démontrons que $V_{N|K}^S$ appartient au noyau de l'homomorphisme induit par l'extension des scalaires de $K_0^S(\mathbb{Z}[\Gamma])$ sur $K_0^S(\mathcal{U})$, où $\mathcal{U}$ est un ordre de $\mathbb{Q}[\Gamma]$, contenant $\mathbb{Z}[\Gamma]$, "bien choisi." Nous déduisons de l'étude de ce noyau et en particulier de son exposant, des exemples où la conjecture énoncée est vraie, et une majoration générale de l'ordre de $V_{N|K}^S$. Nous montrons que les diviseurs premiers de l'ordre de $V_{N|K}^S$ sont des diviseurs de l'ordre du groupe qui n'appartiennent par à S . Nous terminons cet exposè en montrant que $\mathbb{Z}_N$ et la codifférente de N sur K définissent le même élément dans $K_0^S(\mathbb{Z}[\Gamma])$. Ce résultat généralise celui de M. Taylor, [7], obtenu lorsque N est une extension modérément ramifiée de K .

2. LE THÉORÈME PRINCIPAL

Soit $\mathcal{O}$ un ordre de $\mathbb{Z}$ dans $\mathbb{Q}[\Gamma]$, contenant $\mathbb{Z}[\Gamma]$ et localement égal à $\mathbb{Z}[\Gamma]$ pour toute place p de S . Nous savons, [6], qu'on peut identifier le groupe $\tilde{K}_0^S(\mathcal{O})$ et le groupe quotient:

(1) $$\mathrm{Hom}_{G_{\mathbb{Q}}}(R_\Gamma, J(\overline{\mathbb{Q}}))\ \mathrm{Hom}_{G_{\mathbb{Q}}}(R_\Gamma, \overline{\mathbb{Q}}^*)\cdot H(\tilde{K}_0^S(\mathcal{O}))$$

où $H(\tilde{K}^S(\mathcal{O}))$ est le sous-groupe des éléments f de $\mathrm{Hom}_{G_{\mathbb{Q}}}(R_\Gamma, J(\overline{\mathbb{Q}}))$ dont les composantes locales vérifient:

(i) Si $p \in S$, $f(\phi)_p$ est une unité pour les caractères ϕ nuls sur les éléments de Γ dont l'ordre est divisible par p.

(ii) Si $p \notin S$, il existe α de $\mathcal{O}_p^*$ tel qu'on ait:

$$f(\phi)_p = \mathrm{Det}_\phi(\alpha)\ ,\ \forall \phi \in R_\Gamma\ .$$

(iii) Pour la place à l'infini p_∞, $f(\phi)_{p_\infty}$ est réel et positif pour tous les caractères symplectiques ϕ de Γ. Nous notons $t_{\mathcal{O}}^S(W_{N|K})$ la classe dans ce groupe de $W_{N|K}$ défini dans l'exposé I.

L'extension des scalaires induit un homomorphisme de groupe de $\tilde{K}_0^S(\mathbb{Z}[\Gamma])$ sur $\tilde{K}_0^S(\mathcal{O})$ que nous notons $\mathrm{ext}_{\mathbb{Z}[\Gamma]}^{\mathcal{O}}$. Cet homomorphisme se déduit, par passage au quotient, de l'identité de $\mathrm{Hom}_{G_{\mathbb{Q}}}(R_\Gamma, J(\overline{\mathbb{Q}}))$.

Soit $\mathcal{M}^S$ un ordre de $\mathbb{Z}$ dans $\mathbb{Q}[\Gamma]$, contenant $\mathbb{Z}[\Gamma]$, et localement égal à $\mathbb{Z}[\Gamma]$ (resp. maximal) pour toute place p de S (resp. n appartenant pas à S). Il est immédiat que le théorème II de l'exposé I est équivalent à l'égalité:

$$\mathrm{ext}_{\mathbb{Z}[\Gamma]}^{\mathcal{M}^S}(U_{N|K}^S) = 1\ .$$

Soit $\mathcal{F}$ le conducteur central de $\mathcal{M}^S$ dans $\mathbb{Z}[\Gamma]$. C'est un idéal du centre de $\mathbb{Q}[\Gamma]$ tel que:

$$\mathcal{F}\mathcal{M}^S \subset \mathbb{Z}[\Gamma]$$

Nous définissons un ordre de $\mathbb{Z}$ dans $\mathbb{Q}[\Gamma]$, noté $\mathcal{U}^S$, par l'égalité:

$$\mathcal{U}^S = \mathbb{Z}[\Gamma] + \mathrm{Rac}(\mathcal{F})\mathcal{M}^S$$

où $\mathrm{Rac}(\mathcal{F})$ désigne la racine de $\mathcal{F}$.

<u>THÉORÈME 1</u>. <u>Dans le groupe</u> $\tilde{K}_0^S(\mathcal{U}^S)$ <u>on a l'égalite suivante</u>:

$$\mathrm{ext}_{\mathbb{Z}[\Gamma]}^{\mathcal{U}^S}(U_{N|K}^S) = t_{\mathcal{U}^S}^S(W_{N|K})\ .$$

Remarque. $t^S_{\mathcal{U}^S}(W_{N/K})$ n'est pas en général égal à 1 .
Nous en déduisons l'égalité:

$$\mathrm{ext}^{\mathcal{U}^S}_{\mathbb{Z}[\Gamma]}(U^S_{N|K})^2 = 1$$

qui se traduit par le corollaire suivant:

Corollaire. Il existe des $\mathcal{U}^S$-modules M , M' et M'' , de type fini, sans torsion sur $\mathbb{Z}$, et localement libres pour tout premier p de $\mathbb{Z}$ n'appartenant pas à S , tels qu'on ait les suites exactes:

$$\left\{\begin{array}{l} \{0\} \to M' \to M \oplus (\mathcal{U}^S \otimes_{\mathbb{Z}[\Gamma]} \mathbb{Z}_N) \oplus (\mathcal{U}^S \otimes_{\mathbb{Z}[\Gamma]} \mathbb{Z}_N) \to M'' \to \{0\} \\ \{0\} \to M' \to M \oplus (\mathcal{U}^S)^r \oplus (\mathcal{U}^S)^r \longrightarrow M'' \to \{0\} \end{array}\right\}.$$

Démonstration du théorème 1.

Nous nous contentons de résumer la démonstration de ce théorème donnée dans [3]. Si p est un nombre premier nous désignons par $\mathrm{Ker}\, d_p$ le sous-groupe de R_Γ des caractères nuls sur les éléments de Γ dont l'ordre n'est pas divisible par p et par P la racine de l'idéal $p\bar{\mathbb{Z}}$, où $\bar{\mathbb{Z}}$ est la clôture intégrale de $\mathbb{Z}$ dans $\bar{\mathbb{Q}}$. Nous déduisons du théorème 4 de [4] et de [5] que $V^S_{N|K}$ est représenté par l'élément g de $\mathrm{Hom}_{G_\mathbb{Q}}(R_\Gamma, J(\bar{\mathbb{Q}}))$ dont la p-composante est définie par:

$$g(\chi)_p = N_{K|\mathbb{Q}}(a_p|\chi)\tau_K(\chi)_p^{-1} \qquad \text{(resp. 1),}$$

$\forall \chi \in R_\Gamma$, si p divise (resp. ne divise pas) l'ordre de groupe Γ .
Nous pouvons construire, [3], corollaire 3-2, un élément de $\mathrm{Hom}_{G_\mathbb{Q}}(R_\Gamma, \mu)$, où μ désigne le groupe des racines de l'unité, noté y, qui vérifie les 2 propriétés suivantes:

$$\left\{\begin{array}{l} y(\chi) = 1 \text{ pour tout caractère symplectique } \chi \text{ de } \Gamma \\ \tau_K(\chi) \equiv y(\chi) \bmod P ,\ \forall \chi \in \mathrm{Ker}\, d_p ,\ \forall p \notin S . \end{array}\right.$$

Nous déduisons de (1) que pour achever la démonstration du théorème il suffit de montrer que gy^{-1} appartient au groupe $\tilde{H}(K^S_0(\mathcal{U}^S))$, c'est-à-dire de montrer que les composantes locales de cet élément vérifient (i), (ii) et (iii). Si p appartient à S , c'est la proposition 4-5 de [5]. Si p n'appartient pas à S et divise l'ordre de Γ , il suffit d'utiliser le lemme 3 de [2].

3. MAJORATION DE L'ORDRE DE $V^S_{N|K}$

Nous désignons par $\overline{S}$ l'ensemble des diviseurs premiers de Γ qui n'appartiennent pas à S .

Soient p un nombre premier et h l'élément gy^{-1} de $\mathrm{Hom}_{G_{\mathbb{Q}}}(R, J(\overline{\mathbb{Q}}))$ defini dans le §2. Nous notons h_p l'élément de $\mathrm{Hom}_{G_{\mathbb{Q}}}(R, J(\overline{\mathbb{Q}}))$ dont les composantes locales sont définies par:

$$h_p(\chi)_q = 1 \ , \qquad \forall \chi \in R_\Gamma \ , \ \forall q \neq p \ .$$

$$h_p(\chi)_p = h(\chi)_p \ , \ \forall \chi \in R_\Gamma \ .$$

Nous déduisons de la démonstration du théorème 1 la décomposition suivante:

$$V^S_{N|K} = \prod_{p \in \overline{S}} V^S_{N|K,p}$$

où $V^S_{N|K,p}$ est la classe de h_p dans $\tilde{K}^S_0(\mathbb{Z}[\Gamma])$. En outre h_p appartient a Det $(\mathcal{U}^{S*}_p)$ et nous savons, [2], proposition 4-3, que l'indice de groupe [Det $(\mathcal{U}^{S*}_p)$: Det $(\mathbb{Z}_p[\Gamma]^*)$] est égal à une puissance de p ; nous en déduisons que l'ordre de $V^S_{N|K,p}$ est égal à une puissance de p . Plus précisemment en généralisant les méthodes de [2] nous obtenons:

THÉORÈME 2. L'ordre de $V^S_{N|K,p}$ divise $\sup(1, p^{n_p - 2})$ où n_p désigne l'exposant de p dans l'ordre du groupe Γ .

Remarque. En considérant la structure de module de Frobenius de $\tilde{K}^S_0(\mathbb{Z}[\Gamma])$ sur le foncteur de Frobenius associé à l'anneau des $\mathbb{Q}$-caractères de Γ et en utilisant le théorème d'induction de Brauer nous pouvons nous ramener au cas où Γ est un groupe $\mathbb{Q}$-élémentaire. Plus précisemment nous pouvons démontrer que l'ordre de $V^S_{N|K,p}$ divise le plus petit commun multiple des ordres des éléments $V^S_{N/N^H,p}$ où H parcourt les sous-groupes $\mathbb{Q}$-p-élémentaires de Γ et N^H désigne le corps des invariants de H . Pour des résultats plus précise voir [3] ou [6].

Exemples. On a $V^S_{N|K} = 1$, c'est-à-dire $U^S_{N|K} = t^S_{\mathbb{Z}[\Gamma]}(W_{N|K})$ dans les cas particuliers suivants:

(i) Γ est diédral (resp. quaternionien) d'ordre $2m$ (resp. $4m$) avec m impair.

(ii) Γ est diédral ou quaternionien et 2 appartient a S .

(iii) l'ordre de Γ est sans facteur dubique.

(iv) Γ est produit semi-direct d'un sous-groupe distingué et cyclique A d'ordre m par un sous-groupe abélien dont l'ordre est premier à m et qui opère fidèlement sur A .

Le cas (iii) est une conséquence immédiate du théorème 2. Dans les cas (i) et (i)) (resp. (v)) le théorème 2 implique que l'ordre de $V^S_{N|K}$ est impair (resp. divise m). Or nous déduisons du théorème 3 de l'expose I que l'ordre de $V^S_{N|K}$ divise l'exposant d'Artin de Γ , or cet exposant est égal à 2 (resp. premier à m) dans les cas (i) et (ii) (resp. (iv)).

4. DUALITÉ

Nous désignons par $D^{-1}_{N|K}$ la codifférente de N sur K .

THÉORÈME 3. Si S contient les idéaux premiers de $\mathbb{Z}$ dont un relèvement premier dans K est sauvagement ramifié dans N on a dans $K^S_0(\mathbb{Z}[\Gamma])$ l'egalite:

$$[\mathbb{Z}_N] = [D^{-1}_{N|K}] \quad .$$

Remarque. Nous pouvons donner une traduction "en termes de modules" de cette égalité dans le groupe de Grothendieck $K^S_0(\mathbb{Z}[\Gamma])$.

Demonstration du théorème 3, (cf. [3]).

Soit f un élément de $\mathrm{Hom}_{G_{\mathbb{Q}}}(R_\Gamma, J(\overline{\mathbb{Q}}))$. Nous définissons $\overline{f}$ par:

$$\overline{f}(\chi) = f(\overline{\chi}) \ , \ \forall \chi \in R_\Gamma \ ;$$

ou $\overline{\chi}$ désigne le caractère complexe conjugué de χ . L'homomorphisme $(f \to \overline{f})$ induit par passage au quotient une involution de $\tilde{K}^S_0(\mathbb{Z}[\Gamma])$ encore notée. Si f est un représentant de $[M] - [\mathbb{Z}[\Gamma]]$ de $\tilde{K}^S(\mathbb{Z}[\Gamma])$ alors $\overline{f}$ est un représentant de $[\mathbb{Z}[\Gamma]] - [M^*]$, où M^* est le dual de M . Nous en déduisons que le théorème 3 est équivalent à l'égalité:

$$U^S_{N|K} \cdot \overline{U}^S_{N|K} = 1 \quad .$$

Nous nous ramenons, commedans le §3, à démontrer cette égalité lorsque le groupe de Galois de N sur K est $\mathbb{Q}$-élémentaire. Si Γ est $\mathbb{Q}$-p-élémentaire nous déduisons des résultats du §3 un représentant de $U^S_{N|K} \cdot \overline{U}^S_{N|K}$ noté k, dont les composantes locales sont définies par:

$$k(\chi)_q = 1 \;, \forall\chi \in R_\Gamma \;, \forall q \neq p$$

$$k(\chi)_q = N_{K|\mathbb{Q}}(a_p|\chi+\overline{\chi})Nf(\chi)_p^{-1} \;, \forall\chi \in R_\Gamma$$

où $Nf(\chi)$ désigne la norme absolute du conducteur d'Artin de χ. Nous démontrons que k appartient à $H(\tilde{K}_0^S(\mathbb{Z}[\Gamma]))$.

REFERENCES

[1] Cassou-Noguès, Ph., Quelques théorèmes de base normale d'entiers. Ann. Inst. Fourier, 3t, 28 (1978).

[2] Cassou-Noguès, Ph., Module de Frobenius et structure galoisienne de anneaux d'entiers, à paraître.

[3] Cassou-Noguès, Ph. et J. Queyrut, Structure galoisienne des anneaux d'entiers d'extensions sauvagement ramifiées II, à paraître.

[4] Fröhlich, A., Arithmetic and Galois module structure for tame extensions. J. Reine Angew. Math., 286-287 (1976), 380-439.

[5] Queyrut, J., Structure galoisienne des anneaux d'entiers d'extensions sauvagement ramifiées I, à paraître.

[6] Queyrut, J., K-théorie algébrique et structure galoisienne des anneaux d'entiers, thèse, Université de Bordeaux I (1980).

[7] Taylor, M.H., On the self-duality of a ring of integers as a Galois module. Invent. Math. 46 (1978), 173-177.

Ph. Cassou-Noguès
Laboratoire associé au C.N.R.S. n° 226
U.E.R. de Mathématiques de d'Informatique
Université de Bordeaux I
351 Cours de la Libération
334-5 Talence Cedex, France

Séminaire Delange-Pisot-Poitou
(Théorie des Nombres)
1980-81

OUTER AUTOMORPHISMS AND INSTABILITY: THE ADJOINT LIFTING FROM SL(2) TO PGL(3)

Yuval Z. Flicker
Princeton University

Until recently studies of the global lifting problem, or of the functoriality of automorphic forms with respect to the L-group, have been carried out (by means of the trace formula) only in some very special cases, where the phenomenon of L-indistinguishability, or instability, does not appear. These consist of investigations concerning GL(2) and its inner forms (Jacquet-Langlands [6]), its base change (Langlands [8]), its n-fold covering groups [3], and they were extended to deal with the base change question for the rank 2 group GL(3) [4]. Any attempt to generalize these works to GL(n) with higher n will have to overcome many analytic difficulties [1,4]. Any attempt to extend the underlying methods to deal with other quasi-split groups has to encounter new conceptual challenges, which do not appear in the case of GL(n), since they are caused by the difference between conjugacy and stable conjugacy; these were first exposed in several works by Langlands (e.g. [9]), and for the real places by Shelstad (e.g.[11]). The purpose of this talk is to report about a new (global) case in which the lifting problem is treated, the first where instability manifests itself. I shall discuss the adjoint lifting from SL(2) to PGL(3) [5], a recent work based on the transfer of orbital integrals by Langlands [10].

Although it is not a base change lifting, our lifting is analogous to it. As there a certain automorphism σ plays a key role. It is defined by $\sigma(g) = J{}^tg^{-1}J$, with $J = \begin{pmatrix} & & 1 \\ & -1 & \\ 1 & & \end{pmatrix}$. The instability manifests itself in particular by the fact that the image of the lifting does not consist of all σ-invariant representations as in the case of base change for GL(n), but it is precisely the subset of stable σ-invariant representations. Another novelty in this case is the comparison of trace formulae for groups of different ranks (rank SL(2) = 1, rank PGL(3) = 2); this is made possible by the properties of the automorphism σ, which is an outer automorphism, and thus affords an application of a new "weak" truncation to evaluate the outerly twisted trace formula for PGL(3).

The results imply multiplicity one theorem for SL(2), that the lifting is one-to-one from the set of L-packets on SL(2) [7] onto the set of stable σ-invariant representations of PGL(3), and it is formulated in terms of character identities locally, and in terms of all (rather than almost all) places globally. Other corollaries, which have already been obtained using the Hecke theory by Gelbart-Jacquet [2], are an approximation to the Ramanujan conjecture and the holomorphy of certain Dirichlet series.

Although my personal interest in the work was to study the effect of the instability and the outer automorphism σ, with view to further generalizations, the interest in the adjoint lifting originates from Shimura's work [12]. Let $f(z) = \sum_1^\infty c_n e^{2\pi inz}$ be a holomorphic cusp form of weight k and character ω, signify by ψ a primitive Dirichlet character of $\mathbf{Z}$ with $\psi\omega(-1) = 1$, and suppose that

$$\sum c_n n^{-s} = \prod_p((1 - a_p p^{-s})(1 - b_p p^{-s}))^{-1}.$$

Then using Rankin's method Shimura [12] proved that the Euler product

$$\pi^{-3s/2}\Gamma(s/2)\Gamma((s+1)/2)\Gamma(\tfrac{1}{2}(s-k+2))$$

$$\prod_p[(1-\psi(p)a_p^2p^{-s})(1-\psi(p)a_pb_pp^{-s})(1-\psi(p)b_p^2p^{-s})]^{-1}$$

is holomorphic everywhere except possibly at s = k or k-1. Since f generates the space of a cuspidal representation of GL(2) the above statement can be formulated in terms of a lifting of automorphic forms, whose underlying L-group homomorphism takes a diagonal complex matrix (a_p,b_p) to (a_p^2,a_pb_p,b_p^2), or rather $(a_p/b_p,1,b_p/a_p)$. To reformulate Shimura's result Gelbart and Jacquet [2] introduced

$$L_2(s,\pi_v,\chi_v) = L(s,\pi_v\otimes\chi_v\times\pi_v) \,/\, L(s,\chi_v)$$

and

$$\varepsilon_2(s,\pi_v,\chi_v;\psi_v) = \varepsilon(s,\pi_v\otimes\chi_v\times\tilde{\pi}_v;\psi_v) \;/\; \varepsilon(s,\chi_v;\psi_v)$$

for any representation π_v of $GL(2,F_v)$ and character χ_v of $F_v^\times$, where, as usual, F_v is a completion of a number field F at a valuation v, and $\tilde{\pi}_v$ denotes the contragredient of π_v, ψ_v is a non-trivial additive character of F_v. π_v is said in [2] to <u>L-lift</u> to a respresentation Π_v of $PGL(3,F_v)$ if Π_v is σ-invariant and

$$L(s,\Pi_v\otimes\chi_v) = L_2(s,\pi_v,\chi_v)$$

$$\varepsilon(s,\Pi_v\otimes\chi_v;\psi_v) = \varepsilon_2(s,\pi_v,\chi_v;\psi_v),$$

for any character χ_v of $F_v^\times$. If π is an automorphic representation of the adèle group $GL(2,\mathbb{A})$ and χ is a character of $F^\times\backslash\mathbb{A}^\times$, then the function $L_2(s,\pi,\chi)$ is defined to be the product over all v of the $L_2(s,\pi_v,\chi_v)$. The main theorem of [2] was obtained on adelizing the method of [12] , and it asserts that for any unitary cuspidal representation π of $GL(2,\mathbb{A})$ not of the form $\pi(\theta)$ [6], the function $L_2(s,\pi,\chi)$ is entire for all χ. This refines the statement of [12] , and implies that each component π_v of π L-lifts to some Π_v, and $\Pi = \otimes\Pi_v$ is a cuspidal representation of $PGL(3,\mathbb{A})$.

Reversing the roles, the definition of the lifting in [5] is based on character relations, and its existence and properties are established by means of the trace formula. It is shown that the above π (unitary, cuspidal, not of the form $\pi(\theta)$) lifts to a cuspidal Π, from which the holomorphy of $L_2(s,\pi,\chi) = L(s,\Pi\otimes\chi)$ for all χ quickly follows as a corollary.

The underlying L-group homomorphism r from the L-group ${}^LH = PGL(2,\mathbb{C})$ of $H = SL(2)$ to the L-group ${}^LG = SL(3,\mathbb{C})$ of $G = PGL(3)$, is given by mapping g in ${}^LH$ to the element of ${}^LG$ representing the adjoint Ad g of g on the Lie algebra of SL(2). For some choice of basis this "adjoint" map takes the form

$$r(\begin{pmatrix} a & b \\ c & d \end{pmatrix}) = \frac{1}{x}\begin{pmatrix} a^2 & -ab & -b^2 \\ -2ac & ad+bc & 2bd \\ -c^2 & cd & d^2 \end{pmatrix} \qquad (x = ad-bc),$$

realizing the isomorphism $PGL(2,\mathbb{C}) \cong SO(3,\mathbb{C})$. In particular, writing the diagonal entries of a diagonal nxn matrix as an n-tuple, then $r((a,b)) = (a/b,1,b/a)$. The representation $I(\eta)$ of H(F) or G(F), F being a local field, induced from the unramified character η of the standard Borel subgroup of H(F) or G(F) and hence containing an unramified constituent $\pi(\eta)$, are parametrized by conjugacy classes of elements $t(\eta)$ in ${}^LH$ or ${}^LG$. With $\tilde{\omega}$ denoting a local uniformizing parameter in F, then $t(\eta) = (\mu_1(\tilde{\omega}),\mu_2(\tilde{\omega}))$ in ${}^LH$ if $I(\eta) = I(\mu_1,\mu_2)$ and $t(\eta) = (\mu_1(\tilde{\omega}),\mu_2(\tilde{\omega}),\mu_3(\tilde{\omega}))$ in ${}^LG$ if $I(\eta) = I(\mu_1,\mu_2,\mu_3)$, $\mu_1\mu_2\mu_3 = 1$; μ_i are characters of F^x. Hence the lifting of unramified representations compatible with r takes $\pi = I(\mu_1,\mu_2)$ to $\Pi = I(\mu_1/\mu_2,1,\mu_2/\mu_1)$.

The outer automorphism $(g) = J^tg^{-1}J$ of G(F), where $J = \begin{pmatrix} & & 1\\ & -1 & \\ 1 & & \end{pmatrix}$, plays a fundamental role. A representation Π of G(F) is said to be <u>σ-invariant</u> if it is equivalent to the representation ${}^{\sigma}\Pi$, defined by ${}^{\sigma}\Pi(g) = \Pi(\sigma(g))$ for all g in G(F). Note that the lift Π of $\pi = I(\mu_1,\mu_2)$ is σ-invariant. In general an admissible irreducible σ-invariant representation Π of G(F) extends to a representation (denoted again by Π) of the semi-direct product of G(F) and the group $\{1,\sigma\}$. The character χ_{Π} of Π on $G(F)\times\{1,\sigma\}$ can be introduced as usual ([6],§7). The definition of the local lifting used in [5] is based on character relations, as follows.

<u>Definition 1</u>. <u>An admissible representation</u> π <u>of</u> H(F) <u>lifts to an admissible representation</u> Π <u>of</u> G(F) <u>if</u>

$$\chi_{\Pi}(\delta\times\sigma) = \chi_{\{\pi\}}(N\delta)$$

<u>for all</u> δ <u>in</u> G(F) <u>with regular</u> $N\delta$ <u>in</u> H(F).

Here $\chi_{\{\pi\}}$ denotes the sum of $\chi_{\pi'}$ over all elements π' in the L-packet $\{\pi\}$ of π. As in [7] an <u>L-packet</u> on H(F) is the set of irreducible components in the restriction to H(F) of a representation of GL(2,F). An element is <u>regular</u> if its eigenvalues are distinct.

A considerable amount of preparation is required in order to make sense of this definition. However the characters of representations induced from the Borel subgroup are supported on the conjugacy classes of regular elements in the split torus A in the standard Borel subgroup. Setting $N((a,b,c)) = (a/c,c/a)$ and noting that characters are conjugacy class functions, the statement that $\pi = I(\mu_1,\mu_2)$ lifts to $\Pi = I(\mu_1/\mu_2,1,\mu_2/\mu_1)$ makes sense. It is easy to calculate the characters of these representations, and the fact that such π lifts to Π follows without much difficulty for any characters μ_i.

To explain the definition one has to define the norm map N. Let $\bar{F}$ denote the algebraic closure of F, where F is either local or a global field. The <u>stable conjugacy class</u> of an element γ in H(F) is the intersection with H(F) of the conjugacy class of γ in $H(\bar{F})$. The elements δ_1,δ_2 of G(F) are said to be twisted, or <u>σ-conjugate</u>, if $\delta_1 = \sigma(g)^{-1}\delta_2 g$ for some g in G(F). Putting $\sigma(g) = J^t g^{-1} J$ for any g in $G(\bar{F})$, the <u>twisted stable conjugacy class</u> of δ in G(F) is the intersection with G(F) of the twisted conjugacy class of δ in $G(\bar{F})$.

To define the <u>norm map</u> N note that any matrix δ in G(F) acts on the space U of column vectors of length 3. The dual space $U^\vee$ is also U, the pairing given by $\langle x,y\rangle = {}^t yJx$ (x in U, y in $U^\vee$). The map $U \to U^\vee$ by $x \mapsto \sigma(\delta)x$ has the contragredient $U^\vee \to U$ by $y \to \delta y$. The composite $U \to U$ is $x \to \delta\sigma(\delta)x$. At least one eigenvalue of $\delta\sigma(\delta)$ is 1, hence there is a one dimensional subspace $V = V_\delta$ of U on which $\delta\sigma(\delta)$ acts as the identity. Take W to be the orthogonal complement of $\sigma(\delta)V$. It is two dimensional and invariant under $\delta\sigma(\delta)$. The determinant of $\delta\sigma(\delta)$ restricted to W is 1. Choosing a basis for W the transformation induced by $\delta\sigma(\delta)$ on W can be represented by some γ in H(F). Put $\gamma = N\delta$. Langlands [10] has proved that the norm map $\delta \to N\delta$ is a bijection from the set of stable twisted conjugacy classes in G(F) to the set of stable conjugacy classes in H(F).

Local results of [7] imply that the character $\chi_{\{\pi\}}$ of the L-packet $\{\pi\}$ on H(F) is <u>stable</u>, that is, it depends on the stable conjugacy class of a regular element in H(F), but not on the element itself. Hence the right side of the equation defining the local lifting makes sense. In order to be a lift the representation Π of G(F) must have a character which is <u>σ-stable</u>, that is, it depends only on the twisted (or σ-) stable conjugacy class of δ, and not only on the σ-conjugacy class of δ, since otherwise the definition of local lifting could not make any sense.

<u>The local results of [5]</u> show that every irreducible admissible representation π of H(F) lifts to an admissible (irreducible if $\pi \neq \pi(\alpha^{1/4}, \alpha^{-1/4})$, $\alpha(x) = |x|$) representation Π of G(F), and every supercuspidal Π which is σ-invariant is a lift of a supercuspidal π which is not of the form $\pi(\theta)$. In particular, the character of each σ-invariant supercuspidal Π is σ-stable. Further, $\pi = \pi(\theta)$ lifts to $\Pi = I(\pi(\theta/\bar{\theta}),\chi)$, whose character is again σ-stable; here θ is a character of the multiplicative group of a quadratic field extension E of F, χ is the unique non-trivial character of the quotient $F^\times/N_{E/F}E^\times$,

and $\bar{\theta}(x) = \theta(\bar{x})$ (x in $E^{\times}$), where the bar denotes the non-trivial automorphism of E over F. Π is then the representation induced from the maximal parabolic subgroup of G(F) where the representation on the 2x2 block of the Levi component is $\pi(\theta/\bar{\theta})$. If $E = F \oplus F$, $\theta = (\mu_1,\mu_2)$, $\chi = 1$, and $\pi(\theta/\bar{\theta}) = I(\mu_1/\mu_2,\mu_2/\mu_1)$, then the lift $I(\mu_1,\mu_2) \to I(\mu_1/\mu_2,1,\mu_2/\mu_1)$ is recovered. Finally, the one dimensional (resp. special) representation of H(F) lifts to the one dimensional (resp. Steinberg) representation of G(F). The lifting is one-to-one from the set of L-packets of representations of H(F) onto the above subset of representations of G(F), which consists of all of the Π whose characters are σ-stable.

The definition of global lifting depends on that of the local lifting. All global representations below are assumed to be unitary.

Definition 2. An automorphic representation $\pi = \otimes \pi_v$ of $H(\mathbb{A})$ lifts to an automorphic representation $\Pi = \otimes \Pi_v$ of $G(\mathbb{A})$ if π_v lifts to Π_v for all v.

The global results of [5] show that each π lifts, and a cuspidal Π is a lift if and only if each Π_v is a lift. A cuspidal π not of the form $\pi(\theta)$ lifts to a cuspidal Π, $\pi(\theta)$ lifts to $I(\pi(\theta/\bar{\theta}),\chi)$, and $I(\mu_1,\mu_2)$ lifts to $I(\mu_1/\mu_2,1,\mu_2/\mu_1)$. The correspondence $\{\pi\}\to\Pi$ is a bijection from the set of global L-packets of $H(\mathbb{A})$ containing at least one automorphic representation, onto the above set of automorphic representations of $G(\mathbb{A})$, the characters of whose components are all σ-stable. Implicit in the last statement is multiplicity one theorem for SL(2), namely that each cuspidal representation of $H(\mathbb{A})$ occurs only once in the discrete spectrum of H, as well as its strong form.

The σ-invariant representations of G(F) which are not obtained by the lifting are all of the form $I(\tau,1)$, that is, representations induced from the maximal parabolic subgroup of G(F), where τ is the one-dimensional or a square-integrable representation of PGL(2,F), or of the 2x2 block in the Levi subgroup, and 1 denotes the trivial representation of the 1x1 block. Indeed the characters of these $I(\tau,1)$ are not σ-stable. Globally no component of a representation obtained by the lifting is of that form. In particular the global representations $I(\tau,1)$, where τ is a discrete series representation of $PGL(2,\mathbb{A})$, are not obtained by the adjoint lifting.

Any worthwhile attempt at describing the methods used in the proof of the above results would force this talk to take dimensions uncalled for. I shall confine myself to noting that the technical efforts culminate in establishing an identity of trace formulae of the form:

$$\sum_{\Pi} \prod_v \operatorname{tr} \prod_v (\phi_v \times \sigma) + \frac{1}{2} \sum_{\chi,\theta} \prod_v \operatorname{tr} I((\pi_v(\theta/\bar{\theta}),\chi_v),\phi_v \times \sigma)$$

$$+ \frac{1}{4} \sum_{\chi,\mu} \prod_v \operatorname{tr} M(J,\eta_v) I(\eta_v,\phi_v \times \sigma) + \frac{1}{2} \sum_{\tau} \prod_v \operatorname{tr} I((\tau_v,1),\phi_v \times \sigma)$$

$$- \frac{1}{2} \sum_{\tau} \prod_v \operatorname{tr} \tau_v(f_{1v})$$

$$= \sum_{\pi} m(\{\pi\}) \prod_v \operatorname{tr}\{\pi_v\}(f_v) + \frac{1}{2} \sum_{T} \sum_{\theta:(a)} \prod_v \operatorname{tr}\{\pi(\theta_v)\}(f_v)$$

$$+ \frac{1}{4} \sum_{T} \sum_{\theta:(b)} \prod_v \operatorname{tr}\{\pi(\theta_v)\}(f_v).$$

For a full explanation of the notations the reader will have to turn to [5]. This identity is valid for certain functions $\phi = \otimes\phi_v$ on G, $f = \otimes f_v$ on H, and $f_1 = \otimes f_{1v}$ on H_1 = PGL(2), which are related by some identities involving stable and unstable orbital integrals established in [10] (and recorded in [5]). The third line describes the stable trace formula for SL(2) [7], while the first two describe what may be termed the stable twisted trace formula for G = PGL(3). Its calculation requires introducing a new "weak" truncation technique. The comparison of the two trace formulae relies on the ideas of [8,4].

The first step in deducing the description of the adjoint lifting from the traces identity is to show that the two sums of the second row, taken over all discrete series representations τ of $H_1(\mathbb{A})$, cancel each other. It is then clear that the character of $I(\tau_v,1)$ is not σ-stable, as tr $I((\tau_v,1),\phi_v \times \sigma)$ depends only on the unstable twisted orbital integrals of f_{1v} which in turn depend only on the unstable twisted orbital integrals of ϕ_v. It is then shown that the third, second and therefore first summands in the first and third rows are equal, and standard techniques are used to deduce the properties of the local lifting from the global identities.

As a final application note that the fact that each unitary cuspidal representation π of $H(\mathbb{A})$ lifts to a unitary representation Π of $G(\mathbb{A})$ implies (cf. [2]) that for any local component π_v of π of the form $\pi(\alpha_v^t,\alpha_v^{-t})$, where α_v is the normalized valuation of F_v and $t \geq 0$, we have that $t < 1/4$, as $\pi(\alpha_v^{2t},1,\alpha_v^{-2t})$ is unitary only if $2t \leq 1/2$; note that $\pi(\alpha_v^{1/2},1,\alpha_v^{-1/2})$ cannot occur as a component of a lift Π of a cuspidal π. The Ramanujan conjecture would follow had it been proven that t must be 0. That $nt < 1/2$ would follow from the existence of a lifting from SL(2) to PGL(2n+1) for any $n \geq 1$, whose underlying L-group homomorphism $r:PGL(2,\mathbb{C}) \to SL(2n+1,\mathbb{C})$ takes (a,b) to $((a/b)^n,(a/b)^{n-1},\ldots,1\ldots,(a/b)^{-n})$. Representations $\pi(\theta)$ may then lift to induced ones of the form $I(\pi((\theta/\bar{\theta})^n),\pi((\theta/\bar{\theta})^{n-1}),\ldots,\pi(\theta/\bar{\theta}),\chi)$, and cuspidal π not of the form $\pi(\theta)$ may lift to cuspidal Π of PGL(2n+1). However, for the near future, the techniques of [5] can be used in a modified form in the study of the base change problem for the unitary groups in 2 and 3 variables, with respect to the quadratic extension which defines these groups [13,14], and the associated question of "L-indistinguishability" for U(3).

Note also that the strong multiplicity one theorem* for SL(2) of [5] asserts that if $\{\pi_1\}$ and $\{\pi_2\}$ are L-packets of SL(2) containing cuspidal representations, and $\{\pi_{1v}\} \simeq \{\pi_{2v}\}$ for almost all v, then $\{\pi_1\} \simeq \{\pi_2\}$. This has the corollary, valid for any cuspidal representations π_1 and π_2 of $GL(2,\mathbb{A})$, that: if for almost all v there exists a character χ_v of $F_v^\times$ with $\pi_{1v} \otimes \chi_v \simeq \pi_{2v}$, then there exists a character χ of $F^\times\backslash\mathbb{A}^\times$ with $\pi_1 \otimes \chi \simeq \pi_2$.

*Note how unfortunate the name "strong multiplicity one theorem" is" it neither implies nor is implied by "multiplicity one theorem". A name such as "(almost-all) rigidity theorem" could have been much better.

REFERENCES

1 J. Arthur, Eisenstein series and the trace formula, Proc. Symp. Pure Math. 33 (1979), 253-274.

2 S. Gelbart, H. Jacquet, A relation between automorphic representations of GL(2) and GL(3), Ann. Sci. ENS 11 (1978), 471-542.

3 Y.Z. Flicker, Automorphic forms on covering groups of GL(2), Invent. Math. 57 (1980), 119-182.

4 Y.Z. Flicker, The trace formula and base change for GL(3), preprint (1980) ; to appear in Springer Lecture Notes.

5 Y.Z. Flicker, The adjoint lifting from SL(2) to PGL(3), preprint (IHES 1981).

6 H. Jacquet, R.P. Langlands, Automorphic forms on GL(2), SLN 114 (1970).

7 J.-P. Labesse, R.P. Langlands, L-indistinguishability for SL(2), Canad. J. Math. 31 (1979), 726-785.

8 R.P. Langlands, Base change for GL(2), Annals of Math. Study 96 (1980).

9 R.P. Langlands, Les débuts d'une formule des traces stables, Notes, ENSJF (1980)

10 R.P. Langlands, Some identities for orbital integrals attached to GL(3), preprint.

11 D. Shelstad, Characters and inner forms of a quasi-split group over $\mathbb{R}$, Compo. Math. 39 (1979), 11-45.

12 G. Shimura, On the holomorphy of certain Dirichlet series, Proc. London Math. Soc. 31 (1975), 79-95.

13 Y.Z. Flicker, Stable and labile base change for U(2), preprint (Princeton 1981).

14 Y.Z. Flicker, L-packets and liftings for U(3), preprint (Princeton 1982).

Yuval Z. Flicker
Princeton University
Princeton, New Jersey

Séminaire Delange-Pisot-Poitou
(Théorie des Nombres)
1980-81

SUR LE THEOREME DE FUKASAWA-GEL'FOND-GRUMAN-MASSER

Francois Gramain

0. INTRODUCTION

En 1915, G. Pólya [P] montrait qu'une fonction entière f telle que $f(\mathbb{N}) \subset \mathbb{Z}$ et de type exponentiel $< \log 2$ (id est telle que $\limsup_{r \to +\infty} r^{-1} \log|f|_r < \log 2$, où $|f|_r = \max\{|f(z)|; |z| \leq r\}$ et log designe le logarithme népérien) est un polynôme, ce résultat étant le meilleur possible, comme le montre la fonction $f(z) = 2^z$. Ce théorème devait susciter de nombreuses recherches et généralisations (on trouvera une bibliographie importante dans [GRA 1], [GRA 2] et [WA]). En particulier, S. Fukasawa [F] étudiait en 1926 les fonctions entières f telles que $f(\mathbb{Z}[i]) \subset \mathbb{Z}[i]$, et, en 1929, A. Gel'fond [G], améliorant le résultat de Fukasawa, montrait son célèbre théorème:

Il existe un réel $\alpha > 0$ tel que, si f est une fonction entière vérifiant $\limsup_{r \to +\infty} r^{-2} \log|f|_r < \alpha$ et $f(\mathbb{Z}[i]) \subset \mathbb{Z}[i]$, alors f est un polynôme.

En 1929, Gel'fond trouvait pour α la valeur $\pi(1+\exp(164/\pi))^{-2}/2 < 10^{-45}$. Il faut attendre 1979 et L. Gruman [GRU] pour améliorer cette constante, et obtenir $\alpha = 0{,}0396\ldots$. En 1980, D. Masser [M] publie dans une note aux C.R.A.S. les résultats qu'il a trouvés "il y a quelques années". Il donne la meilleure constante α_0 que puisse fournir la méthode des séries d'interpolation, utilisée par Gel'fond en

1929. Pour tout entier $k \geq 2$, soit $r_k = \min\{r > 0$; il existe $z \in \mathbb{C}$, $\mathrm{card}(\overline{D}(z,r) \cap \mathbb{Z}[i]) \geq k\}$, où $\overline{D}(z,r)$ est le disque fermé de centre z et de rayon r, et soit $\delta = \lim_{n\to+\infty} \delta_n$, avec $\delta_n = \sum_{2\leq k\leq n} \frac{1}{\pi r_k^2} - \log n$. Alors $\alpha_0 = \frac{1}{2}\exp(-\delta + 4\frac{c}{\pi})$, avec

$c = \gamma L(1) + L'(1)$, où $L(s) = \sum_{n\geq 0} (-1)^n(2n+1)^{-s}$ est la fonction L de

$\mathbb{Q}(i)$, et γ est la constante d'Euler. On ne sait pas encore calculer δ, mais on a des valeurs approchées [GRA-WE] qui permettent de voir que $0,167 < \alpha_0 < 0,187$, donc que α_0 est voisin de 1/2e. De plus, D. Masser montre que, nécessairement, $\alpha \leq \pi/2e$ en construisant une fonction entière de type $\pi/2e$ d'ordre 2 telle que $f(\mathbb{Z}[i]) \subset \mathbb{Z}[i]$.

Dans l'exposé du 2 février 1981, nous avons montré que le théorème de Gel'fond est vérifié avec $\alpha = \pi/2e$. Plus généralement, on a le résultat suivant:

THEOREME: Soit K le corps quadratique imaginaire de discriminant $-\Delta$, et $a = \sqrt{\Delta}/2$ l'aire d'un parallélogramme fondamental du réseau $\mathcal{O}_K$ des entiers de K.

(i) Si f est une fonction entière vérifiant $f(\mathcal{O}_K) \subset \mathcal{O}_K$ et

$$\limsup_{r\to+\infty} \frac{\log|f|_r}{r^2} < \frac{\pi}{2ea},$$

alors f est un polynôme.

(ii) Il existe une fonction entière f telle que $f(\mathcal{O}_K) \subset \mathcal{O}_K$ et

$$\limsup_{r\to+\infty} \frac{\log|f|_r}{r^2} = \frac{\pi}{2ea}.$$

En particulier f n'est pas un polynôme.

La partie (ii) de ce théorème est une simple généralisation de la construction de D. Masser dans [M]. On obtient le résultat (i) par une "méthode de transcendance", et le lecteur trouvera la démonstration de ce théorème dans [GRA 3].

Nous allons donner ici la preuve complète des résultats de [M], reconstituée avec l'aide de D. Masser.

Dans un premier paragraphe, nous prouverons l'existence de la constante δ et en donnerons un encadrement. Dans le paragraphe 2 on estime un ppcm dans $\mathbb{Z}[i]$, et le troisième paragraphe est consacré à l'application de ces résultats aux fonctions entières laissant stable l'anneau $\mathbb{Z}[i]$ des entiers de Gauss.

1. POINTS À COORDONNÉES ENTIÈRES ET DISQUES

Rappelons que, pour tout entier $k \geq 2$, on note $r_k = \min\{r > 0 ; \text{ il existe } z \in \mathbb{C}, \operatorname{card}(\overline{D}(z,r) \cap \mathbb{Z}[i]) \geq k\}$. Il est clair que ce minimum est atteint, et on appellera disque minimal tout disque fermé de rayon r_k contenant au moins k points de $\mathbb{Z}[i]$. On trouvera le calcul des premiers r_k dans [GRU] (pour $k \leq 9$) ou [GRA 4] (pour $k \leq 16$) et une importante table des r_k dans [GRA-WE].

LEMME 1. Pour $k \geq 2$ on a $(\sqrt{\pi(k-1)+4} - 2)/\pi < r_k \leq \sqrt{(k-1)/\pi}$.

Demonstration: La minoration résulte de raffinements de calculs classiques (voir, par exemple [G]). Le disque fermé $\overline{D}$ de centre $x+iy$ et de rayon r est réunion disjointe des quatre quarts de disque

$$Q_1 = \{(\xi,\eta) \in \mathbb{R}^2 ; (\xi-x)^2 + (\eta-y)^2 \leq r^2, \ \xi > x, \ \eta \geq y\},$$

$$Q_2 = \{(\xi,\eta) \in \mathbb{R}^2 ; (\xi-x)^2 + (\eta-y)^2 \leq r^2, \ \xi \leq x, \ \eta > y\},$$

$$Q_3 = \{(\xi,\eta) \in \mathbb{R}^2 ; (\xi-x)^2 + (\eta-y)^2 \leq r^2, \ \xi < x, \ \eta \leq y\},$$

$$Q_4 = \{(\xi,\eta) \in \mathbb{R}^2 ; (\xi-x)^2 + (\eta-y)^2 \leq r^2, \ \xi \geq x, \ \eta < y\}.$$

En chaque point à coordonnées entières situé dans le quart de disque Q_1 (resp. Q_2, resp. Q_3, resp. Q_4) on construit le carré de côtés unités parallèles aux axes de coordonnées, de sommet ledit point entier, et situé "en bas à gauche" (resp. "en bas à droite", resp. "en haut à droite", resp. "en haut à gauche") conformément à la figure.

Soit A_j l'aire de la réunion des carrés engendrés par les points à coordonnées entières situés dans le quart de disque Q_j, et soit k le nombre de points à coordonnées entières situés dans $\overline{D}$. On a $k = \sum_{j=1}^{4} A_j$. Mais l'aire A_j est majorée par la somme de l'aire du quart de disque Q_j et de l'aire de la réunion des parties des carrés qui dépassent des rayons limitant Q_j . On a donc

$$k < \pi r^2 + 4r + 1 \quad ,$$

et r_k est minoré par la racine positive du trinôme $\pi X^2 + 4X + 1 - k$, ce qui donne le résultat annoncé.

Remarque: On peut raffiner cette minoration, en majorant A_j avec plus de soin. Par exemple, en tenant compte de petits triangles curvilignes dont deux des côtés sont formés par des côtés des carrés unités voisins du bord de D , on peut obtenir (voir [GRA-WE]) des minorations telles que: $r_k \geq (\sqrt{\pi(k-6)+2} - \sqrt{2})/\pi$, pour $k \geq 6$; ou, pour $k \geq 1000$, r_k est supérieur à la racine positive du trinôme

$$\pi X^2 + 2(\frac{4}{\sqrt{5}} + \sqrt{2} - 2)X + (27 - \frac{8\sqrt{2}}{3\sqrt{5}} - \frac{10\sqrt{5}}{3}) + \frac{2\sqrt{2} + 20\sqrt{5}}{3}\sqrt{\frac{2}{629}}$$

$$+ (\frac{2\sqrt{2}}{\sqrt{5}} + \frac{25\sqrt{5}}{4} - 13 - \frac{1}{2})\frac{2}{629} - k \quad .$$

Quant à la majoration de r_k , elle résulte immédiatement d'un résultat classique ([P-S] n° 452, p. 151) dont la Proposition 1 ci-dessous précise l'énoncé. En fait, on peut montrer que r_k^2 est rationnel (voir [GRA-WE]) donc que la majoration indiquée est stricte.

c.q.f.d

PROPOSITION 1: Soit D un domaine quarrable du plan, d'aire $A \neq 0$. Si A n'est pas entier ou si D est compact (resp. dans le cas contraire) il existe une translation τ telle que $\tau(D)$ contienne au moins $[A]+1$ (resp. au moins $[A] = A$) points à coordonnées entières.

Démonstration: Soit n un entier positif, et soit $f(n)$ le cardinal de $\mathbb{Z}[i] \cap nD$. Comme D est quarrable, on a $\lim_{n\to+\infty} f(n)/n^2 = A$ (considérer un pavage de carrés unités centres aux points de $\mathbb{Z}[i] \cap nD$).

Supposons que A n'est pas un entier. L'indice du sous-groupe $n\mathbb{Z}[i]$ de $\mathbb{Z}[i]$ est n^2 , et pour n assez grand il y a $f(n) \geq [A]n^2 + 1$ points dans $\mathbb{Z}[i] \cap nD$. Le principe des tiroirs montre donc qu'il y a au moins $[A]+1$ points de $\mathbb{Z}[i] \cap nD$ qui sont deux à deux congrus modulo $n\mathbb{Z}[i]$. Par suite, il y a au moins $[A]+1$ points de D qui sont deux à deux congrus modulo $\mathbb{Z}[i]$. Si z_0 est un de ces points, la translation τ de vecteur $-z_0$ a la propriété annoncée.

Si A est entier, pour $\varepsilon \in [0,1]$, soit $D_\varepsilon = D + \overline{D}(0,\varepsilon)$ dont l'aire est $A_\varepsilon > A$. D'après ce qui précède, il existe une translation τ_ε de vecteur $v_\varepsilon \in D_\varepsilon \subset D_1$ telle que $\tau_\varepsilon(D_\varepsilon)$ contienne au moins $A+1$ points à coordonnées entières $z_0(\varepsilon) = 0$, $z_1(\varepsilon),\ldots,z_A(\varepsilon)$. Si D est compact, il en est de même de D_1 et les $z_j(\varepsilon)$ appartiennent à $D_1 - D_1$ qui est aussi compact. Il existe donc une suite ε_n de ε tendant vers zéro telle que les suites v_{ε_n} et $z_j(\varepsilon_n)$ soient convergentes. Comme les $z_j(\varepsilon_n) \in \mathbb{Z}[i]$ qui est discret, les suites $z_j(\varepsilon_n)$ sont stationnaires et leurs limites $z_j \in \mathbb{Z}[i]$ sont distinctes. De plus $v_{\varepsilon_n} \in D_{\varepsilon_n}$ et les D_{ε_n} sont emboîtés, donc, comme D est compact, la limite v de v_{ε_n} est un élément de D . Comme $\tau_{\varepsilon_n}^{-1}(z_j(\varepsilon_n)) \in D_{\varepsilon_n}$, il est clair que, si τ est la translation de vecteur v , $\tau(D)$ contient les points $z_j (0 \le j \le A)$.

Si A est entier et si D n'est pas compact, il peut arriver que, pour toute translation τ , il n'y ait qu'au plus A points de $\mathbb{Z}[i]$ dans $\tau(D)$, comme le montre l'exemple du rectangle ouvert $D = \{(x,y) \in \mathbb{R}^2 ; 0 < x < A , 0 < y < 1\}$. Mais, il suffit d'appliquer ce qui précède a une partie compacte de D dont l'aire est strictement comprise entre $A-1$ et A pour achever la preuve de la proposition.

c.q.f.d.

<u>PROPOSITION 2</u>: <u>Soit</u> $\delta_n = \sum_{2\le k\le n} \frac{1}{\pi r_k^2} - \log n$. <u>La suite des</u> δ_n <u>est croissante et converge vers une limite</u> δ .

<u>Remarque</u>: Les encadrements de r_k qu'on trouve dans [GRA-WE] permettent de montrer que $1{,}808 < \delta < 1{,}915$.

<u>Démonstration</u>: La croissance de δ_n résulte de la majoration de r_k donnée au lemme 1. On en déduit en effet que $\delta_{n+1} - \delta_n \ge \frac{1}{n} + \log n - \log(n+1) \ge 0$, pour $n \ge 2$. La convergence de δ_n résulte de la minoration de r_k . En effet, pour $p \ge q \ge 2$, on a

$$\delta_p - \delta_q = \sum_{k=q+1}^{p} \frac{1}{\pi r_k^2} + \log q - \log p \le \log q - \log p + \sum_{k=q+1}^{p} \pi(\sqrt{\pi(k-1)+4}-2)^{-2} .$$

Il est facile d'en déduire que δ_n est une suite de Cauchy, et que

$\delta_n - \delta = O(1/\sqrt{n})$. Par exemple, l'application de la formule sommatoire d'Euler-Mac Laurin ([D] p. 302) donne une majoration de $\delta - \delta_n$ d'autant plus précise que la minoration de r_k utilisée est meilleure.

c.q.f.d.

2. QUELQUES PROPRIÉTÉS ARITHMÉTIQUES DE $\mathbb{Z}[i]$

Ordonnons les éléments de l'anneau $\mathbb{Z}[i]$ des entiers de Gauss par module puis argument croissants, de sorte que

$$\zeta_o = 0 \ , \ \zeta_1 = 1 \ , \ \zeta_2 = i \ , \ \zeta_3 = -1 \ , \ \zeta_4 = -i \ , \ \zeta_5 = 1+i, \dots \ .$$

Si on note $\rho_n = |\delta_n|$, il est bien connu que $n = \pi\rho_n^2 + O(\rho_n)$ et $\rho_n = \sqrt{n/\pi} + O(1)$ (on trouvera la preuve de ce résultat dans [GRA 3], lemme 2). Avec ces notations, on a le

LEMME 2: Il existe une constante c_o telle que, si $z \in \mathbb{C}$ vérifie $|z| = \theta|\delta_n|$, on ait $|\log| \prod_{j=o}^{n}{}^{*}(z-\zeta_j)| - \frac{1}{2} n \log n - n\, w(\theta)| \le c_o \max(1,\theta)\sqrt{n} \log n$, pour $n \ge 2$, où l'astérisque signifie qu'on omet dans le produit les facteurs de module < 1 et où

$$w(\theta) = \begin{cases} \log\theta - \frac{1}{2}\log\pi & \text{si} \quad \theta \ge 1 \\ \frac{\theta^2}{2} - \frac{1}{2} - \frac{1}{2}\log\pi & \text{si} \quad \theta \le 1 \ . \end{cases}$$

Démonstration: A une constante près, on peut ne considérer que les facteurs tels que $|z - \zeta_j| \ge 2\sqrt{2}$. Alors le théorème de la moyenne montre que, si P_j est le carré unité de côtés parallèles aux axes réel et imaginaire pur centré en ζ_j , on a

$$|\log|z - \zeta_j| - \iint_{P_j} \log|z-t|d\omega(t)| \le \log \frac{|z-\zeta_j|}{|z-\zeta_j|-1/\sqrt{2}} \le \frac{1/\sqrt{2}}{|z-\zeta_j|-1/\sqrt{2}} \ ,$$

d'où

$$|\sum_{j=o}^{n}{}^{*}(\log|z - \zeta_j| - \iint_{P_j} \log|z-t|d\omega(t))| \le \frac{1}{\sqrt{2}} \sum_{j=o}^{n}{}^{*} \frac{1}{|z-\zeta_j|-1/\sqrt{2}} \ ,$$

et comme

$$\frac{1}{|z-\zeta_j|-1/\sqrt{2}} \leq \iint_{P_j} \frac{d\omega(t)}{|z-t|-\sqrt{2}} ,$$

cette dernière somme est majorée par

$$\iint_{\overline{D}(0,|z|+|\zeta_n|+1/\sqrt{2})\setminus D(0,3/\sqrt{2})} \frac{\rho d\rho d\theta}{\rho-\sqrt{2}} ,$$

donc, à une constante multiplicative près, par $|z| + |\zeta_n|$. Mais

$$\left| \sum_{j=o}^{n*} \iint_{P_j} \log|z-t|d\omega(t) - \iint_{\overline{D}(0,|\zeta_n|)} \log|z-t|d\omega(t) \right| \leq c_1 \max(1,\theta)\sqrt{n} \log n ,$$

où c_1 est une constante absolue. En effet, cette différence est majorée par la somme de deux termes: le premier est l'intégrale de $|\log|z-t||$ sur la couronne $\overline{D}(0,|\zeta_n| + 1/\sqrt{2})\setminus D(0,|\zeta_n| - 1/\sqrt{2})$, qui est majorée par $2\sqrt{2}\pi|\zeta_n|\log(|z| + |\zeta_n| + 1/\sqrt{2})$ pour $|\zeta_n|$ assez grand. Le second est l'intégrale de la même fonction sur le disque $\overline{D}(z,5/\sqrt{2})$, qui est une constante absolue. Le résultat est donc une conséquence immédiate du calcul suivant:

<u>LEMME 3</u>. <u>Soit</u> $z \in \mathbb{C}$ <u>et</u> r <u>un réel</u> ≥ 0. <u>Si</u> $d\omega$ <u>désigne</u> <u>l'élément d'aire de</u> $\mathbb{R}^2 \simeq \mathbb{C}$, <u>l'intégrale</u>

$$I_r(z) = \iint_{\overline{D}(0,r)} \log|z-t|d\omega(t)$$

<u>existe</u>. <u>On a</u> $I_o(z) = 0$, <u>et si</u> $r > 0$,

$$I_r(z) = \begin{cases} \pi r^2 \log|z| & \underline{\text{si}} \quad |z| \geq r \\ \pi r^2 \log r - \frac{\pi}{2}(r^2-|z|^2) & \underline{\text{si}} \quad |z| \leq r \end{cases} .$$

<u>Démonstration</u>: La convergence de cette intégrale provient de ce que

$$\int_0^{2\pi}\int_0^x (\log \rho)\rho d\rho d\theta = 2\pi\int_0^x (\log \rho)\rho d\rho$$

existe. En effet, par intégration par parties, on a

$$\int_\varepsilon^x (\log \rho)(\rho d\rho) = \left[\frac{1}{2}\rho^2 \log \rho\right]_\varepsilon^x - \frac{1}{2}\int_\varepsilon^x \rho d\rho = \left[\frac{1}{2}\rho^2 \log \rho - \frac{1}{4}\rho^2\right]_\varepsilon^x$$

et $\varepsilon \log \varepsilon \to 0$ quand $\varepsilon \to +0$.

On a donc $I_r(z) = \int_0^r \rho\phi(\rho)d\rho$, avec $\phi(\rho) = \int_0^{2\pi} \log|f(\rho e^{i\theta})|d\theta$,

où $f(t) = z-t$. Si $z = 0$, le résultat est immédiat; et si $z \neq 0$, la formule de Jensen ([W], 1.5.3) montre que, pour $\rho > 0$, on a $\phi(\rho) = 2\pi \max(\log|z|, \log \rho)$. Le lemme en découle aussitôt.

c.q.f.d.

Nous utiliserons aussi une estimation analytique résultant du théorème des nombres premiers pour le corps $\mathbb{Q}(i)$, et dont la démonstration se trouve dans un célèbre article de D. Hensley ([H], p. 513-515). Soit $P = \{p\}_{p\in P}$ l'ensemble des idéaux premiers de $\mathbb{Z}[i]$. On note $N(p)$ la norme de l'idéal p , et, par abus de notation, on choisit un générateur p de l'idéal p . Si on note ζ l'élément courant de $\mathbb{Z}[i]$, on a le

<u>LEMME 4</u>. $\sum_{N(p)\leq x} \frac{\log N(p)}{N(p)-1} = \frac{4}{\pi} \sum_{N(\zeta)\leq x} N(\zeta)^{-1} - \frac{8c}{\pi} + o(1) =$ $\log x - \frac{4c}{\pi} + o(1)$ <u>où</u> $c = \gamma L(1) + L'(1)$ <u>avec</u> $L(s) =$ $\sum_{n\geq o} (-1)^n(2n+1)^{-s}$, <u>et où</u> γ <u>est la constante d'Euler</u>.

<u>Remarque</u>: On a $L(1) = \pi/4$ (Formule de Leibniz) et

$$L'(1) = \sum_{n\geq 1} (-1)^{n+1} \frac{\log(2n+1)}{2n+1} = \frac{\pi}{4}(\gamma - \log 4 + \frac{\pi}{3} + 4\sum_{k\geq 1} e^{-2k\pi} \sum_{d|k} d^{-1}) =$$

$$0{,}192901316\ldots \quad .$$

On trouve des valeurs approchées de γ dans tous les livres d'analyse élémentaire, par exemple $\gamma = 0{,}577\ 215\ 664\ldots$.

Ces lemmes permettent de prouver le résultat fondamental suivant.

<u>PROPOSITION 3</u>. <u>Soit</u> β_n <u>le</u> p.p.c.m. <u>dans</u> $\mathbb{Z}[i]$ <u>des</u> n+1

<u>nombres</u> $\prod_{0\le j\le n}(\zeta_m-\zeta_j)$, $(0\le m\le n)$. <u>Pour</u> $n\to+\infty$, <u>on a</u>

$$\log|\beta_n| = \frac{1}{2}\,n\log n + \frac{1}{2}\left(\delta - \frac{4c}{\pi} - 1\right)n + o(n)\ .$$

<u>Démonstration</u>. Remarquons d'abord qu'il suffit d'obtenir cette estimation de $|\beta_n|$ pour les entiers n tels que $\rho_n = |\zeta_n| < \rho_{n+1} = |\zeta_{n+1}|$. En effet $|\beta_n|$ est une fonction croissante de n , et si n_1 et n_2 sont deux tels entiers consécutifs, on a $n_2 = n_1 + O(n_1^{1/2})$. On supposera donc que n vérifie $\rho_n < \rho_{n+1}$.

Soit $\beta_n = \prod_{p\in P} p^{v(p)}$ la décomposition de β_n en produit de facteurs premiers dans $\mathbb{Z}[i]$. Comme $|\zeta_m-\zeta_j| \le 2\rho_n$, on peut se limiter aux nombres premiers qui verifient $N(p)\le 4\rho_n^2$. Il est plus commode d'estimer $|\beta_n|^2 = N(\beta_n) = \prod_{n(p)\le 4\rho_n^2} N(p)^{v(p)}$, qu'on écrit sous la forme du produit des deux facteurs

$$P_1 = \prod_{N(p)>\left(\frac{\rho_n}{r_K}\right)^2} N(p)^{v(p)} \quad \text{et} \quad P_2 = \prod_{N(p)\le\left(\frac{\rho_n}{r_K}\right)^2} N(p)^{v(p)}\ .$$

On choisit K de sorte que dans P_1 n'interviennent que des nombres premiers dont le carré ne divise pas $\zeta_m-\zeta_j$. Pour cela, il suffit que $|p^2| = N(p) > 2\rho_n$, c'est-à-dire $(\rho_n/r_K)^2 \ge 2\rho_n$. Compte tenu des estimations de ρ_n et r_K , il suffit que K soit, à une constante multiplicative près, plus petit que $\sqrt{n}$. On verra, à la fin de la démonstration, que pour donner une estimation précise de P_1 il faut choisir un K nettement plus petit. Nous choisissons donc $K = [n^{1/4}]$, de sorte que $r_K \sim \pi^{-1/2}\,n^{1/8}$ et $\rho_n/r_K \sim n^{3/8}$.

a) <u>Estimation de</u> P_2

On a $v(p) = \max_{0\le m\le n}$ {valuation p-adique de $\prod_{\substack{0\le j\le n\\ j\ne m}}(\zeta_m-\zeta_j)$} . La plus grande puissance de p divisant un des $\zeta_m-\zeta_j$ est au plus p^{δ_p} avec $\delta_p = [(\log(2\rho_n))/\log|p|]$, donc, en notant $A(m,\ell,p) = \operatorname{card}\{\zeta\in\mathbb{Z}[i]\ ;\ \zeta\ne 0$ et $p^\ell\zeta\in\overline{D}(\zeta_m,\rho_n)\}$, on a

$$v(p) = \max_m\{\delta_p A(m,\delta_p,p) + (\delta_p-1)(A(m,\delta_p-1,p) - A(m,\delta_p,p))$$

$$+ \dots +1(A(m,1,p) - A(m,2,p))\}$$

$$= \max_m \sum_{1\leq\ell\leq\delta_p} A(m,\ell,p) \quad .$$

Or $A(m,\ell,p) = \mathrm{card}\{\mathbb{Z}[i] \cap \overline{D}(\zeta_m p^{-\ell},\rho_n|p|^{-\ell})\} - 1$, et d'après les calculs de [G] ou ceux du paragraphe 1, on a

$$\pi(\frac{\rho_n}{|p|^\ell} - \frac{1}{\sqrt{2}})^2 - 1 \leq A(m,\ell,p) \quad \text{si} \quad \sqrt{2}\rho_n \geq |p|^\ell \quad , \text{et}$$

$$A(m,\ell,p) \leq \pi(\frac{n}{|p|^\ell} + \frac{1}{\sqrt{2}})^2 \quad .$$

On en déduit

$$\sum_{1\leq\ell\leq \frac{\log(\rho_n\sqrt{2})}{\log|p|}} (\pi(\frac{\rho_n}{|p|^\ell} - \frac{1}{\sqrt{2}})^2 - 1) \leq v(p) \leq \sum_{1\leq\ell\leq\delta_p} \pi(\frac{\rho_n}{|p|^\ell} + \frac{1}{\sqrt{2}})^2 \quad ,$$

d'où

$$v(p) = \frac{\pi\rho_n^2}{N(p)-1}(1+O(\rho_n^{-2})) + O(\frac{\rho_n}{|p|-1}) + O(\frac{\log(\rho_n\sqrt{2})}{\log|p|}) \quad .$$

Mais le théorème des nombres premiers monre que $\sum_{N(p)\leq x} 1 = O(\frac{x}{\log x})$, et $\sum_{N(p)\leq x} \frac{\log N(p)}{|p|-1} = O(\sqrt{x})$.

Le lemme 4 montre donc que

$$\log P_2 = \sum_{N(p)\leq(\rho_n/r_K)^2} v(p)\log N(p) = (\pi\rho_n^2+O(1)) \sum_{N(p)\leq(\rho_n/r_K)^2} \frac{\log N(p)}{N(p)-1}$$

$$= \frac{3}{4}\, n\log n - \frac{4c}{\pi}\, n + o(n) \quad .$$

b) <u>Estimation de</u> P_1

Le plus facile est la majoration de P_1 . En effet, pour

$(\rho_n/r_{k+1})^2 < N(p) \le (\rho_n/r_k)^2$, on a
$v(p) = \max_m \text{card}\{\mathbb{Z}[i] \cap \overline{D}(\zeta_m/p,\rho_n/|p|)\} - 1$, et $r_k \le \rho_n/|p| < r_{k+1}$, donc $v(p) \le k-1$, et, par suite, en utilisant le fait que $r_2 = 1/2$, on a

$$\log P_1 = \sum_{(\rho_n/r_K)^2<N(p)\le(\rho_n/r_2)^2} v(p) \log N(p)$$

$$\le \sum_{2\le k\le K-1} (k-1) \sum_{(\rho_n/r_{k+1})^2<N(p)\le(\rho_n/r_k)^2} \log N(p) .$$

Si on pose $\Theta(x) = \sum_{N(p)\le x} \log N(p)$, on sait ([B], p. 72) qu'il existe $\tau > 0$ tel que $\Theta(x) = x + O(x \exp(-\tau\sqrt{\log x}))$. On a donc

$$\log P_1 \le \sum_{2\le k\le K-1} (k-1)(\Theta(\rho_n^2/r_k^2) - \Theta(\rho_n^2/r_{k+1}^2))$$

$$\le (1-K)\Theta(\rho_n^2/r_k^2) + \sum_{2\le k\le K} \Theta(\rho_n^2/r_k^2)$$

$$\le \rho_n^2 \sum_{2\le k\le K} r_k^{-2} + (1-K)(\rho_n^p/r_k^2) + o(n) .$$

En effet, le terme d'erreur est, à une constante multiplicative près, $\rho_n^2 \sum_{2\le k\le K} r_k^{-2} \exp(-\tau\sqrt{2\log(\rho_n/r_k)})$, et, compte tenu du lemme 1, cela est de l'ordre de $n \log n \exp(-\tau'\sqrt{\log n}) = o(n)$. On a ainsi $\log P_1 \le n \sum_{2\le k\le K} \frac{1}{\pi r_k^2} - n + o(n)$. On en déduit que

$$2 \log|\beta_n| = \log P_1 + \log P_2 \le \frac{3}{4} n \log n - \frac{4c}{\pi} n$$

$$+ n\Big(\sum_{2\le k\le K} \frac{1}{\pi r_k^2} - \log K\Big) - n + n \log K + o(n) .$$

Mais $K = [n^{1/4}]$, et on a vu dans la preuve de la proposition 2 que

$\delta-\delta_K = O(K^{-1/2})$. On obtient donc $\log|\beta_n| \le \frac{1}{2} n \log n + \frac{1}{2}(\delta - \frac{4c}{\pi} - 1)n$ $+o(n)$.

La minoration de P_1 est plus délicate. Le point crucial est de remarquer que si $k \le K-1$ et si p est un premier de $\mathbb{Z}[i]$ vérifiant $\rho_n^2/r_{k+1}^2 < N(p) \le (\rho_n-1)^2/r_k^2$, alors $v(p) = k-1$ (il se peut qu'aucun nombre premier de $\mathbb{Z}[i]$ ne vérifie cette double inégalité, par exemple si $r_k = r_{k+1}$).

Pour prouver cette propriété, considérons un disque minimal (au sens du paragraphe 1) D_k , de centre c_k et de rayon r_k . Soit $\zeta' \in D_k \cap \mathbb{Z}[i]$, et ζ_m un entier de Gauss le plus proche de $p(\zeta'-c_k)$. On a $|\zeta_m - p(\zeta'-c_k)| \le 1$, donc $|\zeta_m| \le 1 + |p|r_k \le \rho_n$, et ζ_m est un des points qui interviennent dans le calcul de β_n . Il y a au moins $k-1$ autres points $\zeta'',\ldots,\zeta^{(k-1)} \in D_k \cap \mathbb{Z}[i]$ qui fournissent, de la même manière, des $\zeta_j = \zeta_m + p(\zeta^{(\ell)}-\zeta')$ qui vérifient

$|\zeta_j| \le |\zeta_m - p(\zeta'-c_k)| + |p(\zeta^{(\ell)}-c_k)| \le \rho_n$, et apparaissent donc, eux aussi, dans le calcul de β_n. Ces k entiers de Gauss sont tous distincts, et les $k-1$ différences $\zeta_j-\zeta_m$ sont divisibles par p , on a donc $v(p) \ge k-1$. Comme on a vu plus haut que $v(p) \le k-1$, on a bien le résultat annoncé. On en déduit la minoration

$$\log P_1 \ge \sum_{2 \le k \le K-1} (k-1) \sum_{\rho_n^2/r_{k+1}^2 < N(p) \le (\rho_n-1)^2/r_k^2} \log N(p) .$$

Pour achever la preuve de la proposition, il suffit de vérifier que la différence Δ entre cette minoration et la majoration obtenue ci-dessus est un $o(n)$. Or, on a

$$\Delta = \sum_{2 \le k \le K-1} (k-1)\Delta_k \quad \text{où} \quad \Delta_k = \sum_{(\rho_n-1)^2/r_k^2 < N(p) \le \rho_n^2/r_k^2} \log N(p) \quad , \text{ et}$$

$\rho_n^2/r_k^2 \le 4n/\pi + O(\sqrt{n})$. On en déduit

$$\Delta_k \le 2(\log \frac{\rho_n}{r_k}) \sum_{(\rho_n-1)^2/r_k^2 < N(p) \le \rho_n^2/r_k^2} 1 \le 2 \log n \sum_{(\rho_n-1)/r_k < |\zeta| \le \rho_n/r_k} 1 .$$

Mais card $(\mathbb{Z}[i] \cap \overline{D}(0,x)) = \pi x^2 + O(x)$, donc

$$\Delta_k \leq 4\pi(\frac{\rho_n}{r_k^2} + O(\frac{\rho_n}{r_k})) \log n$$

et Δ est de l'ordre de $\rho_n \log n \sum_{2\leq k\leq K-1} k/r_k$, donc de

$\rho_n \log n \sum_{2\leq k\leq K-1} \sqrt{k}$. Ainsi $\Delta = O(K^{3/2}\sqrt{n}\log n)$, et le choix de

$K = [n^{1/4}]$ fournit $\Delta = o(n)$.

c.q.f.d.

3. FONCTIONS ENTIÈRES ARITHMÉTIQUES

Rappelons qu'une fonction entière $f : \mathbb{C} \to \mathbb{C}$ est dite de type τ d'ordre 2 si et seulement si $\limsup_{r\to+\infty} r^{-2} \log|f|_r = \tau < +\infty$, où $|f|_r = \max\{|f(z)| \; ; \; |z| = r\}$. L'énoncé suivant explicite le lien qui existe entre τ et la croissance des coefficients du développement de en série d'interpolation de Newton aux points de $\mathbb{Z}[i]$.

PROPOSITION 4. Soit $\{\zeta_j\}_{j\in\mathbb{N}}$ les éléments de $\mathbb{Z}[i]$ ordonnés par module puis argument croissants, et $P_n(z) = \prod_{0\leq m\leq n-1} (z-\zeta_m)$.

(i) Soit f une fonction entière de type $\tau < \pi/2$ d'ordre 2. Son développement en série de Newton aux points de $\mathbb{Z}[i]$, qui s'écrit $a_o + \sum_{n\geq 1} a_n P_n(z)$, converge vers f uniformément sur tout compact, et on a

$$\limsup_{n\to+\infty} \frac{\log|a_n| + (n/2)\log n}{n} = \frac{1}{2}(1 + \log 2\tau) \quad .$$

(ii) Inversement, si $\{a_n\}_{n\in\mathbb{N}}$ est une suite de nombres complexes vérifiant

$$\limsup_{n\to+\infty} \frac{\log|a_n| + (n/2)\log n}{n} = \lambda > \frac{1}{2}(1 + \log \pi) \quad ,$$

alors la série $a_o + \sum_{n\geq 1} a_n P_n(z)$ converge uniformément sur tout compact vers une fonction entière de type $(1/2)\exp(2\lambda-1)$ d'ordre 2.

Démonstration. Remarquons d'abord qu'il suffit, au (i), de majorer la lim sup considérée par $(1 + \log 2\tau)/2$, car l'égalité resultera de la majoration du type d'ordre 2 de la série envisagée en (ii). De même, au (ii), il suffit de donner la majoration du type de f, l'égalité résultant de la partie (i).

Prouvons en premier la partie (ii) de la proposition. Soit λ' vérifiant $\lambda < \lambda' < (1 + \log \pi)/2$, et soit $\theta \in [0,1]$ suffisamment petit pour que $\lambda' + (\theta^2 - 1 - \log \pi)/2 < 0$. Il existe un entier n_1 tel que $\log|a_n| + (n/2) \log n \le \lambda' n$, pour $n \ge n_1$. Pour tout $R > 0$, il existe un entier $n_0 \ge n_1$, tel que $\theta \rho_{n_0} \ge R$ (rappelons que $\rho_n = |\zeta_n|$), et le lemme 2 montre que, si $n > n_0$ et $|z| \le R$, on a

$$\log|a_n P_n(z)| \le (\lambda' + \frac{\theta^2}{2} - \frac{1}{2} - \frac{1}{2} \log \pi)\, n + o(n) \le - c_2\, n$$

où c_2 est une constante positive. La série considérée converge donc uniformément sur tout compact vers une fonction entière f dont nous allons majorer la croissance. Soit $z \in \mathbb{C}$, avec $|z| = r > \rho_{n_0}$. D'après le lemme 2, on a, pour $r \le \rho_{n-1}$

$$\log|a_n P_n(z)| \le (\lambda' + \frac{r^2}{2\rho_{n-1}^2} - \frac{1}{2} - \frac{1}{2} \log \pi) n + O(\sqrt{n} \log n) \quad ,$$

et pour $r \ge \rho_{n-1}$, si $n \ge n_1$

$$\log|a_n P_n(z)| \le (\lambda' + \log \frac{r}{\rho_{n-1}} - \frac{1}{2} \log \pi)\, n + O(r \log r) \quad .$$

Mais $|f|_r \le \sigma_0 + \sigma_1 + \sigma_2$, où

$$\sigma_0 = \Big| a_0 + \sum_{1 \le n < n_1} a_n P_n(z) \Big|_r \;,\quad \sigma_1 = \Big| \sum_{\substack{n \ge n_1 \\ \rho_{n-1} \le r}} a_n P_n(z) \Big|_r \quad ,$$

$$\text{et} \quad \sigma_2 = \Big| \sum_{\rho_{n-1} > r} a_n P_n(z) \Big|_r \quad .$$

D'après les estimations ci-dessus, on a

$$\sigma_2 \le e^{\pi r^2/2} \sum_{\rho_{n-1}>r} e^{(\lambda' - \frac{1}{2} - \frac{1}{2}\log \pi)\, n + O(\sqrt{n}\log n)} ,$$

et on est amené à sommer une série qui converge comme une série géométrique. On obtient

$$\log \sigma_2 \le \pi(\lambda' - \frac{1}{2}\log \pi)\, r^2 + o(r^2) ,$$

et on vérifie aisément que

$$\pi(\lambda' - \frac{1}{2}\log \pi) \le \frac{1}{2}\exp(2\lambda' - 1) .$$

De la même facon, on a

$$\sigma_1 \le e^{O(r \log r)} \sum_{\rho_{n-1}\le r} e^{n(\lambda' + \log r - \frac{1}{2}\log n)} .$$

Mais $x(\lambda' + \log r - (\log x)/2)$ est maximal pour $x = r^2 \exp(2\lambda' - 1)$, et vaut alors $(1/2)\, r^2 \exp(2\lambda' - 1)$; on en déduit immédiatement que

$$\log \sigma_1 \le \frac{r^2}{2}\exp(2\lambda' - 1) + o(r^2) .$$

Enfin, on a $\log\sigma_o \le c_3 \log r$, où c_3 ne dépend que des a_n d'indice $n \le n_1 - 1$, et le résultat (ii) est démontré en faisant tendre λ' vers λ .

Prouvons maintenant la partie (i) du lemme. Soit τ' verifiant $\tau < \tau' < \pi/2$. Pour $n \ge 1$, on a

$$a_{n-1} = \frac{1}{2i\pi}\int_{C_n} \frac{f(z)}{P_n(z)}\, dz ,$$

où C_n est le cercle de centre 0 et de rayon $\theta\rho_{n-1}$, où θ est une constante >1 , indépendante de n , que nous préciserons plus loin. En utilisant le lemme 2 qui donne une minoration de $|P_n(z)|$ sur C_n obtient

$$\log|a_n| \le \log(\theta\rho_{n-1}) + \tau'\theta^2\rho_{n-1} - \frac{1}{2}n\log n - n(\log\theta - \frac{1}{2}\log\pi) + o(n) .$$

On a donc

$$\frac{1}{n}(\log|a_n| + \frac{1}{2} n \log n) \leq \frac{\tau'\theta^2}{\pi} - \log \theta + \frac{1}{2}\log \pi + o(1) \quad .$$

Pour rendre cette majoration optimale, on choisit $\theta^2 = \pi/2\tau'$, ce qui donne

$$\limsup_{n \to +\infty} \frac{\log|a_n| + (n/2)\log n}{n} \leq (1 + \log 2\tau')/2$$

et on a bien la majoration annoncée.

Alors la partie (ii) de la proposition montre que la série d'interpolation de Newton converge uniformément sur tout compact vers une fonction entière $g(z)$ de type $\leq \tau$ d'ordre 2, et, par construction, f et g coïncident sur $\mathbb{Z}[i]$. Il suffit donc de montrer qu'une fonction entière h telle que $h(\mathbb{Z}[i]) = \{0\}$ et $\limsup_{n \to +\infty} r^{-2} \log|h|_r = \tau < \pi/2$, est identiquement nulle.

Pour cela supposons h non nulle, et notons $\alpha_k z^k$ le premier terme non nul de son développement de Taylor à l'origine. La formule de Jensen ([W], 1.5.3) s'écrit

$$\log|h|_r \geq \log|\alpha_k| + k \log r + \sum_{|\zeta_j| \leq r} \log \frac{r}{|\zeta_j|} \quad .$$

L'estimation du lemme 2 pour la somme des $\log|\zeta_j|$ montre que $\tau \geq \pi/2$, donc que h était identiquement nulle.

c.q.f.d.

On peut alors montrer le théorème principal de la note [M] de D. Masser.

<u>THEOREME 1</u>. <u>Soit</u> f <u>une fonction entière de type</u> τ <u>d'ordre</u> 2 <u>telle que</u> $f(\mathbb{Z}[i]) \subset \mathbb{Z}[i]$. <u>Si</u> $\tau < \alpha_0 = \frac{1}{2}\exp(-\delta + \frac{4c}{\pi})$, <u>alors</u> f <u>est un polynôme</u>.

<u>Remarque 1</u>. L'encadrement de δ annoncé au paragraphe 1 montre que $0,167 < \alpha_0 < 0,187$, donc que α_0 est voisin de $1/2e = 0,18393\ldots$. On voit que $\alpha_0 > 1/6$ (question posée dans [M]) et on pourrait conjecturer que $\delta = 1 + 4c/\pi$.

Remarque 2. La démonstration du théorème prouve que α_o est la valeur la meilleure possible que puisse donner cette méthode (méthode de [G]) puisque la majoration de $|\beta_n|$ donnée par la proposition 3 est en fait une estimation asymptotique.

Démonstration. Avec les notations de la proposition 4, pour $n \geq 1$, on a

$$a_n = \sum_{m=o}^{m} \frac{f(\zeta_m)}{\prod\limits_{\substack{o\leq j\leq n \\ j\neq m}} (\zeta_m - \zeta_j)}$$

de sorte que $a_n\beta_n \in \mathbb{Z}[i]$. Mais, les proposition 3 et 4 montrent que

$$\log|a_n\beta_n| \leq \frac{1}{2}(\delta - \frac{4c}{\pi} - 1)n + \frac{1}{2}(1 + \log 2\tau)n + o(n) \quad .$$

Par suite, si $\log 2\tau < \frac{4c}{\pi} - \delta$, pour n assez grand on a $|a_n\beta_n| < 1$, donc $a_n = 0$. La proposition 4 montre que f est égale à sa série d'interpolation de Newton, donc que f est un polynôme.

c.q.f.d.

La proposition 4 permet aussi de construire un exemple de fonction entière laissant stable $\mathbb{Z}[i]$, non polynômiale et de type minimal d'ordre 2 (d'après [GRA 3]).

THEOREME 2. Il existe une fonction entière f de type $\pi/2e$ d'ordre 2 telle que $f(\mathbb{Z}[i]) \subset \mathbb{Z}[i]$.

Démonstration. Le coefficient a_n de la série d'interpolation de Newton d'une fonction entière f aux points de $\mathbb{Z}[i]$ est donné, pour $n \geq 1$, par

$$a_n = \sum_{o\leq m\leq n} \frac{f(\zeta_m)}{\prod\limits_{\substack{o\leq j\leq n \\ j\neq m}} (\zeta_m - \zeta_j)} \quad ,$$

d'où, avec les notations de la proposition 4,

$$P_n(\zeta_n)a_n = f(\zeta_n) + \sum_{o\leq m\leq n-1} p_{m,n} f(\zeta_m) \quad ,$$

où les $p_{m,n} \in \mathbb{C}$. On peut donc construire une suite de $f(\zeta_n) \in \mathbb{Z}[i]$, de sorte que, pour tout $n \geq 1$, on ait $|a_n P_n(\zeta_n) - 2| \leq 1$. Le lemme 2 montre que $\log|P_n(\zeta_n)| = (n/2) \log n - (n/2) \log \pi + o(n)$, d'où

$$\log|a_n| = -(n/2) \log n + (n/2) \log \pi + o(n) \quad ,$$

et, d'après la proposition 4, la série $a_o + \sum_{n\geq 1} a_n P_n(z)$ a pour somme une fonction entière f ayant les propriétés annoncées.

c.q.f.d.

REFERENCES

[B] Blanchard, A., Initiation à la Théorie analytique des Nombres premiers. Dunod, Paris, 1969.

[D] Dieudonné, J., Calcul Infinitésimal. Hermann, Paris, 1968.

[F] Fukasawa, S., Über ganzwertige ganze Funktionen, Tôhoku Math. J., t. 27, 1926, pp. 41-52.

[G] Gel'fond, A., Sur les propriétés arithmétiques des fonctions entières, Tôhoku Math. J., t. 30, 1929, pp. 280-285.

[GRA 1] Gramain, F., Fonctions entières arithmétiques, Séminaire Delange-Pisot-Poitou (Théorie des Nombres), 19ème année, 1977-78, n° 8, 14p.

[GRA 2] Gramain, F., Fonctions entières arithmétiques, Séminaire P. Lelong-H. Skoda (Analyse), 17ème année, 1976-77, Lecture Notes in Math., n° 694, Berlin-Heidelberg-New York, Springer, 1978.

[GRA 3] Gramain, F., Sur le théorème de Fukasawa-Gel'fond. Invent. Math., t.63, 1981, pp. 495-506.

[GRA 4] Gramain, F., Polynômes d'interpolation sur $\mathbb{Z}[i]$, groupe d'étude d'analyse ultramétrique (Y. Amice, G. Christol, P. Robba), 6ème année, 1978-79, n° 16, 13p.

[GRA-WE] Gramain, F. et Weber, M., en préparation.

[GRU] Gruman, L., Propriétés arithmétiques des fonctions entières. Bull. Soc. Math. France, t. 108, 1980, pp. 421-440.

[H] Hensley, D., Polynomials which take Gaussian integer values at Gaussian integers. J. of Number Theory, t. 9, 1977, pp. 510-524.

[M] Masser, D., Sur les fonctions entières à valeurs entières. C. R. Acad. Sc. Paris, t. 291, série A, pp. 1-4, 1980.

[P] Pólya, G., Über ganzwertige ganze Funktionen. Rend. Circ. Math. Palermo, t. 40, 1916, pp. 1-16.

[P-S] Pólya, G. and Szegö, G., Problems and theorems in analysis, Vol. II, Berlin-Heidelberg-New York, Springer, 1976.

[W] Waldschmidt, M., Nombres transcendants. Lecture Notes in Math., n° 402, Berlin-Heidelberg-New York, Springer, 1974.

[WA] Wallisser, R., Apercu sur les fonctions entières arithmétiques, in Problèmes diophantiens, fascicule 3. Publications Math. de l'Université Pierre et Marie Curie, n° 35, 1981.

Francois Gramain
31 Rue Parmentier
Chevilly-Larue
94150 RUNGIS
France

Séminaire Delange-Pisot-Poitou
(Théorie des Nombres)
1980-81

ALGEBRAIC HECKE CHARACTERS FOR FUNCTION FIELDS

Benedict H. Gross
Princeton University

1. Let F be a finite field with q elements, let X be an absolutely irreducible projective smooth curve over F, and let $k = F(X)$ be the function field of X. Let ∞ denote a closed point of X and let A denote the ring of functions in k which are regular outside of ∞.

Let K be a finite Galois extension of k with group $G = \mathrm{Gal}(K/k)$. Let H be a finite separable extension of K, and let O_H and O_K denote the integral closure of A in H and K respectively. Let $\mathbb{A}_H$ denote the ring of adèles of H.

We call a homomorphism $\chi : \mathbb{A}_H^* \to K^*$ an algebraic Hecke character if it satisfies the two conditions:

a) χ has finite order on the subgroup $\prod_{v|\infty} H_v^* \times \prod_{v\nmid\infty} O_{H,v}^*$,

b) for all $h \in H^*$, $\chi(h) = \prod_{\sigma\in G} (\mathbb{N}_{H/K}h)^{\sigma\cdot n(\sigma)}$ where $n(\sigma) \in \mathbb{Z}$.

We call the element $\eta = \sum n(\sigma)\sigma$ in $\mathbb{Z}[G]$ the algebraic part of χ, and say that χ is effective if $n(\sigma) \geq 0$ for all $\sigma \in G$.

Let G_∞ denote a decomposition group at ∞ in G. If $\eta = \sum n(\sigma)\sigma$ is the algebraic part of a Hecke character χ, then one can show that the sum:

$$\sum_{\tau\in G_\infty} n(\sigma\tau) = w$$

is independent of the choice of $\sigma \in G$. We call this constant the weight of χ . One can also show that $\eta \circ \mathbb{N}_{H/K}$ maps divisors of degree zero of H to principal divisors of K .

If χ is an algebraic Hecke character, one can imitate the construction of Serre and Tate [4, §7] to obtain a representation of the Weil group of H :

$$\chi_\infty : \mathbb{A}^*_H/H^* \to (K \otimes_k k_\infty)^*$$

as well as abelian Galois representations at all finite places p of A :

$$\chi_p : \mathrm{Gal}(\overline{H}/H)^{ab} \to (O_K \otimes_A A_p)^* \quad .$$

2. Effective characters of weight 0 correspond to certain cyclic extensions of H by class-field theory. One would also like an algebraic interpretation of effective characters of weight 1 . When $K = k$ one can show that these characters correspond to H-isogeny classes of Drinfeld's elliptic A-modules of rank 1 [1]. In general, they should correspond to isogeny classes of "abelian A-modules with complex multiplication by O_K ."

It is also possible to construct effective characters of weight 1 by hand. For example, let $k = F(t)$ and $A = F[t]$. Let m be a polynomial of degree ≥ 1 in A ; by adjoining the m-torsion in Carlitz's rank 1 elliptic A-module over k one obtains an abelian extension K of k with Galois group $G \cong (A/m)^*$ [2, §1;3].

For any class $a \in (A/m)^*$ we let σ_a be the corresponding element of G and $\langle a \rangle$ the unique lifting to A with $\deg\langle a \rangle < \deg m$. Let

$$\eta = \sum_{\langle a \rangle \text{ monic}} \sigma_a^{-1} \quad \text{in} \quad \mathbb{Z}[G] \quad .$$

Using some results of Tate and Weil, one can show that η annihilates the divisor class group of K . In fact, for any divisor D we have [2]:

$$D^\eta = \mathrm{div}(\varepsilon_D) + \frac{\deg D}{q - 1}(\infty)$$

where $\varepsilon_D \in K^*$ is well-determined modulo F^*. Since the elements σ_a^{-1} with <a> monic form a set of coset representatives for $G_\infty = A^*$ in G, we see that η is a candidate for the algebraic part of a Hecke character $\chi : \mathbb{A}_K^* \to K^*$ of weight 1.

We shall show that χ exists when $m = p^r$ is the power of a prime polynomial. The divisor (p) is then totally ramified in K: let p denote its unique prime factor.

LEMMA. If $(D,p) = 1$, then $\varepsilon_D^{q-1} \equiv 1 \pmod{p}$.

Proof. It suffices to prove this result when $\deg D = 0$. For it is additive and is true for the divisor $D = (\infty_i)$ of degree 1, where ∞_i is any place of K dividing ∞.

Let $K^+ = K^{G_\infty}$; then $\varepsilon_D^{q-1} \equiv \mathbb{N}_{K/K^+}\varepsilon_D \pmod{p}$ as G acts trivially on O_K/p. But $\mathbb{N}_{K/K^+}\varepsilon_D$ generates the ideal $\mathbb{N}_{K/k}D$ of k. Since norms from K to K^+ are "totally monic" at ∞, $\mathbb{N}_{K/K^+}\varepsilon_D = \mathfrak{d}$ where $\mathfrak{d}$ is a monic element of k.

Since $\operatorname{div}(\mathfrak{d}) = \mathbb{N}_{K/h}$ is a norm from K, the Frobenius element $\operatorname{Frob}(\mathfrak{d})$ associated to $\operatorname{div}(\mathfrak{d})$ by the Artin homomorphism is trivial in G. Since $\mathfrak{d}$ is monic, one can show that $\operatorname{Frob}(\mathfrak{d}) = \sigma_\mathfrak{d}$. Hence $\mathfrak{d} \equiv 1 \pmod{m}$ and $\varepsilon_D^{q-1} \equiv 1 \pmod{p}$.

By the above lemma, we may normalize the choice ε_D for divisors D prime to p by insisting that $\varepsilon_D \equiv 1 \pmod{p}$. The arguments in [4, §7] can then be used to show:

THEOREM. There is a unique algebraic Hecke character $\chi : \mathbb{A}_K^* \to K^*$ with algebraic part η such that for all idèles $u = (u_v)$ with $u_p \in 1 + pO_p$, we have the formula $\chi(u) = \varepsilon_{\operatorname{div}(u)}$. The character χ is G-equivariant and has conductor p.

REFERENCES

1. Drinfeld, V.G., Elliptic modules (Russian). Math Sbornik 94 (1974), pp. 594-627. (English translation: Math Sbornik, Vol. 23).
2. Gross, B., The annihilation of divisor classes in abelian extensions of the rational function field. Sém. Theorie des Nombres, Bordeaux, 1980-1981.
3. Hayes, D., Explicit class field theory for rational function fields. Trans. Amer. Math. Soc. 189 (1974), pp. 77-91.
4. Serre, J.-P. and Tate, J., Good reduction of abelian varieties. Annals of Mathematics 88 (1968), pp. 492-517.

Benedict H. Gross
Department of Mathematics, Princeton University
Princeton, New Jersey 08450

Seminaire Delange-Pisot-Poitou
(Theorie des Nombres)
1980-81

LA CONJECTURE DE LANGLANDS LOCALE POUR GL(3)

Guy Henniart
C.N.R.S. Université de Paris Sud

Résumé

Soient F un corps localement compact non archimédien, $\bar{F}$ une clôture séparable algébrique de F, et W_F le groupe de Weil de $\bar{F}$ sur F. Nous énonçons d'abord une conjecture de Langlands qui, généralisant la théorie locale du corps de classes, lie les représentations de degré n de W_F et les représentations irréductibles admissibles de $GL(n,F)$. Nous esquissons ensuite la méthode qui permet de prouver cette conjecture dans le cas où n vaut 3 (le cas $n = 2$ ayant été résolu par Ph. Kutzko en 1979).

A. Les Conjectures de Langlands Locales

1. Théorie du corps de classes local.

Soit F un corps local localement compact non archimédien, c'est-à-dire un corps muni d'une valuation discrète à corps résiduel fini. Si p désigne la caractéristique résiduelle de F, on sait que F est une extension finie du corps $\mathbb{Q}_p$ des nombres p-adiques, ou d'un corps de séries formelles $\mathbb{F}_p((T))$, selon que sa caractéristique est 0 ou p. On notera q le nombre d'éléments du corps résiduel de F, et on fixera pour la suite une uniformisante π_F de F.

Soit $\bar{F}$ une clôture séparable algébrique de F, munie de la valeur absolue $| \, |$ normalisée par la condition $|\pi_F| = q^{-1}$. On note

G_F le groupe de Galois de $\bar{F}$ sur F, qu'on munit de sa topologie de Krull: c'est donc un groupe topologique compact totalement discontinu. Le groupe d'inertie I_F est le sous-groupe topologique de G_F formé des éléments qui agissent trivialement sur l'extension non ramifiée maximale de F dans $\bar{F}$. Le quotient G_F/I_F est canoniquement isomorphe au groupe de Galois absolu du corps résiduel de F, donc à $\hat{\mathbb{Z}}$, et possède un générateur topologique privilégié, à savoir le Frobenius, que agit comme la puissance $q^{\text{ème}}$ sur le corps résiduel de F. On note W_F et on appelle groupe de Weil de $\bar{F}$ sur F (ou de F) le sous-groupe de G_F formé des éléments dont l'image dans G_F/I_F est une puissance entière du Frobenius. On munit W_F de la topologie pour laquelle le sous-groupe I_F muni de la topologie induite par celle de G_F, est ouvert dans W_F. On a donc une injection continue à image dense de W_F dans G_F, et le diagramme commutatif suivant, où les lignes sont des suites exactes de groupes topologiques:

$$\begin{array}{ccccccccc} 1 & \to & I_F & \to & W_F & \to & \mathbb{Z} & \to & 1 \\ & & \downarrow\wr & & \downarrow & & \downarrow & & \\ 1 & \to & I_F & \to & G_F & \to & \hat{\mathbb{Z}} & \to & 1 \end{array}$$

Le théorie du corps de classes local se traduit en particulier par l'existence d'une application continue canonique $\tau: W_F \to F^\times$ qui, par passage au quotient, induit un isomorphisme de groupes topologiques de l'abélianisé W_F^{ab} de W_F i.e. le quotient de W_F par la fermeture de son groupe des commutateurs, et de $F^\times$. Une autre façon d'exprimer cette propriété est de dire qu'il existe une bijection canonique entre, d'une part les caractères de W_F, i.e. les homomorphismes continus de W_F dans $\mathbb{C}^\times$, et d'autre part les caractères de $GL(1,F) = F^\times$. Cette bijection associe à un caractère χ de W_F l'unique caractère $\pi(\chi)$ de $F^\times$ vérifiant

$$\pi(\chi) \circ \tau = \chi .$$

R. P. Langlands a conjecturé (entre autres choses) un lien entre représentations de degré n de W_F et représentations du groupe $GL(n,F)$, qui quand n vaut 1 redonne le lien précédent. Pour préciser cette conjecture, rappelons quelques définitions. Soit n un entier positif. Une représentation de degré n de W_F est un homomorphisme continu $\sigma: W_F \to GL(V)$, où V est un espace vectoriel complexe de dimension n, $GL(V)$ le groupe des automorphismes linéaires de V, muni de la topologie usuelle. Deux telles représentations $\sigma: W_F \to GL(V)$ et $\sigma': W_F \to GL(V')$ sont équivalentes s'il existe un isomorphisme linéaire ϕ de V sur V' vérifiant $\phi(\sigma(g)x) = \sigma'(g)\phi(x)$ pour tout x dans V et tout g dans W_F. Une représentation $\sigma: W_F \to GL(V)$ est dite semi-simple si σ fait de V un module semi-simple sur W_F. Une telle représentation est somme de sous-représentations irréductibles (algébriquement et topologiquement). Soit $\sigma: W_F \to GL(V)$ une représentation de degré n de W_F. Alors W_F agit de façon évidente sur l'espace vectoriel V^* dual de V, ce qui fournit une représentation $\check{\sigma}: W_F \to GL(V^*)$ appelée contragrédiente de σ. Enfin, on appellera déterminant de σ et on notera $\det \sigma$ la représentation de degré 1, sur la puissance extérieure $n^{\text{ème}}$ de V, déduite de σ.

D'autre part, considérons le groupe $GL(n,F)$ et munissons-le de sa topologie naturelle, induite par la topologie d'espace vectoriel sur F de $M_n(F)$. Ainsi $GL(n,F)$ est un groupe topologique localement compact totalement discontinu. Une représentation π de $GL(n,F)$ sera pour nous un homomorphisme (quelconque) $\pi: GL(n,F) \to GL(W)$ où W est un espace vectoriel sur $\mathbb{C}$ de dimension finie ou infinie, et $GL(W)$ le groupe de ses automorphismes linéaires. La représentation $\pi: GL(n,F) \to GL(W)$ est dite <u>lisse</u> si tout vecteur w de W a un stabilisateur ouvert dans $GL(n,F)$; elle est dite <u>admissible</u> si elle est lisse et que, pour tout sous-groupe compact ouvert K de $GL(n,F)$, l'espace W^K des vecteurs de W fixés par $\pi(K)$ est de dimension finie. Pour les représentations de $GL(n,F)$, les notions d'équivalence et d'irréductibilité sont les notions algébriques usuelles. Si π est une représentation admissible irréductible de $GL(n,F)$, le centre de $GL(n,F)$, formé des matrices scalaires et donc isomorphe à $F^\times$, agit à travers un caractère qu'on appelle le <u>caractère central</u> de π et qu'on note $\omega_\pi: F^\times \to \mathbb{C}^\times$.

Soit $\pi: GL(n,F) \to GL(W)$ une représentation lisse de $GL(n,F)$. Alors $GL(n,F)$ agit naturellement sur l'espace vectoriel dual W^* de W, et on note $\tilde{W}$ le sous-espace de W^* formé des vecteurs fixés par un sous-groupe ouvert de $GL(n,F)$. On obtient ainsi une représentation $\check{\pi}: GL(n,F) \to GL(\tilde{W})$ appelée contragrédiente de π. Si π est admissible, $\check{\pi}$ l'est aussi, et réciproquement car $\check{\check{\pi}}$ est canoniquement isomorphe à π. Si w est un vecteur de W et $\tilde{w}$ un vecteur de $\tilde{W}$, la fonction de $GL(n,F)$ dans $\mathbb{C}$ qui à un élément g de $GL(n,F)$

associe $\langle\tilde{w},\pi(g)w\rangle$ est appelée un <u>coefficient</u> de π. Un représentation admisible est dite <u>cuspidale</u> si ses coefficients sont à support compact modulo le centre de $GL(n,F)$. Ce que Langlands conjecture est l'existence d'une application injective canonique $\sigma \mapsto \pi(\sigma)$ de l'ensemble des (classes d'équivalence de) représentations semi-simples de degré n de W_F dans celui des (classes d'équivalence de) représentations irréductibles admissibles de $GL(n,F)$. Les représentations irréductibles de W_F correspondraient aux représentations admissibles irréductibles cuspidales de $GL(n,F)$, qui seraient toutes obtenues ainsi. Bien entendu, pour $n = 1$, cette application n'est autre que l'application $\chi \mapsto \pi(\chi)$ définie plus haut. Pour $n \geq 2$, elle est soumise à un grand nombre de conditions, de façon à en assurer si possible l'unicité. Nous énonçons ci-aprés les plus simples de ces conditions; les conditions cruciales portent sur les facteurs L et ε attachés aux représentations de part et d'autre, et nous les développerons dans les numéros suivants.

1. <u>Case de degré 1</u>. Le caractère trivial de W_F doit correspondre au caractère trivial de $F^\times$: $\pi(1) = 1$.
2. <u>Compatibilité à la torsion</u>. Soit σ une représentation semi-simple de degré n de W_F. Si χ est un caractère de $F^\times$, alors $\chi\circ\tau$ est un caractère de W_F, $\chi\circ\det$ un caractère de $GL(n,F)$, et on peut tensoriser σ par $\chi\circ\tau$, ce qui donne encore une représentation semi-simple de degré n de W_F, et $\pi(\sigma)$ par $\chi\circ\det$, ce qui donne encore une représentation admissible irréductible de $GL(n,F)$, cuspidale si $\pi(\sigma)$ l'est. On demande alors l'égalité suivante:

$$\pi(\sigma\otimes\chi\circ\tau) = \pi(\sigma)\otimes(\chi\circ\det).$$

3. <u>Passage à la contragrédiente</u>. Soit σ une représentation semi-simple de degré n de W_F. On demande l'égalité

$$\pi(\sigma)^\vee = \pi(\sigma^\vee)\ .$$

2. <u>Fonctions</u> L <u>et facteurs</u> : <u>le côté automorphe [Ja 1]</u>.

Fixons désormais un caractère additif non trivial ψ de F. Notons $\mathcal{S}(M_n(F))$ l'espace de Schwartz-Bruhat sur $M_n(F)$, i.e. l'espace des fonctions sur $M_n(F)$, localement constantes et à support compact.

Une measure de Haar dx sur F détermine une mesure de Haar (encore notée dx) sur $M_n(F)$, et la transformation de Fourier qui à Φ associe $\hat{\Phi}$ définie par

$$\hat{\Phi}(y) = \int_{M_n(F)} \Phi(x)\psi \circ \mathrm{Tr}(xy)dx,$$

est un automorphisme de $\mathcal{S}(M_n(F))$.
Fixons en outre une mesure de Haar $d^{\times}g$ sur $GL(n,F)$. Soient π une représentation admissible irréductible de $GL(n,F)$, f un coefficient de π, et $\Phi \in \mathcal{S}(M_n(F))$. Pour chaque nombre complexe s, considérons l'intégrale (sur $GL(n,F)$)

$$\int \Phi(g)|\det g|^s f(g)\, d^{\times}g$$

Alors 1. il existe un réel s_0 tel que l'intégrale précédente converge pour $\mathrm{Re}(s) \geq s_0$.

2. La fonction de s ainsi définie se prolonge à tout le plan complexe en une fonction rationnelle de q^{-s}, notée $Z(\Phi,s,f)$.

3. Faisant varier Φ et f, les fonctions ainsi obtenues engendrent un idéal fractionnaire de $\mathbb{C}[q^s,q^{-s}]$, idéal qui possède un générateur unique $L(s,\pi)$ de la forme $P(q^{-s})^{-1}$ avec $P \in \mathbb{C}[X], P(0) = 1$.

4. Si $f^{\vee}$ désigne le coefficient de $\check{\pi}$ defini par $f^{\vee}(g) = f(g^{-1})$, il existe une fraction rationnelle $\gamma(s,\pi,\psi,dx) \in \mathbb{C}(q^{-s})$ indépendante de f et Φ, telle qu'on ait l'équation fonctionnelle suivante:

$$Z(\hat{\Phi},1-s+(n-1)/2,f^{\vee}) = \gamma(s,\pi,\psi,dx)Z(\Phi,s+(n-1)/2,f) .$$

5. De plus la fonction

$$\varepsilon(s,\pi,\psi,dx) = \gamma(s,\pi,\psi,dx)L(s,\pi)L(1-s,\check{\pi})^{-1}$$

est un monôme en q^{-s}.

6. Enfin, si t est un nombre complexe, on a

$$\varepsilon(s+t),\pi,\psi,dx) = \varepsilon(s,\pi,\psi,dx)q^{-t(n\cdot n(\psi)+a(\pi))}$$

où $n(\psi)$ est le plus grand entier rationnel tel que ψ soit trivial sur la puissance $-n(\psi)^{\text{ème}}$ de l'idéal maximal de F, et $a(\pi)$ est un entier positif ou nul appelé le conducteur de π. Si n vaut 1, π est une représentation de degré 1, i.e. correspond à un caractère continu $\chi: F^\times \to \mathbb{C}^\times$, et le conducteur $a(\pi)$ est le plus petit entier $m \geq 0$ tel que χ soit trivial sur les unités de F congrues à 1 modulo la puissance $m^{\text{ème}}$ de l'idéal maximal.

3. Fonctions L et facteurs ε: le côté galoisien [De].

Soit σ une représentation de degré n de W_F, agissant sur l'espace vectoriel complexe V. Le group W_F/I_F agit sur l'espace V^{I_F} des points de V fixés par $\sigma(I_F)$ et on définit le facteur L de σ par $L(s,\sigma) = \det(1 - \sigma(Fr)q^{-s} \mid V^{I_F})^{-1}$, où Fr désigne l'élément Frobenius de W_F/I_F. Considérons l'ensemble X des quadruplets (K,ψ,dx,ρ) où K parcourt les extensions finies de F dans $\bar{F}$, ψ les caractères additifs non triviaux de K, dx les mesures de Haar sur K, et ρ les représentations de degré fini de W_K. Alors un théorème célèbre de Langlands et Deligne [De] affirme qu'il existe une fonction et une seule de X dans $\mathbb{C}^\times$:

$$(K,\psi,dx,\rho) \mapsto \varepsilon_K(\rho,\psi,dx)$$

qui vérifie les conditions suivantes:

1. additivité sur les suites exactes:

Si ρ est extension d'une représentation ρ'' de W_K par une autre représentation ρ', on a

$$\varepsilon_K(\rho,\psi,dx) = \varepsilon_K(\rho',\psi,dx)\varepsilon_K(\rho'',\psi,dx).$$

En particulier $\varepsilon_K(\rho,\psi,dx)$ ne dépend que de la semi-simplifiée de ρ et les fonctions $\varepsilon_K(\rho,\psi,dx)$ s'étendent par additivité au groupe de Grothendieck des représentations virtuelles (de dimension finie) de W_K.

2. Si a est un réel positif, et ρ une représentation virtuelle de W_K, on a $\varepsilon_K(\rho,\psi,a\,dx) = a^{\dim(\rho)}\varepsilon_K(\rho,\psi,dx)$. Si ρ est de dimension 0, $\varepsilon_K(\rho,\psi,dx)$ est donc indépendant du choix de dx et on notera simplement $\varepsilon_K(\rho,\psi)$.

3. <u>inductivité en degré 0</u>:

Si L est une extension finie de K dans $\bar{F}$, on note $Tr_{L/K}$ la trace de L à K. Si ρ' est une représentation de W_L, on note $Ind_L^K \rho'$ la représentation de W_K induite de ρ'. Pour ρ' de dimension 0, on demande:

$$\varepsilon_K(Ind_L^K \rho', \psi) = \varepsilon_L(\rho', \psi \circ Tr_{L/K}).$$

4. Si ρ est une représentation de degré 1 de W_K, i.e. un caractère continu, on demande l'égalité

$$\varepsilon_K(\rho,\psi,dx) = \varepsilon(0,\pi(\rho),\psi,dx)$$

où le second membre est celui défini au numéro précédent pour le caractère $\pi(\rho)$ de $K^\times$.

<u>Remarques</u>:

1. Les facteurs L définis plus haut peuvent être caractérisés comme donnés par l'unique fonction $(K,\psi,dx,\rho) \mapsto L(s,\rho)$ de X dans $\mathbb{C}(q^{-s})$ qui soit

   1) additive sur les suites exactes
   2) indépendante des choix de dx et de ψ.
   3) inductive en degré quelconque
   4) telle que $L(s,\rho) = L(s,\pi(\rho))$ si ρ est de degré 1.

2. Si σ est une représentation de W_F, et s un nombre complexe, on posera $\varepsilon(s,\sigma,\psi,dx) = \varepsilon(\sigma \otimes |\ |^s,\psi,dx)$. Pour $t \in \mathbb{C}$, on a alors

$$\varepsilon(s+t),\sigma,\psi,dx) = \varepsilon(s,\sigma,\psi,dx)q^{-t((\dim \sigma)n(\psi)+a(\sigma))},$$

où $a(\sigma)$ est un entier positif ou nul appelé le conducteur de σ. C'est en fait l'exposant du conducteur d'Artin de la représentation σ. On peut en donner une caractérisation analogue à celles des facteurs L et ε.

3. Comme le lecteur l'aura remarqué, les invariants qu'on a attachés à une représentation, du côté automorphe comme du côté galoisien, ne dépendent que de la classe d'équivalence de cette représentation.

4. Enoncé de la conjecture et résultats.

La conjecture dit que pour chaque $n \geq 1$ il existe une injection $\sigma \mapsto \pi(\sigma)$ de l'ensemble des (classes d'équivalence de) représentations semi-simples de degré n de W_F dans celui des (classes d'équivalence de) représentations irréductibles admissibles de $GL(n,F)$, vérifiant, outre les conditions 1 à 3 du numéro 1, les conditions 4 et 5 suivantes:

4) $L(s,\sigma) = L(s,\pi(\sigma))$

5) $\varepsilon(s,\sigma,\psi,dx) = \varepsilon(s,\pi(\sigma),\psi,dx)$ pour tous choix de caractère additif non trivial ψ de F et de mesure de Haar dx de F.

On espère de plus que l'image de l'ensemble des représentations irréductibles de degré n de W_F soit l'ensemble des représentations admissibles irréductibles cuspidales de $GL(n,F)$.

Bien sûr, pour $n = 1$, il ne s'agit à proprement parler ni d'une conjecture ni d'un théorème, mais simplement, comme nous l'avons vu, d'une reformulation de la théorie locale du corps de classes.

Dans la cas général, remarquons que les conditions 1 à 5 ne suffisent pas à caractériser l'application $\sigma \mapsto \pi(\sigma)$. On devrait donc imposer des conditions supplémentaires pour en assurer l'unicité, mais nous ne parlerons pas ici de ces conditions. En ef et, pour $n = 2$ [JL] et $n = 3$ [JPS1] ces conditions caractérisent bien la correspondance. Plus précisément, si on se donne une représentation σ de degré n de W_F (n valant 2 ou 3), il existe au plus une représentation irréductible admissible π de $GL(n,F)$ qui vérifie les égalités

$$L(s,\sigma \otimes \chi \quad \tau) = L(s,\pi \otimes \chi \quad \det)$$

$$\varepsilon(s,\sigma \otimes \chi \quad \tau,\psi,dx) = \varepsilon(s,\pi \otimes \chi \quad \det,\psi,dx)$$

pour tout caractère continu χ de $F^\times$, et pour un caractère additif non trivial ψ fixé de F, et une mesure de Haar dx fixée de F. Pour $n = 2$ la conjecture a été démontrée en 1979 par Ph. Kutzko [Ku], après des résultats partiels d'autres auteurs [J1,Tu1,Ct,Yo] (le lecteur se reportera à [Ku] et [Tu2] pour un historique de la question).

Nous avons réussi récemment à prouver cette conjecture pour $n = 3$. Nous allons tenter dans la seconde partie de cet exposé de donner une idée des principales étapes de notre démonstration.

B. Schéma de Démonstration pour GL(3)

1. Injectivité.

Supposons dans un premier temps que nous ayons su définir l'application $\sigma \mapsto \pi(\sigma)$, c'est-à-dire que pour σ donnée, nous ayons su prouver l'existence de $\pi(\sigma)$ vérifiant les conditions 1 à 5 du chapitre A. Montrons alors comment prouver l'injectivité de $\sigma \mapsto \pi(\sigma)$, en suivant pour cela des techniques dues à Jacquet [J2].(*)

Soient π et π' deux représentations irréductibles admissibles cuspidales de $GL(3,F)$. On sait construire [JPS2] des fonctions $L(s,\pi\times\pi')$ et $\varepsilon(s,\pi\times\pi',\psi,dx)$ telles que si σ et σ' sont deux représentations semi-simples de degré 3 de W_F et qu'on a $\pi = \pi(\sigma)$, $\pi' = \pi(\sigma')$, alors on ait

$$L(s,\pi\times\pi') = L(s,\sigma \otimes \sigma')$$

$$\varepsilon(s,\pi\times\pi',\psi,dx) = \varepsilon(s,\sigma \otimes \sigma',\psi,dx).$$

De plus on sait que $L(s,\pi\times\pi')$ a un pôle en $s = 0$ si et seulement si $\check{\pi}$ est équivalente à π'.

Supposons alors que σ et σ' soient deux représentations irréductibles de degré 3 de W_F, telles que $\pi(\sigma)$ et $\pi(\sigma')$ soient équivalentes. Alors $\pi(\sigma)$ est cuspidale, car les représentations cuspidales π de $GL(3,F)$ sont caractérisées par le fait qu'on a $L(s,\pi \otimes \chi \circ \det) = 1$ pour tout caractère χ de $F^\times$, de même que les représentations irréductibles σ de degré 3 de W_F le sont par le fait qu'on a $L(s,\sigma \otimes \chi \circ \tau) = 1$. On a alors $L(\pi(\sigma)\times\pi(\check{\sigma})) = L(\pi(\sigma)\times\pi(\check{\sigma}')) = L(\pi(\sigma)\times\pi(\check{\sigma}')) = L(\sigma \otimes \check{\sigma}')$, donc $L(s,\sigma \otimes \check{\sigma}')$ a un pôle en $s = 0$. Cela impose, puisque σ et σ' sont irréductibles, que σ et $\check{\sigma}'$ soient équivalentes. Si σ ou σ' est réductible, on montre l'équivalence de σ et σ' de manière analogue.

2. Surjectivité.

Supposons toujours l'existence de $\sigma \to \pi(\sigma)$ et tâchons de montrer

---

(*) La théorie du changement de base de Flicker [Fk] permettrait, pour F de caractéristique 0, de donner une autre démonstration de cette injectivité (cf. [Tu1]).

que toutes les représentations cuspidales de GL(3,F) sont obtenues (à partir des représentations irréductibles de W_F, à cause de la condition sur les fonctions L énoncée en B1). Soit D une algèbre simple de degré 9 sur F, qui soit un corps (gauche) de centre F. On considère le groupe $D^\times$ (localement compact et totalement discontinu) des éléments inversibles de D, et on s'intéresse aux représentations continues irréductibles de $D^\times$ (elles sont de dimension finie car $D^\times$ est compact modulo son centre $F^\times$). Pour une telle représentation π, on sait définir la fonction $L(s,\pi)$, le facteur $\varepsilon(s,\pi,\psi,dx)$, le conducteur $a(\pi)$, en reproduisant les méthodes exposées plus haut pour GL(3,F). De même, si χ est un caractère continu de F, on peut tordre par le caractère $\chi \circ N$ de $D^\times$ où N désigne la norme réduite de D à F. On montre alors qu'il existe une bijection canonique entre (classes d'équivalence de) représentations admissibles irréductibles cuspidales de GL(3,F) et (classes d'équivalence de) représentations continues irréductibles de degré au moins 2 de $D^\times$, bijection qui conserve les caractères centraux, les facteurs L et ε, et qui est compatible au passage aux contragrédientes et à la torsion par un caractère continu de $F^\times$. Si F est de caractéristique 0, ce résultat est dû à Flath [Fl], qui utilise la formule des traces d'Arthur-Selberg. Il a été généralisé à GL(n,F) et une algèbre simple de degré n^2 sur F par Deligne et Kazhdan [Ca]. On ne sait hélas pas démontrer le même résultat général quand F est de caractéristique p. Néanmoins, on peut le prouver pour $n = 3$ par une méthode tout à fait différente, purement locale, et basée sur une construction explicite des représentations de part et d'autre. En particulier, on montre que si π est une représentation admissible irréducitlbe cuspidale de GL(3,F) dont on ne peut abaisser le conducteur par torsion par un caractère de $F^\times$, alors π est <u>très cuspidale</u> au sense de Carayol [Ca].

H. Koch et E. W. Zink ont su compter [Ko] le nombre de représentations de $D^\times$, de degré au moins 2, de conducteur donné, et dont la valeur du caractère central sur π_F est fixée égale à 1 (ce nombre est fini!) et ont trouvé qu'il était égal au nombre de représentations irréductibles de degré 3 de W_F du même conducteur fixé, et dont la valeur du déterminant sur π_F est 1(*). Le résultat d'injectivité

(*) Leur résultat vaut plus généralement pour des algèbres centrales simples de degré n^2 sur F, qui sont des corps gauches, pourvu que n soit un nombre premier.

exposé en B1 et cet argument de comptage montrent donc que toutes les représentations cuspidales de $GL(3,F)$ sont obtenues (une fois et une seule) dans l'image de $\sigma \mapsto \pi(\sigma)$.

3. La correspondance pour les représentations galoisiennes induites.

Soit σ une représentation semi-simple de degré 3 de W_F. Si σ est réductible, il est bien connu que $\pi(\sigma)$ existe. Supposons désormais que σ soit irréductible. Si σ est imprimitive, c'est-à-dire de la forme $\mathrm{Ind}_k^F \rho$, où K est une extension cubique de F et ρ une représentation (forcément de degré 1) de W_K, alors on peut prouver, par des méthodes globales, dues à Jacquet, Piatetskii-Shapiro et Shalika [JPS1], que $\pi(\sigma)$ existe.

Si la caractéristique résiduelle de F est distincte de 3, on sait de plus qu'une représentation irréducitlbe de degré 3 de W_F est automatiquement imprimitive. On a donc, dans ce cas, prouvé la conjecture de Langlands.

4. La changement de base.

On suppose donc que la caractéristique résiduelle de F est 3. Si σ est une représentation primitive de degré 3 de W_F, il existe une extension galoisienne modérément ramifiée K de F, de groupe de Galois sur F $\mathbb{Z}/2\mathbb{Z}$ ou $\mathbb{Z}/2\mathbb{Z}$ $\mathbb{Z}/2\mathbb{Z}$, telle que la restriction σ_K de σ à W_K soit imprimitive. Si l'on avait démontré l'existence de $\sigma \mapsto \pi(\sigma)$, l'operation qui consiste à restreindre à W_K une représentation de W_F, correspondrait à une opération, appelée changement de base, qui à une représentation admissible irréductible de $GL(n,F)$ associerait une représentation admissible irréductible de $GL(n,K)$. En fait, quand n vaut 2 et que K est une extension cyclique quelconque de F, Langlands a été capable de définir a priori, i.e. uniquement en terms de représentations de groupes linéaires, un tel changement de base $\pi \mapsto \pi_K$, tel que si $\pi = \pi(\sigma)$, on ait $\pi_K = \pi(\sigma_K)$. Quand n vaut 3 et que F est de caractéristique nulle, Flicker [F1] a donné récemment une telle théorie. En toute caractéristique, on peut utiliser la construction, signalée en B2, des représentations cuspidales de $GL(3,F)$ pour définir un changement de base de F à K, pour toute extension galoisienne modérément ramifiée K de F. Ce changement de base $\pi \mapsto \pi_K$ possède la propriété suivante: une représentation admissible irréductible cuspidale de

$GL(3,K)$ est de la forme π_K si et seulement si elle est équivalente à ses transformées par l'action du groupe de Galois de K sur F, et les représentations irréductibles admissibles de $GL(3,F)$ dont elle provient sont cuspidales, et déduites de l'une quelconque d'entre elles par torsion par les caractères χ de F, tels que $\chi \circ \tau$ soit trivial sur W_K.

Partons donc de la représentation primitive σ de W_F, et prenons pour K la plus petite extension modérément ramifiée de F dans $\bar{F}$ telle que σ_K soit imprimitive. Alors σ_K est encore irréductible, $\pi(\sigma_K)$ existe et est équivalente à ses transformées sous l'action du groupe de Galois de K sur F. On définit alors $\pi'(\sigma)$ comme la représentation unique π de $GL(3,F)$ qui vérifie $\pi_K = \pi(\sigma_K)$ et $\omega_\pi = \det \sigma$. Cette représentation $\pi'(\sigma)$ est cuspidale, et est notre candidat pour $\pi(\sigma)$; il nous reste simplement à montrer qu'elle vérifie les propriétés caractéristiques de $\pi(\sigma)$, ce que nous esquissons dans le prochain et dernier paragraphe.

5. Calculs de facteurs ε.

Fixons un caractère additif non trivial ψ de F et une mesure de Haar dx sur F.

On considère ici une représentation primitive de degré 3 σ de W_F, on construit $\pi'(\sigma)$ comme en B5, et on pose $\pi'(\sigma) = \pi$. On veut prouver les identités suivantes, pour tout caractère continu χ de $F^\times$:

1) $L(s,\sigma \otimes \chi \circ \tau) = L(s,\pi \otimes \chi \circ \det)$

2) $\varepsilon(s,\sigma \otimes \chi \circ \tau,\psi,dx) = \varepsilon(s,\pi \otimes \chi \circ \det,\psi,dx)$.

Les identités 1 sont évidentes, car les deux membres valent toujours 1.

Choisissons une mesure de Haar $d'x$ sur K. Par construction, on a, pour tout caractère continu η de $K^\times$,

$$\varepsilon(s,\sigma_K \otimes \eta \circ \tau,\psi \circ Tr_{K/F},d'x) = \varepsilon(s,\pi(\sigma_K) \otimes \eta \circ \det,\psi \circ Tr_{K/F},d'x).$$

Il est facile d'en déduire, pour tout caractère continu χ de $F^\times$, l'égalité suivante, où a est le degré de K sur F

3) $\varepsilon^a(s,\sigma \otimes \chi \circ \tau,\psi,dx) = \varepsilon^a(s,\pi \otimes \chi \circ \det,\psi,dx)$.

Soit μ le sous-groupe de $\mathbb{C}^\times$ formé des racines de l'unité d'ordre une puissance de 3. Il suffit d'après 3 de prouver les égalités 2 dans $\mathbb{C}^\times/\mu$ (*).

On peut supposer σ minimale, c'est-à-dire qu'on ne peut abaisser son conducteur $a(\sigma)$ par torsion par un caractère de W_F. Alors $a(\sigma)$ n'est pas divisible par 3. Si χ est un caractère continu de $F^\times$, on a donc soit $3a(\chi) > a(\sigma)$, soit $3a(\chi) < a(\sigma)$. Si on a $3a(\chi) > a(\sigma)$, il est facile de calculer $\varepsilon(s,\sigma \otimes \chi \circ \tau,\psi,dx)$ dans $\mathbb{C}^\times/\mu$ en fonction de s, $\det \sigma$ et χ. De même on calcule $\varepsilon(s,\pi \otimes \chi \circ \det,\psi,dx)$ dans $\mathbb{C}^\times/\mu$ en fonction de s, ω_π, et χ. L'égalité $\det \sigma = \omega_\pi$, vraie par construction de π, impose l'égalité 2 pour de tels χ.

Supposons enfin qu'on ait $3a(\chi) < a(\sigma)$. Sans perdre de généralité, on peut alors supposer $\chi = 1$ et $s = 0$. On montre alors que $\varepsilon(\sigma,\psi,dx)$ se calcule dans $\mathbb{C}^\times/\mu$ à partir de $\det \sigma$ et d'un invariant c_σ attaché à σ (**). De même on peut calculer $\varepsilon(0,\pi,\psi,dx)$ dans $\mathbb{C}^\times/\mu$ à partir de ω_π et d'un invariant c_π attaché à π de manière analogue; pour ce faire, on doit utiliser les résultats de Shinoda [Sh] sur le caractère de la représentation de Weil des groupes symplectiques sur les corps finis. On montre ensuite qu'on a $c_\sigma = c_{\sigma_K}$ et $c_\pi = c_{\pi(\sigma_K)}$, grâce aux propriétés de la restriction et du changement de base, et au fait que K est modérément ramifiée sur F. Cela impose $c_\sigma = c_\pi$ et, enfin, l'égalité 2 pour tout choix de χ. C.Q.F.D.

(*) Ce genre de considérations avait déjà été développé dans un travail de P. Deligne et l'auteur, à paraître à Inv. Math.

(**) Il est tel précisément qu'on ait $\varepsilon(\sigma \otimes \chi \circ \tau,\psi,dx) = \varepsilon(\sigma,\psi,dx)\chi(c_\sigma)$ dans $\mathbb{C}^\times/\mu$ pour tout caractère continu χ de $F^\times$ vérifiant $3a(\chi) < a(\sigma)$, cf. le travail de P. Deligne et l'auteur cité ci-dessus.

REFERENCES

Ca. Carayol, H. Représentations supercuspidales de GL(n), C.R.A.S. Paris t. 288, 17-19.

Ct. Cartier, P., Henniart, G. et Nobs, A. La conjecture de Langlands pour $GL_2(\mathbb{Q}_2)$, notes non publiées.

De. Deligne, P. Les constantes des équations fonctionnelles des fonctions L, in Modular functions of one variable II, L.N. No 349, Springer-Verlag 1973.

Fl. Flath, D. A comparison of the automorphic representations of GL(3) and its twisted forms, thèse non publiée, Harvard Univ., Cambridge 1977.

Fk. Flicker, Y. Base change for GL(3), prépublication Columbia Univ., New York 1980.

Ja1. Jacquet, H. Principal L-functions of the linear group, in Proceedings of Symposia in Pure Mathematics 33 part 2, 63-86 (1979).

Ja2 Jacquet, H. Lettre à l'auteur, datée du 13 mars 1981.

JL. Jacquet, H. et Langlands, R. P. Automorphic forms on GL(2), L.N. No. 114, Springer-Verlag 1970.

JPS1. Jacquet, H., Piatetskii, I., Shapiro, et Shalika, J. Hecke theory for GL(3), Ann. of Maths. 109, 169-259 (1979).

JPS2. Jackquet, H., Piatetskii, I., Shapiro, et Shalika, J. Facteurs L et ε du groupe linéaire, C.R.A.S. Paris t. 289, 59-61.

Ko. Koch, H. On the local Langlands conjecture for central division algebras of index p, Inv. Math. 62, 243-268 (1980).

Ku. Kutzko, Ph. The Langlands conjecture for GL(2) of a local field, Ann. of Maths. 112 (1980).

Re. Ree, R. Notes non publiées.

Sh. Shinoda, K. Characters of Weil representations, J. of Algebra 66 (1979).

Tu1. Tunnell, J. On the local Langlands conjecture for GL(2), Inv. Math. 46, 179-200 (1978).

Tu2 Tunnell, J. Report on the local Langlands conjecture for GL(2) in Proceedings of Symposia in Pure Mathematics 33 Part 2,

135-138 (1979).

Yo. Yoshida, H. On extraordinary representations of GL(2), in Algebraic Number Theory, Kyoto Symposium, Japan Soc. for the Promotion of Science, Tokyo 1977, 291-303.

Guy Henniart
11 Rue Ruhmkorff
75017 PARIS
C.N.R.S. Université PARIS-SUD
E.R.A. n° 653

Séminaire D.P.P.
12 Janvier 1981

Représentations ℓ-adiques abéliennes.

1. Introduction

Cet exposé peut-être considéré comme le correspondant ℓ-adique de l'exposé donné par M. Waldschmidt ici-même le 13 Octobre dernier, exposé qui décrivait la face archimédienne du phénomène. Rappelons ses résultats [12], [13].

Soit K un corps de nombres (c'est-à-dire une extension finie de $\mathbb{Q}$). Soient χ un homomorphisme continu du groupe C(K) des classes d'idèles de K dans $\mathbb{C}^\times$ (i.e. un caractère de C(K)), et $\mathfrak{f}$ son conducteur. Pour tout multiple $\mathfrak{m}$ de $\mathfrak{f}$, on associe à χ un caractère $\tilde{\chi}_{\mathfrak{m}}$ du groupe $I(\mathfrak{m})$ des idéaux entiers de K premiers à $\mathfrak{f}$: sur un idéal premier $\mathfrak{P}$, on a $\tilde{\chi}(\mathfrak{P}) = \chi(\pi_{\mathfrak{P}})$ où $\pi_{\mathfrak{P}}$ est n'importe quel idèle de composante 1 en toute place distincte de $\mathfrak{P}$, et de composante en la place $\mathfrak{P}$ une uniformisante de $K_{\mathfrak{P}}$. A. Weil a posé les deux problèmes suivants [14]: 1) Quels sont les caractères χ de C(K) tels que, pour un certain idéal $\mathfrak{m}$, le caractère associé $\tilde{\chi}_{\mathfrak{m}}$ prenne des valeurs algébriques? 2) Quels sont, plus précisément, ceux pour lesquels les valeurs prises par $\tilde{\chi}_{\mathfrak{m}}$ engendrent un corps de degré fini sur $\mathbb{Q}$? La réponse est comme suit. Soient K_ν, $\nu = 1, \ldots, n$, les complétés de K aux places archimédiennes, les r_1 premiers étant réels, et $\sigma_\nu : K \to K_\nu$ un plongement correspondant. La restriction de χ à $K_\nu^\times$ est de la forme

$$z \to \sigma_\nu(z)^{a_\nu} |\sigma_\nu z|^{t_\nu} \quad \text{avec} \quad a_\nu \in \mathbb{Z} \quad \text{et } t_\nu \in \mathbb{C}$$

On dit que χ est <u>de type A</u> si tous les t_ν sont rationnels, et que χ est <u>de type A_0</u> si les t_ν sont entiers pour $\nu = 1, \ldots, r_1$, et entiers pairs pour $\nu = r_1+1, \ldots, n$.

<u>Théorème 1</u> (Waldschmidt) <u>Les caractères χ de C(K) répondant à la question 1) sont ceux de type A. Ceux qui répondent à la question 2) sont ceux de type A_0.</u>

La démonstration de ce théorème repose sur un résultat de transcendance en plusieurs variables, relatif aux valeurs de l'exponentielle complexe, résultat dû a D. Masser [5] et Waldschmidt [13].

Nous allons démontrer un analogue ℓ-adique (ou non archimédien) de la seconde partie du théorème de Waldschmidt, en nous appuyant sur un résultat de transcendance relatif aux valeurs de l'exponentielle ℓ-adique, résultat lui aussi dû à Masser et Waldschmidt.

Théorème 2: Soient K un corps de nombres, $\bar{K}$ une clôture algébrique de K, G_K le groupe de Galois de $\bar{K}$ sur K. Soient E un corps de nombres et λ une place finie de E. Soit enfin ρ une représentation E_λ-adique de G_K. On suppose que ρ est abélienne, semi-simple et rationnelle (sur E). Alors ρ est localement algébrique.

Cet énoncé avait été conjecturé par Serre [6], et démontré par lui quand K est un composé de corps quadratiques, en utilisant le théorème des 6 exponentielles ℓ-adiques, dû à Schneider et Lang. Notre technique de démonstration est fortement inspirée de [6].

La suite de l'exposé est divisée en quatre parties. La première explique la signification du théorème énoncé ci-dessus, et en donne d'autres formes équivalentes. La seconde indique le lien avec le théorème de Waldschmidt. La troisième donne quelques conséquences du théorème 2, d'après [1, 2, 4, 79, 10, 15], conséquences qui concernent les représentations λ-adiques quelconques de G_K. En particulier, on voit que si ρ est une représentation λ-adique semi simple de G_K, l'algèbre de Lie de l'image de ρ est algébrique et réductive. On indique aussi comment étendre nos résultats aux représentations qui sont abéliennes sur un sous-groupe ouvert de G_K. La dernière partie donne la démonstration du théorème, à partir des résultats et méthodes de [6].

II. Quelques définitions

Soient K un corps de nombres, $\bar{K}$ une clôture algébrique de K, et G_K le groupe de Galois de $\bar{K}$ sur K. Le groupe G_K est muni de sa topologie de Krull qui en fait un groupe profini. Soient E un corps de nombres et λ une place finie de E. Une représentation E_λ-adique de G_K, dite λ-adique par abus de langage, est un homomorphisme continu de G_K dans le groupe Aut(V) des automorphismes E_λ-linéaires d'un espace vectorial V de dimension finie sur E_λ. (Si le corps E_λ est le corps $\mathbb{Q}_\ell$ des nombres ℓ-adiques, on parlera de représentation ℓ-adique): bien entendu, on munit Aut(V) de sa topologie naturelle, induite par celle de l'espace vectoriel End(V) des endomorphismes E_λ-linéaires de V. Si ℓ est la caractéristique résiduelle de λ, Aut(V) est un groupe de Lie ℓ-adique. L'image de G_K est un sous-groupe compact de Aut(V) donc en est un sous-groupe de Lie.

On dit que la représentation λ-adique ρ est <u>abélienne</u> si son image est un groupe abélien. En ce cas, ρ se factorise par le groupe abélianisé G_K^{al} et, par la théorie du corps de classes global, correspond à un homomorphisme continu du groupe C(K) des classes d'idèles de K, dans Aut(V), homomorphisme qui est trivial sur la composante connexe D(K) de C(K).

La notion de semi-simplicité est la notion habituelle: ρ est semi-simple si V est somme directe de sous-espaces vectoriels sur E_λ qui sont stables par $\rho(G_K)$ et, via ρ, forment des modules simples (irreductibles) sur G_K; ou encore si tout sous-espace vectoriel W sur E_λ, qui est stable par $\rho(G_K)$, a un supplémentaire lui aussi stable par $\rho(G_K)$. Cette notion de semi-simplicité est purement algébrique.

La notion de répresentation rationnelle sur E est plus difficile à définir. Notons Σ_K l'ensemble des places finies de K. On dira qu'une représentation λ-adique ρ de G_K est non ramifiée en $v \in \Sigma_K$ si l'image du groupe d'inertie I_w en w est triviale, pour toute place w de $\overline{K}$ prolongeant v. Si ρ est abélienne et qu'on note $\tilde{\tilde{\rho}}$ la représentation correspondante du groupe J(K) des idèles de K, ρ est non ramifiée en v si et seulement si $\tilde{\rho}$ est triviale sur le groupe U_v des unités de K_v. On sait que toute representation λ-adique abélienne de G_K est non ramifiée presque partout, i.e. en dehors d'un ensemble fini de places ([6], III-11).

Soient v une place de K où ρ est non ramifiée, w une place de $\overline{K}$ prolongeant v, D_w le groupe de décomposition en w, I_w le groupe d'inertie. Le groupe D_w/I_w est isomorphe à $\hat{\mathbb{Z}}$, et engendré par un élément canonique, le Frobenius arithmétique F_w. L'image de F_w par ρ est réduite à un élément $F_{w,\rho}$. La classe de conjugaison de $F_{w,\rho}$ dans Aut(V) ne dépend que de v et se note $F_{v,\rho}$. Enfin on note $P_{v,\rho}(T)$ le polynôme caractéristique $\det_V(1-F_{w,\rho}T)$, qui ne dépend evidement pas du choix de w au-dessus de v.

<u>Définition</u> <u>La représentation λ-adique ρ de G_K est dite rationnelle sur E s'il existe un sous-ensemble fini S de Σ_K tel que</u>

<u>(a) ρ est non ramifiée en tout élément de $\Sigma_K \setminus S$</u>

<u>(b) Si v est un élément de $\Sigma_K \setminus S$, les coefficients de $P_{v,\rho}(T)$ appartiennent à E.</u>

Il reste à définir ce que localement algébrique veut dire, pour une représentation λ-adique abélienne. Soit $T = \mathrm{Res}^{K}_{\mathbb{Q}}(\mathbb{G}_m)$ le tore algébrique défini par K, dont le groupe des points sur une $\mathbb{Q}$-algèbre A est $(A \otimes_{\mathbb{Q}} K)^{\times}$ (Ainsi $T(\mathbb{Q}_\ell) = \prod_{\substack{v \in \Sigma_K \\ v \mid \ell}} K_v^{\times}$ est un sous-groupe de $T(E_\lambda)$[1]).

Définition Soit ρ une représentation λ-adique abélienne de G_K. On dit que ρ est localement algébrique s'il existe un morphisme algébrique $f: T_{|E_\lambda} \to GL_{E_\lambda}(V)$ tel que, si τ_ℓ désigne l'application de $T(\mathbb{Q}_\ell)$ dans G_K^{ab} composée de l'injection de $\prod_{v \mid \ell} K_v^{\times}$ dans J(K) et de l'application de réciprocité, et si on note encore ρ la représentation de G_K^{ab} par laquelle ρ se factorise, on ait, pour tout élément x de $T(\mathbb{Q}_\ell)$ suffisamment proche de 1, $\rho \circ \tau_\ell(x) = f(x^{-1})$.

Avant de poursuivre, il paraît nécessaire de donner quelques exemples de représentations λ-adiques!.

Exemple 1: Soit X une variété projective et lisse sur K, et $\overline{X}$ la variété sur $\overline{K}$ déduite de X par extension du corps de base. Soit m un entier, m ≥ 1. Notons V ou V_ℓ l'espace $H^m(\overline{X}, \mathbb{Q}_\ell)$, m^{ème} groupe de cohomologie ℓ-adique de $\overline{X}$; c'est un espace vectoriel de dimension finie sur $\mathbb{Q}_\ell$, sur lequel G_K opère; on en déduit une représentation ℓ-adique:

$$\rho = \rho_\ell \quad : \quad G_K \to \mathrm{Aut}(V)$$

On sait que la représentation ρ est non ramifiée presque partout et rationnelle (sur $\mathbb{Q}$). On ne sait pas si elle est semi-simple en général bien que, pour m=1, on sache que les Frobenius (en les places non ramifiées dans ρ) agissent par des éléments semi-simples de Aut(V).

Bien entendu, on peut toujours, à partir d'une représentation λ-adique ρ donnée, construire sa semi-simplifiée ρ^{ss}; les polynômes caractéristiques $P_{v,\rho}$ sont les mêmes pour ρ et ρ^{ss}.

Exemple 2: Soit A une variété abélienne de dimension d sur K. Soient A_m le noyau de la multiplication par ℓ^m dans $A(\overline{K})$, $T_\ell(A) = \varprojlim A_m$ le module de Tate de A, $V_\ell(A) = T_\ell(A) \otimes_{\mathbb{Z}_\ell} \mathbb{Q}_\ell$ l'espace vectoriel

---

[1] Rappelons que ℓ est la caractéristique résiduelle de E_λ.

associé. Alors $V_\ell(A)$ est de dimension 2d sur $\mathbb{Q}_\ell$ et G_K agit sur $V_\ell(A)$. En fait $V_\ell(A)$ est le dual de l'espace $H^1(\overline{A}; \mathbb{Q}_\ell)$ de l'exemple 1.

Supposons en outre que A soit une variété abélienne à multiplications complexes: cela signifie qu'il existe un corps de nombres F de degré 2d et un plongement i: $F \to End_K(A) \otimes_{\mathbb{Z}} \mathbb{Q}$. Alors $V_\ell(A)$ est un module libre de rang 1 sur $F \otimes_{\mathbb{Q}} \mathbb{Q}_\ell$, et la représentation ρ_ℓ de G_K sur V_ℓ est <u>abélienne</u> (et localement algébrique).

Bien sûr, partant d'une représentation λ-adique quelconque ρ de G_K, on obtient des représentations λ-adiques abéliennes en considérant le plus grand sous-espace ou le plus grand quotient de l'espace de la représentation, où le groupe des commutateurs de G_K agisse trivialement.

<u>Exemple 3</u>: Soit G un groupe ℓ-divisible sur K [11]. On définit les modules de Tate $T_\ell(G)$ et $V_\ell(G)$ comme précédement, et l'on obtient une représentation ℓ-adique de G_K.

Nous donnons maintenant quelques commentaires sur la notion d'algébricité locale, qui la rendront peut-être plus aisément compréhensible.

Soient ρ une représentation λ-adique abélienne de G_K, et v une place finie de K divisant ℓ. On voit facilement ([6] III-3) que si ρ est localement algébrique, la restriction de ρ au groupe d'inertie en v est semi-simple. Inversement, supposons que cette restriction soit semi-simple pour chaque place v divisant ℓ. On peut trouver une extension finie F de E_λ telle que, pour toute place v divisant ℓ, la restriction de ρ au groupe d'inertie en v se diagonalise et soit donnée par une somme directe de caractères continus χ_i: $U_v \to F^\times$, $i = 1,\ldots, \dim(\rho)$. On peut supposer en outre que l'ensemble Γ_K des plongements de K dans F est le plus grand possible. Le groupe des caractères X(T) de T est isomorphe au $\mathbb{Z}$-module libre sur Γ_K et l'action de $G_{\mathbb{Q}}$ sur X(T) se traduit en une action sur Γ_K. Alors ([6] III-4) la représentation ρ est localement algébrique si, pour toute place v de K divisant ℓ, il existe des entiers $n_\sigma(i)$ tels que l'on ait

$$\chi_i(u) = \prod_{\sigma \in \Gamma_K} \sigma(u)^{-n_\sigma(i)}$$

pour tout $i \in \{1,\ldots, \dim \rho\}$ et tout u suffisament proche de 1 dans U_v.

Remarques: 1. La démonstration de ([6], III-4) est énoncée pour une représentation ℓ-adique. Mais le lecteur vérifiera aisément que le même démonstration s'applique en notre cas, mutalis mutandis.

2. En fait, toute représentation E_λ-adique peut-être considérée comme une représentation $\mathbb{Q}_\ell$-adique. Et l'on démontre (Appendice 1) qu'une représentation abélienne λ-adique est localement algébrique si et seulement si elle est localement algébrique en tant que représentation ℓ-adique.

3. En particulier, la remarque précédente permet d'appliquer le théorème de Tate ([6], III-7) et de conclure qu'une représentation λ-adique abélienne de G_K est localement algébrique si et seulement si elle est de type Hodge-Tate en chacune des places de K divisant ℓ (dans [6], on énonce qu'il faut en outre qu'en ces places la restriction au groupe d'inertie soit semi-simple, mais cette condition est automatique d'après ([8], §2)).

III. Où l'on considère plusieurs places de E à la fois.

On a naturellement envie de donner un sens à la notion de représentation λ-adique localement algébrique, quand λ est cette fois une place archimédienne de E. Mais pour retrouver le cadre du théorème de Waldschmidt, il nous faut considérer non plus des représentations de $G_K{}^{ab}$, mais des représentations du groupe C(K), c'est-à-dire non plus des représentations (abéliennes) de G_K, mais des représentations du groupe de Weil W_K de $\overline{K}$ sur K[(2)]. Si donc λ est une place archimédienne de E, V un espace vectoriel de dimension finie sur E_λ, et ρ une représentation(continue) de C(K) dans Aut(V), on dira que ρ est localement algébrique s'il existe un morphisme algébrique $f: T_{|E_\lambda} \to GL_E(V)$ tel que si l'on désigne l'application canonique de $T(\mathbb{R})$ dans C(K), on ait, pour tout élément x de $T(\mathbb{R})$ suffisamment proche de 1 (et en fait pour tout élément x de la composante connexe de $T(\mathbb{R})$)

$$\rho \circ i_\infty(x) = f(x^{-1}).$$

On voit facilement que cela revient à dire que sur une clôture algébrique de E_λ (isomorphe à $\mathbb{C}$), ρ se diagonalise en une somme de caractères de Hecke de type A_0. On définit de façon évidente la notion de représentation rationnelle sur E de C(K) (ou W_K) et on montre dans l'appendice 2 que le théorème de Waldschmidt possède la conséquence suivante:

---

(2) Si λ est une place finie de E, une représentation λ-adique de W_K est triviale sur la composante connexe de W_K, et définit une représentation λ-adique du quotient G_K.

Théorème 3 Soit λ une place archimédienne de E. Alors toute représentation λ-adique abélienne et semi-simple de C(K), rationnelle sur E, est localement algébrique.

Comme on peut s'en douter, il existe un lien entre les représentations λ-adiques rationnelles abéliennes de W_K, pour les différentes places λ de E. Soient λ et λ' deux places distinctes de E, ρ une représentation λ-adique de W_K, ρ' une représentation λ'-adique ; on suppose ρ et ρ' non ramifiées presque partout et rationnelles sur E. On doit alors que ρ et ρ' sont compatibles s'il existe un ensemble fini S de places finies de K tel que ρ et ρ' soient non ramifées hors de S et que pour $v \in \Sigma_K \setminus S$, on ait $P_{v,\rho}(T) = P_{v,\rho'}(T)$. Soient Λ un ensemble de places de E et S un sous-ensemble fini de Σ_K. Un système $(\rho_\lambda)\lambda \in \Lambda$, ou pour chaque λ, ρ_λ est une représentation λ-adique de W_K, est dit strictement compatible d'ensemble exceptionnel inclus dans S si

(a) pour tout $\lambda \in \Lambda$ et pour toute place finie v de K hors de S et ne divisant pas la caractéristique résiduelle de λ, ρ_λ est non ramifiée en v et $\rho_{v,\rho_\lambda}(T)$ a ses coefficients dans E.

(b) pour tous λ et λ' dans Λ, et toute place finie v de K hors de S, et ne divisant pas les caractéristiques résiduelles de λ et λ', on a $P_{v,\rho_\lambda}(T) = P_{v,\rho_{\lambda'}}(T)$.

Appliquons ces définitions à la situation où l'on part d'une représentation λ-adique ρ de W_K (pour une place donnée λ de E), supposée abélienne, semi-simple et rationnelle sur E: Alors, pour toute place λ' de E, il existe une représentation λ'-adique unique ρ_λ de W_K qui soit semi-simple et compatible à ρ; elle est abélienne. Soient $\mathfrak{m}$ un module de définition pour $\rho^{(3)}$, et S l'ensemble des places divisant $\mathfrak{m}$. Alors le système $(\rho_\lambda)\lambda \in \Lambda$ où Λ est l'ensemble des places de E est strictement compatible d'ensemble exceptionnel inclus dans S. Pour chaque λ, les valeurs propres des Frobenius en les places non ramifiées engendrent une extension finie de $\mathbb{Q}$. De plus, pour un nombre infini de places λ, ρ_λ peut se mettre sous forme diagonale.

---

(3) Si λ est infinie, cela signifie que $\mathfrak{m}$ est un idéal de K multiple du conducteur de ρ. Si λ est finie de caractéristique résiduelle ℓ, $\mathfrak{m}$ est un idéal de K tel que, pour tout $v \in \Sigma_K$ ne divisant pas ℓ, ρ soit triviale sur les unités de K_v congrues à 1 modulo $\mathfrak{m}_v$, et que ρ soit donnée par un morphisme algébrique sur les éléments x^v de $T(\mathbb{Q}_\ell) = \prod K_v^*$ dont la composante suivant toute place v divisant ℓ est $|v|\ell$ congrue à 1 modulo $\mathfrak{m}_v$.

Indiquons brièvement comment construire les représentations $\rho_{\lambda'}$ quand ρ est de dimension 1. Le cas général pourrait se réduire à celui-là, et de toutes façons le lecteur trouvera dans [6], dans un formalisme plus algébrique, les démonstrations des faits précédents.

Supposons donc ρ de dimension 1, et donnons-nous un module de définition $\mathfrak{m}$ pour ρ. De la même manière que dans l'introduction, on définit un caractère à valeurs dans $E^\times$ du groupe $I(\mathfrak{m})$, donc un caractère $\tilde{\rho}$ du groupe $J(\mathfrak{m})$ des idèles de K dont la composante est 1 en les places infinies ou en les places divisant $\mathfrak{m}$. Si λ' est une autre place de E et que $\mathfrak{m}$ est divisible par la caractéristique résiduelle de λ', la représentation de $K^\times J(\mathfrak{m})$ dans $E^\times_{\lambda'}$, définie par $\tilde{\rho}$ (et triviale sur $K^\times$) est uniformément continue, et se prolonge par continuité en une représentation de $C(K)$ dans $E^\times_{\lambda'}$, qui ne dépend pas du choix de $\mathfrak{m}$, et n'est autre que le caractère $\rho_{\lambda'}$ que l'on voulait construire.

IV. Quelques applications [1, 2, 4, 7, 9, 10, 15]

Soit ℓ un nombre premier.

Soient K un corps de nombres et $\rho_\ell : G_K \to \mathrm{Aut}(V)$ une représentation ℓ-adique, non ramifiée hors d'un nombre fini de places (cette condition n'est pas automatique pour une représentation non abélienne). On suppose ρ_ℓ rationnelle (sur $\mathbb{Q}$) et on note G_ℓ son image, $\mathfrak{G}_\ell$ l'algèbre de Lie de G_ℓ. Le résultat suivant a été remarqué par Serre [9] et moi-même, et s'obtient par la méthode de Bogomolov décrite plus loin.

Théorème 4 Si ρ_ℓ est semi-simple, l'algèbre de Lie $\mathfrak{G}_\ell$ est réductive et algébrique. En particulier, le groupe G_ℓ est ouvert dans l'ensemble des points sur $\mathbb{Q}_\ell$ de son enveloppe algébrique.

Remarque: il est essentiel dans ce théorème de supposer que ρ_ℓ est semi-simple. Par exemple soit χ le caractère de G_K dans $\mathbb{Z}_\ell^\times$ donnant l'action de G_K sur les racines de l'unité d'ordre une puissance de ℓ et considérons la représentation ρ_ℓ donnée sous forme matricielle par

$$\rho_\ell = \begin{pmatrix} \chi & \log \chi \\ 0 & \chi \end{pmatrix}$$

ou log désigne le logarithme ℓ-adique. L'image de ρ_ℓ est bien entendu de dimension 1, mais son enveloppe algébrique est formée des matrices de la forme $\begin{pmatrix} x & y \\ 0 & x \end{pmatrix}$ avec x et y arbitraires. On peut néanmoins appliquer le théorème à la semi-simplifiée d'une représentation ρ_ℓ quelconque (non ramifiée presque partout). On peut en outre généraliser le théorème 4 [4, 9].

Théorème 5 Soit ρ_ℓ une représentation ℓ-adique non ramifiée presque partout. On fait l'une des deux hypothèses suivantes:

(i) Pour toute place v de K divisant ℓ, la restriction de ρ_ℓ au groupe d'inertie I_v en v est de type Hodge-Tate.

(ii) ρ_ℓ est rationnelle et les éléments de Frobenius en presque toutes les places non ramifiées sont semi-simples.

Alors l'algèbre de Lie $\mathfrak{G}_\ell$ est algébrique, et l'enveloppe algébrique G_ℓ^{alg} de G_ℓ n'a aucun quotient isomorphe à $\mathbb{G}_a$.

Les théorèmes 4 et 5 se démontrent par une méthode due à Bogomolov [1,2].

(i) On traite d'abord le cas où ρ_ℓ est abélienne. Le théorème 4 est alors, grâce au théorème 2, cas particulier du theoreme 5 i). Quitte à remplacer K par une extension finie, on peut supposer que G_ℓ^{alg} est connexe. C'est alors un tore. Sinon, il aurait un facteur isomorphe à $\mathbb{G}_a$: dans le cas i) du théorème 5 c'est impossible parce qu'on sait que l'enveloppe algébrique de $\rho_\ell(I_v)$ n'a pas de facteur isomorphe à $\mathbb{G}_a$ et la représentation de G_K dans $\mathbb{Z}_\ell$ obtenue en projectant G_ℓ^{alg} sur un facteur $\mathbb{G}_a$ serait non ramifiée en toute place divisant ℓ donc triviale. C'est impossible également dans le cas ii) puisque l'image des Frobenius est dense dans G_ℓ. Sachant que G_ℓ^{alg} est un tore, on conclut que ρ_ℓ est localement algébrique ([8], §2) et que $\mathfrak{G}_\ell$ est algébrique ([6], III).

(ii) Dans le cas général, soit $(G_\ell^{alg})'$ le groupe dérivé de G_ℓ^{alg}, et $\mathfrak{G}_\ell'$ son algèbre de Lie. On sait grâce à Chevalley ([3], 7, cor. 7.9.) que $\mathfrak{G}_\ell$ contient $\mathfrak{G}_\ell'$. Choisissant une représentation lineaire r de G_ℓ^{alg}, de noyau $(G_\ell^{alg})'$, dans un espace vectoriel de dimension finie, on obtient une représentation abélienne de G_K qui vérifie les mêmes conditions que ρ_ℓ. L'image $\mathfrak{G}_\ell/\mathfrak{G}_\ell'$ de $\mathfrak{G}_\ell$ par r est donc algébrique, et il en est de même de $\mathfrak{G}_\ell$. Si ρ_ℓ est semi-simple, $\mathfrak{G}_\ell$ est réductive ([3], 11.21) et on a démontré le théorème 4.

Dans les deux cas du théorème 5, la projection sur un éventuel facteur $\mathbb{G}_a$ de G_ℓ^{alg} donnerait une représentation abélienne de G_K vérifiant les mêmes conditions que ρ_ℓ, ce qui est impossible. On a donc prouvé également le théorème 5.

Remarques 1. Si ρ_ℓ est la représentation attachée à la cohomologie ℓ-adique de degré $m \geq 1$ d'une variété projective lisse X sur K, on ne sait pas si les hypothèses (i) ou (ii) sont vraies en général. Pour m=1 elles sont vraies toutes deux. Par contre on sait ([7], 2.3) que l'enveloppe algébrique de G_ℓ contient les homothéties. Les théorèmes précédents donnent des cas où $\mathfrak{G}_\ell$ contient les homothéties.

2. Si ρ_ℓ est la représentation attachée à un groupe ℓ-divisible sur K, alors (i) est vraie [11].

3. Si on se donne une variété abélienne A définie sur K et qu'on considère la représentation ρ_ℓ sur $V = V_\ell(A)$, les hypothèses du théorème sont vérifiées. Bogomolov [1,2] en déduit le théorème fort intéressant suivant.

Théorème 6: Soit X une sous-variété algébrique de A définie sur K, et soit N un entier, $N \geq 2$. Il existe alors un nombre fini de sous-variétés X_α de X telles que

(i) Chaque X_α est une translatée d'une sous-variété abélienne B_α de A

(ii) L'ensemble des points de $X(\overline{K})$ annulés, dans $A(\overline{K})$, par une puissance de N est contenu dans la réunion des X_α. En particulier, si X est une courbe de genre au moins 2, ces points sont en nombre fini.

Remarque 4. Le théorème précédent est vrai pour n'importe quel corps K de caractéristique nulle. En effet on se ramène immediatement à un corps de type fini sur $\mathbb{Q}$, sur lequel A et X soient définies. Le théorème 5 est alors vrai [10] et la démonstration de Bogomolov s'applique.

Nous nous sommes intéressés dans la partie III de cet exposé aux représentations abéliennes de W_K. Mais dans la mesure où nous regardons l'algèbre de Lie de l'image de W_K, il est plus naturel de considérer les représentations potentiellement abéliennes de W_K i.e. celles dont la restriction à un sous-groupe ouvert d'indice fini est abélienne. Si une telle représentation est absolument irréductible, on montre qu'elle est induite d'une représentation de W_L (pour une extension finie convenable L de K) qui est produit d'un caractère de Hecke par une représentation d'image finie. Parmi les représentations potentiellement abéliennes de W_K, particulièrement intéressantes sont celles dont la restriction à un sous-groupe ouvert d'indice fini est localement algébrique; on les appellera localement algébriques. L'on peut introduire [4], pour étudier ces représentations, des groupes analogues aux groupes S_m définis dans [6], et appelés groupes de Taniyama par Langlands. On peut montrer qu'une représentation

λ-adique de W_K, potentiellement abélienne, semi-simple et rationnelle sur E est localement algébrique. Si on se donne une telle représentation ρ_λ, et qu'on prend E assez grand, on peut lui associer en toute autre place λ' de E, une représentation λ'-adique potentiellement abélienne et semi-simple, telle que les Frobenius en presque toute place de K aient même polynôme caractéristique dans ρ_λ et $\rho_{\lambda'}$. Ce résultat, essentiellement dû à Yoshida [15], s'applique à la situation suivante.

On se donne une variété abélienne A définie sur K a multiplication complexe par un ordre d'un corps de nombres, les endomorphismes de A <u>n'étant pas supposés définis sur K</u>. On montre alors que la fonction L de Hasse-Weil de A sur K est la fonction L d'une représentation (potentiellement abélienne) de W_K dans un espace de dimension finie sur $\mathbb{C}$.

En fait, le lecteur remarquera que dans le dictionnaire conjectural entre représentations complexes de W_K, représentations λ-adiques de G_K, séries de Dirichlet et formes automorphes ([4], [7]), nous avons identifié les représentations λ-adiques correspondant aux représentations complexes semi-simples de type A_0 de W_K. Il reste évidement en général à construire les formes automorphes, voire les motifs correspondants.

V. <u>Démonstration du théorème principal</u>.

<u>Théorème 7 Soit ρ une représentation ℓ-adique abélienne, semi-simple et rationnelle de G_K. Alors ρ est localement algébrique.</u>

<u>Remarque</u> Par le théorème de l'appendice I, le théorème 7 entraîne le théorème 2. De toutes façons, la démonstration qui va suivre s'applique aussi au théorème 2.

Pour démontrer le théorème 7, on utilise un résultat fondamental de transcendance, dû à D. Masser [5] et M. Waldschmidt [12, 13]. On note C la complétion de la clôture algébrique de $\mathbb{Q}_\ell$. Si V est un espace vectoriel de dimension finie sur C et Γ un sous-$\mathbb{Z}$-module de rang fini de V on note ou $\mu(\Gamma)$ ou $\mu_V(\Gamma)$ le minimum des quantités

$$\frac{rg_{\mathbb{Z}}\,\Gamma - rg_{\mathbb{Z}}\,(\Gamma\cap W)}{\dim V - \dim W}$$, quand W parcourt les C-sous-espaces vectoriels de V distincts de V.

<u>Théorème 8 Soient V un espace vectoriel de dimension finie sur C, V^* son dual, et Λ, Γ deux sous $\mathbb{Z}$-modules de rang fini de V et V^*</u>

respectivement. Supposons qu'on ait $rg_{\mathbb{Z}}\Lambda >$ dim V et que l'exponentielle ℓ-adique converge sur tous les produits scalaires $<\lambda,\gamma>$, $\lambda\in\Lambda$, $\gamma\in\Gamma$, et y prenne des valeurs algébriques. Alors on a

$\mu_{V^*}(\Gamma) \leq rg_{\mathbb{Z}}(\Lambda)/(rg_{\mathbb{Z}}\Lambda - \dim V)$.

A l'aide de ce résultat, nous prouverons le théorème 7 en plusieurs étapes, inspirés de [6].

lère étape

Soit T le tore défini par K. Sur C, ρ se diagonalise et est donné par une somme directe de caractères continus $\psi_1,\ldots,\psi_k$. Soit f_i la restriction de ψ_i à $T(\mathbb{Q}_\ell)$. Grâce à ([6] III.3.2), il suffit de prouver, pour chaque i, qu'une puissance f_i^N de f_i est localement algébrique. Dans la suite, on fixera l'indice i et on notera f au lieu de f_i, ψ au lieu de ψ_i.

2ème étape

La groupe topologique $T(\mathbb{Q}_\ell)$ est localement isomorphe à $\mathbb{Z}_\ell^r$ où r est le degré de K sur $\mathbb{Q}$. Soit e un homomorphisme injectif de $\mathbb{Z}_\ell^r$ dans $T(\mathbb{Q}_\ell)$, qui soit un isomorphisme local. Soient $\chi_1,\ldots,\chi_r$ des caractères du tore T formant une base du module X(T). On les considère comme des homomorphismes de $K^\times$ dans $C^\times$. On définit ainsi r+1 homomorphismes continus $f\circ e$ et $\chi_i\circ e$ de $\mathbb{Z}_\ell^r$ dans $C^\times$. Posons $V = C^r$ et considérons $\mathbb{Z}_\ell^r$ comme inclus dans V. On peut supposer qu'il existe des éléments a, b_i de V* tels que l'on ait

$$f\circ e\,(z) = \exp <a, z>$$

et

$$\chi_i\circ e\,(z) = \exp <b_i, z>$$

pour tout z dans $\mathbb{Z}_\ell^r$ et tout i = 1,...,r

Le sous-groupe Δ de V* engendré par les b_i est de rang r. En effet, si on a une relation $\sum_{j=1}^{r} \alpha_i\, b_i = 0$ où les α_i sont entiers, on a

$$\prod_{i=1}^{r} \chi_i^{\alpha_i}\, e\,(z) = 1 \quad \text{pour} \quad z\in\mathbb{Z}_\ell^r$$

et $\prod_{i=1}^{r}\chi_i^{\alpha_i}$ est trivial sur un voisinage de 1 dans $T(\mathbb{Q}_\ell)$; mais un tel voisinage est dense dans $T(\mathbb{Q})_\ell$ pour la topologie de Zariski, donc $\prod_{i=1}^{r}\chi_i^{\alpha_i}$ est trivial, ce qui n'est possible que si $\alpha_i = 0$ pour tout i = 1,...,r.

Nous allons montrer que le sous-groupe Γ de V^* engendré par a et les b_i, $i = 1,\dots,r$, est aussi de rang r. Alors il existera un entier $N > 0$ et des entiers α_i tels qu'on ait

$$Na = \sum_{i=1}^{r} \alpha_i b_i$$

d'où

$$f^N = \prod_{i=1}^{r} \chi_i^{\alpha_i}$$

sur un voisinage de 1 dans $T(\mathbb{Q}_\ell)$: f^N est localement algébrique.

3ème étape

Raisonnons par l'absurde et supposons Γ de rang $n+1$. Supposons construit un sous-groupe Λ de V, de rang infini, tel que exp $\langle\gamma, \lambda\rangle$ soit défini et algebrique pour tout $\gamma \in \Gamma$ et tout $\lambda \in \Lambda$. Appliquant alors le théorème 8 aux sous-groupes abéliens libres de rang fini assez grand de Λ, on obtient

$$\mu_{V^*}(\Gamma) \leq 1$$

Il existe donc un sous-espace vectoriel W de V^*, tel qu'on ait

$$\mathrm{rg}_{\mathbb{Z}}\Gamma - \mathrm{rg}_{\mathbb{Z}}(\Gamma \cap W) \leq \dim V - \dim W$$

i.e.

$$\mathrm{rg}_{\mathbb{Z}}(\Gamma \cap W) \geq \dim W + 1$$

Prenons un tel sous-espace W de dimension minimale. On a donc $\dim W \geq 1$ et $\mathrm{rg}_{\mathbb{Z}}(\Gamma \cap W) \geq 2$; en particulier $\Gamma \cap W$ contient un élément non-nul w de Δ. Nous montrerons plus loin le lemme suivant.

Lemme La projection de Λ dans $V/w^\perp = (\mathbb{C}w)^*$ est de rang infini.

A fortiori, la projection $\pi_W(\Lambda)$ de Λ dans $V/W^\perp = W^*$ est de rang infini. Appliquons à nouveau le théorème 8 aux sous-groupes $\Gamma \cap W$ et $\pi_W(\Lambda)$ de W^*. On en déduit

$$\mu_{W^*}(\Gamma \cap W) \leq 1$$

Il existe donc un sous-espace W' de W, distinct de W, tel que

$$\mathrm{rg}_{\mathbb{Z}}(\Gamma \cap W) - \mathrm{rg}_{\mathbb{Z}}(\Gamma \cap W') \leq \dim W - \dim W';$$

on a alors

$$\mathrm{rg}_{\mathbb{Z}}(\Gamma \cap W') \geq \dim W' + 1,$$

ce qui contredit la minimalité de dim W.

Moyennant la construction de Λ et la démonstration du lemme, on aura démontré l'égalité voulue

$$\mathrm{rg}_{\mathbb{Z}}\,\Gamma = n$$

Remarque: On voit aussi que Δ engendre V^*. Sinon, Δ se trouve dans un sous-espace strict de V^* et le raisonnement précédent appliqué à Δ au lieu de Γ, montre que c'est impossible.

4ème étape

Construisons le réseau Λ.

Soit S un ensemble fini de nombres premiers et, pour chaque p dans S, soit W_p un sous-espace ouvert de $T(\mathbb{Q}_p)$. On note $\mathfrak{W}$ la famille des $(W_p)_{p\in S}$ et $T(\mathbb{Q})_{\mathfrak{W}}$ l'ensemble des éléments x de $T(\mathbb{Q})$ dont les images dans $T(\mathbb{Q}_p)$ appartiennent à W_p pour tout p dans S; c'est un sous-groupe de $T(\mathbb{Q})$. Comme $T(\mathbb{Q})$ est de rang infini et que chaque quotient $T(\mathbb{Q}_p)/W_p$ est un groupe abélien de type fini et de rang au plus 1, on voit que $T(\mathbb{Q})_{\mathfrak{W}}$ est de rang infini.

On choisit S ne contenant pas ℓ, et tel que si $v\in\Sigma_k$ ne divise ni ℓ ni les premiers dans S, ρ soit non ramifiée en v et que $P_{v,\rho}$ ait ses coefficients rationnels. Pour p dans S, on choisit pour W_p un sous-groupe ouvert de $T(\mathbb{Q}_p)$ sur lequel f est triviale.

Soit x un élément de $T(\mathbb{Q})_{\mathfrak{W}}$. On a $\psi(x) = 1$ puisque x est rationnel. Décomposons x en ses composantes

$$x = x_\infty \cdot x_\ell \cdot x_s \cdot x'$$

suivant la décomposition de J(K) en

$$(K \otimes \mathbb{R})^\times \times (K \otimes \mathbb{Q}_\ell)^\times \times \prod_{r\in S} (K \otimes \mathbb{Q}_r)^\times \times \prod_{\substack{r\notin S\\ r\neq \ell}} (K \otimes \mathbb{Q}_r)^\times$$

on a $\quad f(x_\ell)^{-1} = \psi(x_\infty)\psi(x_s)\psi(x')$

d'où $\quad f(x_\ell)^{-1} = \pm\,\psi(x')$

Mais, si $v\in\Sigma_K$ est de caractéristique résiduelle non dans $S\cup\{\ell\}$ $\psi(F_{v,\rho})$ est algébrique, puisque racine du polynôme $P_{v,\rho}$. On en déduit que $\psi(x')$, donc $f(x_\ell)$, est algébrique.

Soit Λ l'ensemble des éléments z de $\mathbb{Z}_\ell^r$ tels que e(z) appartienne à $T(\mathbb{Q})_{\mathfrak{W}}$. Comme $T(\mathbb{Q}_\ell)/e(\mathbb{Z}_\ell^r)$ est de type fini, Λ est de rang infini. De plus, il est évident par construction que $\langle\Lambda, \Gamma\rangle$ est formé de nombres algébriques.

5ème étape

Reste à démontrer le lemme.

Ecrivons $w = \sum_{i=1}^{r} n_i a_i$, où les n_i sont entiers, et posons

$$\chi = \prod \chi_i^{n_i}$$

Il suffit de montrer que l'image de $T(\mathbb{Q})$ par χ est de rang infini. En effet $T(\mathbb{Q})/e(\Lambda)$ étant de type fini, $\chi \circ e(\Lambda)$ sera alors de rang infini; comme on a

$$\exp < w, \pi_w(\lambda) > = \exp < w, \lambda > = \chi \circ e(\lambda),$$

pour $\lambda \in \Lambda$, où π_w est la projection de V sur $(C \cdot w)^*$, $\pi_w(\Lambda)$ sera aussi de rang infini.

Soit Γ_K l'ensemble des plongements de K dans C, et prenons une extension finie L de $\mathbb{Q}$ dans C, contenant les images de tous ces plongements. Sur $T(\mathbb{Q}) = K^\times$, χ peut s'écrire sous la forme $\chi = \prod_{\sigma \in \Gamma_K} \sigma^{n(\sigma)}$ où les $n(\sigma)$ sont entiers, et χ prend ses valeurs dans $L^\times$.

Soient I_K le groupe des idéaux de K et h son nombre de classes d'idéaux. Pour chaque idéal premier $\mathfrak{P}$ de K, choisissons un générateur $x_{\mathfrak{P}}$ de l'idéal $\mathfrak{P}^h$. Ce choix définit un plongement de I_K dans $K^\times$. On en déduit un homomorphisme $\check{\chi}$ de I_K dans le groupe des idéaux I_L de L, qui à $\mathfrak{P}$ associe l'idéal engendré par $\chi(x_{\mathfrak{P}})$. Considérons un nombre premier p, totalement décomposé dans L, et un idéal premier $\mathfrak{P}$ de K divisant p. Du fait que la représentation du groupe de Galois de L sur $\mathbb{Q}$ sur les idéaux premiers de L au-dessus de p est la représentation régulière, on déduit facilement que, pour σ et σ' distincts dans Γ_K, les premiers de L divisant la quantité $\sigma x_{\mathfrak{P}}$ et ceux divisant $\sigma' x_{\mathfrak{P}}$ sont distincts. Par conséquent, $\check{\chi}(\mathfrak{P})$ est un idéal de L non trivial (et divisible seulement par les idéaux premiers au-dessus de p). Comme il existe un nombre infini de nombres premiers p totalement décomposés dans L, l'image de $\check{\chi}$ est de rang infini et il en est de même de l'image de χ. Le lemme est demontré.

Appendice 1

Proposition Soit λ une place finie de E. Une représentation E_λ-adique abélienne ρ de G_K est localement algébrique si et seulement si elle est localement algébrique en tant que représentation ℓ-adique.

Démonstration: Il est clair qu'il suffit d'examiner la restriction de ρ au groupe d'inertie I_v en chaque place v de K divisant ℓ. Notons ρ_λ (resp. ρ_ℓ) la représentation ρ considérée comme représentation sur E_λ (resp. $\mathbb{Q}_\ell$). Supposons d'abord ρ_λ localement algébrique, et choisissons une extension finie F de $\mathbb{Q}_\ell$, contenant E_λ et galoisienne sur $\mathbb{Q}_\ell$, et un sous-groupe ouvert U de $K_v^\times$ tels que par extension à F la restriction de ρ à U soit donnée par une somme directe de caractères χ_i: $U \to F^*$, la collection de ces caractères étant stable par l'action de Gal (F/E_λ). On voit alors facilement que sur $F^\times$, ρ_ℓ se diagonalise en somme des caractères $\nu\chi_i$, où ν parcourt un système de représentants dans Gal$(F/\mathbb{Q}_\ell)$ du quotient Gal$(F/\mathbb{Q}_\ell)$/ Gal(F/E_λ). On peut supposer les χ_i de de la forme $\prod_{\sigma\in\Gamma_K} \sigma^{n_\sigma(i)}$ avec $n_\sigma(i) \in \mathbb{Z}$ et il en est alors évidemment de même des $\nu\chi_i$. Par suite ρ_ℓ est localement algébrique.

Inversement, supposons ρ_ℓ localement algébrique. Si l'on choisit F et U comme plus haut, mais diagonalisant $\rho_{\ell|U}$ au lieu de $\rho_{\lambda|U}$ il est clair que $\rho_{\lambda|U}$ se diagonalise aussi sur F et un raisonnement analogue au précédent montre que ρ_λ est localement algébrique.

Appendice 2

<u>Théorème: Soit λ une place archimédienne de E et ρ une représentation λ-adique abélienne semi-simple de C(K), rationnelle sur E. Alors ρ est localement algébrique.</u>

Nous allons déduire ce théorème des résultats de Waldschmidt rappelés dans l'introduction. Remarquons tout d'abord que si ρ est de dimension 1, le théorème de Waldschmidt s'applique et donne directement la conclusion voulue. Dans le cas général, ρ se décompose sur $\mathbb{C}$ en somme de caractères ψ_i. Les caractères de groupes d'idéaux associés aux ψ_i prenant des valeurs algébriques, il est clair que ψ_i est de type A. Donc il existe un entier $N \geq 1$ tel que les caractères $\chi_i = \psi_i^N$ soient de type A_o. Les caractères algébriques correspondants χ_i^{alg} sont de la forme.

$$\chi_i^{alg} = \prod_{\sigma\in\Gamma_K} \sigma^{n_i(\sigma)} \quad , \; n_i(\sigma) \in \mathbb{Z},$$

où Γ_K est l'ensemble des plongements de K dans $\mathbb{C}$. Soit ν une place archimédienne de K. Sur la composante connexe de $K_\nu^\times$, on a donc

$$\chi_i(z) = \sigma_\nu(z)^{n_i(\sigma_\nu)} \quad \text{si } \nu \text{ est réelle et } \sigma_\nu \text{ le plongement}$$

correspondant de K dans $\mathbb{C}$

$\chi_1(z) = \sigma_\nu(z)^{n_i(\sigma_\nu)}\ \sigma'_\nu(z)^{n_i(\sigma'_\nu)}$ si ν est complexe et que σ_ν, σ'_ν sont les deux plongements de K_ν dans $\mathbb{C}$. On a $|Z| = \sigma_\nu(Z)$ dans le premier cas, et $|Z|^2 = \sigma_\nu(Z)\ \sigma'_\nu(Z)$ dans le second cas. On en déduit aussitôt que sur la même composante connexe, on a

$\psi_i(Z) = \sigma_\nu(Z)^{n_i(\sigma_\nu)/N}$ dans le premier cas, et

$\psi_i(Z) = \sigma_\nu(Z)^{(n_i(\sigma_\nu) - n_i(\sigma'_\nu))/N}\ (\sigma_\nu(Z)\sigma'_\nu(Z))^{n_i(\sigma'_\nu)}$ dans le

second (d'ailleurs N divise $(n_i(\sigma_\nu) - n_i(\sigma'_\nu))$.).

Nous allons montrer que N divise tous les $n_i(\sigma_\nu)$. Supposons que tel n'est pas le cas et adaptons à notre profit la démonstration de ([6], III.3.2). Soit $\mathfrak{m}$ un idéal de K multiple du conducteur des χ_i et tel que pour toute place $v \in \Sigma_K$ ne divisant pas $\mathfrak{m}$, le Frobenius en v ait un polynôme caractéristique à coefficients dans E. Soient $K_\mathfrak{m}$ le corps de rayon $\mathfrak{m}$ de K, et L une extension galoisienne de $\mathbb{Q}$ contenant $K_\mathfrak{m}$. Soit p un nombre premier à $\mathfrak{m}$ et totalement décomposé dans L. Soit v une place de K divisant p et S_v un idèle qui ait pour composante une uniformisante de K_v en v, et 1 ailleurs. Alors S_v est la norme d'un idèle de $K_\mathfrak{m}$ et l'idéal premier de K correspondant à v est principal, engendré par un élément α congru à 1 modulo $\mathfrak{m}$ et positif à toutes les places réelles de K. On a donc

$$\chi_i(S_v) = \chi_i(\alpha S_v) = \prod_{\sigma \in \Gamma_K} \sigma(\alpha)^{n_i(\sigma)}$$

Si l'un des $n_i(\sigma)$ n'est pas divisible par N alors l'idéal $(\chi_i(S_v))$ n'est pas une puissance $N^{\text{ème}}$ d'un idéal de L et par suite $x = \chi_i(S_v)$ n'appartient pas à L. Mais alors il existe une racine $N^{\text{ème}}$ de l'unité z non triviale telle que x et zx soient conjugués sur E et donc il existe un indice j distinct de i tel que l'on ait

$$\psi_j(S_v) = z\psi_i(S_v)$$

d'où en particulier

$$\prod_{\sigma \in \Gamma_K} \sigma(\alpha)^{n_j(\sigma) - n_i(\sigma)} = 1$$

Mais comme v est totalement décomposé dans L, l'idéal engendré par

$\prod_{\sigma \in \Gamma_K} \sigma(\alpha)^{n_j(\sigma) - n_i(\sigma)}$ ne peut être 1 que si $n_j(\sigma)$ égale $n_i(\sigma)$ pour tout σ . Mais on a alors $\psi_j(S_v) = \psi_j(\alpha S_v) = \psi_i(\alpha S_v) = \psi_i(S_v)$, d'où une contradiction. Tous les $n_i(\sigma)$ sont donc divisibles par N et chaque χ_i est de type A_o, ce qui démontre le lemme.

BIBLIOGRAPHIE

1. F.A. Bogomolov — Sur l'algébricité des représentations ℓ-adiques C.R.A.S. Paris t.290,701-703,21 avril 1980.

2. F.A. Bogomolov — Points d'ordre fini des variétés algébriques Izv. Akad. Nauk, C.C.C.P. Sér. Math., t.44, 1980. (en russe)

3. A. Borel — Linear algebraic groups, notes by Hyman Bass Benjamin, New York, 1969.

4. R.P. Langlands — Automorphic representations, Shimura varieties and motives, in Automorphic forms, representations, and L-functions, P.S.P.M. 33, Part II, 105-145, 1979.

5. D.W. Masser — On polynomials and exponential polynomials in several complex variables, Invent, Math. 63, 81-95, 1981.

6. J.P. Serre — Abelian ℓ-adic representations and elliptic curves, Benjamin, New York, 1968.

7. J.P. Serre — Représentations ℓ-adiques, in Kyoto Symposium on Algebraic Number Theory, Japan Soc. for the Promotion of Science, 177-193, 1977.

8. J.P. Serre — Groupes algébriques associés aux modules de Hodge-Tate, in Journées de Géométrie algébrique de Rennes, Astérisque 65, 155-188, 1979.

9. J.P. Serre — Lettre à P. Deligne, 22 avril 1980.

10. J.P. Serre — Représentations ℓ-adiques, exposé au Séminaire D.P.P., 12 janvier 1981. (à paraitre)

11. J. Tate p-divisible groups, in Proceedings of a conference on local fields, Springer Verlag, 158-165, 1968.

12. M. Waldschmidt Transcendance et exponentielles en plusieurs variables, Invent. Math. 63, 97-127, 1981.

13. M. Waldschmidt Exposé au Séminaire D.P.P., 13 octobre 1980. (à paraitre)

14. A. Weil On a certain type of characters of the idele class group of an algebraic number field, in Proceedings of the International Symposium on Algebraic Geometry, Tokyo-Nikko, 1-7, 1955.

15. H. Yoshida Abelian varieties with complex multiplication and representations of the Weil group, prepublication, Kyoto University, 1980.

Séminaire Delange-Pisot-Poitou
(Théorie des Nombres)
1980-81

ISOALGEBRAIC GEOMETRY: FIRST STEPS

Manfred Knebusch
Universität Regensburg

In this talk I want to explain how it is possible to develop a "semialgebraic complex analysis" over an arbitrary algebraically closed field C of characteristic zero, which I call "isoalgebraic geometry." I shall omit nearly all proofs deferring a systematic exposition of the theory to the future.

Our theory emerges from the presence of a real closed field R in C with $R(\sqrt{-1}) = C$. A similar though more complicated theory should be possible using a p-adic field in C instead of R. The inequalities in the definition of semialgebraic sets in §1 below then have to be replaced by integrality conditions.

§ 1 Semialgebraic sets in an algebraic variety X over C.

We choose once and for all in C a subfield R with $R(\sqrt{-1}) = C$. This is always possible, usually in many different ways. R is real closed and has in particular a unique ordering. R is a topological field, a basis of open sets being given by the open intervals $\{x \in R \mid a < x < b\}$. Thus $C \cong R^2$ is also a topological field.

Let X be an algebraic variety over C. We assume for simplicity always that X is reduced, and we identify X with the set X(C) of C-rational points of X. The topology of C induces on X a "<u>strong topology</u>," finer than the Zariski topology, as follows: Cover X by (finitely many) affine Zariski open subsets X_i, $i \in I$. Embed each X_i into an affine standard space C^{n_i}. Take on each X_i the subspace topology of the cartesian product C^{n_i}. By definition a subset U of X is open in the strong topology if $U \cap X_i$ is open in X_i for every $i \in I$. It is easily seen that the strong topology does not depend on the choice of the X_i

nor on the choice of the embeddings into the C^{n_i}.

Unfortunately, if $R \neq \mathbb{R}$, this topology is always totally disconnected. I recapitulate from the paper [DK] how to remedy this pathology. X can be regarded as the set Y(R) of R-rational points of a variety $Y = r_{C|R}(X)$ obtained from X by restriction of scalars from C to R. Intuitively Y can be described as follows: Choose as above a finite affine open covering $(X_i | i \in I)$ of X and embeddings $X_i \hookrightarrow C^{n_i}$. Identify C^{n_i} with R^{2n_i} in the usual way. Let Y_i denote the Zariski closure of X_i in C^{2n_i}. These varieties Y_i over R glue together in a rather obvious way and yield the desired variety $Y = \bigcup_{i \in I} Y_i$ over R.

More generally for <u>any</u> variety Y over R we can equip Y(R) with a strong topology coming from the topology of R. We call a subset M of Y(R) semialgebraic (in Y) if for a given (finite) affine Zariski open covering $(Y_i | i \in I)$ of Y, defined over R of course, every intersection $M \cap Y_i(R)$ is a finite union of sets

$$\{x \in Y_i(R) \mid f_1(x) > 0, \ldots, f_r(x) > 0, g_1(x) = 0, \ldots g_s(x) = 0\},$$

with functions $f_1, \ldots, f_r, g_1, \ldots, g_s$ in the affine ring $R[Y_i]$. This property does not depend on the choice of the covering $(Y_i | i \in I)$, cf. [DK, §6].

Let $f : M \to N$ be a map from a semialgebraic subset M of Y(R) to a semialgebraic subset N of Z(R) with Z another variety over R. We call the map f semialgebraic (with respect to Y and Z), if f is continuous (in the strong topologies, as always) and the graph $\Gamma(f) \subset M \times N$ of f is semialgebraic in $Y \times Z$.

A general principle of our theory is, that in all considerations only semialgebraic sets are allowed and that instead of continuous maps only semialgebraic maps are allowed. We have the following facts as a consequence of Tarski's theorem on the elimination of quantifiers in the elementary theory of real closed fields: For M a semialgebraic subset of Y(R) the interior $\mathring{M}$ and the closure $\bar{M}$ are again semialgebraic. Under any semialgebraic map $f : M \to N$ images and preimages of semialgebraic sets are again semialgebraic. The composite $g \circ f$ of two semialgebraic maps f,g is again a semialgebraic map (cf. [DK, §6]).

A <u>semialgebraic path</u> in a semialgebraic set $M \subset Y(R)$ is a semialgebraic map from the unit interval [0,1] in R to M. We compose semialgebraic paths in the usual way and thus have a partition of any semialgebraic set M into path components. The following fundamental theorem has been proved in [DK, §10 - 12].

Theorem 1.1. Every semialgebraic set $M \subset Y(R)$ consists of only finitely many path components $M_1,\dots,M_r$. These are semialgebraic open subsets of M.

We call a semialgebraic set $N \subset Y(R)$ connected, if N is not the union of two non empty semialgebraic disjoint subsets open in N. It is immediately verified that the unit interval [0,1] is connected. Thus also the path components $M_1,\dots,M_r$ of M are connected. Since they are open in M they are certainly the right substitute of the topological components in the case $R = \mathbb{R}$. Already Brumfiel [B, p. 260 ff] and M.F. Coste-Roy [CR, part A, Theorem 7.3] both proved that every semialgebraic set is a union of finitely many open connected semialgebraic subsets.

For any semialgebraic subset M of Y(R) we define the semialgebraic dimension $\dim_R M$ as the dimension dim Z - in the sense of algebraic geometry - of the Zariski closure Z of M in Y. The next proposition implies in particular that $\dim_R M$ is a truly semialgebraic invariant of M.

Proposition 1.2. [DK, §8] For any semialgebraic map $f : M \to V(R)$ from M to the set of real points of a variety V over R the inequality $\dim_R M \geq \dim_R f(M)$ holds true. If f is injective then both dimensions are equal.

It is also shown in [DK, §8] that $\dim_R M$ is the maximal natural number n such that the unit ball in R^n, consisting of all points $(x_1,\dots,x_n) \in R^n$ with $x_1^2 + \dots x_n^2 < 1$, can be mapped onto some semialgebraic subset of M by a semialgebraic isomorphism. Thus without doubt we are in possession of a very satisfactory dimension theory of semialgebraic sets. Pathologies like Peano curves do not occur in the semialgebraic setting.

Let now X be an irreducible n-dimensional algebraic variety over C. We identify X with the set Y(R) of real points of the variety $Y = r_{C|R}(X)$ over R, as explained above. We have the following two basic facts about X.

Theorem 1.3. X is connected.

<u>Theorem 1.4.</u> <u>X is pure of semialgebraic dimension</u> 2n, <u>i.e.</u> $\dim_R U = 2n$ <u>for every non empty open semialgebraic subset</u> U <u>of</u> X.

<u>N.B.</u> The analogues of both these theorems for the set Y(R) of real points of an arbitrary irreducible variety Y over R are definitely wrong!

The last two theorems might give the impression that the semialgebraic structure of an irreducible variety X over C does not depend on the choice of R in an essential way. This is not true. Choosing a base point x_o in X we define the fundamental group $\pi_1^R(X,x_o)$ in the usual way as the group of semialgebraic homotopy classes of semialgebraic paths $\alpha : [0,1] \to X$ with $\alpha(0) = \alpha(1) = x_o$. Examples by Serre [S] can be read as follows: There exists a smooth projective irreducible variety X over the algebraic closure $\bar{\mathbb{Q}}$ of $\mathbb{Q}$, defined over the absolute class field of a suitable imaginary quadratic number field, e.g. $\mathbb{Q}(\sqrt{-23})$, and real closures R,S of $\mathbb{Q}$ such that the groups $\pi_1^R(X,x_o)$ and $\pi_1^S(X,x_o)$ are not isomorphic. On the other hand the profinite completions of both these groups are isomorphic since they both describe the finite etale coverings of X. Serre's examples are the more remarkable since both fields R,S are archimedian and in fact isomorphic.

§ 2 Isoalgebraic maps.

Let X and Y be varieties over C and U an open semialgebraic subset of X. A map $f : U \to Y$ is called <u>isoalgebraic</u>, if there exists a <u>finite</u> covering $(U_i | i \in I)$ of U by open semialgebraic subsets U_i such that every restriction $f|U_i$ has an "etale factorization." By this we mean that there exists a commutative diagram

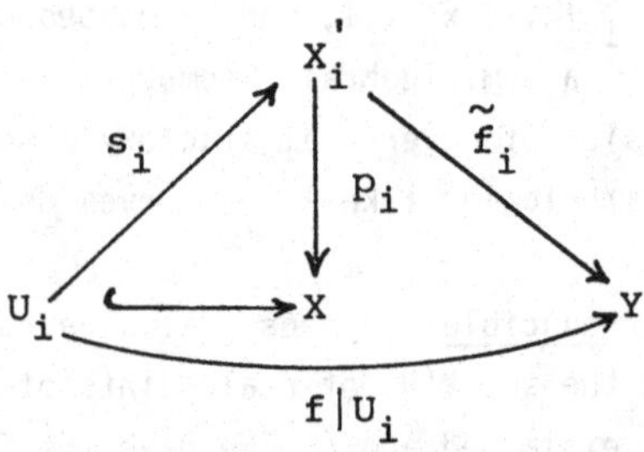

with $p_i : X_i' \to X$ an etale morphism of varieties over C, s_i a semialgebraic section of p_i over U_i (in particular the Zariski open set $p_i(X_i')$ contains U_i), and $\tilde{f}_i$ a morphism of varieties over C.

Notice that in this situation s_i is a semialgebraic isomorphism from U_i to an open semialgebraic subset U_i' of X_i'. Notice also that an etale morphism $p : X' \to X$ over C has local semialgebraic sections at any point of $p(X')$ by the implicit function theorem. (For elementary proofs of the implicit function theorem over an arbitrary real closed field R cf. [B, §8.7] or [DK, §6 Exercise].)

Morphisms between algebraic varieties over C will since now briefly be called "algebraic maps." Intuitively isoalgebraic maps serve the purpose "to make the inverse function theorem right for algebraic maps." Due to the presence of a real closed field in the base field C this can be done in a less formal way than has been done by M. Artin in his theory of algebraic spaces.

Since the covering $(U_i | i \in I)$ in the definition above is finite every isoalgebraic map is semialgebraic. It is easily seen that the composite $g \circ f$ of isoalgebraic maps $f : U \to Y$ and $g : V \to Z$ ($V \subset Y$, $f(U) \subset V$) is again isoalgebraic. Also for two isoalgebraic maps $f_1 : U \to Y_1$, $f_2 : U \to Y_2$ the map $(f_1, f_2) : U \to Y_1 \times Y_2$ is isoalgebraic. We can state three useful theorems about isoalgebraic maps on normal varieties.

Theorem 2.1. (Global etale factorization) Assume that X is irreducible of algebraic dimension n, and that U is an open semialgebraic subset of X which is normal in X, i.e. every point of U is normal in X. Let $f : U \to Y$ be isoalgebraic. We denote by Z the Zariski closure of the graph $\Gamma(f) \subset U \times Y$ in $X \times Y$.

1. Claim: Z is irreducible and has algebraic dimension n.
Let $\pi : \overline{Z} \to Z$ be the normalization of Z and let Z' denote the set of all points of $\overline{Z}$ at which the map $pr_1 \circ \pi : \overline{Z} \to X$ is etale. (pr_1 = natural projection from Z to X; by standard algebraic geometry Z' is non empty and Zariski open in $\overline{Z}$.) Let $p : Z' \to X$ denote the etale map obtained from $pr_1 \circ \pi$ by restriction.

2. Claim: $U \subset p(Z')$. There exists a unique semialgebraic section $t : U \to Z'$ of p over U such that $\pi \circ t$ coincides with the evident section $s : x \to (x, f(x))$ of $pr_1 : Z \to X$ over U. Thus we have the factorization $f = q \circ t$ with $q = pr_2 \circ (\pi | Z')$.

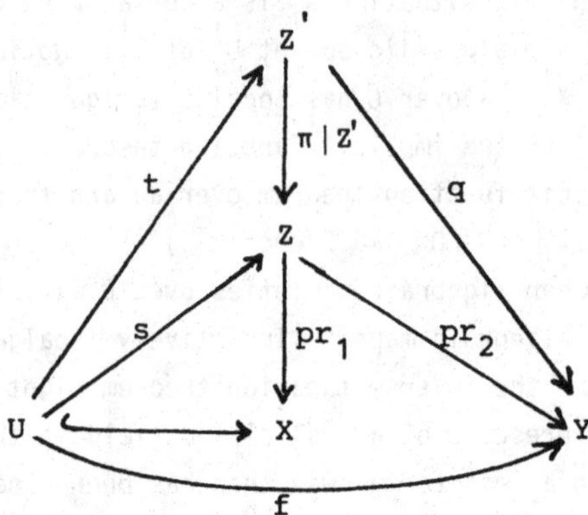

All this can be proved in the same way as Artin and Mazur prove the analogous fact for Nash functions [AM, §2]. Artin and Mazur assume in their real setting that U is smooth in X, i.e. every point of U is regular in X. In our complex situation Theorem 1.4 above makes it possible to replace "smooth" by "normal."

<u>Theorem 2.2</u>. (<u>The case</u> U = X) <u>Let</u> $f : X \to Y$ <u>be an isoalgebraic map from a normal irreducible variety</u> X <u>to a variety</u> Y <u>over</u> C. <u>Then</u> f <u>is algebraic</u>.

This is a consequence of the preceeding theorem and Theorem 1.3: f has a global etale factorization

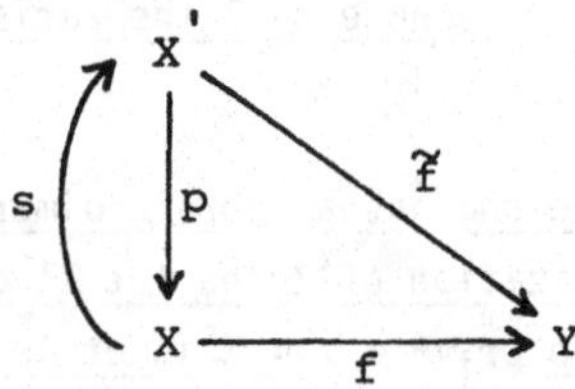

with X' irreducible. By the implicit function theorem p is as a semialgebraic map locally trivial with finite fibres. Thus p is a "semialgebraic covering." This covering has a section s. But X' is connected by Theorem 1.3. Thus p must be a semialgebraic isomorphism and in particular bijective. We conclude by Zariski's main theorem that p is an algebraic isomorphism, since X is normal and we are in characteristic zero. Thus $f = \tilde{f} \circ p^{-1}$ is algebraic.

Theorem 2.2 can be regarded as a "GAGA principle." The theorem is the more remarkable since no properness condition is needed for f.

<u>Theorem 2.3</u>. (<u>Local nature of isoalgebraic maps</u>) <u>Let</u> U <u>be a semialgebraic open normal subset of</u> X <u>and let</u> $f : U \to Y$ <u>be a semialgebraic map into a variety</u> Y <u>over</u> C. <u>Suppose that every</u> $x \in U$ <u>has an open semialgebraic neighborhood</u> $W_x \subset U$ <u>such that the restriction</u> $f|W_x$ <u>is isoalgebraic</u>. <u>Then</u> f <u>is isoalgebraic</u>.

This theorem is harder than it may look at first glance. One has to pay the debts for admitting only finite open coverings $(U_i | i \in I)$ in the definition of isoalgebraic maps. The main difficulty is in my opinion to understand why the Zariski closure of the graph of f has algebraic dimension n.*) On the other hand Theorem 2.3 is the result which makes isoalgebraic maps manageable allowing local considerations.

3 Differential quotients and Taylor series.

Let again X be a variety over C and U a semialgebraic open subset of X. By an <u>isoalgebraic function</u> on U we simply mean a semialgebraic map from U to the affine line $C = A^1$.

<u>Example</u>. (The function $\sqrt[d]{z}$) Take $X = A^1 = C$ and U the complement of the negative real axis $\{z \in R \mid z < 0\}$ in C. For every $d \in \mathbb{N}$ there exists a unique semialgebraic function $f_d : U \to C$ such that $f_d(z)^d = z$ for all $z \in U$ and $f_d(1) = 1$, and this function is isoalgebraic. Indeed, $\pi_1^R(U,1) = 1$. From this one can conclude that the finite etale covering $z \to z^d$, $C^* \to C^*$, has a unique semialgebraic section over U with $1 \to 1$.

We return to the general situation above. If f and g are isoalgebraic functions on U then f+g is the composite of $(f,g) : U \to C \times C$ and the addition map from $C \times C$ to C. In the same way we see that fg is isoalgebraic on U. Thus the set $A_X(U)$ of isoalgebraic functions on U is a commutative algebra over C. It follows from the definition of isoalgebraic functions that for every <u>finite</u> covering $(U_i, i \in I)$ of U by open semialgebraic subsets U_i the canonical sequence

$$0 \to A_X(U) \to \prod_{i \in I} A_X(U_i) \rightrightarrows \prod_{(i,j) \in I \times I} A_X(U_i \cap U_j)$$

is exact. Thus $U \to A_X(U)$ is a sheaf A_X on X in the "semialgebraic topology" (cf. [DK, §7]).

If an isoalgebraic function $f : U \to C$ has no zeros on U then also

---

* I thank Hans Delfs (Universität Regensburg) for much help in the proof of Theorem 2.3.

$1/f$ is isoalgebraic on U. Thus the stalks ($p \in X$)

$$A_{X,p} = \varinjlim_{U \ni p} A_X(U)$$

of our sheaf A_X are local rings with residue class field C.

<u>Proposition 3.1.</u> $A_{X,p}$ <u>is the henselization</u> $\mathcal{O}^h_{X,p}$ <u>of the local ring</u> $\mathcal{O}_{X,p}$ <u>of algebraic functions on X at p.</u>

This is obvious: More or less by definition

$$\mathcal{O}^h_{X,p} = \xrightarrow[(X',p') \to (X,p)]{\lim} \mathcal{O}_{X',p'}$$

with $(X',p') \to (X,p)$ running through the direct system of all pointed etale algebraic maps into (X,p), cf.[R, Chap. VIII]. Every etale map $(X',p') \to (X,p)$ has a semialgebraic section on a neighbourhood of p, unique up to restrictions, by the implicit function theorem. Using these sections we can identify the elements of the rings $\mathcal{O}_{X',p'}$ with germs of C-valued functions at p. These are just the germs of all isoalgebraic functions at p.

If p is a normal point of X then the $_{X,p}$-adic completion $\hat{\mathcal{O}}_{X,p}$ of $\mathcal{O}_{X,p}$ is an integral domain and henselian, hence

$$\mathcal{O}_{X,p} \subset A_{X,p} \subset \hat{\mathcal{O}}_{X,p} .$$

The following theorem of Nagata [N, Theorem 44.1] is often useful in considerations about isoalgebraic functions.

<u>Theorem 3.2.</u> $A_{X,p}$ <u>is the set of all elements in the integral domain</u> $\hat{\mathcal{O}}_{X,p}$ which are algebraic over the quotient field of $\mathcal{O}_{X,p}$.

If p is even regular in X and $z_1,\ldots,z_n$ is a regular system of parameters of $\mathcal{O}_{X,p}$ then

$$\hat{\mathcal{O}}_{X,p} = \hat{A}_{X,p} = C[[z_1,\ldots,z_n]],$$

the ring of formal power series in $z_1,\ldots,z_n$ with coefficients in C. Moreover there exists a semialgebraic open neighbourhood U of p such that $z_1,\ldots,z_n$ form an <u>isoalgebraic coordinate system</u> of X on U, i.e. the z_i are all defined on U and yield an isoalgebraic isomorphism

$$(z_1,\ldots,z_n) : U \xrightarrow{\sim} U'$$

onto an open semialgebraic subset U' of C^n. Indeed, the algebraic map

$(z_1,\dots,z_n)$ induces an isomorphism form $\hat{O}_{C^n,o}$ onto $\hat{O}_{X,p}$ and thus is etale at p.

Let now $(U,z_1,\dots,z_n)$ be any isoalgebraic coordinate system in X. (The z_i need not be algebraic as above but only isoalgebraic.) Then for every isoalgebraic function f on U the partial derivatives $\frac{\partial f}{\partial z_i} = D_i f$ exist in a literal sense. We identify as usual a point $a \in U$ with the sequence $(a_1,\dots,a_n)$ of its coordinates.

Theorem 3.3. Let $f : U \to C$ be isoalgebraic. For every point $a = (a_1,\dots a_n)$ of U and every $j = 1,\dots,n$ there exists in C the limit

$$(D_j f)\ (a) := \lim_{z_j \to a_j} \frac{f(a_1,\dots,z_j,\dots,a_n) - f(a_1,\dots,a_n)}{z_j - a_j}$$

The functions $D_j f : U \to C$ are again isoalgebraic. If f as an element of $\hat{A}_{X,a} = C[[z_1-a_1,\dots,z_n-a_n]]$ is the power series

$$\sum_{\alpha \in \mathbb{N}_0^n} c_\alpha (z-a)^\alpha$$

(usual notation) then $D_j f$ is the power series

$$\sum_{\substack{\alpha \in \mathbb{N}_0^n \\ \alpha_j \geq 1}} \alpha_j c\ (z-a)^{\alpha - e_j},\quad e_j = (0,\dots,1,\dots 0).$$

From the last part of this theorem we obtain by iteration that for every multiindex $\alpha \in \mathbb{N}_0^n$

$$c_\alpha = \frac{(D^\alpha f)\ (a)}{\alpha!}$$

in the usual notation. Thus the power series of an isoalgebraic function f in $\hat{A}_{X,a}$ is the Taylor series of f at a.

Does the Taylor series converge to f in some neighbourhood of a? We assume without loss of generality that U is open and semialgebraic in C^n and $a = 0 \in U$. For any $z = (z_1,\dots,z_n) \in C^n$ we denote by $|z|$ the standard norm of z, i.e. the positive square root of $z_1^2 + \dots + z_n^2$.

Theorem 3.4. Let $f : U \to C$ be isoalgebraic and let

$$P_d(z) := \sum_{|\alpha|<d} \frac{(D^\alpha f)\ (0)}{\alpha!} z^\alpha$$

the d-th Taylor-polynomial of f. Let $r > 0$ in R be given such that the

$$\overline{B_r}(0) := \{z \in C^n \mid |z| \le r\}$$

is contained in U. Let M(r) be the maximum of f on this ball (which exists, cf. [B, Prop. 8.13.5] or [DK, §9]). Then for every z in the open ball $B_r(0)$ of radius r around 0

$$|f(z) - P_d(z)| < \frac{|z|^{d+1}}{r^{d+1}} \frac{r}{r-|z|} M(r).$$

We obtain from this theorem the following

Corollary 3.5. The Taylor series of f converges to f uniformly on $B_{\nu r}(0)$ for every element $\nu > 0$ in R such that $(\nu^n \mid n \in \mathbb{N})$ is a null-sequence.

Such elements ν exist in most real closed fields R which occur in practice. For example any real closure of a finitely generated field contains such elements ν [D, §1].

Theorem 3.4 is in the case $R = \mathbb{R}$, $C = \mathbb{C}$ a consequence of Cauchy's formula, cf. [A, p. 101]. The only proof of Theorem 3.4 which I know is by transfer from the classical case $R = \mathbb{R}$ using Tarski's principle. But Corollary 3.5 I can also prove by elementary methods.

§ 4 Real and imaginary parts of an isoalgebraic function.

Isoalgebraic maps are our substitute for complex analytic maps and semialgebraic maps are our substitute for continuous maps if we leave the classical case $R = \mathbb{R}$, $C = \mathbb{C}$. We also need a substitute for C^∞-maps and/or real analytic maps to make arguments of differential topological and differential geometric nature possible. A good substitute seems to be provided by the Nash maps.

Definition. Assume that Y,Z are varieties defined over R and that U is an open semialgebraic subset of Y(R) which is pure of dimension n=dim Y. A map $f : U \to Z(R)$ is called a Nash map if there exists a finite covering $(U_i \mid i \in I)$ of U by open semialgebraic subsets such that every restriction $f|U_i$ has an etale factorization. This means that we have commutative diagrams

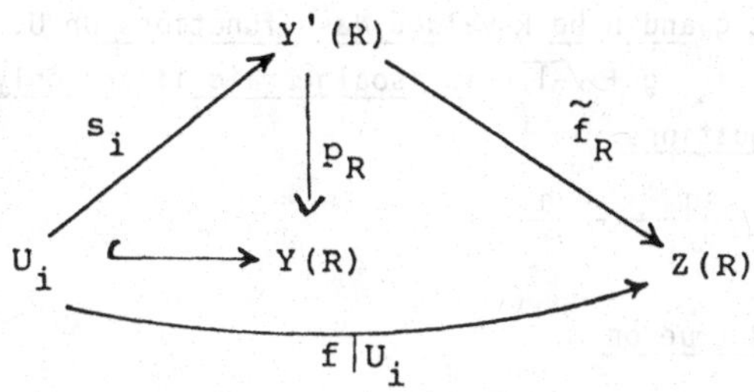

with p_R the restriction to real points of an etale algebraic map $p : Y' \to Y$, defined over R, and $\tilde{f}_R$ the restriction to real points of an algebraic map $\tilde{f} : Y' \to Z$, defined over R, and s_i a semialgebraic section of p_R over U_i.

It has been explained by Artin and Mazur in [AM, §2] that in the case $R = \mathbb{R}$, U smooth in Y, this definition of Nash maps coincides with the more classical definition as "algebraic real analytic maps." The basic theorems for isoalgebraic maps stated in the last two sections have analogues for Nash maps with the notable exception of Theorem 2.2. In particular, if U is smooth in Y and $x_1,\dots,x_n$ is a Nash coordinate system on U, then all partial derivatives $D^\alpha f$ of a Nash function $f : U \to R$ (here $Z = A^1_R$, $Z(R) = R$) exist and are again Nash functions, and the Taylor series of f at any point $a \in U$ converges to f in some ball around a. Of course, as in classical analysis, we do not have such a precise hold on the radius of the ball as Corollary 3.5 gives for isoalgebraic functions.

Let now X and Y be varieties over C and U an open semialgebraic subset of X. Assume for simplicity that X is pure of dimension n, e.g. X irreducible. Recall that we identify X and Y with the sets of real points of the varieties $r_{C|R}(X)$ and $r_{C|R}(Y)$ over R. Then it is fairly evident that every isoalgebraic map $f : U \to Y$ is a Nash map. In the case $Y = C$ this means that the real part g and the imaginary part h of any isoalgebraic function $f : U \to C$ are Nash functions.

($f(z) = g(z) + \sqrt{-1}\, h(z)$ with a fixed choice of $\sqrt{-1}$ in C and $g(z), h(z) \in R$.)

Assume that U is smooth in X and has an isoalgebraic coordinate system $z_1,\dots,z_n$. Then clearly the real and imaginary parts x_j, y_j of the functions z_j form a Nash coordinate system. Local considerations – legitimated by Theorem 2.3 – yield the following characterization of the isoalgebraic functions on U among the C-valued Nash functions.

Theorem 4.1. Let g and h be R-valued Nash functions on U. Then the C-valued function $f = g + \sqrt{-1}\, h$ is isoalgebraic if and only if the Cauchy-Riemann equations

$$\frac{\partial g}{\partial x_j} = \frac{\partial h}{\partial y_j}, \quad \frac{\partial g}{\partial y_j} = -\frac{\partial h}{\partial x_j}$$

$(j=1,\ldots,n)$ hold true on U.

§ 5 Some one variable theory.

Let now X and Y be smooth curves over C, U a connected open semi-algebraic subset of X, and $f : U \to Y$ an isoalgebraic map which does not map U to a single point. The following lemma can be proved by the same power series argument as in the complex analytic case. (Recall Nagata's theorem 3.2.)

Lemma 5.1. If w is a local isoalgebraic coordinate of Y at the point $b = f(a)$, then there exists a local isoalgebraic coordinate z of X at a such that $w \circ f = z^e$ with some natural number e.

Since f looks locally like the map $z \to z^e$ in C near the origin, we obtain immediately

Theorem 5.2. ("Invariance of domain") f is open. If f is injective then f is an isoalgebraic isomorphism from U onto f(U).

The first part of this theorem can be generalized to several variables, and the hypothesis that U is smooth can be eliminated.

Theorem 5.3. Let U be a connected semialgebraic subset of a variety X over C and let $f : U \to Y$ be a non constant isoalgebraic map into a smooth curve Y. Then f is open.

For a proof we may restrict the function f to a curve Z through a given point a of U on which f is not constant near a. This is possible. Then we can apply Theorem 5.2 to the normalization of Z.

In the case $Y = A^1$ this theorem 5.3 has the following immediate consequence.

Corollary 5.4. (Maximum principles) In the situation of the preceding theorem 5.3 the absolute value $|f|$ does not attain a maximum on U. The same holds true for the real part and for the imaginary part of f.

In particular any isoalgebraic function on a connected open semi-algebraic set U is uniquely determined by its real part up to an additive constant in $\sqrt{-1}\,R$.

Returning to one variable let us consider an isoalgebraic map f from the unit disc

$$D = \{z \in C \mid |z| < 1\}$$

into itself with $f(0) = 0$. It is easily seen that the function g on D defined by

$$g(z) = \begin{cases} f(z)/z & z \neq 0 \\ f'(0) & z = 0 \end{cases}$$

is again isoalgebraic. Applying the maximum principle to the absolute value of g we obtain by the classical argument [A, p. 110]

<u>Theorem 5.4</u>. <u>(Schwarz's lemma)</u> $|f(z)| \leq |z|$ <u>for every</u> $z \in D$ <u>and</u> $|f'(o)| \leq 1$. <u>If</u> $|f(z)| = |z|$ <u>for some</u> z, <u>or if</u> $|f'(o)| = 1$, <u>then</u> f <u>is the multiplication with a constant</u> c <u>of absolute value</u> 1.

This theorem yields in particular as in the classical analytic theory a description of all isoalgebraic automorphisms of the unit disc D. Switching from D to the upper half plane

$$H = \{x + \sqrt{-1}\, y \in C \mid y > 0\}$$

by a standard map, e.g.

$$z \to \sqrt{-1}(1+z)(1-z)^{-1},$$

we obtain

<u>Corollary 5.5</u>. <u>The isoalgebraic automorphisms of the upper half plane</u> H <u>are precisely all maps</u>

$$z \to (az+b)(cz+d)^{-1}$$

with

$$\begin{pmatrix} a & b \\ c & d \end{pmatrix} \in SL(2,R)$$

Here a serious obstacle in our theory comes into sight. There is an obvious way to define (reduced) "isoalgebraic spaces" by glueing finitely many open semialgebraic subsets of varieties with isoalgebraic glueing maps, cf. the definition of "semialgebraic spaces" in [DK, §7]. In view of Corollary 5.5 one would like to construct isoalgebraic spaces H/Γ as quotients of H by suitable "discrete" subgroups Γ of SL(2,R) and would like to prove that these spaces "are" algebraic curves. (N.B.: By

Theorem 2.2 there exists at most one algebraic structure on H/Γ inducing the given isoalgebraic structure.) Then the projection map $p : H \to H/\Gamma$ would be isoalgebraic and in particular semialgebraic. The fibres of p would be zero dimensional semialgebraic subsets of H, hence finite. But the fibres of p are not finite.

To overcome this obstacle we have to change the isoalgebraic structure on H. We have to make H a "locally isoalgebraic space," i.e. a limit of a suitable direct system of isoalgebraic spaces with open isoalgebraic immersions as transition maps. The fibres of the projection p above then will be only locally isoalgebraic zero dimensional spaces, which are allowed to be infinite.

Such a locally isoalgebraic structure does exist on H. Switching back to the unit disk D one takes on D the structure as a direct limit of the standard isoalgebraic subspaces

$$D_r = \{z \in C \mid |z| < r\}, \quad 0 < r < 1$$

of the affine line C with the inclusions as transition maps. Corollary 5.5 remains true for the corresponding isoalgebraic structure on H, and many quotients H/Γ become indeed algebraic curves.

I refrain from entering into this subject here. It would need another talk.

REFERENCES

[A] L.V. Ahlfors, Complex Analysis, McGraw-Hill, 1953.

[AM] M. Artin, B. Mazur, On periodic points, Annals Math. 81, (1965), 82-89.

[B] G.W. Brumfiel, Partially ordered rings and semialgebraic Geometry, London Math. Soc. Lecture Note Series 37, Cambridge U.P., 1979.

[CR] M.F. Coste-Roy, Spectre réel d'un anneau et topos étale réel, Thèse Univ. Paris-Nord, 1980.

[DK] H. Delfs, M. Knebusch, Semialgebraic topology over a real closed field II: Basic theory of semialgebraic spaces, Math. Z. 178 (1981), 175-213.

[N] M. Nagata, Local Rings, Interscience (1962).

[R] M. Raynaud, Anneaux locaux henseliens, Lecture Notes Math. 169, Springer, 1970.

[S] J.P. Serre, Exemples de variétés projectives conjugées non homéomorphes, C.R. Acad. Sc., Paris 258 (1964), 4194-4196.

[D] D. W. Dubois, Real algebraic curves, Univ. New Mexico, Albuquerque, Technical Report 227 (1971).

M. Knebusch
Universität Regensburg
8400 Regensburg, Federal Republic of Germany

Seminaire Delange-Pisot-Poitou
(Theorie des Nombres)
1980-81

ON A QUESTION OF COLLIOT-THELENE

H. W. Lenstra, Jr.
University of Amsterdam

The contents of this note are taken from a letter that I wrote several years ago in response to the following question of J.-L. Colliot-Thélène: given a number field K, does there exists a finitely generated subgroup $W \subset K^*$ that is dense in $(K \otimes_{\mathbb{Q}} \mathbb{R})^*$? (Cf. J. reine angew. Math. 320 (1980), p. 171.) I answered this question affirmatively for the case that K is abelian over $\mathbb{Q}$. J.-L. Brylinski proved the same result independently using Baker's theorem. My own proof, reproduced below, is purely algebraic, and it works in fact for a slightly larger class of number fields. Subsequently M. Waldschmidt dealt with the case of an arbitrary number field, as an application of a new result in transcendence theory; see Invent. math. 63 (1981), pp. 99 and 110-111; his lecture in this volume (13 Oct. 1980), Cor. 4.3; and the lecture by J.-J. Sansuc (23 Feb. 1981), §4. The present note is published at the request of Waldschmidt.

Theorem. Let $K/\mathbb{Q}$ be finite abelian. Then there is a finitely generated subgroup $W \subset K^*$ which is dense in $(K \otimes_{\mathbb{Q}} \mathbb{R})^*$.

Lemma. Let G be a finite abelian group, M a free $\mathbb{R}[G]$-module of rank one, and E, F sub-$\mathbb{Z}[G]$-modules of M such that

(a) E is a lattice in M;

(b) $E \subset F$, and F/E contains a sub-$\mathbb{Z}[G]$-module isomorphic to $\mathbb{Z}[G]$.

Then F is dense in M.

Proof of the Lemma. Let $\hat{M}$ be the Pontryagin dual of M and $(\ ,\ ): M \times \hat{M} \to \mathbb{R}/\mathbb{Z}$ the inner product. Let G act on $\hat{M}$ by $(\sigma x,\sigma y) = (x,y)$ $(x \in M,\ y \in \hat{M},\ \sigma \in G)$, then $\hat{M}$ is also free of rank one over $\mathbb{R}[G]$. Put $E^{\perp} = \{y \in \hat{M}: \forall x \in E: (x,y) = 0\}$. This is a G-stable lattice in $\hat{M}$. From $E^{\perp} \otimes_{\mathbb{Z}} \mathbb{R} \cong \mathbb{R}[G]$ (as $\mathbb{R}[G]$-modules) and a known theorem (Bourbaki, Groupes et algèbres de Lie, Ch. V, annexe) we see that $E^{\perp} \otimes_{\mathbb{Z}} \mathbb{Q} \cong_{\mathbb{Q}[G]} \mathbb{Q}[G]$, so $E^{\perp}$ is $\mathbb{Z}[G]$-isomorphic to a left ideal of $\mathbb{Z}[G]$. Now let $F^{\perp} = \{y \in \hat{M}: \forall\ x \in F: (x,y) = 0\}$. This is the dual of $M/\bar{F}$, where $\bar{F}$ is the closure of F in M, so $F^{\perp} = 0$ implies $\bar{F} = M$, as required. Suppose that $F^{\perp} \neq 0$. Clearly, $F^{\perp}$ is a $\mathbb{Z}[G]$-submodule of $E^{\perp}$, so from the existence of an embedding $E^{\perp} \subset \mathbb{Z}[G]$ and the fact that G is abelian (only used here) we see that $rE^{\perp} \subset F^{\perp}$ for some non-zero element $r = \sum_{\sigma} m_{\sigma}\sigma \in \mathbb{Z}[G]$. Let $\bar{r} = \sum m_{\sigma}\sigma^{-1}$. Then for all $x \in F$, $y \in E^{\perp}$ we have $(\bar{r}x,y) = (x,ry) \in (x,F^{\perp}) = 0$. By duality, this means that $\bar{r}F \subset E$, contradicting assumption (b) of the lemma. This proves the lemma.

Remark. It is clear from the proof that the condition that G is abelian can be replaced by the condition that every left ideal of $\mathbb{Q}[G]$ is a two-sided; or, equivalently, that $\mathbb{Q}[G]$ is isomorphic, as a ring, to a product of division rings. We classify such groups at the end of this note. For groups G not satisfying this condition the lemma is wrong.

Proof of the Theorem. First assume that K is imaginary. There is a surjective G-homomorphism $(G = \mathrm{Gal}(K/\mathbb{Q}))$

$$K \otimes_{\mathbb{Q}} \mathbb{R} \overset{\psi}{\to} (K \otimes_{\mathbb{Q}} \mathbb{R})^*$$

derived from the isomorphism $K \otimes_{\mathbb{Q}} \mathbb{R} \cong \mathbb{C}^{\frac{1}{2}[K:\mathbb{Q}]}$ (as $\mathbb{R}$-algebras) and the exponential map $\mathbb{C} \to \mathbb{C}^*$. We apply the lemma to

$$M = K \otimes_{\mathbb{Q}} \mathbb{R},$$

$$E = \{x \in M: \exists\, n \in \mathbb{Z}: \psi(x) = 2^n \cdot (\text{a unit in } K^*)\},$$

$$F = E \cdot \{x \in M: \psi(x) \in K^*, \text{ and every prime ideal occurring in } (\psi(x)) \text{ lies over } p\}$$

where p is a fixed odd prime splitting completely in $K/\mathbb{Q}$. The conditions of the lemma are easy consequences of the Dirichlet unit theorem and the finiteness of the class number. Also, F is finitely generated. By the lemma, F is dense in M so $\psi[F]$ is a finitely generated subgroup of K^* which is dense in $(K \otimes_{\mathbb{Q}} \mathbb{R})^*$, as required.

Next let K be real. This case can be dealt with by a similar argument, the main difference being that ψ is not onto but has a cokernel $\cong (\mathbb{Z}/2\mathbb{Z})^{[K:\mathbb{Q}]}$; this group is finite, and the result follows easily.

Alternatively, the case of real K can be dealt with by reducing it to the imaginary case: if $W \subset K(i)^*$ is dense in $(K(i) \otimes_{\mathbb{Q}} R)^*$, then $N_{K(i)/K}[W] \subset K^*$ is dense in a subgroup of finite index in $(K \otimes_{\mathbb{Q}} \mathbb{R})^*$.

Generally, this argument proves: if an algebraic number field K has a finitely generated subgroup $W \subset K^*$ which is dense in $(K \otimes_{\mathbb{Q}} \mathbb{R})^*$, then the same statement is true for every subfield of K.

Conversely, the case of imaginary K can be reduced to the case of real K, by an argument which yields in fact the following more general result:

Observation. Let K be a totally imaginary quadratic extension of a totally real number field K^+, and suppose that there exists a finitely generated subgroup $W^+ \subset (K^+)^*$ which is dense in $(K^+ \otimes_{\mathbb{Q}} \mathbb{R})^*$. Then there exists a finitely generated subgroup $W \subset K^*$ which is dense in $(K \otimes_{\mathbb{Q}} \mathbb{R})^*$.

The proof depends on the following reformulation.

Reformulation. Let $K/\mathbb{Q}$ be finite. Equivalent are:

(a) some finitely generated subgroup $W \subset K^*$ is dense in $(K \otimes_{\mathbb{Q}} \mathbb{R})^*$;

(b) every continuous character $\chi\colon (K \otimes_{\mathbb{Q}} \mathbb{R})^* \to \mathbb{C}^*$ mapping K^* to the roots of unity has finite order;

(c) every Hecke character of K which, as a function on ideals, assumes only roots of unity as its values, is of finite order.

Here (b) $\Leftrightarrow$ (c) is straightforward; (a) $\Rightarrow$ (b): if $\chi[K^*] \subset$ {roots of unity} then $\chi|W$ is of finite order, so also $\chi|\bar{W} = (K \otimes_{\mathbb{Q}} \mathbb{R})^*$; (b) $\Rightarrow$ (a), finally, is an exercise in topological algebra which is left to the reader; it relies on the classification of closed subgroups of finite dimensional real vector spaces.

A character $\chi\colon (K \otimes_{\mathbb{Q}} \mathbb{R})^* \to \mathbb{C}^*$ can uniquely be written as

$$\chi(x) = \prod_{\sigma} (\sigma x/|\sigma x|)^{n_\sigma} \cdot |\sigma x|^{c_\sigma} \qquad n_\sigma \in \mathbb{Z},\ c_\sigma \in \mathbb{C}$$

for $x \in (K \otimes_{\mathbb{Q}} \mathbb{R})^*$, where σ ranges over a set of orbit representatives of the set of $\mathbb{R}$-algebra homomorphisms $K \otimes_{\mathbb{Q}} \mathbb{R} \to \mathbb{C}$ under the action of complex conjugation. If K is totally imaginary quadratic over K^+, with K^+ totally real, then the set of σ's for K can be identified with the set of σ's for K^+.

To prove the observation, assume that $\chi(x)$ is a root of unity for all $x \in K^*$. We wish to prove that χ is of finite order. Assuming the result for K^+, we know that $\chi|(K^+ \otimes_{\mathbb{Q}} \mathbb{R})^*$ has finite order; since $\sigma x/|\sigma x| = \pm 1$ for all $x \in (K^+ \otimes_{\mathbb{Q}} \mathbb{R})^*$ and all σ, this implies that all c_σ are 0. Now all roots of unity $\chi(x) = \prod_{\sigma} (\sigma x/|\sigma x|)^{n_\sigma}$, for $x \in K^*$, have squares belonging to the normal closure of K over $\mathbb{Q}$, and therefore have bounded order. This proves the observation.

<u>Theorem</u>. Let G be a finite group. Then every left ideal of $\mathbb{Q}[G]$ is two-sided $\Leftrightarrow$ G is abelian or $G \cong A \oplus C_2^t \oplus Q$ with Q the quaternion group of order 8; C_2 cyclic of order 2; $t \in \mathbb{Z}_{>0}$; and A abelian of odd exponent e, such that the order of $2 \bmod e$ (multiplicatively) is odd.

<u>Proof</u>. If $H \subset G$ is a subgroup, then the left ideal generated by $\sum_{\sigma \in H} \sigma$ is two-sided if and only if H is normal in G. All subgroups $H \subset G$ are normal iff G is abelian or $G \cong A \oplus C_2^t \oplus Q$ with Q, C_2, t as above and A abelian of odd order (Huppert, Endliche Gruppen I, Ch. III, Satz 7.12). For abelian groups the theorem is clear. So let $G \cong B \oplus Q$, B abelian. Then $\mathbb{Q}[G] = \mathbb{Q}[B] \otimes_{\mathbb{Q}} \mathbb{Q}[Q]$, where $\mathbb{Q}[B]$ is a product of cyclotomic fields $\mathbb{Q}(\zeta_f)$, f dividing $\exp(B)$, each repeated a number of times, and $\mathbb{Q}[Q] \cong \mathbb{Q} \times \mathbb{Q} \times \mathbb{Q} \times \mathbb{Q} \times \mathbb{H}_{\mathbb{Q}}$, $\mathbb{H}_{\mathbb{Q}} = ((-1,-1)/\mathbb{Q})$. So $\mathbb{Q}[G]$ is a direct product of fields $\mathbb{Q}(\zeta_f)$ and algebras $((-1,-1)/\mathbb{Q}(\zeta_f))$, $f|\exp(B)$, and each ideal of $\mathbb{Q}[G]$ is two-sided if and only if none of the rings $((-1,-1)/\mathbb{Q}(\zeta_f))$ is a 2×2-matrix

ring, for $f|\exp(B)$. If $f \leq 2$ this condition is of course satisfied. For $f > 2$, the field $\mathbb{Q}(\zeta_f)$ is totally complex, so $((-1,-1)/\mathbb{Q}(\zeta_f))$ is a 2×2-matrix ring iff $((-1,-1)/\mathbb{Q}(\zeta_f)_{\mathfrak{p}})$ is a 2×2-matrix ring for every prime $\mathfrak{p}$ lying over 2. The invariant of $((-1,-1)/\mathbb{Q}(\zeta_f)_{\mathfrak{p}})$ in the Brauer group $\mathrm{Br}(\mathbb{Q}(\zeta_f)_{\mathfrak{p}}) \cong \mathbb{Q}/\mathbb{Z}$ equals $[\mathbb{Q}(\zeta_f)_{\mathfrak{p}} : \mathbb{Q}_2] \cdot (1/2) \bmod \mathbb{Z}$, and we conclude: $((-1,-1)/\mathbb{Q}(\zeta_f))$ is a 2×2-matrix ring for some $f|\exp(B)$ iff $[\mathbb{Q}_2(\zeta_{\exp(B)}) : \mathbb{Q}_2]$ is even. The theorem now follows easily. (Acknowledgements to R. W. van der Waall for the reference to Huppert.)

Seminaire Delange-Pisot-Poitou
(Theorie des Nombres)
1980-81

FONCTIONS THETA p-ADIQUES ET HAUTEURS p-ADIQUES

A. Néron

1. Introduction.

Rappelons d'abord la définition de la hauteur d'un point algébrique sur $\mathbb{Q}$ de l'espace projectif $\mathbb{P}^n$. Soit x un tel point, de coordonnées $x_0, x_1, \ldots, x_n$ appartenant à l'anneau des entiers $R = R_L$ d'un corps de nombres L. Désignant par $\underline{m}$ l'idéal de R engendré par les x_i, on appelle hauteur de x le nombre réel $g(x) = (\sup_i N(x_i)/N(\underline{m}))^{1/d}$, où $N = N_{L/\mathbb{Q}}$ est la norme absolue, et où l'on pose $d = [L:\mathbb{Q}]$. Ce nombre ne dépend que de X, mais non du choix de L ni de celui des x_i. On l'appelle hauteur de x. Dans le cas où x est rationnel sur $\mathbb{Q}$, on peut prendre $L = \mathbb{Q}$, et les x_i entiers premiers entre eux, de sorte que $g(x) = \sup_i |x_i|$.

Soient maintenant K un corps de nombres et A un variété abélienne définie sur K, munie d'un plongement projectif $\phi: A \to \mathbb{P}^n$. On note $A(K)$ le groupe des points de A rationnels sur K; ce groupe est de type fini, d'après le théorème de Mordell-Weil.

On sait qu'il existe un et un seul couple (q,ℓ) composé d'une forme quadratique q et d'une forme linéaire ℓ sur $A(K)$, à valeurs réelles telles que, en posant $h = q + \ell$, la différence $|h(a) - \log g(\phi(a))|$ soit bornée, pour $a \in A(K)$.

La fonction $h = h_\phi: A(K) \to \mathbb{R}$ est appellée hauteur canonique sur $A(K)$. Elle ne dépend en fait que de la classe Γ_ϕ pour l'équivalence linéaire de l'une quelconque X des sections hyperplanes de A relatives à ce plongement. On la note également $h_X = q_X + \ell_X$. Lorsque X est linéairement (resp. algébriquement) équivalent à zéro, on a

$h_X = 0$ (resp. $q_X = 0$); lorsque X est symétrique (invariant par $x \mapsto -x$), on a $\ell_X = 0$, i.e. $h_X = q_X$.

En prolongeant par linéarité la définition de $h_X(a)$, on définit, plus généralement, un nombre réel $h_X(\underline{a})$, noté aussi $(X,\underline{a})$, pour tout couple formé d'un diviseur X et d'un cycle de dimension et de degré nuls $\underline{a}$ sur A, tous deux rationnels sur K. On emploiera parfois la notation multiplicative, posant $(X,\underline{a})^* = h_X^*(\underline{a}) = \exp h_X(\underline{a})$.

Rappelons aussi que, par restriction de $(X,\underline{a})$ aux diviseurs X algébriquement équivalents à zéro, on définit un accouplement canonique

$$\hat{A}(K) \times A(K) \to \mathbb{R},$$

où $\hat{A}$ est la variété abélienne duale de A, qui met en dualité les groupes $\hat{A}(K)$ et $A(K)$ modulo leurs sous-groupes de torsion.

On peut d'autre part, de façon canonique, exprimer $(X,\underline{a})$ comme une somme de <u>termes locaux</u>

$$(X,\underline{a}) = \sum_v (X,a)_v,$$

où les $(X,\underline{a})_v$ sont des nombres réels respectivement associés aux différentes places (ou aux différentes valeurs absolues normalisées v) de K, nuls pour presque toute v; si l'on préfère la notation multiplicative, on écrira: $(X,\underline{a})^* = \prod_v (X,\underline{a})_v^*$, en posant $(X,\underline{a})_v^* = \exp(X,\underline{a})_v$.

On peut donner de ces termes locaux des interprétations diverses.

(a) J'ai donné dans [6] une caractérisation axiomatique du symbole $(X,\underline{a})_v$ valable pour toute v, archimédienne ou non, et un procédé pour le construire utilisant la notion de "quasi-fonction"; une autre présentation en est donnée dans [7]. Cette construction vient d'être simplifiée par Spencer Bloch [2] dont la méthode a fait l'objet d'un récent exposé de J.-J. Sansuc à ce même séminaire [9].

(b) Pour les valeurs absolues v ultramétriques (associées aux idéaux premiers $\underline{p}$ de l'anneau des entiers $R = R_K$ de K), on peut interpréter $(X,\underline{a})_v = (X,\underline{a})_{\underline{p}}$ au moyen de la théorie des intersections, en utilisant un modèle minimal de A sur K: disons que $(X,\underline{a})_{\underline{p}}$ peut être considéré, en un certain sens, comme la contribution de la fibre spéciale en $\underline{p}$ dans le degré global d'intersection de X et $\underline{a}$ sur A, lorsqu'on regarde A comme schéma sur l'anneau R.

Retenons en vue de la conséquence suivant de ce fait: pour tout nombre premier p, et pour tout idéal premier $\underline{p}$ de R divisant p, le nombre $(X,\underline{a})^*_{\underline{p}}$ est de la forme:

$$(X,\underline{a})^*_{\underline{p}} = p^{r_{\underline{p}}/n_o}$$

où $r_{\underline{p}}$ est un entier naturel, et n_o un entier naturel qui ne dépend que de K et de A, mais non de X, de $\underline{a}$ ni de $\underline{p}$.

(c) On peut donner, et ceci fera l'objet du présent exposé, une interprétation de $(X,\underline{a})_v$ au moyen des <u>fonctions thêta.</u> Ce fait est d'abord apparu dans le cas archimédien, pour lequel on dispose des fonctions thêta classiques, puis, dans le cas p-adique, pour les courbes elliptiques de Tate (i.e. les courbes elliptiques sur $\mathbb{Q}_p$ dont l'invariant n'est pas un entier), où l'on peut utiliser les fonctions thêta de Tate.

J'ai montré dans [8] qu'il est possible, pour toute variété abélienne A définie sur un corps local ultramétrique K, d'introduire un type de fonctions thêta permettant de prolonger au cas général l'interprétation en question.

Il s'agit de fonctions analytiques sur un revêtement <u>fini</u> de A(K), et qu'on peut construire comme limites de certaines suites de fonctions algébriques. Dans le cas particulier des courbes de Tate, ces fonctions ne sont pas celles de Tate, qui sont des fonctions sur le groupe multiplicatif $\mathbb{Q}_p^*$, regardé comme revêtement cyclique infini de $A(\mathbb{Q}_p)$; mais elles se déduisent de ces dernières par multiplication par un facteur de type simple qu'on explicitera.

Supposant à nouveau que K est un corps global, on peut considérer les fonctions thêta locales relatives aux différents complétés $K_{\underline{p}}$ de K associés aux idéaux premiers $\underline{p}$ de l'anneau R_K. On peut les utiliser pour définir, quel que soit $\underline{p}$, un notion de <u>hauteur p-adique</u> $h_{X,p}$ dont les propriétés rappellent celles de la hauteur canonique (reélle) définie plus haut, mais à propos de laquelle certains problèmes sont ouverts: en particulier, $h_{X,p}$ est-elle non dégénérée lorsque le diviseur X est lui-même non dégénéré?

2. <u>Accouplements entre diviseurs et cycles de dimension zéro sur une variété abélienne.</u>

Dans ce paragraphe, on considère un corps K quelconque et une variété abélienne A définie sur K. On note $\mathcal{D}=\mathcal{D}(A,K)$ le groupe des diviseurs sur A rationnels sur K et $\mathcal{D}_a$ (resp. $\mathcal{D}_\ell$) le sous-groupe des diviseurs algébriquement (resp. linéairement) équivalents à zéro. L'équivalence algébrique (resp. linéaire) dans $\mathcal{D}$ est notée $\equiv$ (resp. $\sim$).

On se donne d'autre part un sous-groupe G de A(K) et on considère les cycles de dimension zéro sur A dont tous les composants appartiennent à G. Un tel cycle $\underline{a}$ est une combinaison formelle à coefficients entiers de points de G, qu'il est d'usage de noter sous la forme $\underline{a} = \sum_i m_i(a_i)$ $(m_i \in \mathbb{Z},\ a_i \in G)$, ou encore $\underline{a} = \sum_{a\in G} m_a(a)$ (où $m_a \in \mathbb{Z}$ s'annule sauf en un nombre fini de points $a \in G$). Les cycles en question forment un anneau commutatif, qui n'est autre que l'algèbre $\Lambda = \Lambda_G = \mathbb{Z}[G]$ du groupe G, l'application $a \to (a)$ étant l'injection canonique $G \to \mathbb{Z}[G]$; la structure d'anneau est définie par les opérations:

$$\underline{a} + \underline{b} = \sum_{a\in G} (m_a + n_a)(a)$$

$$\underline{a} * \underline{b} = \sum_{a,b\in G} m_a n_b (a+b)$$

(pour $\underline{a} = \sum_{a\in G} m_a(a)$ et $\underline{b} = \sum_{a\in G} n_a(a)$).

Le <u>degré</u> $\deg \underline{a} = \sum_{a\in G} m_a$ définit un homomorphisme $\Lambda \to \mathbb{Z}$ dont le noyau est <u>l'idéal d'augmentation</u> $I = I_G$ de $\Lambda = \Lambda_G$, qui est engendré par tous les cycles de la forme $(a) - (0)$, où $a \in G$.

On a d'autre part un homomorphisme canonique $S: \Lambda \to G$ défini par:

$$S(\underline{a}) = \sum_{a\in G} m_a a,$$

où la somme est prise au sens de la loi de groupe de G. L'intersection $(\ker S) \cap I$ n'est autre que l'idéal I^2, qui est engendré par les cycles de la forme $((a) - (0)) * ((b) - (0)) = (a+b) - (a) - (b) + (0)$.

Pour $X \in \mathcal{D}$ et $\underline{a} \in \Lambda$, on note $X * \underline{a}$ le diviseur $\sum_{a\in G} m_a X_a$, où X_a est le translaté de X par a (dans le cas des courbes, cette opération prolonge la loi $*$, ce qui justifie la notation). On rappelle que $X \in \mathcal{D}$ et $\underline{a} \in I$ entraînent $X * \underline{a} \in \mathcal{D}_a$, que $X \in \mathcal{D}_a$ et $\underline{a} \in I$, ou encore $X \in \mathcal{D}$ et $\underline{a} \in I^2$, entraînent $X * \underline{a} \in \mathcal{D}_\ell$ (théorème du carré).

On dira que $X \in \mathcal{D}$ et $\underline{a} \in \Lambda$ sont <u>étrangers</u> si leurs supports sont disjoints, i.e. si aucun des components de $\underline{a}$ n'appartient au support de X.

Pour toute fonction $\phi: G \to H$, à valeurs dans un groupe H (noté multiplicativement), et pour tout cycle $\underline{a} = \sum m_a(a) \in \Lambda$, on posera: $\phi(\underline{a}) = \prod_{a \in G} \phi(a)^{m_a}$.

On peut considérer trois types d'accouplements entre diviseurs et cycles de dimension zéro.

(a) Soient $X \in \mathcal{D}_\ell$ et $\underline{a} = \sum_{a \in G} m_a(a) \in I$, étrangers. Choissant une fonction f sur A, définie sur K, telle que div(f) = X, on voit que l'élément $f(\underline{a}) = \prod_{a \in G} f(a)^{m_a}$ de K^* ne dépend que de X et de $\underline{a}$, non du choix de f (puisque $\sum m_a = \deg \underline{a} = 0$). On pose $[X,\underline{a}] = f(\underline{a})$. L'application $X,a \to [X,\underline{a}]$ est un accouplement, i.e. une application bimultiplicative

$$(\mathcal{D}_\ell \times I)_e \to K^*$$

(le signe $(\ )_e$ voulant dire qu'on se restreint aux couples $(X,\underline{a})$ étrangers). On a, pour $X \in \mathcal{D}_\ell$ et $\underline{a},\underline{b} \in I$, la propriété (immédiate):

$$[X,\underline{a} * \underline{b}] = [X * \underline{a}^-,\underline{b}] = [X * \underline{b}^-,\underline{a}] \tag{1}$$

(où, pour $\underline{a} \in \Lambda$, on note $\underline{a}^-$ l'image de $\underline{a}$ par la symétrie $x \mapsto -x$).

(b) On remarque que les second et troisième membres de (1) ont encore un sens lorsqu'on prend $X \equiv 0$ au lieu de $X \sim 0$; ils sont encore égaux, d'après une loi de réciprocité bien connue sur les variétés abéliennes ([3], IV, th. 9). On peut montrer qu'il existe un et un seul accouplement

$$(\mathcal{D}_a \times I^2)_e \to K^*$$

compatible avec le précédent (i.e. qui coincide avec le précédent sur leur ensemble de définition commun $(\mathcal{D}_\ell \times I^2)_e$), et qu'on peut donc encore noter $X, \underline{a} \mapsto [X,\underline{a}]$, tel que (1) ait lieu quels que soient $X \in \mathcal{D}_a$, $\underline{a} \in I$ et $\underline{b} \in I$.

(c) On remarque que les second et troisième membres de (1) ont encore un sens, compte tenu de (b), et on montre qu'ils sont encore égaux lorsqu'on prend $X \in \mathcal{D}$ quelconque, $\underline{a} \in I^2$ et $\underline{b} \in I$.

Si l'on suppose G sans torsion, on peut montrer qu'il existe un et un seul accouplement

$(\mathcal{D} \times I^3)_e \to K^*$

compatible avec les deux précédents, qu'on peut donc encore noter $X,\underline{a} \to [X,\underline{a}]$, tel que (1) ait lieu quels que soient $X \in \mathcal{D}$, $\underline{a} \in I^2$ et $\underline{b} \in I$.

Ceci n'est plus nécessairement vrai si G admet un sous-groupe de torsion T non trivial.

Exemple. Supposons qu'il existe $a,b \in T$ non proportionnels et de même ordre m. L'existence d'un accouplement satisfaisant aux conditions ci-dessus entraînerait:

$$[X * m((-a)-(0)), (b)-(0)] = [X * m((-b)-(0)), (a)-(0)].$$

Or le rapport des deux membres est la racine m-ième de l'unité $e_{X,m}(a,b)$ donnée par l'accouplement de Weil [10], en général différente de 1 (à ce sujet, les énoncés des propositions 2 et 3 de [7] sont incorrects; cf. la rectification dans [8]).

Toutefois, G étant quelconque, désignons par $q = q(K,G)$ le plus petit entier annulant le sous-groupe de torsion T de G et tel que K contienne les racines q-ièmes de l'unité, celles-ci formant le sous-groupe μ_q de K^*. Alors, il existe un accouplement de la forme indiquée, mais à valeurs dans le quotient K^*/μ_q, et qu'on notera encore $[X,a]$. Dans la suite, l'entier $q(K,A(K))$ sera noté plus simplement $q(K,A)$.

3. Definition locale des fonctions thêta p-adiques.

On suppose ici que K est un corps local ultramétrique. On désigne par $R = R_K$ l'anneau des entiers de K, par $\underline{p}$ son idéal maximal, par p la caractéristique résiduelle, par π une uniformisante.

Soit encore A une variété abélienne définie sur K. Le groupe $A(K)$, muni de la distance p-adique, est un groupe topologique. Si de plus on a pris pour A un modèle minimal sur K, ce qu'on supposera désormais, la distance p-adique est invariante par translation, et les boules de $A(K)$ sont donc des sous-groupes. En particulier, pour tout entier $\beta \geq 0$, les points $a \in A(K)$ qui sont $\equiv 0 \pmod{p^\beta}$ forment un sous-groupe G_β de $A(K)$. On choisira $\beta > 0$ et tel que le groupe G_β ne contienne aucun des points de torsion distincts de l'origine de

A(K). On prendra $G = G_\alpha$, avec $\alpha = \beta$ si $p \neq 2$ et $\alpha = \sup(\beta,2)$ si $p = 2$. On posera comme précédemment $\Lambda = \Lambda_G = \mathbb{Z}[G]$ et $I = I_G$.

On dira qu'un diviseur $X \in \mathcal{D} = \mathcal{D}(A,K)$ est <u>étranger à l'origine</u> (mod p) si aucun des composants de l'ensemble réduit (mod <u>p</u>) du support de X ne contient l'origine 0^0 du groupe algébrique A^0 réduit de A. Dans ces conditions, tout point $a \in A(K)$ qui se réduit à l'origine est étranger à X. En particulier, et puisqu'on a $\alpha > 0$, tout point de G, ou tout cycle appartenant à $\Lambda = \Lambda_G$, est étranger a X.

On peut définir comme suit la notion de <u>fonction analytique</u> sur A(K) au voisinage de l'origine. Posons $r = \dim A$; notons $\underline{o}$ l'anneau local (régulier) de A à l'origine 0, et $\underline{o}^0$ l'anneau local de A au point réduit 0^0 de 0. Puisque A est un modèle minimal, l'anneau local $\underline{o}^0$ est régulier (et de dimension $r+1$). Désignant par $\underline{m}$ et $\underline{m}^0$ les idéaux maximaux respectifs de $\underline{o}$ et $\underline{o}^0$, on peut trouver un système de générateurs $t_1,\dots,t_r$ de $\underline{m}$ tel que $t_1,\dots,t_r$, π forment un système de générateurs de $\underline{m}^0$. On dit que $t_1,\dots,t_r$ forment un <u>système p-adimissible de paramètres uniformisants de</u> A <u>à l'origine</u>. Soit U un voisinange de l'origine dans A(K). Une fonction $\Phi: U \to A(K)$ est dite <u>analytique</u> sur U, si, pour $a \in U$, on a:

$$\Phi(a) = \phi(t_1(a),\dots,t_r(a))$$

où $\phi = \phi(\tau_1,\dots,\tau_r)$ est une série entière à r variables à coefficients dans K qui converge en $t_1(a),\dots,t_r(a)$ quel que soit $a \in U$. On dira que Φ est R-<u>analytique</u> sur U si, de plus, les coefficients de ϕ sont entiers. Le sens de ces définitions est indépendant du choix des paramètres $t_1,\dots,t_r$.

<u>Théorème</u>. <u>Soit</u> X <u>un diviseur</u> $\in \mathcal{D}$, <u>étranger à l'origine</u> (mod <u>p</u>);

(a) <u>Si</u> $X \equiv 0$, <u>il existe une fonction</u> R-<u>analytique</u> θ'_X <u>sur</u> G, <u>à valeurs dans</u> $1 + pR$, <u>telle que</u> $\theta'_X(0) = 1$ <u>et que, pour tout cycle</u> $\underline{a} \in I^2$, <u>on ait</u>:

$$\theta'_X(a) = [X,a] \ . \tag{2}$$

<u>Cette fonction</u> θ'_X <u>est unique au produit près par un fonction de la forme</u> $\exp \lambda_X(a)$ <u>où</u> λ_X <u>est un homomorphisme analytique de</u> G <u>dans le groupe additif</u> $p^\alpha R$.

(b) Pour $X \in \mathcal{D}$ quelconque, il existe une fonction R-analytique θ_X sur G, à valeurs dans $1+pR$, telle que $\theta_X(0) = 1$ et que, pour tout $\underline{a} \in I^3$, on ait:

$$\theta_X(\underline{a}) = [X,\underline{a}] . \tag{3}$$

Cette fonction θ_X est unique au produit près par une fonction de la forme $\exp(\mu_X(a)+\lambda_X(a))$, où μ_X et λ_X désignent respectivement une application quadratique analytique $G \to pR$ et une application linéaire analytique $G \to pR$.

Dans le cas où X est symmétrique $(X = X^-)$, on peut on outre exiger que θ_X soit paire $(\theta_X(-a) = \theta_X(a))$ et θ_X est alors unique au produit près par une fonction de la forme $\exp \mu_X(a)$, avec μ_X comme ci-dessus.

(Noter que le second membre de (3) a un sens, puisque G est sans torsion.)

Commentaire. Cet énoncé constitue une variante de ceux des théorèmes 1 et 2 de [8], apportant quelques améliorations de détail.

Les conditions (2) et (3), qu'on qualifiera de fondamentales, équivalent respectivement à celles obtenues par restriction à des générateurs de I^2 et de I^3 et se traduisent donc comme suit: la fonction $\Delta_2\theta_X'$ sur $G \times G$ définie, lorsque $X \equiv 0$, par:

$$\Delta_2\theta_X'(a,b) = \theta_X'(a+b)\theta_X'(0) \,/\, \theta_X'(a)\theta_X'(b)$$

et la fonction $\Delta_3\theta_X$ sur $G \times G \times G$ définie lorsque X est quelconque par:

$$\Delta_3\theta_X(a,b,c) = (\theta_X(a+b+c)\theta_X(a)\theta_X(b)\theta_X(c))/(\theta_X(a+b)\theta_X(a+c)\theta_X(b+c)\theta_X(0)$$

sont des fonctions rationnelles définies sur K, calculables explictement. Il s'agit là de l'analogue de propriétés bien connues des fonctions thêta classiques.

Démonstration.

(a) Montrons d'abord, dans le cas $X \equiv 0$, l'unicité de θ_X' à $\exp \lambda_X$ près. A tout entier naturel ν, associons le cycle

$\underline{a}_\nu = p^\nu \underline{a} - p^\nu \delta \underline{a}$ où $p^\nu \delta$ désigne l'homothétie $x \mapsto p^\nu x$ de A. On a $\underline{a}_\nu \in I$ et $S(\underline{a}_\nu) = 0$, donc $\underline{a}_\nu \in I^2$.

On a donc nécessairement, d'après (2):

$$\theta'_\chi(\underline{a}_\nu) = [X, \underline{a}_\nu];$$

c'est-à-dire:

$$(\theta'_\chi(\underline{a}))^{p^\nu} \theta'_\chi(p^\nu \delta \underline{a})^{-1} = [X, p^\nu \underline{a} - p^\nu \delta \underline{a}] .$$

Par hypothèse on a, pour tout composant a de $\underline{a}$, la congruence $a \equiv 0 \pmod{p^\alpha}$, d'où $p^\nu a \equiv 0 \pmod{p^{\nu+\alpha}}$ et on peut donc écrire la relation précédente sous la forme:

$$\theta'_\chi(\underline{a}) = [X, p^\nu \underline{a} - p^\nu \delta \underline{a}]^{1/p^\nu} \theta'_\chi(p^\nu \delta \underline{a})^{1/p} \tag{4}$$

(pour $x \in 1 + pR$ et $\rho \in K$, le symbole x^ρ signifie $\exp(\rho \log x)$, où l'exponentielle et le logarithme sont définis au moyen des séries habituelles; en particulier, x^ρ a un sens lorsque $\rho(x - 1) \equiv 0 \pmod{p}$).

Il suffit d'examiner le cas où $\underline{a}$ est de la forme (a) - (0), avec $a \in G$, de sorte que $\theta'_\chi(\underline{a}) = \theta'_\chi(a)$. On voit élémentairement que $\lambda_\chi(a) = \lim_{\nu \to \infty} (1/p^\nu) \log \theta'_\chi(p^\nu a)$ existe et que λ_χ est un homomorphisme analytique $G \to pR_K$, ceci d'après l'hypothèse de la R-analyticité de θ'_χ. On en déduit:

$$\lim_{\nu \to \infty} (\theta'_\chi(p^\nu a))^{1/p^\nu} = \exp \lambda_\chi(a) .$$

On a donc prouvé, compte tenu de (4), l'existence de la limite

$$\theta'_{\chi,o}(a) = \lim [X, p^\nu \underline{a} - p^\nu \delta \underline{a}]^{1/p^\nu} \tag{5}$$

et la relation

$$\theta'_\chi(a) = \theta'_{\chi,o}(a) \exp \lambda_\chi(a) ,$$

d'où la propriété d'unicité annoncée.

Prouvons maintenant <u>l'existence</u> de θ'_χ. Prenant encore $a \in G$, on montre directement que la suite de terme général

$$\xi_\nu = \xi_\nu(a) = [X, p^\nu \underline{a} - p^\nu \delta \underline{a}]^{1/p^\nu}$$

est convergente. On voit en effet que:

$$\log(\xi_\nu/\xi_{\nu-1}) = (1/p^\nu) \log f(p^{\nu-1}a),$$

où f est la fonction sur A admettant pour diviseur $(p\delta)^{-1}(X) - pX$, et que prend la valeur 1 à l'origine. L'étude de cette fonction f (cf. [7], n° 4) montre qu'elle appartient à $\underline{o}^o \cap (1+\underline{m}^2)$. On en déduit que, pour ν entier ≥ 1, on a $f(p^{\nu-1}a) \equiv 1 \pmod{p^{2\nu}}$, d'où $\log(\xi_\nu/\xi_{\nu-1}) \equiv 0 \pmod{p^\nu}$, entraînant la convergence de la suite ξ_ν. Cette convergence est de plus uniforme pour $a \in G$. Comme $\xi_\nu(a)$ est, pour tout ν, une fonction R-analytique sur G, sa limite $\theta'_{X,o}(a) = \lim_{\nu\to\infty} \xi_\nu(a)$ est aussi une fonction R-analytique sur G, à valeurs dans $1 + p^\alpha R$.

La propriété (2) est d'autre part satisfaite par $\theta'_{X,o}$. En effet, lorsque $\underline{a} \in I^2$, l'expression de ξ_ν prend la forme:

$$\xi_\nu = [X,\underline{a}][X, p^\nu \delta \underline{a}\ ]^{1/p} \quad .$$

On montre d'autre part qu'on a, dans ce cas, $[X, p^\nu \delta \underline{a}] \equiv 1 \pmod{p^{2\nu}}$, et donc $\lim_{\nu\to\infty} [X, p^\nu \delta \underline{a}]^{1/p^\nu} = 1$, ce qui donne bien $\lim_{\nu\to\infty} \xi_\nu = [X,\underline{a}]$.

(b) Supposons d'abord X symmétrique et θ_X paire, et prouvons <u>l'unicité de</u> θ_X <u>à un facteur</u> $\exp \mu_X$ près.

Pour $a \in I$ et ν entier ≥ 0, considérons le cycle $\underline{b}_\nu = p^{2\nu}\underline{a} - p^\nu \delta \underline{a}$. On remarque que $\underline{b}_\nu$ est toujours de la forme $\underline{b}_\nu = \underline{b}'_\nu + \underline{c}_\nu$, où $\underline{b}'_\nu \in I^3$ et où $\underline{c}_\nu$ est un cycle <u>antisymétrique</u> (tel que $\underline{c}_\nu^- = -\underline{c}_\nu$).

Cela résulte de l'identité suivante, valable pour $m \in \mathbb{Z}$ et $a \in G$, dans l'algèbre de tout groupe commutatif G:

$$m^2((a)-(0)) - ((ma)-(0)) = (m(m-1)/2)((a)-(-a))$$
$$+ ((a)-(0)) * ((-a)-(0)) * \sum_{i=1}^{m-1} (m-i)((ia)-(0)) \ .$$

On a nécessairement, d'après (3):

$$\theta_X(\underline{b}'_\nu) = [X,\underline{b}'_\nu]$$

et d'autre part, puisque θ_X est paire et puisque $\theta_X(0) = 1$, on a $\theta_X(\underline{c}_\nu) = 1$. On a donc, pour tout $\underline{a} \in I$:

$$\theta_X(a)^{p^{2\nu}} \theta_X(p^\nu \delta \underline{a})^{-1} = [X,\underline{b}'_\nu] .$$

Comme précédemment, pour tout composant a de $\underline{a}$, on a $p^\nu a \equiv 0 \pmod{p^{\nu+\alpha}}$ et donc $\theta_X(p^\nu a) \equiv 1 \pmod{p^{2\nu+\alpha}}$.

Le premier membre est donc $\equiv 1 \pmod{p^{2\nu+2\alpha}}$ et on peut écrire la relation ci-dessus sous la forme:

$$\theta_X(\underline{a}) = [X,\underline{b}'_\nu]^{1/p^{2\nu}} \theta_X(p^\nu \delta \underline{a})^{1/p^{2\nu}} . \tag{6}$$

On peut encore supposer $\underline{a} = (a) - (0)$, avec $a \in G$. On voit élémentairement que:

$$\mu_X(a) = \lim_{\nu \to \infty} (1/p^{2\nu})\theta_X(pa)$$

existe et que μ_X est une application quadratique analytique $G \to pR$, ceci d'après la seule hypothèse de la R-analyticité et de la parité de θ_X. On a donc:

$$\lim_{\nu \to \infty} \theta_X(p^\nu a)^{1/p^{2\nu}} = \exp \mu_X(a),$$

d'où, compte tenu de (6), l'existence de la limite

$$\theta_{X,o}(a) = \lim_{\nu \to \infty} [X,b'_\nu] \tag{7}$$

et la formule

$$\theta_X(a) = \theta_{X,o}(a) \exp \mu_X(a),$$

ce qui donne la propriété d'unicité annoncée.

Toujours en supposant X symétrique, prouvons <u>l'existence</u> de θ_X. Prenant $\underline{a} = (a) - (0)$, avec $a \in G$, on montre directement que la suite de terme général:

$$\eta_\nu = \eta_\nu(a) = [X,\underline{b}'_\nu]^{1/p^{2\nu}}$$

est convergente. On voit en effet que

$$\log(\eta_\nu/\eta_{\nu-1}) = (1/p^{2\nu}) \log g(p^{\nu-1}a)$$

où g est la fonction sur A admettant pour diviseur $Y = (p\delta)^{-1}(X) - p^2X$ (observer que X symétrique entraîne $Y \sim 0$), et qui prend la valeur 1 à l'origine. L'étude de cette fonction g (cf. [7] n° 4) montre qu'elle appartient à $\underline{o}^0 \cap (1 + \underline{m}^4)$. Pour $\nu \geq 1$, on en déduit $g(p^{\nu-1}a) \equiv 1 \pmod{p^{4\nu}}$, d'ou $\eta_\nu/\eta_{\nu-1} \equiv 1 \pmod{p^{2\nu}}$, entraînant la convergence de la suite $\eta_\nu = \eta_\nu(a)$. Cette convergence est de plus uniforme pour $a \in G$. Comme $\eta_\nu(a)$ est, pour tout ν, une fonction R-analytique sur G, sa limite $\theta_{X,o}(a) = \lim_{\nu\to\infty} \eta_\nu(a)$ est aussi une fonction R-analytique sur G, à valeurs dans $1 + p^\alpha R$.

En outre, la propriété (3) est satisfaite par $\theta_{X,0}$. En effet, lorsque $\underline{a} \in I^3$, l'expression de η_ν prend la forme

$$\eta_\nu = [X,\underline{a}][X,p^\nu\delta\underline{a}]^{-1/p^{2\nu}} .$$

On montre dans ce cas qu'on a $[X,p^\nu\delta\underline{a}] \equiv 1 \pmod{p^{3\nu}}$, d'où $\lim_{\nu\to\infty} [X,p^\nu\delta\underline{a}]^{1/p^{2\nu}} = 1$, ce qui donne bien $\lim_{\nu\to\infty} \eta_\nu = [X,\underline{a}]$.

Il reste à prouver (b) dans le cas où $X \in \mathfrak{D}$ est quelconque. Observons d'abord qu'on a, pour $X \in \mathfrak{D}$ et $\underline{a} \in I^2$,

$$\underline{a} - \underline{a}^- \in I^3 \tag{8}$$

et

$$[X - X^-,\underline{a}] = [X,\underline{a} - \underline{a}^-]. \tag{9}$$

Il suffit de le vérifier lorsque $\underline{a}$ est de la forme $((a)-(0)) * ((b)-(0))$, avec a et $b \in G$; or on a bien (8), car

$$\underline{a} - \underline{a}^- = \underline{a} * ((-a-b) - (0)) \in I^3.$$

On a d'autre part, par symétrie

$$[X - X^-,\underline{a}] = [X^- - X,\underline{a}^-]$$
et $$[X,\underline{a} - \underline{a}^-] = [X^-,\underline{a}^- - \underline{a}] ,$$

d'où l'on déduit:

$$[X - X^-,\underline{a}]^2 = [X - X^-,\underline{a} - \underline{a}^-] = [X^- - X,\underline{a} - \underline{a}^-] ,$$

d'où $[X - X^-,\underline{a}] = \pm [X,\underline{a} - \underline{a}^-]$.

Or le signe - est exclu car, d'après le choix de G, les deux membres sont $\equiv 1 \pmod p$ si p impair et sont $\equiv 1 \pmod 4$ si $p = 2$. On a donc bien (9).

Montrons l'unicité de θ_X à un facteur près de la forme $\exp(\mu_X + \lambda_X)$. Posons, pour $a \in G$:

$$\phi_X(a) = \theta_X(a)(\theta_X(-a))^{-1} .$$

Pour $a \in I^2$, on a, compte tenu de (3):

$$\phi_X(\underline{a}) = \theta_X(\underline{a} - \underline{a}^-) = [X,\underline{a} - a^-] = [X - X^-,\underline{a}] .$$

Or on a $X - X^- \equiv 0$; d'après la partie (a) du théorème, on a donc:

$$\phi_X(a) = \theta'_{X-X^-,o}(a) \exp \lambda'_X(a) , \tag{10}$$

où λ'_X est une application linéaire analytique $G \to pR$.

Posons de même: $\psi_X(a) = \theta_X(a)\theta_X(-a)$.

Pour $\underline{a} \in I^3$, on a, compte tenu de (3):

$$\psi_X(\underline{a}) = \theta_X(\underline{a} + \underline{a}^-) = [X,\underline{a} + \underline{a}^-] = [X + X^-,\underline{a}] .$$

Or $X + X^-$ est symétrique. D'après ce qui précède, on a donc:

$$\psi_X(a) = \theta_{X+X^-,o}(a) \exp \mu'_X(a) \tag{11}$$

où μ'_X est une application quadratique analytique $G \to p^\alpha R$.

On peut prolonger la définition du symbole $\theta_{X,o}$ du cas symétrique en posant, pour X quelconque:

$$\theta_{X,o}(a) = (\theta_{X+X^-,o}(a)\theta'_{X-X^-,o}(a))^{1/2} \tag{12}$$

où le second membre est défini sans ambiguïté, compte tenu des hypothèses, et appartient à $1 + pR$ pour tout $a \in G$.

Des relations (10 et (11) on déduit:

$$\theta_X(a) = \theta_{X,o}(a) \exp (\lambda_X(a) + \mu_X(a)) ,$$

où $\lambda_X = (1/2)\lambda'_X$ et $\mu_X = (1/2)\mu'_X$ sont, pour tout p, (y compris p = 2), à valeurs dans $1 + pR$. C'est bien la propriété d'unicité annoncée.

Il reste à montrer que la fonction $\theta_{X,o}$ définie par (12) satisfait la condition (3).

Or, pour $\underline{a} \in I^3$, on a:

$$\theta_{X+X^-,o}(\underline{a}) = [X + X^-,\underline{a}]$$

et $\theta'_{X-X^-,o}(\underline{a}) = [X - X^-,\underline{a}]$;

d'où $\theta_X(a)^2 = [X,\underline{a}]^2$

et donc $\theta_X(\underline{a}) = \pm [X,\underline{a}]$.

Comme plus haut, le signe - est exclu, et on a bien (3), c.q.f.d.

Remarque. Les fonctions $\theta'_{X,o}$ et $\theta_{X,o}$ intervenant dans la construction précédente peuvent encore être définies respectivement par:

$$\theta'_{X,o}(a) = \lim_{\nu \to \infty} [p^\nu X - (p^\nu \delta)^{-1}(X),\underline{a}]^{1/p^\nu}, \quad \text{si } X \equiv 0$$

et par

$$\theta_{X,o}(a) = \lim_{\nu \to \infty} [p^{2\nu} X - (p^\nu \delta)^{-1}(X),\underline{a}]^{1/p^{2\nu}}, \quad \text{si } X \text{ est symétrique.}$$

4. Propriétés des fonctions $\theta'_{X,o}$, $\theta_{X,o}$.

(a) Ces deux fonctions dépendent multiplicativement de X.

(b) Lorsqu'on a $X \sim 0$, on peut, dans le théorème précédent, prendre pour θ'_X, ou pour θ_X, la fonction f_X rationnelle sur A admettant pour diviseur X et telle que $f_X(0) = 1$.

Mais les trois fonctions f_X, $\theta'_{X,o}$ et $\theta_{X,o}$ sont en général deux a deux distinctes.

Plus précisément, on voit que: $\theta'_{X,o}(a) = f(a) \exp \sigma_X(a)$, où σ_X est l'application linéaire analytique $G \to pR$ définie par:

$$\sigma_X(a) = \lim_{\nu\to\infty} (1/p^{\nu}) \log f_X(p^{\nu} a)$$

et que

$$\theta_{X,o}(a) = \theta'_{X,o}(a) \exp (\tau_X(a),$$

où τ_X est l'application quadratique analytique $G \to pR$ définie par:

$$\tau_X(a) = \lim_{\nu\to\infty} (1/2p^{2\nu}) \log (f_X(p^{\nu}a)f_X(-p^{\nu}a)) .$$

(c) Les symboles $\theta'_{X,o}(\underline{a})$ (pour $X \equiv 0$ et $\underline{a} \in I$) et $\theta_{X,o}(\underline{a})$ (pour X quelconque et $\underline{a} \in I$) ne sont pas invariants par translation, i.e. on n'a pas en général, pour $u \in G$, $\theta'_{X_u,o}(\underline{a}_u) = \theta'_{X,o}(\underline{a})$.

Cependant, pour $X \equiv 0$ et $u \in G$, il existe une application linéaire $\sigma'_{X,u} = G \to pR$ telle qu'on ait, pour tout cycle $\underline{a} \in I$,

$$\sigma'_{X_u,o}(\underline{a}_u) = \theta'_{X,o}(\underline{a}) \exp \sigma'_{X,u}(\underline{a}) .$$

De même, pour X quelconque, il existe un couple $(\sigma_{X,u},\tau_{X,u})$ formé d'une application quadratique analytique $\sigma_{X,u}: G \to pR$ et d'une application linéaire analytique $\tau_{X,u}: G \to pR$, telles qu'on ait, pour tout $\underline{a} \in I$,

$$\theta_{X_u,o}(\underline{a}_u) = \theta_{X,o}(\underline{a}) \exp (\sigma_{X,u}(a) + \tau_{X,u}(\underline{a})) .$$

(d) <u>Propriétés fonctorielles</u>. Soit B une variété abélienne définie sur K. Soit $\phi: A \to B$ un K-morphisme de variétés abéliennes (pour la structure de variété et pour celle de groupe). On peut choisir un sous-groupe G de $A(K)$ vérifiant les conditions vues plus haut (début du n° 3) et tel de plus que le sous-groupe $H = \phi(G)$ de $B(K)$ soit sans torsion.

A tout diviseur $\equiv 0$ (resp. à tout diviseur) Y sur B, rationnel sur K, on peut associer la fonction $\theta'_{Y,o}$ (resp. $\theta_{Y,o}$) sur H.

On a, pour $Y \equiv 0$ et $a \in G$: $\theta'_{\phi^{-1}(Y),o}(a) = \theta'_{Y,o}(\phi(a))$.

De même, pour Y quelconque et $a \in G$, on a: $\theta_{\phi^{-1}(Y),o}(a) = \theta_{Y,o}(\phi(a))$.

5. Le cas archimédien.

Une méthode analogue s'applique au cas archimédien ($K = \mathbb{R}$ ou C) et donne un façon de définir localement les fonctions thêta classiques sur une variété abélienne donnée.

Soit U un voisinage de l'origine dans $A(K)$ et soit X un diviseur sur A, rationnel sur K, étranger à U (tel que $U \cap \operatorname{supp} X = \emptyset$). Pour $a \in U$, on peut, vu la compacité de $A(K)$, trouver une suite (qui dépend de a) d'entiers n_ν, tendant vers l'infini, telle que le point $n_\nu a$ appartienne à U pour tout ν et que la suite $n_\nu a$ tende vers l'origine.

Posons $\underline{a} = (a) - (0)$. Si $X \equiv 0$, on peut montrer que la suite de terme général $[X, n_\nu \underline{a} - n_\nu \delta a]^{1/n_\nu}$ (où l'on choisit la détermination continue en a et de valeur 1 à l'origine) a une limite, qui est une fonction analytique $\theta'_{X,o}$ sur U, indépendante du choix de la suite (n_ν). On peut voir que cette limite coïncide avec la restriction à U de l'une des fonctions thêta (regardée localment comme fonction analytique sur $A(K)$) admettant pour diviseur X.

De même, pour X étranger à U quelconque, une construction analogue à celle utilisée dans (b) du théorème précédent permet de définir une fonction analytique $\theta_{X,o}$, qui est encore la restriction à U de l'une des fonctions thêta de diviseur X.

6. Etude globale des fonctions thêta.

Désignant toujours par K un corps local, le problème se pose de l'existence du prolongement de l'une quelconque des fonctions θ'_X ou θ_X à une fonction analytique sur $A(K)$, ou sur un revêtement convenable de $A(K)$.

Dans le cas classique, on peut pour cela utiliser le prolongement analytique et on retrouve, en passant au revêtement universel de $A(K)$, les fonctions thêta classiques.

Dans le cas ultramétrique, on ne dispose pas de cette ressource, mais on peut utiliser, pour construire le prolongement, les propriétés fondamentales 2 et 3 du théorème précédent. Il est en effet naturel d'exiger que ces propriétés subsistent pour la fonction prolongée.

Reprenons les notations du n° 3; introduisons de plus une clôture algébrique $\overline{K}$ de K et, pour tout entier s, notons $\mu_s = \mu_s(\overline{K})$ le groupe des racines s-ièmes de l'unité de $\overline{K}$. Le groupe $A(K)/G$ est fini; notons m le plus petit entier annulant ce groupe. Posons d'autre part $q = q(A,K)$ (cf. n° 2).

Soit $X \in \mathcal{D} = \mathcal{D}(A,K)$ étranger à l'origine (mod $\underline{p}$). Soit $a \in A(K)$ étranger à X et posons $\underline{a} = (a) - (0)$. On a toujours $ma \in G$, et donc $m\delta\underline{a} = (ma) - (0) \in I = I_G$.

Supposons d'abord $X \equiv 0$ et soit $\theta'_X: G \to 1 + pR$ une fonction sur G vérifiant (2). L'exigence rappelée plus haut conduit à définir le prolongement $\tilde{\theta}'_X$ de θ'_X au groupe $A(K)$ de façon que:

$$[X, m\underline{a} - m\delta\underline{a}] = \tilde{\theta}'_X(a)^m \theta'_X(ma)^{-1}, \tag{13}$$

ce qui détermine $\tilde{\theta}'_X(a)^m$.

Supposons maintenant $X \in \mathcal{D}$ symétrique et soit $\theta_X: G \to 1 + pR$ une fonction paire sur G vérifiant (3). On a $m\underline{a} - m\delta\underline{a} = \underline{a}'_m + \underline{b}_m$, où $a'_m \in I_{A(K)}$ et où $\underline{b}_m \in I_{A(K)}$ est un cycle antisymétrique. L'exigence précédente conduit à définir le prolongement $\tilde{\theta}_X$ de θ_X au groupe $A(K)$ de façon que:

$$[X, \underline{a}'_m]^q = \tilde{\theta}_X(a)^{qm^2} \theta_X(ma)^{-q}, \tag{14}$$

(où le premier membre est défini sans ambiguïté, cf. n° 2), ce qui détermine $(\tilde{\theta}_X(a))^{qm^2}$.

Un premier point de vue consiste à regarder $\tilde{\theta}'_X$ (resp. $\tilde{\theta}_X$) comme la fonction multiforme definie par (13) (resp. 14)), à valeurs dans $\overline{K}^*/\mu_m$ (resp. dans $\overline{K}^*/\mu_{qm^2}$). La définition de $\tilde{\theta}_X$ s'étend au cas où X est quelconque (mais toujours étranger à l'origine (mod $\underline{p}$)) en remarquant, comme précédemment, que $2X = (X - X^-) + (X + X^-)$, avec $X - X^- \equiv 0$ et $X + X^-$ symmétrique; $\tilde{\theta}_X$ est alors à valeurs dans $\overline{K}^*/\mu_{2qm^2}$.

Les propriétés (2) et (3) se traduisent respectivement par les congruences suivantes dans le groupe multiplicatif $\overline{K}^*$:

$$\tilde{\theta}'_X(\underline{a}) \equiv [X,\underline{a}] (\text{mod } \mu_m) \qquad \text{pour } X \equiv 0 \text{ et } \underline{a} \in I^2$$

$$\tilde{\theta}_X(\underline{a}) \equiv [X,\underline{a}] (\text{mod } \mu_{2qm^2}) \quad \text{pour } X \text{ quelconque et } \underline{a} \in I^2.$$

On dira que les fonctions $\tilde{\theta}_X$ (et, parmi elles, si $X \equiv 0$, les fonctions $\tilde{\theta}'_X$) sont les <u>fonctions thêta de diviseur</u> X sur $A(K)$. Cette terminologie est justifiée par le fait que, au voisinage de tout point $a \in A(K)$ toute détermination analytique en a de $\tilde{\theta}_X$ admet localement pour diviseur X. On peut aussi dans la définition de l'ensemble des fonctions $\tilde{\theta}'_X$ ou $\tilde{\theta}_X$. s'affranchir de la condition pour X d'être étranger à l'origine en "faisant bouger" X, i.e. en le remplaçant par un diviseur $Y \sim X$ convenable.

Un autre point de vue consiste à interpréter $\tilde{\theta}'_X$ (resp. $\tilde{\theta}_X$), pour X donné, comme des fonctions analytiques (uniformes) sur un revêtement fini de type simple $\tilde{A}$ de A(K); c'est celui que j'ai cherché à développer dans [8], où $\tilde{A}$ est construit comme espace homogène principal sur le produit de A(K) par un groupe fini commutatif Γ convenable, et où les fonctions thêta sont caractérisées par une forme de la condition fondamentale (2) (resp. (3)) appropriée à cette structure.

7. Cas des courbes de Tate.

Rappelons comment celles-ci sont définies. On se donne $q \in \mathbb{Z}_p$ non inversible, i.e. tel que $\mathrm{ord}_q p < 0$. On considère la fonction θ_o sur $\mathbb{Q}_p^*$ définie par:

$$\theta_o(z) = \prod_{n \geq 0} (1 - q^n z) \prod_{n \geq 1} (1 - q^n z^{-1}).$$

C'est une fonction analytique partout holomorphe sur $\mathbb{Q}_p^*$, dont les zéros sont les éléments du groupe $\Gamma = \{q^n\}_{n\in\mathbb{Z}}$, et qui satisfait l'identité:

$$\theta_o(qz) = -(1/z)\theta_o(z). \tag{15}$$

Les fonctions thêta de Tate sont toutes les fonctions de la forme:

$$\theta(z) = z^r \prod_{i=1}^{s} \theta_o(z_i/a_i)^{m_i} \qquad (a_i \in \mathbb{Q}_p^*, \text{ et } r, m_i \in \mathbb{Z}). \tag{16}$$

Ces fonctions sont méromorphes sur $\mathbb{Q}_p^*$. Celles qui sont invariantes par $z \mapsto qz$ (caracterisèes par $\sum_i m_i = 0$ et $q^r \prod_1^s a_i^{m_i} = 1$) forment un corps, isomorphe au corps des fonctions rationnelles sur une courbe elliptique A définie sur $\mathbb{Q}_p$.

On a de plus un homomorphisme canonique:

$$\lambda\colon \mathbb{Q}_p^* \to A(\mathbb{Q}_p)$$

qui est partout localement un isomorphisme analytique, dont le noyau est Γ, et tel que l'isomorphisme précédent s'obtienne par relèvement au moyen de λ.

On a, pour toute fonction thêta de Tate, la propriété fondamentale suivante: pour $z_1, z_2, z_3 \in Q_p^*$, représentant respectivement $a_1, a_2, a_3 \in A(Q_p)$, la fonction $\Delta_3\theta$, méromorphie sur $Q_p^* \times Q_p^* \times Q_p^*$, définie par

$$\Delta_3\theta(z_1,z_2,z_3) =$$

$$\left[\theta(z_1+z_2+z_3)\theta(z_1)\theta(z_2)\theta(z_3)\right] / \left[\theta(z_1+z_2)\theta(z_1+z_3)\theta(z_2+z_3)\theta(0)\right]$$

est obtenue par relèvement d'une fonction rationnelle $F(a_1,a_2,a_3)$ sur $A \times A \times A$. Plus précisément, F est caractérisée par:

$$F(a_1,a_2,a_3) = [X * ((-a\ ) - (0)) * ((-a\ ) - (0)),(a\ ) - (0)]$$

lorsque le second membre a un sens, ce dernier étant en outre invariant par toute permutation des indices 1, 2 et 3.

Les fonctions $\tilde{\theta}_X$ définies au n° 6 ne sont pas les fonctions thêta de Tate, puisqu'elles sont définies sur un revêtement fini de $A(\mathbb{Q}_p)$, tandis que $\lambda\colon \mathbb{Q}_p^* \to A(\mathbb{Q}_p)$ est un revêtement infini, Indiquons comment on peut les obtenir en modifiant les fonctions thêta de Tate par un facteur de type simple.

Pour $z \in \mathbb{Q}_p^*$, posons $\nu(z) = \mathrm{ord}_p z/\mathrm{ord}_p q$ et considérons l'élément

$$\bar{\theta}_o(z) = \theta(z)z^{\nu(z)}q^{-(1/2)\nu(z)(\nu(z)+1)}$$

de $\bar{\mathbb{Q}}_p^*$ (où $\bar{\mathbb{Q}}_p$ est une clôture algébrique de $\mathbb{Q}$), défini au produit près par une racine de l'unité d'ordre $N = 2(\mathrm{ord}_p q)^2$. Un calcul facile utilisant (15) montre que:

$$\bar{\theta}_o(qz) \equiv \bar{\theta}_o(z) \pmod{\mu_N}$$

où le signe $\equiv \pmod{\mu_N}$ représente la congruence modulo les racines N-ièmes de l'unité dans le groupe multiplicatif $\mathbb{Q}_p^*$.

Ceci permet de considérer $\bar{\theta}_o$ comme une fonction analytique p-adique sur un revêtement d'ordre N de $A(\mathbb{Q}_p)$.

Compte tenu du fait que le facteur $\Phi(z) = z^{\nu(z)}q^{-(1/2)\nu(z)(\nu(z)+1)}$, regardé comme élément de $\bar{\mathbb{Q}}_p^* \pmod{\mu_N}$ est "multiplicativement quadratique" en z (i.e. possède la propriété $\Delta_3\Phi(z_1,z_2,z_3) = 1$ de l'exponentielle d'une fonction quadratique), on voit que $\bar{\theta}_o$ satisfait la condition fondamentale

$$\Delta_3\bar{\theta}_o(z_1,z_2,z_3) \equiv F(a_1,a_2,a_3) \pmod{\mu_N}$$

où F est la fonction définie par (17).

Outre $\bar{\theta}_o(z)$, on peut considérer toutes les fonctions $\bar{\theta}(z)$ définies par une formule analogue à (16), mais où l'on substitue $\bar{\theta}_o$ à θ_o. D'après les remarques qui précèdent, ces fonctions $\bar{\theta}$ s'identifient de façon naturelle aux fonctions $\tilde{\theta}_X$ considérées au numéro précédent.

8. Interprétation des termes locaux $(X,\underline{a})_v^*$.

Supposons à nouveau que K est un corps de nombres. Considérons l'algèbre $\Lambda = \Lambda_{A(K)} = \mathbb{Z}[A(K)]$ de tous les cycles de dimension zéro sur A à composants rationnels et l'idéal $I = I_{A(K)}$ formé des cycles de degré zéro. A toute valeur absolue normalisée v de K associons le complété correspondant K_v. Supposons d'abord v ultramétrique. Soit $X \in \mathcal{D} = \mathcal{D}(A,K)$ et considérons l'une des fonctions thêta $\tilde{\theta}_{X,v}$ de diviseur X sur $A(K_v)$. Observons que pour $a \in A(K)$, étranger à X, la valeur absolue $|\tilde{\theta}_{X,v}(a)|_v$ a un sens, i.e. ne dépend pas de la détermination choisie pour $\tilde{\theta}_{X,v}$, puisque deux déterminations ne diffèrent que par une racine de l'unité. De plus, pour $\underline{a} \in I$ étranger à X, la nombre $|\tilde{\theta}_{X,v}(a)|_v$ ne dépend en fait, compte tenu des définitions, que de $X,\underline{a}$ et v, non du choix de $\tilde{\theta}_{X,v}$.

Le symbole $(X,\underline{a})_v^*$ considéré dans l'introduction est alors donné par

$$(X,\underline{a})_v^* = |\tilde{\theta}_{X,v}(a)|_v \quad .$$

On le voit en utilisant la caractérisation axiomatique du symbole (cf. [6], n° 9); la bimiltiplicativité du second membre en X et $\underline{a}$ est évidente; la propriété $(X,\underline{a})_v^* = |[X,\underline{a}]|_v$ lorsque $X \sim 0$, de même que l'invariance par translation, résultent des propriétés vues au n° 4; la continuité par rapport aux composants de $\underline{a}$ résulte de l'analyticité de $\tilde{\theta}_{X,v}$.

Dans le cas archimédien, on peut supposer $K = \mathbb{C}$. Posant $n = \dim A$, on a un homomorphisme canonique $\mathbb{C}^n \to A(\mathbb{C})$ qui est localement un isomorphisme de variétés analytiques, de noyau le groupe des périodes Γ. Il existe, pour $X \in \mathcal{D} = \mathcal{D}(A,\mathbb{C})$ un fonction θ_X sur $\mathbb{C}^n$ de diviseur $\lambda^{-1}(X)$ et une forme hermitienne $h(z)$ sur $\mathbb{C}^n$ telles que la fonction à valeurs réelles $|\theta_X(z)|e^{h(z)}$ soit invariante modulo les périodes, et donc puisse s'obtenir par relèvement d'une fonction (non analytique) $\Phi_{X,v}$ sur $A(K)$, à valuers réelles. On voit alors que, pour $\underline{a} \in I = I_{A(K)}$ étranger à X, on a:

$$(X,\underline{a})_v^* = \Phi_{X,v}(\underline{a}).$$

Dans le cas plus particulier des courbes elliptiques, et lorsque $X = (0)$, on peut prendre pour θ_X la fonction σ de Weierstrass, et pour Φ_X la fonction de Klein [4].

9. Hauteur p-adique.

Soient à nouveau K un corps de nombres et A une variété abélienne définie sur K.

Pour tout nombre premier p et pour tout idéal premier $\underline{p}$ de R_K divisant p, considérons le complété correspondant $K_{\underline{p}}$. Pour chaque $\underline{p}$, choisissons, comme au n° 3, un sous-groupe $G_{\underline{p}}$ de $A(K_{\underline{p}})$, formé de points assez proches de l'origine, et, pour tout diviseur X sur A, rationnel sur K, étranger à l'origine (mod $\underline{p}$), considérons la fonction thêta locale $\theta_{X,o,\underline{p}}$ sur $G_{\underline{p}}$, à valeurs dans $1 + pR_{\underline{p}}$, construite comme $\theta_{X,o}$, mais à partir des données A, $K_{\underline{p}}$ et $G_{\underline{p}}$ substituées à A, K et G. Notons $\tilde{\theta}_{X,o,\underline{p}}$ le prolongement de $\theta_{X,o,\underline{p}}$ à $A(K_{\underline{p}})$ au sens du n° 6, à valeurs dans $K_{\underline{p}}^*/\mu_{s_{\underline{p}}}$ où, pour tout $\underline{p}$, on pose $s_{\underline{p}} = 2q_{\underline{p}}m_{\underline{p}}^2$, avec $q_{\underline{p}} = q(A,K_{\underline{p}})$ (cf. n° 2), et où $m_{\underline{p}}$ désigne le plus petit entier annulant le groupe $A(K_{\underline{p}})/G_{\underline{p}}$.

On posera comme précédemment $\Lambda = \Lambda_{A(K)}$, $I = I_{A(K)}$ et, pour tout $\underline{p}$, $\Lambda_{\underline{p}} = \Lambda_{G_{\underline{p}}}$, $I_{\underline{p}} = I_{G_{\underline{p}}}$. On notera $x \to |x|_{\underline{p}}$ la valeur absolue normalisée associée à $\underline{p}$.

Comme on l'a vu au n° précédent, on a, quel que soit $\underline{p}$, et pour $\underline{a} \in I_{\underline{p}}$ étranger à X,

$$(X,\underline{a})_{\underline{p}}^* = |\tilde{\theta}_{X,o,\underline{p}}(\underline{a})|_{\underline{p}} \quad .$$

Posons d'autre part: $i(X,\underline{a}) = \prod_{\underline{p}} ((X,\underline{a})_{\underline{p}}^*)^{-1}$, où le produit est étendu à tous les idéaux premiers de R_K; ce produit a un sens, car

$(X,\underline{a})^*_{\underline{p}} = 1$ pour presque tout $\underline{p}$.

Il existe, comme on l'a rappelé dans l'introduction, un entier $n_o = n_o(A,K)$ tel qu'on ait, pour tout $\underline{p}$, $(X,\underline{a})^*_{\underline{p}} \in (\mathbb{Q}^*)^{1/n_o}$. On a donc aussi:

$$i(X,\underline{a}) \in (\mathbb{Q}^*)^{1/n_o}.$$

Dans le cas particulier où $\underline{a} \in I^3$, on a, pour tout $\underline{p}$:

$$\tilde{\theta}_{X,o,\underline{p}}(\underline{a}) \equiv [X,\underline{a}] \pmod{\mu_{s_{\underline{p}}}}$$

et d'autre part $(X,\underline{a})^*_{\underline{p}} = |[X,\underline{a}]|_{\underline{p}}$, d'où:

$$i(X,\underline{a}) = \prod_{\underline{p}} |[X,\underline{a}]|^{-1}_{\underline{p}}$$

ce qu'on peut aussi écrire, compte tenu de la formule du produit, et en désignant par S_∞ l'ensemble des valeurs absolues archimédiennes normalisées de K:

$$i(X,\underline{a}) = \prod_{v \in S_\infty} |[X,\underline{a}]|_v ,$$

d'où

$$i(X,\underline{a}) = N([X,\underline{a}])$$

où $N = N_{K/\mathbb{Q}}$ est la norme absolue.

Rappelons que $\tilde{\theta}_X(\underline{a})^{s_{\underline{p}}} \in K^*_{\underline{p}}$.

Considérons, pour tout nombre premier p, le produit

$$\psi_p(\underline{a}) = \prod_{\underline{p}|p} N_{\underline{p}}(\tilde{\theta}_{X,o,\underline{p}}(\underline{a})^{s_{\underline{p}}})$$

étendu à tous les idéaux premiers $\underline{p}$ de R_K divisant p et où $N_{\underline{p}}$ désigne la norme locale $N_{K_{\underline{p}}/\mathbb{Q}_p}$. Ce produit est un élément de $\mathbb{Q}_p$. On posera:

$$h^*_{X,p}(a) = \psi_p(\underline{a})^{1/s_{\underline{p}}}\, i(X,\underline{a})^{-1} , \tag{18}$$

le second membre étant regarde comme un élément de $\mathbb{Q}^*_p/\mu_{n_{\underline{p}}}$, où l'on note $n_{\underline{p}}$ le plus petit commun multiple de n_o et $s_{\underline{p}}$, et $\mu_{n_{\underline{p}}}$ le groupe des racines $n_{\underline{p}}$-ièmes de l'unité de $\overline{\mathbb{Q}}_{\underline{p}}^{*}$.

En particulier, pour $a \in A(K)$, étranger à X, on posera:

$$h_{X,p}^{*}(a) = h_{X,p}^{*}((a) - (0)) .$$

Lorsque $\underline{a} \in I^3$. on a vu que $\tilde{\theta}_{X,o,\underline{p}}(a) \equiv [X,\underline{a}] (\text{mod } \mu_{s_{\underline{p}}})$. On a donc:

$$\psi_p(a) \equiv \prod_{\underline{p}|p} N_{\underline{p}}([X,\underline{a}]^{s_{\underline{p}}}) \equiv N([X,\underline{a}]^{s_{\underline{p}}}) (\text{mod } \mu_{s_{\underline{p}}}),$$

et donc:

$$h_{X,p}^{*}(\underline{a}) \equiv 1 \ (\text{mod } \mu_{s_{\underline{p}}}).$$

Par suite, $h_{X,p}^{*}$ est une fonction multiplicativement quadratique sur $A(K)$ (telle que $\Delta_3 h_{X,p}^{*}$ $(a,b,c) = 1$ pour a, b et $c \in A(K)$) et à valeurs dans U_p/μ_{s_p}, où U_p est le groupe des unités de $\mathbb{Z}_p$. Utilisant la quadraticité, on peut lever la restriction pour a d'être étranger à X, et prolonger la fonction $h_{X,p}^{*}$ à tout le groupe $A(K)$. Cette fonction sera appelée <u>hauteur</u> p-<u>adique</u>.

On peut aussi opter pour la notation additive, posant $h_{X,p}(a) = \log h_{X,p}^{*}(a)$ où le logarithme, défini de la façon habituelle sur $1 + p\mathbb{Z}_p$, est prolongé à U_p, en tenant compte de la finitude du quotient $U_p/(1 + p\mathbb{Z}_p)$. On observera que ce logarithme n'est pas injectif, donc que la connaissance de $h_{X,p}^{*}(a)$, est une information plus précise que celle de $h_{X,p}(a)$.

On peut regarder la hauteur p-adique comme l'analogue de la hauteur (réelle) h_X^{*} considérée dans l'introduction. En effet, on a, pour $v \in S_\infty$

$$(X,\underline{a})_v^{*} = |\Phi_{X,v}(\underline{a})|_v$$

où $\Phi_{X,v}$ est la fonction sur $A(K_v)$ introduite au n° 8. On a d'autre part

$$h_X^{*}(\underline{a}) = \prod_v (X,\underline{a})_v^{*}$$

où le produit est étendu à toutes les valeurs absolues normalisées de K. On en déduit:

$$h^*_X(\underline{a}) = \prod_{v\in S_\infty} N_v(\Phi_{X,v}(\underline{a}))i(X,\underline{a})^{-1}$$

où $N_v = N_{K_v|\mathbb{R}}$ est la norme locale. Cette dernière formule est analogue à (18).

Le symbole $h^*_{X,p}$ possède la propriété fonctorielle suivante: pour tout K-morphisme $A \to B$ de variétés abéliennes, pour $X \in \mathcal{D}(B,K)$ étranger à l'origine (mod $\underline{p}$) et pour $a \in A(K)$, on a:

$$h^*_{\phi^{-1}(X),p}(a) = h^*_{X,p}(\phi(a)) . \tag{19}$$

Remarques.

1) La définition précédente de la hauteur p-adique est subordonnée à un choix: celui de la fonction thêta p-adique "standard" $\theta_{X,o,\underline{p}}$ parmi les fonctions thêta locales $\theta_{X,\underline{p}}$ définies sur le voisinage de l'origine $G_{\underline{p}}$ (qui diffèrent entre elles deux à deux par un facteur de la forme $\exp(\mu_X + \lambda_X)$, où μ_X est quadratique et λ_X linéaire). J'ignore s'il est possible de faire un choix meilleur, qu'on puisse qualifier de "canonique" en donnant une condition simple entraînant son unicité.

2) On peut chercher à faire un choix canonique de X dans la définition de la hauteur p-adique $h_{X,p}$. Dans le cas d'une courbe elliptique, il est naturel de prendre $X = (0)$, mais ceci n'est pas compatible avec la construction précédente, qui suppose X étranger à l'origine (mod $\underline{p}$).

On peut lever cette objection en "faisant bouger" X, comme indiqué plus haut, ou encore en utilisant la propriété fonctorielle (19). Pour $Y \in \mathcal{D}(A,K)$, étranger à l'origine (mod $\underline{p}$) symétrique, pour $a \in A(K)$ et pour m entier > 0, on a:

$$h^*_{(m\delta)^{-1}(Y),p}(a) = h^*_{Y,p}(ma) = (h^*_{Y,p}(a))^{m^2} .$$

Posant $Y_m = (m\delta)^{-1}(Y) - Y$, on a donc:

$$(h^*_{Y,p}(a))^{m^2-1} = h^*_{Y_m,p}(a).$$

Or lorsque $(m,p) = 1$, le second membre conserve un sens lorsqu'on substitue (0) à Y, car le diviseur $X_m = (m\delta)^{-1}(0) - (0)$ est étranger à l'origine (mod $\underline{p}$). On voit en outre que, pour $m > 1$ et premier à p, $h^*_{X_m,p}(a))^{1/m^2-1}$ ne dépend pas de m (au produit près par une racine de l'unité). Il est donc naturel de définir $h^*_{(0),p}$, qu'on notera simplement h^*_p et qu'on appellera <u>hauteur</u> p-<u>adique</u> <u>standard</u> en posant, pour $a \in A(K)$:

$$h^*_p(a) = (h^*_{X_m,p}(a))^{1/m^2-1} .$$

J'ignore si cette hauteur p-adique est la même que celle considérée par D. Bernardi dans [1] pour les courbes elliptiques à multiplication complexe.

3) Pour une variété abélienne quelconque A, et pour $X \in \mathcal{D}(A,K)$ symétrique, étranger à l'origine (mod $\underline{p}$), on peut caractériser la hauteur p-adique $h^*_{X,p}$ au sens précédent par la propriété:

$$h^*_{X,p}(a) = \lim_{\nu\to\infty} i(X,p^\nu\delta\underline{a})^{1/p^{2\nu}}$$

quel que soit $\underline{a} \in I_{\underline{p}} = I_{G_{\underline{p}}}$.

Dans le cas d'une courbe elliptique, on peut caractériser la hauteur p-adique standard par la propriété:

$$h^*_p(a) = \lim_{\nu\to\infty} i((0), (mp^\nu a) - (p^\nu a))^{1/(m^2-1)p^{2\nu}},$$

pour tout $a \in G_{\underline{p}}$ distinct de l'origine, où m est un entier quelconque > 1 et premier avec p.

REFERENCES

1. Bernardi, D. Hauteur p-adique sur les courbes elliptiques, Séminaire Delange-Pisot-Poitou, 1-14 (1979-80).

2. Bloch, S. A note on height pairings, Tamagawa numbers and the Birch and Swinnerton-Dyer conjecture, D. Math. 58, 65-76 (1980).

3. Lang, S. Abelian varieties, Interscience tracts n° 7, New-York (1957).

4. Lang, S. Elliptic curves, diophantine analysis, Springer-Verlag, Berling-Heidelberg-New York (1978).

5. Néron, A. Modèles minimaux des variétés abéliennes sur les corps locaux et globaux, Publ. Math. I.H.E.S., n° 21 (1964).

6. Néron, A. Quasi-fonctions et hauteurs sur les variétés abéliennes, Annals of Math. 82, 249-331 (1965).

7. Néron, A. Hauteurs et fonctions thêta, Rendiconti del Sem. Math. Milano, 46, 111-135 (1976).

8. Néron, A. Fonctions thêta p-adiques, Symposia Mathematica, 24, 315-345 (1981).

9. Sansuc, J.-J. A propos d'une nouvelle définition des hauteurs canoniques sur une variété abélienne, Séminaire Deglange-Pisot-Poitou (1980-81).

10. Weil, A. Variétés abéliennes et courbes algébriques, Hermann, Paris (1948).

Séminaire Delange-Pisot-Poitou
(Théorie des Nombres)
1980-81

CONSTRUCTION DE HAUTEURS ARCHIMEDIENNES ET p-ADIQUES SUIVANT LA METHODE DE BLOCH.

par J. Oesterlé

Récemment, S. Bloch ([Bl]) a mis en évidence une nouvelle méthode de construction de hauteurs sur les variétés abéliennes. La démonstration qu'il donne de l'égalité entre sa hauteur et celle de Néron ([Ne 1]) est locale et utilise les modèles de Néron. Le recours à ces derniers est superflu, ainsi que l'a remarqué Sansuc ([Sa1]). Nous nous proposons ici de donner une démonstration directe très simple, par voie globale, de l'égalité entre la hauteur de Bloch et celle de Néron.

Les techniques employées sont ensuite développées pour construire des hauteurs p-adiques, spécialement dans le cas de multiplication complexe où l'on retrouve la hauteur canonique introduite par Gross.

I. Hauteurs archimédiennes

1. Hauteur logarithmique sur les espaces projectifs.

Soit k un corps localement compact non discret. On note $|\ |_k$ le module du corps localement compact k. Pour toute extension k' finie de k, on a $|x|_{k'} = |N_{k'/k}(x)|_k$ $(x \in k')$.

Soient K un corps de nombres, A_K l'anneau de ses adèles, I_K le groupe de ses idèles. Notons $|\ |_v$ le module $|\ |_{K_v}$ du complété K_v de K en une place v. L'application ℓ_K: $I_K \to \mathbb{R}$ qui à $x = (x_v) \in I_k$ associe $[K:\mathbb{Q}]^{-1} \sum_v \log(|x_v|_v)$ est un homomorphisme continu de groupes qui s'annule sur $K^{\times}$ (formule du produit) et, lorsque L est une extension finie de K, on a le diagramme commutatif suivant:

Soient n un entier ≥ 0 et x un point de $\mathbb{P}_n(K)$ dont un système de coordonnées homogènes est $(x_0, \ldots, x_n)$. Posons

$$h(x) = [K:\mathbb{Q}]^{-1} \sum_v \log (\sup(|x_i|_v)).$$

L'expression ci-dessus ne dépend pas du système de coordonnées homogènes de x choisi, et, lorque K parcourt les extensions finies de $\mathbb{Q}$, les diverses fonctions ainsi construites sont les restrictions d'une même fonction $h: \mathbb{P}_n(\overline{\mathbb{Q}}) \to \mathbb{R}$, appelée <u>la hauteur (logarithmique)</u>.

2. <u>Hauteurs sur les variétés projectives</u>.

Toutes les variétés projectives considérées seront supposées <u>non singulières, géométriquement connexes, de dimension</u> > 0. Etant donnée une telle variété, définie sur un corps k de caractéristique 0, le groupe de Picard de V, noté Pic(V) est un k-groupe algébrique, dont les points à valeurs dans une extension finie k' de k s'identifient au groupe des classes d'equivalence linéaire de diviseurs sur V, définies sur k'. Une telle classe d'équivalence contient des diviseurs définis sur k', si V(k') est non vide. Lorsque V est une variété abélienne, le k-groupe algébrique Pic°(V), composante neutre de Pic (V) n'est autre que la variété abélienne $\check{V}$ duale de V; ses points correspondent aux classes de diviseurs algébriquement équivalents à 0 sur V.

Lorsque V est un espace projectif $\mathbb{P}_n$ $(n \geq 1)$, Pic (V) s'identifie à $\mathbb{Z}$ et admet comme <u>générateur canonique</u> la classe d'équivalence linéaire c_1 des hyperplans de $\mathbb{P}_n$.

Soit V une variété projective définie sur k. Si $\phi: V \to \mathbb{P}$ est un morphisme, défini sur k, de V dans un espace projectif $\mathbb{P}_n$ $(n \geq 1)$, l'image réciproque c_ϕ par ϕ du générateur canonique de Pic $(\mathbb{P}_n)$ est un élément de Pic (V) (k), dont la série linéaire est sans points fixes. Inversement, pour tout élément c de Pic (V) (k) dont la série linéaire est sans points fixes, il existe un morphisme $\phi: V \to \mathbb{P}_n$ (pour un certain $n \geq 1$), défini sur k, tel que $c = c_\phi$. Les éléments du groupe Pic(V) (k) dont la série linéaire est sans points fixes engendrent ce groupe.

Soit V une variété projective définie sur $\overline{\mathbb{Q}}$. Pour tout morphisme ϕ, défini sur $\overline{\mathbb{Q}}$ de V dans un espace projectif $\mathbb{P}_n$ ($n \geq 1$) on note h_ϕ la fonction $h \circ \phi$: $V(\overline{\mathbb{Q}}) \to \mathbb{R}$. Modulo les fonctions bornées sur $V(\overline{\mathbb{Q}})$, cette fonction ne dépend que de l'élément c_ϕ de Pic (V) ($\overline{\mathbb{Q}}$). Ceci permet de définir, pour tout élément c de Pic (V) ($\overline{\mathbb{Q}}$) dont la série linéaire est sans points fixes une classe d'équivalence h_c de fonctions de $V(\overline{\mathbb{Q}})$ dans $\mathbb{R}$ (modulo les fonctions bornées). Celle-ci dépend additivement de c, ce qui permet, par linéarité de définir h_c pour tout élément c de Pic (V) ($\overline{\mathbb{Q}}$).

Lorsque V est une variété abélienne, Néron a montré ([Ne 1) (cf aussi [La] pour une démonstration plus simple, due à Tate) qu'il existe un représentant (unique) $\hat{h}_c$ de la classe d'équivalence h_c qui est somme d'une application linéaire et d'une application quadratique de $V(\overline{\mathbb{Q}})$ dans $\mathbb{R}$ (en fait, h_c est linéaire lorsque c est dans Pic°(V) ($\overline{\mathbb{Q}}$), ie lorsque c est algébriquement équivalent à 0; $\hat{h}_c$ est quadratique lorsque c est symétrique): c'est <u>la hauteur de Néron</u>.

3. Torseur associé à un élément du groupe de Picard

Soit V une variété projective définie sur un corps k de caractéristique 0. Pour tout élément c de Pic (V) (k) il existe un G_m-torseur Y_c sur V défini sur k, caractérisé (à isomorphisme près) par le fait que la classe d'équivalence linéaire des diviseurs de sections rationnelles de Y_c est -c (rappelons qu'un G_m-torseur sur V est un fibré algébrique principal de base V et de groupe structural G_m). De plus pour tout diviseur Δ de V, défini sur k, dont c est la classe d'équivalence linéaire (il existe de tels diviseurs lorsque $V(k) \neq \emptyset$ il existe une (unique à une constante multiplicative de $k^\times$ près) section rationnelle de Y_c, définie sur k, de diviseur $-\Delta$.

<u>Examples</u>.

1) Si $V = \mathbb{P}^n$ ($n \geq 1$) et si $c = c_1$ est le générateur canonique de Pic (V), on peut prendre pour Y_c l'ouvert $Aff^{n+1} - \{0\}$ de l'espace affine de dimension n+1, muni de la projection canonique sur $\mathbb{P}_n$ et de l'action de G_m par homothéties.

2) Supposons que V soit une variété abélienne et que les diviseurs appartenant à c soient algébriquement équivalents à 0. Alors le G_m-

torseur Y_c est canoniquement muni d'une structure de k-groupe algébrique commutatif, extension de V par G_m (cf [Se1], p 184). Soit Δ un diviseur de V, défini sur k, appartenant à c; il existe une fonction rationnelle f sur $V \times V$, définie sur k (et unique à une constante multiplicative de $k^\times$ près) dont le diviseur soit $\sigma^{-1}(\Delta) - p_1^{-1}(\Delta) - p_2^{-1}(\Delta)$, où σ, p_1, p_2 désignent respectivement le morphisme somme, première projection et deuxieme projection de $V \times V$ dans V. L'application rationnelle

$$((a,x), (b,y)) \to (abf(x,y), x+y) \qquad (2)$$

définit alors sur $G_m \times V$ une structure de "k-groupe birationnel" et il existe un isomorphisme birationnel (défini sur k) de ce dernier sur le k-groupe algébrique Y_c, transformant le morphisme $x \to (1,x)$ en une section rationnelle de Y_c de diviseur $-\Delta$ (cf [Se1], p. 184); cet isomorphisme birationnel est d'ailleurs birégulier au dessus de $V - |\Delta|$.

La construction précédente fournit un isomorphisme entre $\check{V}(k)$ et $Ext^1(V,G_m)$. La donnée d'une extension (commutative de k-groupes algébriques) Y_T de V par un tore T décomposé sur k équivaut à la donnée d'un homomorphisme i du $\mathbb{Z}$-module libre $\hat{T}$ des caractères de T dans $\check{V}(k)$ (si χ est un caractère de T, en "poussant" l'extension Y_T de V par T à l'aide de χ, on obtient une extension de V par G_m, isomorphe à Y_c avec $c = i(\chi)$). On vérifie aisément la propriété suivante de fonctorialité: soient V,V' deux variétés abéliennes définies sur k, T et T' deux tores décomposés sur k, i: $\hat{T} \to \check{V}(k)$ et i': $\hat{T}' \to \check{V}'(k)$ des homomorphismes de groupes, Y_T et $Y_{T'}$ les extensions correspondantes de V par T et V' par T'. Pour tout morphisme α: $V \to V'$, défini sur k, et tout morphisme β: $T \to T'$, défini sur k, tels que le diagramme suivant soit commutatif

$$\begin{array}{ccc} \hat{T}' & \xrightarrow{i'} & \check{V}'(k) \\ \hat{\beta}\downarrow & & \downarrow\check{\alpha} \\ \hat{T} & \xrightarrow{i} & \check{V}(k) \end{array}$$

il existe un unique morphisme γ de Y_T dans $Y_{T'}$, défini sur k tel que le diagramme suivant soit commutatif

$$\begin{array}{ccccccccc} 1 & \to & T & \to & Y_T & \to & V & \to & 1 \\ & & \beta\downarrow & & \gamma\downarrow & & \alpha\downarrow & & \\ 1 & \to & T' & \to & Y_{T'} & \to & V' & \to & 1 \end{array}$$

4. Construction des hauteurs archimédiennes à la manière de Bloch.

Enonçons un lemme dont la démonstration pourra être trouvée dans ([Bk], §3, n°2)

Lemme 1. - a) *Soit H un groupe localement compact opérant continûment et proprement sur un espace localement compact X et soit ℓ: $H \to E$ un homomorphisme continu de H dans le groupe additif E d'un $\mathbb{R}$-espace vectoriel de dimension finie. Si $H\backslash X$ est paracompact, il existe une fonction continue f: $X \to E$ telle que $f(hx) = \ell(h) + f(x)$ ($h \in H$, $x \in X$).*

b) *Soit H un sous-groupe distingué fermé d'un groupe localement compact G tel que G/H soit compact. Tout homomorphisme continu de H dans le groupe additif E d'un $\mathbb{R}$-espace vectoriel de dimension finie se prolonge de façon unique en un homomorphisme continu de G dans E.*

Considérons une variété projective V définie sur un corps de nombres K et c un élément de Pic (V) (K). Supposons que V(K) soit non vide, de sorte que le fibré algébrique Y_c sur V admet des sections locales définies sur K. Il en résulte alors que l'ensemble des points de Y_c dans la K-algèbre K (resp. K_v, v étant une place de K; resp. A_K) est un fibré principal de base V(K) (resp. $V(K_v)$; resp. $V(A_K)$) et de groupe structural $K^\times$ (resp. $K_v^\times$; resp. I_K).

En appliquant le lemme 1,a) au groupe $H = I_K$ agissant sur $X = Y_c(A_K)$ et à l'homomorphisme continu $\ell_K: I_K \to \mathbb{R}$, on voit qu'il existe une fonction continue $\tilde{\ell}_{c,K}: Y_c(A_K) \to \mathbb{R}$ telle que l'on ait $\tilde{\ell}_{c,K}(\xi\ ) = \ell_K(\xi) + \tilde{\ell}_{c,K}(x)$ $(\xi \in I_K,\ x \in Y_c(A_K))$. Cette fonction est bien sûr, compte tenu de l'égalité précédente, déterminée de façon unique à l'addition près d'une fonction de la forme $\varepsilon \circ p$, où p est la surjection canonique de $Y_c(A_K)$ sur $V(A_K)$ et ε une fonction continue (donc bornée puisque $V(A_K)$ est compact) de $V(A_K)$ dans $\mathbb{R}$.

Fixons une telle fonction $\tilde{\ell}_{c,K}(x)$. L'expression $\tilde{\ell}_{c,K}x\ )$, lorsque x parcourt $Y_c(K)$ ne dépend, d'après la formule du produit, que de l'image p(x) de x dans V(K), et la fonction de V(K) dans $\mathbb{R}$ déduite de $\tilde{\ell}_{c,K}$ par passage au quotient ne dépend pas, modulo les fonctions bornées, du choix de $\tilde{\ell}_{c,K}$. La classe d'équivalence de ces fonctions de V(K) dans $\mathbb{R}$ (modulo les fonctions bornées) est notée $h_{c,K}$.

Théorème 1.- *Soit h: $V(\overline{\mathbb{Q}}) \to \mathbb{R}$ un représentant de h_c. La restriction de h à V(K) est un représentant de $h_{c,K}$.*

Soient c, c' deux éléments de Pic V, Y_c et $Y_{c'}$ leurs G_m-torseurs associés. Le torseur associé à c+c' est alors isomorphe au "produit fibré des torseurs" Y_c et $Y_{c'}$: l'ensemble des points adéliques de ce torseur s'identifie à l'ensemble des couples $(x,y) \in Y_c(A_K) \times Y_{c'}(A_K)$ tels que x et y aient même image dans $V(A_K)$, modulo la relation d'équivalence qui identifie $(\xi x, y)$ à $(x, \xi y)$ $(\xi \in I_K,\ x \in Y_c(A_K),\ y \in Y_{c'}(A_K))$.

L'application $(x,y) \to \tilde{\ell}_{c,K}(x) + \tilde{\ell}_{c',K}(y)$ est compatible avec cette relation d'équivalence et on peut choisir pour $\tilde{\ell}_{c+c',K}$ l'application qu'on en déduit par passage au quotient. Il en résulte qu'on a

$$h_{c+c',K} = h_{c,K} + h_{c',K} \tag{3}$$

Par linéarité, il suffit donc de démontrer le théorème 1 lorsque la série linéaire de c est sans points fixes, et par fonctorialité, on peut donc supposer que V est l'espace projectif $\mathbb{P}_n$ $(n \geq 1)$ et c le générateur canonique c_1 de Pic $(\mathbb{P}^n)$. Dans ce cas Y_c peut être pris égal à Aff^{n+1}-{0} (n°3, exemple 1). L'ensemble des points adéliques de Y_c est l'ensemble des éléments $(x_o,\dots,x_n)$ de A_K^{n+1} tels que l'expression $\sup\limits_{0\leq i\leq n} (|x_{i,v}|_v)$ soit non nulle pour toute place v de K et égale à 1 pour presque toute place de K. On peut prendre pour $\tilde{\ell}_{c,K}$ l'application

$$(x_o,\dots x_n) \to [K:\mathbb{Q}]^{-1} \sum_v \mathrm{Log}\,(\sup_{0\leq i\leq n} (|x_{i,v}|_v))$$

de $(\mathrm{Aff}^{n+1}\text{-}\{0\})(A_K)$ dans $\mathbb{R}$ et le théorème 1 résulte alors immédiatement de la définition de la hauteur sur un espace projectif (n°1).

Remarque. Lorsque V(K) est fini, le théorème 1 est trivial. C'est pourquoi il serait intéressant de trouver une construction "à la Bloch" des hauteurs fournissant la hauteur sur $V(\overline{\mathbb{Q}})$ et non pas seulement sur V(K), K étant une extension finie de $\mathbb{Q}$.

5. Construction des hauteurs canoniques sur les variétés abéliennes à la manière de Bloch.

Soient N une variété abélienne définie sur un corps de nombres K et $c \in \mathrm{Pic}^\circ(N)(K) = \check{N}(K)$ une classe de diviseurs algébriquement équivalents à 0. Le G_m-torseur Y_c sur N associé à c est une extension commutative de N par G_m (n°3, exemple 2) et on a, en passant aux points adéliques, une suite exacte de groupes topologiques

$$1 \to I_K \to Y_c(A_K) \to N(A_K) \to 1 \qquad (4)$$

Le Lemme 1,b) montre que l'homomorphisme ℓ_K: $I_K \to \mathbb{R}$ admet un prolongement unique $\hat{\ell}_{c,K}$ qui est un homorphisme continu de $Y_c(A_K)$ dans $\mathbb{R}$. Par restriction à $Y_c(K)$ et passage au quotient modulo $K^\times$, on en déduit une application $\mathbb{Z}$-linéaire $\hat{h}_{c,K}$: $N(K) \to \mathbb{R}$ appartenant à la classe d'équivalence $h_{c,K}$. Comme toute application $\mathbb{Z}$-linéaire bornée de N(K) dans $\mathbb{R}$ est nulle, on a la propriété d'unicité suivante:

(U) L'application $\hat{h}_{c,K}$ est l'unique représentant de la classe d'équivalence $h_{c,K}$ qui est une application $\mathbb{Z}$-linéaire de N(K) dans $\mathbb{R}$.

Il résulte de cette propriété d'unicité et de la formule (3) que l' application

$$(c,x) \to \langle c,x\rangle = \hat{h}_{c,K}(x) \qquad (5)$$

de $\check{N}(K) \times N(K)$ dans $\mathbb{R}$ est $\mathbb{Z}$-bilineaire, et que lorsque K varie les applications ainsi construites sont les restrictions d'une même application $\mathbb{Z}$-bilinéaire $(c,x) \to \langle c,x\rangle$ de $\check{N}(\overline{\mathbb{Q}}) \times N(\overline{\mathbb{Q}})$ dans $\mathbb{R}$.

Théorème 2. <u>L'application</u> $(c,x) \to \langle c,x\rangle$ <u>de</u> $\check{N}(\overline{\mathbb{Q}}) \times N(\overline{\mathbb{Q}})$ <u>dans</u> $\mathbb{R}$ <u>est la forme bilinéaire de Néron: autrement dit, pout tout</u> $c \in N(\overline{\mathbb{Q}})$ <u>l'application</u> $x \to \hat{h}_{c,K}(x) = \langle c,x\rangle$ <u>de</u> $N(\overline{\mathbb{Q}})$ <u>dans</u> $\mathbb{R}$ <u>est la hauteur canonique de Néron associée à la classe de diviseurs</u> c.

C'est une conséquence immédiate du théorème 1 et de la propriété d'unicité (U).

Remarques.- 1) La connaissance des hauteurs canoniques $\hat{h}_c$ pour $c \in \mathrm{Pic}°(N)(\overline{\mathbb{Q}})$ permet de retrouver les $\hat{h}_c$ pour $c \in \mathrm{Pic}(N)(\overline{\mathbb{Q}})$, en remarquant que, pour toute classe de diviseurs symétrique c, la forme polaire de la forme quadratique $\hat{h}_c$ est l'application bilinéaire symétrique $(x,y) \to -\hat{h}_{T_x c-c}(y)$ $(x \in N(\overline{\mathbb{Q}}),\ y \in N(\overline{\mathbb{Q}}))$, où $T_x c$ est le translaté de c par x.

Je ne sais pas s'il est à priori possible, pour tout $c \in \mathrm{Pic}(N)(K)$, de trouver un représentant canonique $\hat{\ell}_{c,K}$ de $\tilde{\ell}_{c,K}$ qui conduise aux hauteurs canoniques $\hat{h}_c$.

2) Soit T un tore décomposé sur K et i un homomorphisme du groupe $\hat{T}$ dual de T dans $\check{N}(K)$. Il lui correspond (n°3 , exemple 2) une extension Y_T de N par T. On a alors une suite exacte

$$1 \to T(A_K) \to Y_T(A_K) \to N(A_K) \to 1 \qquad (6)$$

et un homomorphisme continu $\ell_T : T(A_K) \to \mathrm{Hom}_{\mathbb{Z}}(\hat{T}, \mathbb{R})$ qui à $\xi \in T(A_K)$ associe $\chi \to \ell_K(\chi(\xi))$ $(\chi \in \hat{T})$. Cet homomorphisme se prolonge de facon unique en un homomorphisme continu $\tilde{\ell}_T$ de $Y_T(A_K)$ dans $\mathrm{Hom}_{\mathbb{Z}}(\hat{T}, \mathbb{R})$ d'après le lemme 1,b). Comme $\tilde{\ell}_T$ s'annule sur $T(K)$, il définit par restriction à $Y_T(K)$ et passage au quotient une application linéaire de $N(K)$ dans $\mathrm{Hom}(\hat{T}, \mathbb{R})$, autrement dit une application $\mathbb{Z}$-bilinéaire de $\hat{T} \times N(K)$ dans $\mathbb{R}$. Celle-ci n'est autre que l'image réciproque par $i \times 1$ de l'application bilinéaire (5) de $\check{N}(K) \times N(K)$ dans $\mathbb{R}$.

Lorsqu'on on prend $T = G_m$, $\hat{T} = \mathbb{Z}$ et $i(1) = c$, on retrouve la situation du début de ce numéro.

L'additivité en c de $\hat{h}_c$ pourrait se déduire par fonctorialité de la construction ci-dessus, qui remplace la notion "d'extension universelle de N par un tore" (notion qui n'a pas de sens lorsque $\check{N}(K)$ a de la torsion).

6. Hauteurs locales sur les variétés abéliennes.

Soient N une variété abélienne définie sur un corps localement compact k de caractéristique 0 et $\ell_k : k^\times \to \mathbb{R}$ le logarithme du module $|\,|_k$ de k. Soit Δ un diviseur sur N, défini sur k, algébriquement équivalent à 0 et notons c sa classe dans Pic(N). On a une suite exacte de groupes topologiques

$$1 \to k^\times \to Y_c(k) \to N(k) \to 1 \tag{7}$$

et le lemme 1 b) montre que l'homomorphisme ℓ_k se prolonge de façon unique en un homomorphisme continu $\tilde{\ell}_k$ de $Y_c(k)$ dans $\mathbb{R}$.

Notons $Z_{o,k}(N)$ le groupe des 0-cycles de degré 0 engendré par N(k). Il existe une section s_Δ (unique à une constante multiplicative de $k^\times$ près) de Y_c, définie sur k, de diviseur $-\Delta$. Si $z \in Z_{o,k}(N)$ a un support disjoint de $|\Delta|$, l'expression

$$\langle \Delta, z \rangle = \tilde{\ell}_k(s_\Delta(z)) \tag{8}$$

où par définition on pose $\tilde{\ell}_k(s_\Delta(Z)) = \tilde{\ell}_k(\Pi s_\Delta(x_i)^{n_i})$ si $z = \Sigma n_i x_i$ avec $x_i \in N(k) - |\Delta|$, $n_i \in \mathbb{Z}$, $\Sigma n_i = 0$) ne dépend pas du choix de s_Δ.

Théorème 3 . (Bloch) Les symboles $\langle \Delta, z \rangle$ (Δ diviseur de N, défini sur k, algébriquement équivalent à 0, $z \in Z_{o,k}(N)$ de support disjoint à $|\Delta|$) satisfont les conditions suivantes:

(i) $\langle (f), \Sigma n_i x_i \rangle = -\ell_k(\Pi f(x_i)^{n_i})$ si f est une fonction rationnelle sur N, définie sur k, inversible aux points x_i.

(ii) $\langle \Delta + \Delta', z\rangle = \langle \Delta, z\rangle + \langle \Delta', z\rangle$ *et* $\langle \Delta, z + z'\rangle = \langle \Delta, z\rangle + \langle \Delta, z'\rangle$ *chaque fois que les deux membres sont définis.*

(iii) $\langle \Delta_a, z_a\rangle = \langle \Delta, z\rangle$ *lorsque le second nombre est défini et que* a *appartient à* $N(k)$ *(invariance par translation).*

(iv) *Pour tout* $a_0 \in N(k) - |\Delta|$, *l'application* $a \to \langle \Delta\, , a - a_0\rangle$ *de* $N(k) - |\Delta|$ *dans* $\mathbb{R}$ *est continue; si* g *est une fonction rationnelle sur un ouvert affine* U *de* N*, de diviseur* $U \cap \Delta$*, définie sur* k*, l'application* $a \to \langle \Delta, a - a_0\rangle + \ell_k(g(a))$ *de* $U(k) - |\Delta|$ *dans* $\mathbb{R}$ *se prolonge par continuité à* $U(k)$.

L'assertion (iv) et l'additivité à droite résultent de la définition (8). L'additivité à gauche se démontre par la même méthode que celle utilisée pour prouver la formule (3) du n°4. Lorsque $\Delta = (f)$ est principal, on peut prendre pour Y_c l'extension triviale $G_m \times N$ et pour section s_Δ l'application rationnelle $x \to (f(x)^{-1}, 0)$, d'où (i). Si $a \in N(k)$ et si $\tilde{a}$ est un relèvement de a dans $Y_c(k)$ on peut prendre pour s_{Δ_a} la section $t_{\tilde{a}} \circ s_\Delta \circ t_{-a}$ (où t_{-a} et $t_{\tilde{a}}$ sont les translations par $-a$ et $\tilde{a}$ dans N et Y_c respectivement); on a donc, si $z = \Sigma n_i\, x_i$.

$$\langle \Delta_a, z_a\rangle = \tilde{\ell}_k\,(t_{\tilde{a}}\, s_\Delta(z)) = \tilde{\ell}_k(\Pi(\tilde{a}\; s_\Delta(x_i))^{n_i}) = \tilde{\ell}_k(\Pi s_\Delta(x_i)^{n_i})$$

car on a $\Sigma n_i = 0$. L'assertion (iii) en résulte.

Les propriétés énoncées dans le théorème 3 caractérisent les symboles $\langle \Delta\, , z\rangle$. Il en résulte que ces symboles sont *les opposés* des symboles locaux de Néron ([Ne1]).

Considérons maintenant une variété abélienne N définie sur un corps de nombres K et une classe c de diviseurs algébriquement équivalents à 0, définie sur K. Choisissons un diviseur Δ, défini sur K, appartenant à c, dont le support ne contient pas 0. Pour tout $x \in N(K) - |\Delta|$ et tout place v de K, on a un symbole local $\langle \Delta, x - 0\rangle_v$ obtenu en considérant N comme variété abélienne sur K_v. On retrouve le théorème de Néron permettant de décomposer la hauteur en somme de hauteurs locales.

Théorème 4. *Pour tout* $x \in N(K) - |\Delta|$, *on a*

$$\hat{h}_c(x) = [K:Q]^{-1} \sum_v \langle \Delta, x - 0\rangle_v \tag{9}$$

(somme dont presque tous les termes sont nuls).

Vu les propriétés d'unicité énoncées ci-dessus, la restriction à $Y_c\,(K_v)$ de l'homomorphisme $\tilde{\ell}_{c,K}\colon\; Y_c(A_K) \to \mathbb{R}$ (cf n°4) est égal à

$\frac{\tilde{\ell}_v}{[K:\mathbb{Q}]}$ (où on a posé $\tilde{\ell}_v = \tilde{\ell}_{K_v}$). Vu la continuité de $\tilde{\ell}_c$, pour tout $x \in Y_c\ (A_K)$ on a $\tilde{\ell}_{c,K}(x) = [K:\mathbb{Q}]^{-1} \sum_v \tilde{\ell}_v(x_v)$, la somme du second membre ne comportant qu'un nombre fini de termes non nuls. Choisissons une section rationnelle s_Δ de Y_c, définie sur $\mathbb{K}$, de diviseur $-\Delta$. On a

$$\hat{h}_c(x) = \hat{h}_c(x) - \hat{h}_c(o) = [K:\mathbb{Q}]^{-1} \sum_v \tilde{\ell}_v(s_\Delta\ (x-0)) = [K:\mathbb{Q}]^{-1} \sum_v <\Delta, x-0>_v$$

II. Hauteurs p-adiques

Désormais p désigne un nombre premier fixé et $\mathbb{C}_p$ le complété d'une clôture algébrique de $\mathbb{Q}_p$; il existe un homomorphisme continu unique, noté $\log_p$, de $\mathbb{C}_p^{\times}$ dans $\mathbb{C}_p$ tel que $\log_p(p) = 0$ et $\log_p(1-x) = -\sum_{n=1}^{\infty} \frac{x^n}{n}$ si x est de valuation >0. Pour tout sous-corps fermé F de $\mathbb{C}_p$, on a $\log_p(F^{\times}) \subset F$. De plus $\log_p(\mathbb{Q}_p)$ est contenu dans $p\,\mathbb{Z}_p$.

1. La formule du produit p-adique

Soit k un corps localement compact de caractéristique 0. Définissons un homomorphisme continu $\lambda_k:\ k^{\times} \to \mathbb{Q}_p$ en posant

(a) $\lambda_k = 0$ si k est archimédien.

(b) $\lambda_k(x) = \log_p(|x|_k)$ $(x \in k^{\times})$ si k est ultramétrique, de caractéristique résiduelle différente de p (noter que $|\,|_k$ prend ses valeurs dans $\mathbb{Q}$).

(c) $\lambda_k(x) = \log_p(N_{k/\mathbb{Q}_p}(x))$ $(x \in k^{\times})$ si k est ultramétrique, de caractéristique résiduelle égale à p.

Pour toute extension finie k' de k, on a

$$\lambda_{k'}(x) = \lambda_k(N_{k'/k}(x)) \quad (x \in k') \tag{10}$$

Soit K un corps de nombres; pour toute place finie v de K, on notera λ_v la fonction $\lambda_{K_v}:\ K_v \to \mathbb{Q}_p$. L'application λ_K qui à un idèle $x = (x_v) \in I_K$ associe $[K:\mathbb{Q}]^{-1} \sum_v \lambda_v(x_v)$ est un homomorphisme continu de I_K dans $\mathbb{Q}_p$ et on a le diagramme commutatif suivant pour toute extension finie L de K

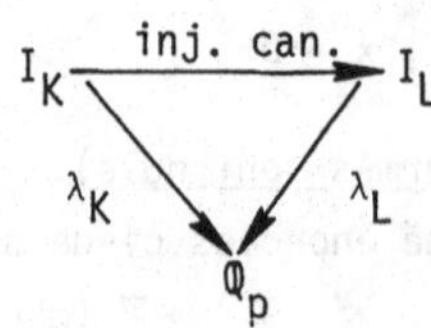

L'homomorphisme λ_k s'annule sur K^x (ceci se vérifie aisément lorsque $K = \mathbb{Q}$ et le cas général s'en déduit facilement compte tenu de (10)).

2. Hauteurs p-adiques locales

Considérons une variété abélienne N définie sur un corps localement compact k de caractéristique 0 et un élément c de $\check{N}(k)$. On a la suite exacte de groupes topologiques

$$1 \to k^x \overset{j}{\to} Y_c(k) \overset{p}{\to} N(k) \to 1 \qquad (11)$$

Par analogie avec I, n°6, nous allons essayer de prolonger l'homomorphisme $\lambda_k : k^x \to \mathbb{Q}_p$ en un homomorphisme continu de $Y_c(k)$ dans $\mathbb{Q}_p$.

<u>Théorème 5. Il existe un homomorphisme continu $\tilde{\lambda}_k : Y_c(k) \to Q_p$ qui prolonge λ_k. Lorsque k n'est pas un corps ultramétrique de caractéristique residuelle p, $\tilde{\lambda}_k$ est unique. Lorsque k est une extension finie de $\mathbb{Q}_p$ $\tilde{\lambda}_k$ est unique à l'addition près d'un homomorphisme de la forme $\varepsilon\circ p$ où ε est un homomorphisme continu de N(k) dans $\mathbb{Q}_p$.</u>

Il est immédiat qu'un homomorphisme $\tilde{\lambda}_k : Y_c(k) \to \mathbb{Q}_p$ prolongeant λ_k est déterminé de façon unique à l'addition près d'un homomorphisme de la forme $\varepsilon\circ p$ où $\varepsilon : N(k) \to \mathbb{Q}_p$ est un homomorphisme continu. Un tel homomorphisme ε est nécessairement trivial lorsque k n'est pas un corps ultramétrique de caractéristique résiduelle p. Prouvons l'existence de $\tilde{\lambda}_k$. Lorsque k est archimédien, on peut choisir $\tilde{\lambda}_k$ égal à 0. Supposons k ultramétrique et notons q sa caractéristique résiduelle. Soient $\mathfrak{u}$, $\mathfrak{y}$, $\mathfrak{n}$ les algèbres de Lie des k-groupes de Lie k^x, $Y_c(k)$ et N(k). On a une suite exacte de k-espaces vectoriels $0 \to \mathfrak{u} \to \mathfrak{y} \to \mathfrak{n} \to 0$. Choisissons un supplémentaire $\mathfrak{n}'$ de $\mathfrak{u}$ dans $\mathfrak{y}$, autrement dit une rétraction k-linéaire $r : \mathfrak{y} \to \mathfrak{u}$. Les algèbres de Lie $\mathfrak{y}$ et $\mathfrak{u}$ étant commutatives, r est un morphisme d'algèbres de Lie. Il existe alors un sous-groupe ouvert U de $Y_c(k)$ et un morphisme R de k-groupes de Lie de U dans $k^x \cap j^{-1}(U)$ tel que $R\circ j(x) = x$ pour tout $x \in k^x \cap j^{-1}(U)$, et dont l'application tangente en l'élément neutre est r. Le morphisme R se prolonge de façon unique en un morphisme R' du groupe de Lie $j(k^x)U$ dans k^x tel que $R'\circ j(x) = x$ pour tout $x \in k^x$. L'indice $[Y_c(k) : j(k^x)U]$ est égal à $[N(k) : p(U)]$, donc fini puisque p(U) est un sous-groupe ouvert du groupe compact N(k). Il en résulte que l'homomorphisme continu $\lambda_k\circ R' : j(k^x)U \to \mathbb{Q}_p$ se prolonge en un homomorphisme continu $\tilde{\lambda}_k$ de $Y_c(k)$ dans $\mathbb{Q}_p$, et $\tilde{\lambda}_k$ prolonge λ_k.

Remarques. - 1) Supposons que k soit un corps ultramétrique dont la caractéristique résiduelle q est différente de p. Notons π une uniformisante de l'anneau de valuation de k et v la valuation normalisée de k (de sorte que $v(\pi) = 1$). L'application v: $k^x \to \mathbb{Z}$ se prolonge de façon unique en un homomorphisme continu $\tilde{v}$: $Y_c(k) \to \mathbb{Q}$ comme le montre une démonstration analogue à celle exposée ci-dessus. Les prolongements $\tilde{\ell}_k: Y_c(k) \to \mathbb{R}$ et $\tilde{\lambda}_k$: $Y_c(k) \to \mathbb{Q}_p$ des homomorphismes ℓ_k: $k^x \to \mathbb{R}$ et λ_k: $k^x \to \mathbb{Q}_p$ s'en déduisent par les formules $\tilde{\ell}_k(x) = \tilde{v}(x) \operatorname{Log}(|\pi|_k)$ et $\tilde{\lambda}_k(x) = \tilde{v}(x) \log_p(|\pi|_k)$.

2) Lorsque k est un corps ultramétrique de caractéristique résiduelle p, tout homomorphisme continu de N(k) dans $\mathbb{Q}_p$ est de la forme $x \to g(\mathscr{L}og\ x)$ où g est une forme $\mathbb{Q}_p$-linéaire sur l'algèbre de Lie $\mathfrak{n}$ et où $\mathscr{L}og$ est l'unique homomorphisme continu de N(k) dans son algèbre de Lie $\mathfrak{n}$ qui coïncide au voisinage de 0 avec la réciproque de l'application exponentielle.

3) Supposons que k soit un corps ultramétrique de caractéristique résiduelle p. La donneé d'une section σ: $\mathfrak{n} \to \mathfrak{y}$ de la surjection canonique de $\mathfrak{y}$ dans $\mathfrak{n}$ détermine un supplémentaire de $\mathfrak{u}$ dans $\mathfrak{y}$ (à savoir $\sigma(\mathfrak{n})$, et donc en utilisant la construction donnée dans la démonstration du théorème 5, σ détermine un prolongement $\tilde{\lambda}_{k,\sigma}$ bien défini de λ_k.

3. Hauteur p-adique globale.

Soient N une variété abélienne définie sur un corps de nombres K et $c \in \hat{N}(K)$ une classe de diviseurs algébriquement équivalents à 0 définie sur K. On a des suites exactes de groupes topologiques

$$1 \to I_K \xrightarrow{j} Y_c(A_K) \xrightarrow{p} N(A_K) \to 1$$

$$1 \to K_v^{\,x} \xrightarrow{j} Y_c(K_v) \xrightarrow{p} N(K_v) \to 1$$

Les homomorphismes λ_v: $K_v^{\,x} \to \mathbb{Q}_p$ admettent des prolongements en des homomorphismes continus $\tilde{\lambda}_v$: $Y_c(K_v) \to \mathbb{Q}_p$ (théorème 5).

Théorème 6. L'homomorphisme λ_K: $I_K \to \mathbb{Q}_p$ (cf II, n°1) admet un prolongement en un homomorphisme continu $\tilde{\lambda}_K$: $Y_c(A_K) \to \mathbb{Q}_p$. Plus précisement, si pour toute place v on se donne un prolongement $\tilde{\lambda}_v$ de λ_v, la famille $(\tilde{\lambda}_v(x))$ est à support fini pour tout $x \in Y_c(A\ )$ et $x \to [K:\mathbb{Q}]^{-1} \sum_v \tilde{\lambda}_v(x)$ est un homomorphisme continu de $Y_c(A_K)$ dans $\mathbb{Q}_p$ prolongeant λ_K. Tout homomorphisme continu de $Y_c(A_K)$ dans $\mathbb{Q}_p$ prolongement λ_K s'obtient d'ailleurs de cette manière.

Soit pour toute place v de K un homomorphisme continu $\tilde{\lambda}_v : Y_c(K_v) \to \mathbb{Q}$, prolongeant λ_v. La famille $(\tilde{\lambda}_v(x))$ est alors à support fini pour tout $x \in Y_c(A_K)$ comme il résulte de l'assertion analogue dans le cas archimédien (1, n°6) et de la remarque 1) du n°2. L'application $x \to [K:\mathbb{Q}]^{-1}\sum_v \tilde{\lambda}_v(x)$ est donc un homomorphisme continu de $Y_c(A_K)$ dans $\mathbb{Q}_p$, qui prolonge λ_K par définition de λ_K. Inversement tout homomorphisme continu $\tilde{\lambda}$ de $Y_c(A_K)$ dans $\mathbb{Q}_p$ prolongeant λ_K est de cette forme, en prenant pour $\tilde{\lambda}_v$ la restriction de λ_K à $Y_c(K_v)$.

Soit $\tilde{\lambda}_K$ un homomorphisme continu de $Y_c(A_K)$ dans $\mathbb{Q}_p$ prolongeant λ_K. Par restriction aux points $Y_c(K)$ de Y_c dans K, puis passage au quotient modulo $K^\times$ (ce qui est possible car λ_K s'annule sur $K^\times$), on obtient une application $\mathbb{Z}$-linéaire de N(K) dans $\mathbb{Q}_p$, qui est l'analogue p-adique de la hauteur canonique associée à la classe de diviseur c. Cette application $\mathbb{Z}$-linéaire dépend du choix du prolongement $\tilde{\lambda}_K$ de λ_K. Changer $\tilde{\lambda}_K$ revient à ajouter à cette application la restriction à N(K) d'une application $\mathbb{Z}$-linéaire continue de $N(A_K)$ dans $\mathbb{Q}_p$.

<u>Remarques</u> 1) Soit T un tore décomposé sur K et i un homomorphisme du groupe $\hat{T}$ dual de T dans $\check{N}(K)$. Il lui correspond (n°3, exemple 2) une extension Y_T de N par T et on a une suite exacte

$$1 \to T(A_K) \to Y_T(A_K) \to N(A_K) \to 1$$

L'homomorphisme continu λ_T: $T(A_K) \to \mathrm{Hom}_{\mathbb{Z}}(\hat{T}, \mathbb{Q}_p)$ qui à $\xi \in T(A_K)$ associe $\chi \to \lambda_K(\chi(\xi))$ $(\chi \in \hat{T})$ se prolonge en un homomorphisme continu $\tilde{\lambda}_T$ de $Y_T(A_K)$ dans $\mathrm{Hom}_{\mathbb{Z}}(T, \mathbb{Q}_p)$ (la démonstration est analogue à celle du théorème 6). Par restriction à $Y_T(K)$ et passage au quotient modulo N(K),on en déduit une application bilinéaire de $\hat{T} \times N(K)$ dans $\mathbb{Q}_p$ unique à l'addition près de la restriction d'une application bilinéaire continue de $\hat{T} \times N(A_K)$ dans $\mathbb{Q}_p$.

Si $\mathfrak{y}_T$ désigne l'algèbre de Lie du K-groupe algébrique Y_T et $\mathfrak{n}$ celle de N, on peut à toute section σ: $\mathfrak{n} \to \mathfrak{y}_T$ de la surjection canonique de $\mathfrak{y}_T$ dans $\mathfrak{n}$ associer des sections analogues au niveau des corps locaux K_v, donc un prolongement canonique $\tilde{\lambda}_{T,\sigma}$ de λ_T (d'après les analogues de la remarque 3 du n°2 et du théorème 6), et par suite une application bilinéaire bien définie $(x, y) \to \langle x, y\rangle_\sigma$ de $\hat{T} \times N(K)$ dans $\mathbb{Q}_p$.

2) Modulo les restrictions à $\check{N}(K) \times N(K)$ d'applications bilinéaires continues de $\check{N}(K) \times N(A_K)$ dans $\mathbb{Q}_p$ il existe une classe d'équivalence d'applications bilinéaires de $\check{N}(K) \times N(K)$ dans $\mathbb{Q}_p$ bien

déterminée, qui soit "universelle" pour la situation considérée dans la remarque 1. Il est fort probable que, au moins au signe près, la forme bilinéaire construite par Néron dans [Ne 2] et la forme polaire de la forme quadratique construite par Bernardi dans [Be] sont des représentants de cette classe d'équivalence.

4. Le cas d'une courbe elliptique à multiplication complexe (suivant une lettre de B. Gross à S. Bloch)

Considérons une courbe elliptique N à multiplications complexes par l'anneau $\mathcal{O}$ des entiers d'un corps quadratique imaginaire, définies sur un corps de nombres K.

L'algèbre de Lie $\mathfrak{n}$ du K-groupe algébrique N est un K-espace vectoriel de dimension 1 et l'action de $\mathcal{O}$ sur $\mathfrak{n}$ fournit un homomorphisme injectif d'anneaux ρ de $\mathcal{O}$ dans K.

Notons $\check{N}$ la variété abélienne duale de N, et pour tout $\alpha \in \mathcal{O}$, notons $\check{\alpha}$ l'endomorphisme de $\check{N}$ dual de l'endomorphisme α de N.

Alors $(\alpha, x) \to \check{\alpha}(x)$ définit une action de $\mathcal{O}$ sur $\check{N}$.

(Comme N est une courbe elliptique, l'application $P \to (P) - (0)$ définit un isomorphisme de N sur $\check{N}$; mais celui-ci n'est pas $\mathcal{O}$-linéaire: il est semi-linéaire, relativement à la conjugaison complexe de $\mathcal{O}$).

Considérons un tore T, décomposé sur K, sur lequel agit $\mathcal{O}$. Munissons son groupe dual $\hat{T}$ de l'action de $\mathcal{O}$ définie par $(\alpha\chi)(\xi) = \chi(\alpha\xi)$ $(\xi \in T,\ \chi \in \hat{T},\ \alpha \in \mathcal{O})$. Supposons donnée une application $\mathcal{O}$-linéaire i de T dans $\check{N}(K)$. Il lui correspond (n°3, exemple 2) une extension Y_T de N par T et Y_T est muni d'une action de $\mathcal{O}$ caractérisée par la commutativité du diagramme suivant, pour tout $\alpha \in \mathcal{O}$ (n°3, exemple 2)

$$\begin{array}{ccccccccc} 1 & \to & T & \to & Y_T & \to & N & \to & 1 \\ & & \downarrow\alpha & & \downarrow\alpha & & \downarrow\alpha & & \\ 1 & \to & T & \to & Y_T & \to & N & \to & 1 \end{array}$$

Notons $\mathcal{C}_K$ l'homomorphisme de réciprocité d'Artin de $I_K/K^\times$ dans $\mathrm{Gal}\,(\overline{K}/K)^{ab}$ (si v est une place de K non ramifée dans une extension abélienne finie L de K, le Frobenius arithmétique de L/K en v est la restriction à L de $\mathcal{C}_K(\pi_v)$, où π_v est une uniformisante de K_v). Le groupe de Galois $\mathrm{Gal}\,(\overline{K}/K)^{ab}$ opère sur le module de Tate $T_p(N)$ de façon $\mathcal{O}$-linéaire. Or tout automorphisme $\mathcal{O}$-linéaire de $T_p(N)$ provient d'un élément de $(\mathcal{O} \otimes_{\mathbb{Z}} \mathbb{Z}_p)^\times$.

Notons λ'_K l'homomorphisme composé

$$I_K/K^\times \xrightarrow{\mathcal{C}_K} \mathrm{Gal}(\overline{K}/K)^{ab} \longrightarrow \mathrm{Aut}_{\mathcal{O}}(T_pN) \approx (\mathcal{O}\otimes_{\mathbb{Z}}\mathbb{Z}_p)^\times \xrightarrow{-\log_p} \mathcal{O}\otimes_{\mathbb{Z}}\mathbb{Q}_p$$

La théorie de la multiplication complexe montre que l'homomorphisme $\lambda' : I_K/K^\times \to \mathcal{O}\otimes_{\mathbb{Z}}\mathbb{Q}_p$ ne dépend pas de la courbe elliptique N et que l'homomorphisme composé

$$I_K/K^{\times} \xrightarrow{\lambda_K} (\mathcal{O} \otimes_{\mathbb{Z}} \mathbb{Q}_p) \xrightarrow{Tr_{\mathcal{O}/\mathbb{Z}} \otimes Id} \mathbb{Q}_p$$

n'est autre que l'homomorphisme λ_K introduit en II, n°1 ([Se 2]). De même l'homomorphisme λ_T: $T(A_K) \to Hom_{\mathbb{Z}}(\hat{T}, \mathbb{Q}_p)$ introduit dans la remarque 1) du n°3 est le composé avec $\tau = Hom(1, Tr_{\mathcal{O}/\mathbb{Z}_p} \otimes Id)$ de l'homomorphisme λ'_T: $T(A_K) \to Hom_{\mathbb{Z}}(\hat{T}, \mathcal{O}_{\mathbb{Z}} \otimes \mathbb{Q}_p)$ qui à ξ associe $\chi \to \lambda'_K(\chi(\xi))$ $(\xi \in T(A_K),\ \chi \in \hat{T})$.
Pour construire les hauteurs p-adiques nous avons été amenés à construire un prolongement $\tilde{\lambda}_T$: $Y_T(A_K) \to Hom_{\mathbb{Z}}(\hat{T}, \mathbb{Q}_p)$ de λ_T. Il serait évidemment plus intéressant de prolonger l'homomorphisme λ'_T.
En fait le $\mathcal{O}$-module $Hom_{\mathbb{Z}}(\hat{T}, \mathcal{O} \otimes_{\mathbb{Z}} \mathbb{Q}_p)$ (sur lequel on fait agir $\mathcal{O}$ par $(\alpha f)(\chi) = f(\alpha\chi)$) est somme directe de ses sous $\mathcal{O}$-modules $Hom_{\mathcal{O}}(T, \mathcal{O} \otimes_{\mathbb{Z}} \mathbb{Q}_p)$ et $Hom_{\mathcal{O}\text{-antil}}(\hat{T}, \mathcal{O} \otimes_{\mathbb{Z}} \mathbb{Q}_p)$ de sorte que λ'_T se décompose en une somme $\lambda_T^1 + \lambda_T^2$ d'un homomorphisme λ_T^1 de $T(A_K)$ dans $Hom_{\mathcal{O}}(\hat{T}, \mathcal{O} \otimes_{\mathbb{Z}} \mathbb{Q}_p)$ et d'un homomorphisme λ_T^2 de $T(A_K)$ dans $Hom_{\mathcal{O}\text{-antil}}(\hat{T}, \mathcal{O} \otimes_{\mathbb{Z}} \mathbb{Q}_p)$.

Chacun de ces deux homomorphismes admet des prolongements continus à $Y_T(A_K)$, mais pour λ_T^2 on a une façon naturelle de choisir un prolongement canonique, dont la description fait l'objet de la fin de ce numéro.

<u>Lemme 2. L'homomorphisme</u> λ_T^2 <u>de</u> $T(A_K)$ <u>dans</u> $Hom_{\mathcal{O}\text{-antil}}(\hat{T}, \mathcal{O} \otimes_{\mathbb{Z}} \mathbb{Q}_p)$ <u>satisfait les conditions suivantes</u>

a) <u>Pour tout</u> $\xi \in T(A_K)$ <u>et tout</u> $\alpha \in \mathcal{O}$, <u>on a</u> $\lambda_T^2(\alpha\xi) = \alpha\, \lambda_T^2(\xi)$

b) <u>Pour toute place ultramétrique</u> v <u>de</u> K, <u>de caractéristique résiduelle</u> p, <u>tout</u> $\xi \in T(K_v)$ <u>suffisamment proche de l'élément neutre et tout</u> $\alpha \in \mathcal{O}$, <u>on a</u> $\lambda_T^2(\xi^{\rho(\alpha)}) = \bar{\alpha}\lambda_T^2(\xi)$ (<u>où</u> $\bar{\alpha}$ <u>est le conjugué de</u> α)

Ce lemme résulte des assertions plus générales suivantes:

a') Pour tout $\xi \in T(A_K)$ et tout $\alpha \in \mathcal{O}$, on a $\lambda_T(\alpha\,\xi) = \alpha\,\lambda_T(\xi)$ par définition de l'action de $\mathcal{O}$ sur T, $\hat{T}$ et $Hom_{\mathbb{Z}}(\hat{T}, \mathcal{O} \otimes_{\mathbb{Z}} \mathbb{Q}_p)$.

b') Pour toute place ultramétrique v de K de caractéristique résiduelle p, tout $a \in K_v^{\times}$ suffisamment proche de 1 et tout $\alpha \in \mathcal{O}$, on a $\lambda'_K(a^{\rho(\alpha)}) = \alpha\, \lambda'_K(a)$.

<u>Théorème 7. Il existe un unique homomorphisme continu</u> $\tilde{\lambda}_T^2$ $Y_T(A_K) \to Hom_{\mathcal{O}\text{-antil}}(\hat{T}, \mathcal{O} \otimes \mathbb{Q}_p)$ <u>prolongeant</u> λ_T^2 <u>et vérifiant les conditions suivantes</u>

a) <u>Pour tout</u> $x \in Y_T(A_K)$ <u>et tout</u> $\alpha \in \mathcal{O}$, <u>on a</u> $\tilde{\lambda}^2_T(\alpha x) = \alpha\, \tilde{\lambda}^2_T(x)$

b) <u>Pour toute place ultramétrique</u> v <u>de</u> K <u>de caractéristique résiduelle</u> p, <u>tout</u> $x \in Y_T(K_v)$ <u>suffisamment proche de l'élément neutre et tout</u> $\alpha \in \mathcal{O}$, <u>on a</u> $\tilde{\lambda}^2_T(x^{\rho(\alpha)}) = \bar{\alpha}\, \tilde{\lambda}^2_T(x)$.

Prouvons l'existence de $\tilde{\lambda}^2_T$. On a une suite exacte de K-espaces vectoriels, sur lesquels agit $\mathcal{O}$

$$0 \to \mathfrak{t} \to \mathfrak{y}_T \to \mathfrak{n} \to 0,$$

où $\mathfrak{t}$, $\mathfrak{y}_T$, $\mathfrak{n}$ sont les algèbres de Lie des K-groupes algébriques T, Y_T, N. La même méthode que celle du numéro 3 (cf remarque 1) permet, pour tout scindage de la suite exacte de K-espaces vectoriels (11) de définir un prolongement continu $\tilde{\lambda}^2_T : Y_T(A_K) \to \mathrm{Hom}_{\mathcal{O}\text{-antil}}(\hat{T}, \mathcal{O} \otimes_{\mathbb{Z}} \mathbb{Q}_p)$ de $\tilde{\lambda}^2_T$, qui satisfait b). Si on choisit un scindage de (11) compatible à l'action de $\mathcal{O}$, $\tilde{\lambda}^2_T$ satisfera en outre a).

Démontrons enfin l'unicité de $\tilde{\lambda}^2_T$. Il est immédiat que $\tilde{\lambda}^2_T$ est unique à l'addition près d'un homomorphisme de la forme $\varepsilon \circ p$, où p $Y_c(A_K) \to N(A_K)$ est la surjection canonique et $\varepsilon : N(A_K) \to \mathrm{Hom}_{\mathcal{O}\text{-antil}}(\hat{T}, \mathcal{O} \otimes_{\mathbb{Z}} \mathbb{Q}_p)$ est un homomorphisme continu vérifiant les conditions suivantes:

(i) $\varepsilon(\alpha x) = \alpha\, \varepsilon(x)$ pour tout $x \in N(A_K)$ et tout $\alpha \in \mathcal{O}$.

(ii) Pour toute place ultramétrique v de K, de caractéristique résiduelle p, tout $x \in N(K_v)$ suffisamment proche de l'élément neutre et tout $\alpha \in \mathcal{O}$, on a $\varepsilon(x^{\rho(\alpha)}) = \bar{\alpha}\, \varepsilon(x)$.

Or si v est une place ultramétrique de K, de caractéristique résiduelle p et x un élément de $N(K_v)$ suffisamment proche de l'élément neutre, on a $x^{\rho(\alpha)} = \alpha\, x$ par définition de ρ. Les conditions (i) et (ii) montrent donc que ε s'annule sur un voisinage de l'origine de $N(K_v)$, pour une telle place v, et ceci entraine que ε est identiquement nul.

Par restriction à $Y_T(K)$ et passage au quotient modulo T(K), $\tilde{\lambda}^2_K$ permet de définir un accouplement de $\hat{T} \times N(K)$ dans $\mathcal{O} \otimes_{\mathbb{Z}} \mathbb{Q}_p$, $\mathcal{O}$-antilinéaire en chacune des deux variables. Celui-ci est l'image réciproque par $i \times 1$ d'une application $\mathbb{Z}$-bilineaire $(x,y) \to \langle x,y\rangle_2$ de $\check{N}(K) \times N(K)$ dans $\mathbb{Q}_p$ vérifiant

$$\langle \check{\alpha} x, y\rangle_2 = \langle x, \alpha y\rangle_2 = \bar{\alpha}\, \langle x,y\rangle_2$$

$(\alpha \in \mathcal{O}, x \in \check{N}(K), y \in N(K))$, et, de la propriété d'unicité dans le théorème 7, on déduit facilement que lorsque K varie ces diverses applications sont les restrictions d'une même application $\mathbb{Z}$-bilinéaire de $\check{N}(\overline{\mathbb{Q}}) \times N(\overline{\mathbb{Q}})$ dans $\mathbb{Q}_p$.

NOTATIONS

I. n°1: $|\ |_k, |\ |_v, \ell_K, A_K, I_K, h$

n°2: $\mathrm{Pic}(V), \mathrm{Pic}^{\circ}(V), \check{V}, c_1, c_\phi, h_\phi, \mathbf{h}_c, \hat{h}_c$

n°3: $Y_c, Y_T, \hat{T}$

n°4: $\tilde{\ell}_{c,K}, \mathbf{h}_{c,K}$

n°5: $\hat{\ell}_{c,K}, \hat{h}_{c,K}, \langle c,x \rangle, \ell_T, \tilde{\ell}_T$

n°6: $s_\Delta, \ell_k, \tilde{\ell}_k, Z_{o,k}(N), \langle \Delta, z \rangle_v$

II. n°1: $\mathbb{C}_p, \log_p, \lambda_k, \lambda_K$

n°2: $\tilde{\lambda}_k, \mathfrak{u}, \mathfrak{y}, \mathfrak{n}, \mathcal{L}og$

n°3: $\tilde{\lambda}_K, \mathfrak{y}_T, \langle x,y \rangle_\sigma, \tilde{\lambda}_T$

n°4: $\check{\alpha}, \mathcal{T}_K, \lambda'_K, \lambda'_T, \lambda^1{}_T, \lambda^2{}_T, \overline{\alpha}, \tilde{\lambda}^2{}_T, \langle x,y \rangle_2$

BIBLIOGRAPHIE

[Be] D. Bernardi, Hauteur p-adique sur les courbes elliptiques, Séminaire de Théorie des Nombres Delange-Pisot-Poitou 1979-80, Progress in Math., Birkhäuser, p.1-14.

[Bl] S. Bloch, A note on Height Pairings, Tamagala Numbers and the Birch and Swinnerton-Dyer Conjecture. Inv. Math., 58(1980), p. 65-76.

[Bk] N. Bourbaki, Intégration, Chapitre VII.

[La] S. Lang, Elliptic curves, Diophantine Analysis, Springer Verlag, Heidelberg, 1978.

[Ne1] A. Néron, Quasi-fonctions et hauteurs sur les variétés abéliennes, Ann. of Math., 82(1965), p. 249-331.

[Ne2] A. Néron, Hauteurs et fonctions thêta, Rend Sci. Math. Milano, 46 (1976), p. 111-135.

[Sa] J-J. Sansuc, A propos d'une nouvelle définition des hauteurs sur une variété abélienne, exposé au Collège de France.

[Se1] J-P. Serre, Groupes algébriques et corps de classes, Publ. de l'Inst. de Math. de l'Univ. de Nancago, VII, éditions Hermann.

[Se2] J-P. Serre, Complex Multiplication, Algebraic Number Theory, Cassels and Fröhlich editors, Academic Press, London and New York.

Seminaire Delange-Pisot-Poitou
(Theorie des Nombres)
1980-81

REFORMULATION DE LA CONJECTURE PRINCIPALE D'IWASAWA

J. Oesterle
Ecole Normale Supérieure

Dans [Co] on trouvera un exposé de John Coates de la conjecture principale d'Iwasawa, liant les fonctions L p-adiques associées à des caractères du groupe de Galois absolu d'un corps totalement réel k' et les séries caractéristiques de certains $\mathbb{Z}_p[[T]]$-modules construits par Iwasawa lors de l'étude des extensions cyclotomiques de k'.

Le but de cet exposé est de donner une description "intrinsèque" de cette conjecture et d'en déduire une généralisation naturelle dans le cas des fonctions L d'Artin p-adiques.

<u>Notations</u>. p est un nombre premier impair, U_p est l'ensemble des unités de $\mathbb{Z}_p$ congrues à 1 modulo p. Tout élément $\mathfrak{x}$ de $\mathbb{Z}_p^\times$ s'écrit de façon unique sous la forme $\omega(\mathfrak{x})\langle\mathfrak{x}\rangle$, où $\omega(\mathfrak{x})$ est une racine $(p-1)^{\text{ième}}$ de l'unité dans $\mathbb{Z}_p^\times$ et où $\langle\mathfrak{x}\rangle$ appartient à U_p.

Soit $\mathbb{Q}(\mu_{p^\infty})$ le corps obtenu en rajoutant à $\mathbb{Q}$ l'ensemble μ_{p^∞} des racines de l'unité d'ordre une puissance de p. Pour tout élément σ du groupe de Galois de $\mathbb{Q}(\mu_{p^\infty})$ sur $\mathbb{Q}$ il existe $a \in \mathbb{Z}_p^\times$ unique tel que $\sigma(\zeta) = \zeta^a$ pour $\zeta \in \mu_{p^\infty}$. En composant avec la projection canonique de $\mathrm{Gal}(\bar{\mathbb{Q}}/\mathbb{Q})$ sur $\mathrm{Gal}(\mathbb{Q}(\mu_{p^\infty})/\mathbb{Q})$, on obtient un homomorphisme continu surjectif χ de $\mathrm{Gal}(\bar{\mathbb{Q}}/\mathbb{Q})$ sur $\mathbb{Z}_p$, appelé le caractère cyclotomique. On posera $\Theta(\sigma) = \omega(\chi(\sigma))$ et $\kappa(\sigma) = \langle\chi(\sigma)\rangle$. Alors Θ (resp. κ) est un homomorphisme surjectif de $\mathrm{Gal}(\bar{\mathbb{Q}}/\mathbb{Q})$ sur l'ensemble des racines $(p-1)^{\text{ième}}$ de l'unité (resp. sur U_p) dont le noyau est $\mathrm{Gal}(\bar{\mathbb{Q}}/\mathbb{Q}(\mu_p))$ (resp. $\mathrm{Gal}(\bar{\mathbb{Q}}/P)$, où P est l'unique $\mathbb{Z}_p$-extension de $\mathbb{Q}$).

I. Fonctions d'Iwasawa.

Soient E un $\mathbb{Z}_p$-module de type fini et $\mathcal{C}(\mathbb{Z}_p,E)$ l'espace des fonctions continues de $\mathbb{Z}_p$ dans E, muni de la topologie de la convergence uniforme. L'adhérence dans $\mathcal{C}(\mathbb{Z}_p,E)$ du $\mathbb{Z}_p$-module engendré par les fonctions de la forme $s \to u^s m$ ($u \in U_p$, $m \in E$) est noté $\mathrm{Iw}(E)$ et ses éléments sont appelés fonctions d'Iwasawa sur $\mathbb{Z}_p$ à valeurs dans E. On a $\mathrm{Iw}(E) \simeq \mathrm{Iw}(\mathbb{Z}_p) \otimes_{\mathbb{Z}_p} E$. Le choix d'un générateur topologique λ de U_p permet de définir un isomorphisme du $\mathbb{Z}_p$-module des séries formelles $E[[T]]$ sur $\mathrm{Iw}(E)$ en associant à $f \in E[[T]]$ la fonction $s \mapsto f(\lambda^s - 1)$.

Soit $\mathcal{O}$ l'anneau des entiers d'une extension finie de $\mathbb{Q}_p$. Alors $\Lambda = \mathrm{Iw}(\mathcal{O})$ est un anneau isomorphe à l'anneau des séries formelles $\mathcal{O}[[T]]$; c'est donc un anneau local régulier complet (la topologie induite par celle de $\mathcal{C}(\mathbb{Z}_p,\mathcal{O})$ coïncide avec celle définie par l'idéal maximal de $\mathrm{Iw}(\mathcal{O})$) de dimension 2.

Notons $D(\Lambda)$ le groupe des diviseurs de l'anneau Λ; c'est un groupe commutatif libre de base l'ensemble Π des idéaux premiers de hauteur 1 de Λ (ceux-ci sont principaux car un anneau local régulier est factoriel). Pour tout Λ-module de torsion de type fini Y nous notons $\chi(Y)$ le diviseur associé à Y (AC, p. 61); on a:

$$\chi(Y) = \sum_{\mathfrak{p}\in\Pi} \ell_{\mathfrak{p}}(Y)[\mathfrak{p}]$$

où $\ell_{\mathfrak{p}}(Y)$ est la longueur de $\Lambda_{\mathfrak{p}} \otimes_{\Lambda} Y$ sur l'anneau $\Lambda_{\mathfrak{p}}$ localisé de Λ en $\mathfrak{p}$. On a $\chi(Y) = \chi(Y') + \chi(Y/Y')$ si Y' est un sous Λ-module de Y.

Pour tout Λ-module de type fini Y, il existe un entier $r \geq 0$, une famille finie $(\mathfrak{p}_i)_{i\in I}$ d'éléments de Π, une famille $(n_i)_{i\in I}$ d'entiers naturels et une suite exacte de Λ-modules.

$$0 \to F \to Y \to \Lambda^r \oplus \bigoplus_{i\in I} \Lambda/\mathfrak{p}_i^{n_i} \to F' \to 0$$

où F et F' sont des Λ-modules pseudo-nuls (AC, p. 56)(pour l'anneau $\Lambda = \mathrm{Iw}(\mathcal{O})$, les modules pseudo-nuls sont les modules finis).

On a $r = \dim_{K_{\wedge}} (Y \otimes_{\wedge} K_{\wedge})$ où K est le corps des fractions de Λ. L'entier r s'appelle le rang de Y; il est nul si et seulement si Y est un Λ-module de torsion et dans ce cas, on a: $\chi(Y) = \sum_{i \in I} n_i[\mathfrak{p}_i]$.

II. Fonctions L d'Artin p-adiques.

Soit k'/k une extension galoisienne finie de corps de nombres, de groupe de Galois H; désignons par A et A' les anneaux des entiers de k et k'; pour tout idéal premier $\mathfrak{p}'$ de A', notons $D(\mathfrak{p}')$ groupe de décomposition dans H, $(\mathfrak{p}')$ son groupe d'inertie et $\mathrm{Fr}\,\mathfrak{p}'$ la classe d'éléments de Frobenius (arithmétique) de $\mathfrak{p}'$ (on a $\mathrm{Fr}\,\mathfrak{p}' \in D(\mathfrak{p}')/I(\mathfrak{p}')$).

Si π est une représentation (à droite ou à gauche) de H dans un $\mathbb{C}$-espace vectoriel de dimension finie V, $\mathrm{Fr}(\mathfrak{p}')$ agit sur l'espace $V^{I(\mathfrak{p}')}$ des éléments de V invariants par $I(\mathfrak{p}')$. L'application méromorphe sur $\mathbb{C}$

$$(2) \quad s \mapsto \det(1 - \pi(\mathrm{Fr}\,\mathfrak{p}')N\mathfrak{p}^{-s}|_{V^{I(\mathfrak{p}')}})^{-1}$$

ne dépend que de l'idéal premier $\mathfrak{p} = \mathfrak{p}' \cap A$ de A et est notée $s \mapsto L_{\mathfrak{p}}(\pi,s)$.

Pour tout ensemble fini S d'idéaux premiers de A, le produit $\prod_{\mathfrak{p} \notin S} L_{\mathfrak{p}}(\pi,s)$ converge absolument pour $\mathrm{Re}\, s > 1$ et se prolonge en une fonction méromorphe sur $\mathbb{C}$, notée $L_{(S)}(\pi,s)$, qui est holomorphe pour $\mathrm{Re}\, s \leq 0$.

<u>Théorème</u> (Deligne-Ribet). <u>Soient</u> k'/k <u>une extension galoisienne finie de corps de nombres de groupe de Galois</u> H, A <u>l'anneau des entiers de</u> k <u>et</u> S <u>un ensemble fini d'idéaux premiers de</u> A <u>contenant les idéaux premiers</u> $\mathfrak{p}$ <u>de</u> A <u>tels que</u> $\mathfrak{p} \cap \mathbb{Z} = p\mathbb{Z}$. <u>Soit</u> π <u>une représentation (à droite ou à gauche) de</u> H <u>dans un</u> K<u>-espace vectoriel</u> V, <u>où</u> K <u>est une extension finie de</u> $\mathbb{Q}_p$. <u>Il existe une unique fonction méromorphe</u> $s \mapsto L_{(S)}(\pi,s)$ <u>de</u> $\mathbb{Z}_p$ <u>dans</u> K <u>satisfaisant la condition suivante</u>:
<u>Pour tout plongement</u> α <u>de</u> K <u>dans</u> $\mathbb{C}$, <u>si</u> π^{α} <u>désigne la représentation de</u> H <u>dans</u> $\mathbb{C} \otimes_K V$ <u>déduite de</u> π <u>par extension des scalaires de</u> K <u>à</u> $\mathbb{C}$ <u>relativement à</u> , <u>on a</u> $L_{(S)}(\pi^{\alpha}, 1-n) = \alpha(L_{(S)}(\pi, 1-n))$ <u>pour tout entier</u> $n > 0$, <u>multiple de</u> $p-1$.

L'unicité de $L_{(S)}(\pi,s)$ résulte du fait que l'ensemble des entiers $n > 0$ multiples de $p-1$ est dense dans $\mathbb{Z}_p$.

La fonction $L_{(S)}(\pi,s)$ est identiquement nulle si et seulement si le corps k'' fixé par le noyau de π n'est pas totalement réel: en effet, si n est un entier pair > 0, l'équation fonctionnelle satisfaite par la série L d'Artin $L(\pi^{\alpha},s)$ (cf. [Ma]) montre que $L_{(S)}(\pi^{\alpha},1-n)$ est non nul si et seulement si k'' est totalement réel. La construction des fonctions $L_{(S)}(\pi,s)$ a été faite par Deligne et Ribet lorsque k'' est totalement réel et π de dimension 1. Le cas général s'en déduit facilement en appliquant le théorème de Brauer à $\mathrm{Gal}(k''/k)$ lorsque k'' est totalement réel.

Citons quelques propriétés des fonctions $L_{(S)}(\pi,s)$:

1) $s \mapsto L_{(S)}(\pi,s)$ ne dépend que de la classe d'isomorphisme de π et s'écrit comme quotient de deux fonctions d'Iwasawa.

2) Si $S \subset S'$, on a:

$$L_{(S')}(\pi,s) = L_{(S)}(\pi,s) \prod_{\mathfrak{p}\in S'-S} \det\left\{1 - \left[\pi(Fr(\mathfrak{p}'))\langle N\mathfrak{p}\rangle^{1-s}/N\mathfrak{p}\right] \mid V^{i(\mathfrak{p}')}\right\}^{-1}$$

où, pour chaque $\mathfrak{p} \in S' - S$, $\mathfrak{p}'$ est un des idéaux premiers de l'anneau des entiers A' de k', vérifiant $\mathfrak{p}' \cap A = \mathfrak{p}$. Cette formule est à comparer avec (2): moralement, au moins lorsque s n'est pas un pôle de $L(\pi,s)$, $L_{(S)}(\pi,s)$ est la fonction L (relative à l'ensemble S d'idéaux premiers de A) de la représentation $\pi \otimes \kappa^{1-s}\chi^{-1}$ de $\mathrm{Gal}(\bar{\mathbb{Q}}/\mathbb{Q})$ dans V.

3) Pour tout entier $n > 0$, on a $L_{(S)}(\pi^{\alpha},1-n) = \alpha(L_{(S)}(\pi\theta^{n},1-n))$.

4) $L_{(S)}(\pi \oplus \pi',s) = L_{(S)}(\pi,s)L_{(S)}(\pi',s)$ si π' désigne une autre représentation de $\mathrm{Gal}(k'/k)$ dans un K-espace vectoriel.

5) Soit k'' une extension galoisienne finie de k et $\sigma: k' \to k''$ un k-homomorphisme. Soit $\tilde{\sigma}: \mathrm{Gal}(k''/k) \to \mathrm{Gal}(k'/k)$ l'homomorphisme surjectif de groupes déduit de σ. On a $L_{(S)}(\pi,s) = L_{(S)}(\pi\circ\tilde{\sigma},s)$.

6) Soit k_0 une extension de k contenue dans k'. Posons $H_0 = \mathrm{Gal}(k'/k_0)$ et supposons que π soit une représentation induite $\mathrm{Ind}_{H_0}^{H}(\pi_0)$ d'une représentation π_0 de H_0 dans un K-espace vectoriel de dimension finie. On a alors $L_{(S)}(\pi,s) = L_{(S_0)}(\pi_0,s)$, S_0 désignant l'ensemble des idéaux premiers au-dessus de S de l'anneau des entiers de k_0.

7) Si π est une représentation à gauche (resp. à droite) de H,

autrement dit si V est muni d'une structure de $K[H]$-module à gauche (resp. à droite), le dual V^* est canoniquement muni d'une structure de $K[H]$-module à droite (resp. à gauche) correspondant à la représentation ${}^t\pi: \sigma \to {}^t(\pi(\sigma))$ à droite (resp. à gauche) de H. On a $L_{(S)}(\pi,s) = L_{(S)}({}^t\pi,s)$.

III. Algèbre complétée de groupes.

Soit G un groupe profini admettant un sous-groupe ouvert qui est un pro-p-groupe. On appellera algèbre complétée de G et on notera $\mathbb{Z}_p[[G]]$ la $\mathbb{Z}_p$-algèbre $\varprojlim \mathbb{Z}_p[G/U]$, la limite projective étant relative à la famille filtrante des sous-groupes ouverts d'indice fini de G.

IV. Diviseur associé à une représentation.

Soient k'/k une extension galoisienne de corps de nombres de groupe de Galois H, A l'anneau des entiers de k, S un ensemble fini d'idéaux premiers de A contenant les idéaux premiers $\mathfrak{p}$ tels que $\mathfrak{p} \cap \mathbb{Z} = p\mathbb{Z}$, et π une représentation à droite de H dans un K-espace vectoriel V de dimension finie, K désignant une extension finie de $\mathbb{Q}_p$.

Soit k'^P la $\mathbb{Z}_p$-extension cyclotomique de k'. Le groupe de Galois G de k'^P sur k est un groupe profini admettant un sous-groupe ouvert d'indice fini, $Gal(k'^P/k')$, qui est un pro-p-groupe. Soit $M_{(S)}$ la p-extension abélienne maximale de k'^P non ramifiée en-dehors de S et posons $X_{(S)} = Gal(M_{(S)}/K)$. Le groupe G agit par automorphismes intérieurs sur $X_{(S)}$. On en déduit une structure de $\mathbb{Z}_p[[G]]$-module à gauche sur $X_{(S)}$.

Théorème ([Iw]). *$X_{(S)}$ est un $\mathbb{Z}_p[[G]]$-module de type fini.*

Soient maintenant $\mathcal{O}$ l'anneau des entiers de K et E un $\mathcal{O}$-réseau de V stable par $\pi(G)$. Il existe sur $Iw(E)$ une unique structure de $\mathbb{Z}_p[[G]]$-module à droite topologique telle que si $f \in Iw(E)$ et $g \in G$, la fonction $f.g$ soit la fonction

$$s \to \kappa(g)^{1-s}\pi(g)(f(s))$$

Il en résulte que $Iw(E)$ est un $(Iw(\mathcal{O}), \mathbb{Z}_p[[G]])$-bimodule. Il est de type fini aussi bien comme $Iw(\mathcal{O})$-module que comme $\mathbb{Z}_p[[G]]$-module. Le $Iw(\mathcal{O})$-module $Iw(E) \otimes_{\mathbb{Z}_p[[G]]} X_{(S)}$ est de type fini. Faisant agir G trivialement sur $\mathbb{Z}_p$, on obtient une structure de $\mathbb{Z}_p[[G]]$-module sur $\mathbb{Z}_p$, d'où une structure de $Iw(\mathcal{O})$-module sur $Iw(E) \otimes_{\mathbb{Z}_p[[G]]} \mathbb{Z}_p$.

C'est un $Iw(\mathcal{O})$-module de torsion de type fini (il est de torsion car annulé par l'element $s \mapsto \kappa(g)^{1-s} - 1$ de $Iw(\mathcal{O})$ pour tout $g \in \operatorname{Ker} \pi$ tel que $\kappa(g) \neq 1$).

Definition 1. Si $Iw(E) \otimes_{\mathbb{Z}_p[[G]]} X_{(S)}$ est un $Iw(\mathcal{O})$-module de torsion, on appelle diviseur associé à la représentation π, au réseau E et à l'ensemble S d'idéaux premiers de A et on note $\mathcal{L}_{(S)}(\pi,E)$ le diviseur $\chi(Iw(E) \otimes_{\mathbb{Z}_p[[G]]} X_{(S)}) - \chi(Iw(E) \otimes_{\mathbb{Z}_p[[G]]} \mathbb{Z}_p)$.

La proposition suivante montre dans quels cas $Iw(E) \otimes_{\mathbb{Z}_p[[G]]} X_{(S)}$ n'est pas un $Iw(\mathcal{O})$-module de torsion.

Proposition 1. Soit α un plongement de K dans $\mathbb{C}$. Le rang du $Iw(\mathcal{O})$-module $Iw(E) \otimes_{\mathbb{Z}_p[[G]]} X_{(S)}$ est égal à l'ordre (commun) des zéros de la fonction $L(\pi^\alpha,s)$ d'Artin (archimédienne) aux points $s = 1-n$ (n entier par > 0). En particulier $Iw(E) \otimes_{\mathbb{Z}_p[[G]]} X_{(S)}$ est de torsion si et seulement si le corps fixé par $\operatorname{Ker} \pi$ est totalement réel, c'est-à-dire si et seulement si la fonction L p-adique $L(\pi,s)$ est non identiquement nulle.

Rappelons tout d'abord que l'ordre aux points $s = 1-n$ (n entier pair > 0) de la fonction $L(\pi^\alpha,s)$ est égal à

$$r(\pi) = [k:\mathbb{Q}] \dim V - \sum_v \dim (V^{D_w})$$

où la somme est étendue aux places archimédiennes v de k et où V^{D_w} désigne l'espace vectoriel des invariants de V par le groupe de décomposition D_w d'une des places w de $k'P$ au-dessus de v (la dimension de V^{D_w} ne dépend pas de la place w choisie).

La $\mathbb{Z}_p$-extension $k'P$ de k' est réunion d'une suite croissante k'_n d'extensions cycliques de k', avec $[k'_n:k'] = p^n$. Soit A_n l'anneau des entiers de k'_n et $A_n^\times$ le groupe des unités de A_n. Posons $\Gamma_n = \operatorname{Gal}(k'P/k'_n)$. Pour tout G-module Y, on note Y_{Γ_n} les co-invariants de Y pour l'action de Γ_n. En particulier $Iw(E)_{\Gamma_n} = Iw(E)/(\kappa(\gamma_n)^{1-s}-1)Iw(E)$ si γ_n est un générateur topologique de Γ_n.

Appelons rang d'un $\mathbb{Z}_p$-module de type fini M et notons $rg_{\mathbb{Z}_p}(M)$ le rang de M/M_{tors}, i.e. la dimension sur $\mathbb{Q}_p$ de $\mathbb{Q}_p \otimes_{\mathbb{Z}_p} M$. D'après le théorème de structure des $Iw(\mathcal{O})$-modules de type fini, il suffit pour prouver la proposition, de montrer que la différence

$$rg_{\mathbb{Z}_p}\left(Iw(E)_{\Gamma_n} \otimes_{\mathbb{Z}_p[G/\Gamma_n]} X_{(S)\Gamma_n}\right) - rg_{\mathbb{Z}_p}(Iw(\mathcal{O})_{\Gamma_n}).\ r(\pi)$$

est une fonction bornée de n.

a) La théorie du corps de classes permet de décrire $X_{(S)\Gamma_n}$:

Si H_n désigne le groupe de Galois (sur k_n') de la p-extension abélienne maximale de k_n' non ramifiée en-dehors de p, on a un diagramme d'applications $\mathbb{Z}_p[[G]]$-linéaires

$$\begin{array}{ccccc} & & & & X_{(S)\Gamma_n} \\ & & & & \downarrow \delta_n \\ \mathbb{Z}_p \otimes A_n^\times & \xrightarrow{\alpha_n} & (\mathbb{Z}_p \otimes A_n)^\times_{cotors.} & \xrightarrow{\beta_n} & H_n \end{array}$$

tel que $\operatorname{Ker}\beta_n = \operatorname{Im}\alpha_n$ et que $\operatorname{Ker}\delta_n$, $\operatorname{Coker}\delta_n$, $\operatorname{Coker}\beta_n$ et $\operatorname{Ker}\alpha_n$ aient des $\mathbb{Z}_p$-rangs bornés indépendamment de n (l'assertion relative à $\operatorname{Ker}\alpha_n$ résulte du fait que le "défaut à la conjecture de Leopoldt" est borné dans une tour cyclotomique).

b) La théorie de Lie p-adique fournit un homomorphisme de $\mathbb{Z}_p[G/\Gamma_n]$-modules $(\mathbb{Z}_p \otimes A)[G/\Gamma_n] \to (\mathbb{Z}_p \otimes A_n)_{cotors}$ dont le noyau et le conoyau sont finis. On a:

$$rg_{\mathbb{Z}_p}(Iw(E)_{\Gamma_n} \otimes_{\mathbb{Z}_p[G/\Gamma_n]}(\mathbb{Z}_p \otimes A)[G/\Gamma_n] = rg_{\mathbb{Z}_p}(Iw(\mathcal{O})_{\Gamma_n}).[k:\mathbb{Q}].\dim V$$

c) La structure de $[\mathbb{Q}]G$-module de $\mathbb{Q} \otimes_{\mathbb{Z}} A_n^\times$ est bien connue. Il en résulte qu'il existe un homomorphisme de $\mathbb{Z}_p[G/\Gamma_n]$-modules

$$\mathbb{Z}_p \otimes A_n^\times \to \bigoplus_v (\mathbb{Z}_p[G/\Gamma_n] \otimes_{\mathbb{Z}_p[D_w]} \mathbb{Z}_p)$$

dont le noyau est fini et dont le conoyau a un $\mathbb{Z}_p$-rang ≤ 1. D'autre part:

$rg_{\mathbb{Z}_p}(Iw(E)_{\Gamma_n} \otimes_{\mathbb{Z}_p[G/\Gamma_n]} \mathbb{Z}_p[G/\Gamma_n] \otimes_{\mathbb{Z}_p[D_w]} \mathbb{Z}_p)$ est égal à

$rg_{\mathbb{Z}_p}[Iw((E_{D_w})_{\Gamma_n})]$,

E_{D_w} désignant les coinvariants de E par D_w. Ce rang est égal à:

$rg_{\mathbb{Z}_p}(Iw(\mathcal{O})_{\Gamma_n}). \dim V^{D_w}$.

La proposition résulte de a), b) et c).

V. La question principale.

Conservons les notations du n° IV. La question principale est la suivante: Supposons que $X_{(S)}$ soit un $\mathbb{Z}_p[[G]]$-module de torsion (autrement dit, d'après la prop. 1, que le corps fixé par Ker π soit totalement réel). Est-il vrai que le diviseur $\mathcal{L}_{(S)}(\pi,E)$ est indépendant de E? Si oui, est-il vrai qu'il est égal au diviseur de la fonction L p-adique $s \to L_{(S)}(\pi,s)$ (fonction qui appartient au corps des fractions de $Iw(\mathcal{O})$)?

Dans les paragraphes qui suivent, nous allons discuter du lien entre la formulation précédente et celle de Coates, vérifier les propriétés de fonctorialité des diviseurs $\mathcal{L}_{(S)}(\pi,E)$ qu'on est en droit d'attendre, ainsi que l'analogue de la conjecture d'Artin pour les diviseurs $\mathcal{L}_{(S)}(\pi,E)$.

VI. Le cas exposé par Coates ([Co]).

C'est le cas particulier suivant: k est un corps totalement réel, S est l'ensemble des idéaux premiers de A au-dessus de p, $k' = k(\mu_p)$ est le corps obtenu en adjoignant à k les racines $p^{\text{ièmes}}$ de l'unité, et π est la représentation de dimension 1 associée à la puissance $i^{\text{ème}}$ du caractère θ de Gal(k'/k) (cf. notations). Enonçons maintenant la conjecture principale telle qu'elle est formulée dans ([Co]) (la fonction $L_{(S)}(\pi,s)$ étant notée $L_p(\theta^i,s)$).

Le groupe G est produit direct d'un groupe fini Δ, isomorphe à Gal(k'/k), d'ordre premier à p, et de Γ = Gal(k'P/k') qui est isomorphe à $\mathbb{Z}_p$. Le choix d'un générateur topologique γ de Γ fournit un isomorphisme d'anneaux topologiques de $\mathbb{Z}_p[[\Gamma]]$ sur $\mathbb{Z}_p[[T]]$ qui à γ associe 1 + T. Le module $X = X_{(S)}$ introduit au n° IV se décompose en une somme directe de $\mathbb{Z}_p[[T]]$-modules X_j, le groupe Δ

agissant sur X_j suivant la puissance $j^{\text{ième}}$ du caractère θ. Pour tout i pair, X_i est un $\mathbb{Z}_p[[T]]$-module de torsion. Soit f_i une série caractéristique de X_i.

<u>Conjecture 1</u> ([Co]). a) Si i est pair et $\theta^i|_\Delta = 1$, $L_p(\theta^i,s)$ est à une unité près de $Iw(\mathbb{Z}_p)$ égal à $f_i(u^{1-s}-1)$ où $u = \kappa(\gamma)$.
b) Si i est pair et $\theta^i|_\Delta = 1$, $L_p(\theta^i,s)$ est à une unité près de $Iw(\mathbb{Z}_p)$ égal à $f_i(u^{1-s}-1)/(u^s-u)$.

Choisissons en effet $V = \mathbb{Q}_p$, $\mathcal{O} = \mathbb{Z}_p$, $E = \mathbb{Z}_p$, $\pi = \theta^i$. On a: $Iw\ E \otimes_{\mathbb{Z}_p[[G]]} X = Iw\ \mathbb{Z}_p \otimes_{\mathbb{Z}_p[[\Gamma]]} X_i$. D'autre part, le choix de γ fournit un isomorphisme de $\mathbb{Z}_p[[\Gamma]]$ sur $\mathbb{Z}_p[[T]]$ qui à γ associe $1+T$ et un morphisme de $\mathbb{Z}_p[[T]]$ sur $Iw(\mathbb{Z}_p)$ qui à f associe $f((\kappa(\gamma))^{1-s}-1)$. Le composé de ces deux morphismes définit l'action de $\mathbb{Z}_p[[\Gamma]]$ sur $Iw\ \mathbb{Z}_p$ introduite en IV. Par conséquent, le diviseur $\chi(Iw\ \mathbb{Z}_p \otimes_{\mathbb{Z}_p[[G]]} X)$ est égal au diviseur de l'élément $f_i(u^{1-s}-1)$ de $Iw(\mathbb{Z}_p)$.

D'autre part, le module $Iw\ \mathbb{Z}_p \otimes_{\mathbb{Z}_p[[G]]} \mathbb{Z}_p$ est fini si $\theta^i|_\Delta \neq 1$ et est égal à $Iw\ \mathbb{Z}_p/(\kappa(\gamma)^{1-s}-1)Iw\ \mathbb{Z}_p$ si $\theta^i|_\Delta = 1$. Son diviseur est donc nul si $\theta^i|_\Delta \neq 1$ et est égal à celui de $u^{1-s}-1$, donc à celui de u^s-u si $\theta^i|_\Delta = 1$.

<u>Remarque</u>. La conjecture 1 a été résolue par Mazur et Wiles dans le cas où $k = \mathbb{Q}$([M-W]).

VII. <u>Fonctorialités diverses</u>.

Dans tout ce numéro on suppose que le corps fixé par $\operatorname{Ker}\pi$ est totalement réel, c'est-à-dire que $L_{(S)}(\pi,s)$ est non identiquement nulle.

1. <u>Dépendance de $\mathcal{L}_{(S)}(\pi,E)$ par rapport à</u> E. Soient E,E' deux réseaux de V, stables par G. Il existe des entiers n, $m \geq 0$ tels que $p^nE \subset E'$ et $p^mE' \subset E$. La multiplication par p^n (resp. p^m) induit donc une application

$$\alpha\colon \mathrm{Iw}(E) \otimes_{\mathbb{Z}_p[[G]]} X_{(S)} \mapsto \mathrm{Iw}(E') \otimes_{\mathbb{Z}_p[[G]]} X_{(S)}$$

$$(\text{resp. } \beta\colon \mathrm{Iw}(E') \otimes_{\mathbb{Z}_p[[G]]} X_{(S)} \mapsto \mathrm{Iw}(E) \otimes_{\mathbb{Z}_p[[G]]} X_{(S)}).$$

La composé $\beta \circ \alpha$ (resp. $\alpha \circ \beta$) est l'homothétie de rapport p^{m+n}. Il en résulte que $\chi(\mathrm{Iw}(E) \otimes_{\mathbb{Z}_p[[G]]} X_{(S)}) - \chi(\mathrm{Iw}(E') \otimes_{\mathbb{Z}_p[[G]]} X_{(S)})$ est un multiple (entier) du diviseur défini par l'idéal premier $\bar{\omega}(\mathrm{Iw}(\mathcal{O})$ de $\mathrm{Iw}(\ )$, $\bar{\omega}$ étant une uniformisante de $\mathcal{O}$.

Soit $\gamma \in G$ tel que $\kappa(\gamma) \neq 1$ et $\pi(\gamma) = 1$. Comme $\mathrm{Iw}(E) \otimes_{\mathbb{Z}_p[[G]]} \mathbb{Z}_p$ est annulé par $\kappa(\gamma)^{1-s} - 1$ et que $\kappa(\gamma)^{1-s} - 1$ a un diviseur étranger à $\bar{\omega}\mathrm{Iw}(\mathcal{O})$, une démonstration analogue à la précédente montre qu'en fait $\mathrm{Iw}(E) \otimes_{\mathbb{Z}_p[[G]]} \mathbb{Z}_p$ est indépendant du choix de E, mais ne dépend que de π.

En fait l'indépendance de $\mathcal{L}(\pi,)$ par rapport au choix de E est assurée dans le cas où $X_{(S)}/p\,X_{(S)}$ est fini (démonstration analogue à celle de l'alinéa précédent). Cette condition peut encore s'exprimer en disant que l'invariant μ d'Iwasawa de la tour cyclotomique $k'P/k'$ est nul. Iwasawa conjecture d'ailleurs qu'il en est ainsi pour tout corps de nombres k', et Ferrero et Washington ont prouvé cette conjecture lorsque $k'/\mathbb{Q}$ est une extension abélienne.

2. Dépendance en $\mathcal{O}$. Soit K' une extension finie de K, $\mathcal{O}'$ l'anneau de ses entiers, π' la représentation de H dans $V' = V \otimes_K K'$ déduite de V par extension des scalaires et E' le réseau $E \otimes_{\mathcal{O}} \mathcal{O}'$ de V'. Alors l'application canonique du groupe des diviseurs de $\mathrm{Iw}(\mathcal{O})$ dans le groupe des diviseurs de $\mathrm{Iw}(\mathcal{O}')$ tranforme $\mathcal{L}_{(S)}(E,\pi)$ en $\mathcal{L}_{(S)}(E',\pi')$.

3. Sommes directes de représentations. Si π et π' sont des représentations de $H = \mathrm{Gal}(K'/K)$ dans des K-espaces vectoriels de dimension finie V et V' et si le corps fixé par $\mathrm{Ker}\,\pi'$ est totalement réel, on a:

$$\mathcal{L}_{(S)}(E \oplus E',\pi \oplus \pi') = \mathcal{L}_{(S)}(E,\pi) + \mathcal{L}_{(S)}(E',\pi').$$

4. Dépendance par rapport à k'. Soit k'' une extension galoisienne finie de k, $\sigma\colon k' \to k''$ un k-homomorphisme et $\tilde{\sigma}$ l'homomorphisme surjectif de $\mathrm{Gal}(k''/k)$ sur $\mathrm{Gal}(k'/k)$ déduit de σ. Alors

$\pi \circ \tilde{\sigma}$ est une représentation de $\mathrm{Gal}(k''/k)$ dans V pour laquelle E est stable. Nous allons montrer que:

$$\mathcal{L}_{(S)}(\pi,E) = \mathcal{L}_{(S)}(\pi \circ \tilde{\sigma},E).$$

Pour cela considérons la p-extension abélienne maximale $\tilde{M}_{(S)}$ de $k''P$ non ramifiée en-dehors de S et posons $\tilde{X} = \mathrm{Gal}(\tilde{M}_{(S)}/k''P)$ et $\tilde{G} = \mathrm{Gal}(k''P/k)$. Ainsi $\tilde{X}$ est un $\mathbb{Z}_p[[\tilde{G}]]$-module.

La composition avec σ induit un homomorphisme surjectif de $\tilde{G}$ sur G, donc de $\mathbb{Z}_p[[\tilde{G}]]$ sur $\mathbb{Z}_p[[G]]$ et l'action de $\mathbb{Z}_p[[\tilde{G}]]$ sur $Iw(E)$ est via cet homomorphisme. D'autre part, la composition avec σ induit un homomorphisme de $\tilde{X}$ dans X compatible avec les actions de $\tilde{G}$ et G, d'où une application $\mathbb{Z}_p[[G]]$ linéaire α de $\mathbb{Z}_p[[G]] \otimes_{\mathbb{Z}_p[[\tilde{G}]]} \tilde{X}$ dans X. Prouvons que le noyau et le conoyau de α sont finis. Il résulte de la théorie de Galois que l'on a $\mathbb{Z}_p[[G]] \otimes_{\mathbb{Z}_p[[\tilde{G}]]} \tilde{X} = \mathrm{Gal}(M_1/k''p)$ où M_1 est la plus grande extension de $k''P$ contenue dans $\tilde{M}_{(S)}$ sur laquelle $\mathrm{Gal}(k''P/\sigma(k')P)$ agit trivialement, l'application α n'étant autre que l'homormophisme composé $\mathrm{Gal}(M_1/k''P) \xrightarrow{\mathrm{Res}} \mathrm{Gal}(\sigma(M_{(S)})/\sigma(k')P) \xrightarrow{\sigma^{-1}} \mathrm{Gal}(M_{(S)}/k'P)$.

Le conoyau de α est fini car $k''P/\sigma(k')P$ est une extension finie. Le noyau de α, à savoir $\mathrm{Gal}(M_1/\sigma(M_{(S)}))$ est fini d'après le lemme suivant de théorie des groupes, appliqué à $M_1/\sigma(k'P)$.

<u>Lemme</u> ([Bo], p. 111). <u>Si</u> T <u>est un groupe dont le centre</u> C <u>est d'indice fini, son groupe dérivé</u> $D(T)$ <u>est fini.</u>

Nous pouvons maintenant terminer: on déduit de la flèche α, un homomorphisme

$$Iw(E) \otimes_{\mathbb{Z}_p[[\hat{G}]]} \tilde{X} \to Iw(E) \otimes_{\mathbb{Z}_p[[G]]} X$$

de noyau et conoyau finis, et donc les diviseurs de ces deux $Iw(\mathcal{O})$-modules sont égaux. L'égalité des diviseurs de $Iw(E) \otimes_{\mathbb{Z}_p[[\tilde{G}]]} \mathbb{Z}_p$ et de $Iw(E) \otimes_{\mathbb{Z}_p[[G]]} \mathbb{Z}_p$ résulte de l'isomophisme $\mathbb{Z}_p[[G]] \otimes_{\mathbb{Z}_p[[\tilde{G}]]} \mathbb{Z}_p \to \mathbb{Z}_p$.

5. <u>Fontioralité relative à l'induction</u>. Soit k_0 une sous k-extension de k'. Posons $H_0 = \mathrm{Gal}(k'/k_0)$ et supposons que π soit

une représentation induite $\mathrm{Ind}_{H_o}^{H}(\pi_o)$ d'une représentation π_o de H_o dans un K -espace vectoriel W de dimension finie. Autrement dit, $V \simeq W \otimes_{K[H_o]} K[H]$ en tant que H-module. Soit E_1 un réseau de W stable par H_o. Alors $E = E_1 \otimes_{\mathcal{O}[H_o]} \mathcal{O}[H]$ est un réseau de V stable par H. Nous allons montrer que:

$$\mathcal{L}_{(S)}(E_1,\pi_o) = \mathcal{L}_{(S)}(E,\pi)$$

S_o désignant l'ensemble des idéaux premiers au-dessus de S de l'anneau des entiers de k_o.

En effet, vu le choix de E, les $\mathrm{Iw}(\mathcal{O})$-modules $\mathrm{Iw}(E)$ et $\mathrm{Iw}(E_1) \otimes_{\mathbb{Z}_p[[G_o]]} \mathbb{Z}_p[[G]]$, où $G_o = \mathrm{Gal}(k'P/k_o)$, sont canoniquement isomorphes de sorte qu'on a des isomorphismes de $\mathrm{Iw}(\mathcal{O})$-modules.

$$\mathrm{Iw}(E) \otimes_{\mathbb{Z}_p[[G]]} X \simeq \mathrm{Iw}(E_1) \otimes_{\mathbb{Z}_p[[G_o]]} X$$

$$\mathrm{Iw}(E) \otimes_{\mathbb{Z}_p[[G]]} \mathbb{Z}_p \simeq \mathrm{Iw}(E_1) \otimes_{\mathbb{Z}_p[[G_o]]} \mathbb{Z}_p .$$

6. Fonctorialité relative à l'ensemble S. Soit S' un ensemble d'idéaux premiers de A contenant S. Nous allons montrer que le diviseur $\mathcal{L}_{(S')}(\pi,E)$ est égal à la somme du diviseur $\mathcal{L}_{(S)}(\pi,E)$ et du diviseur associé à l'élément

$$f: s \mapsto \prod_{\mathfrak{p} \in S'-S} \det\left(1 - \left[\pi(Fr(\mathfrak{p}'))\langle N\mathfrak{p}\rangle^{1-s}/N\mathfrak{p}\right] \Big|\, V^{I(\mathfrak{p}')}\right)$$

de $\mathrm{Iw}(\mathcal{O})$ (les notations étant les mêmes qu'en II, 2)).

Nous procèderons en plusieurs étapes

a) Par récurrence sur Card $S' - S$, on se ramène au cas où $S' - S$ a un seul élément, $\mathfrak{p}$ et, quitte à étendre k' (cf. VII.4), on peut supposer que k' contient les racines $p^{\text{ièmes}}$ de l'unité. Il n'existe qu'un nombre fini d'idéaux premiers de l'anneau des entiers de $k'P$ au-dessus de $\mathfrak{p}$. Soit $\mathfrak{p}_1$ l'un d'entre-eux, D son groupe de décomposition dans G et I son groupe d'inertie. Il existe un entier m tel que $\mathfrak{p}_1^m$ soit engendré par un élément x de $k'P$, fixé par D. L'extension M_1 de $k'P$ obtenue en ajoutant à $k'P$ toutes les racines $p^{n\text{-ièmes}}$ $(n \geq 0)$ des éléments $\sigma(x)$ $(\sigma \in G/D)$ est une extension abélienne de $k'P$, non ramifiée en-dehors de S'.

Le groupe de Galois $X_1 = \mathrm{Gal}(M_1/k'P)$ est un G-module isomorphe à un sous-module d'indice fini de $\mathrm{Hom}_{\mathbb{Z}}(\mathbb{Z}[G/D]\otimes_{\mathbb{Z}} \mathbb{Q}_p/\mathbb{Z}_p, \mu_p^{\infty})$ d'après la théorie de Kummer. Le G-module X_1 est donc isomorphe à un sous-module d'indice fini de $\mathbb{Z}_p[G/D]\otimes_{\mathbb{Z}_p} T_p$ où $T_p = \varprojlim \mu_{p^n}$ désigne le module de Tate et où l'action de G est diagonale.

b) Les $\mathrm{Iw}(\mathcal{O})$-modules $\mathrm{Iw}(E) \otimes_{\mathbb{Z}_p[[G]]} (\mathbb{Z}_p[G/D] \otimes_{\mathbb{Z}_p} T_p)$ et $\mathrm{Iw}(E) \otimes_{\mathbb{Z}_p[[D]]} T_p$ sont canonique isomorphes: il suffit d'associer à $f \otimes \bar{\sigma} \otimes u$ ($f \in \mathrm{Iw}(E)$, $\bar{\sigma}$ classe dans $\mathbb{Z}_p[G/D]$ de $\sigma \in G$, $u \in T_p$) l'élément $f.\sigma \otimes \sigma^{-1}(u)$ (qui ne dépend pas du représentant σ de $\bar{\sigma}$ choisi).

Le groupe I agit trivialement sur T_p et le diviseur de $\mathrm{Iw}(E) \otimes_{\mathbb{Z}_p[[D]]} T_p$ est étranger à p. On en déduit que $\chi(\mathrm{Iw}(E) \otimes_{\mathbb{Z}_p[[D]]} T_p) = \chi(\mathrm{Iw}(E^I) \otimes_{\mathbb{Z}_p[[D/I]]} T_p)$ Comme D/I est engendré topologiquement par la classe F de Frobenius, qui agit sur T_p comme l'homothétie de rapport $N\mathfrak{p}$, le diviseur de $\mathrm{Iw}(E^I) \otimes_{\mathbb{Z}_p[[D/I]]} T_p$ est égal à celui de l'élément

$$s \mapsto \det\left(1 - \left[\pi(F)\langle N\mathfrak{p}\rangle^{1-s}/N\mathfrak{p}\right] \Big| E^I\right)$$

de $\mathrm{Iw}(\mathcal{O})$.

En conclusion, compte tenu de a) et b), le diviseur de f n'est autre que le diviseur du $\mathrm{Iw}(\mathcal{O})$-module $\mathrm{Iw}(E) \otimes_{\mathbb{Z}_p[[G]]} X_1$.

c) La théorie de Kummer montre que $M_1 \cap M_{(S)}$ est une extension finie de k'P et la théorie du corps de classe montre que $M_{(S')}$ est une extension finie de $M_1 M_{(S)}$. Autrement dit, il existe un homomorphisme de $\mathbb{Z}_p[[G]]$-module

$$X_{(S')} \to X_{(S)} \times X_1$$

de noyau et conoyau finis. Notre assertion en résulte.

VIII. Lien avec la conjecture d'Artin p-adique.

Dans ce numéro, nous allons étudier le "dénominateur" du diviseur $\mathcal{L}_{(S)}(\pi,E)$, c'est-à-dire $\chi(\mathrm{Iw}(E) \otimes_{\mathbb{Z}_p[[G]]} \mathbb{Z}_p)$.

Proposition 2. Soit $V^{\mathrm{Gal}(k'/k' \cap kP)}$ l'ensemble des points fixes de

V <u>sous l'action de</u> $\mathrm{Gal}(k'/k' \cap kP)$. <u>Le groupe cyclique</u> $\mathrm{Gal}(k' \cap kP/k)$ <u>agit sur cet espace. Soit</u> τ <u>un générateur de</u> $\mathrm{Gal}(k' \cap kP/k)$. <u>Alors le diviseur</u> $\chi(\mathrm{Iw}\, E \otimes_{\mathbb{Z}[[G]]} \mathbb{Z}_p)$ <u>est égal au diviseur de l'élément</u>

$$s \mapsto \det(1 - \pi(\tau)\, \kappa(\tau)^{1-s}|_V \ \mathrm{Gal}(k'/k' \cap kP))$$

<u>de</u> $\mathrm{Iw}(\mathcal{O})$.

Notons N le groupe $\mathrm{Gal}(k'/k' \cap kP)$; c'est un sous-groupe distingué de H. Nous savons déjà que $\chi(\mathrm{Iw}\, E \otimes_{\mathbb{Z}_p[[G]]} \mathbb{Z}_p)$ est étranger à p (ou plus exactement à $\bar{\omega}\, \mathrm{Iw}(\mathcal{O})$, $\bar{\omega}$ étant une uniformisante de $\mathcal{O}$) ne dépend pas du choix du réseau E de V et est une fonction additive de V. On peut donc, quitte à décomposer V en somme directe, ne traiter que les deux cas extrêmes suivants:

a) $V^N = 0$. Dans ce cas $E^N = 0$, E_N est de p-torsion et $\mathrm{Iw}\, E \otimes_{\mathbb{Z}_p[[G]]} \mathbb{Z}_p = \mathrm{Iw}(E_N) \otimes_{\mathbb{Z}_p[[G]]} \mathbb{Z}_p$ est annulé par un puissance de p. Comme le diviseur $\chi(\mathrm{Iw}\, E \otimes_{\mathbb{Z}_p[[G]]} \mathbb{Z}_p)$ est étranger à p, il est nul.

b) $V^N = V$. Dans ce cas, on peut quitte à restreindre k' (VII.4) supposer que k' est inclus dans kP. Le groupe G admet alors des générateurs topologiques. Soit γ l'un d'entre-eux. Le diviseur de $\mathrm{Iw}\, E \otimes_{\mathbb{Z}_p[[G]]} \mathbb{Z}_p$ est égal à celui de l'élément

$$s \mapsto \det(1 - \pi(\gamma)\kappa(\gamma)^{1-s}|_E)$$

Comme tout générateur τ de $\mathrm{Gal}(k' \cap kP/k)$ est l'image d'un générateur topologique de G, la proposition est démontrée.

<u>Exemple</u>: Lorsque $k = \mathbb{Q}$ et que π est de dimension 1, le dénominateur obtenu est le même que celui des fonctions L p-adiques d'Iwasawa

Supposons que π soit une représentation irréductible de dimension > 1; alors V^N est un sous-espace stable de V distinct de V, donc nul. La proposition montre alors que $\mathcal{L}_{(S)}(\pi, E)$ est un diviseur positif de $\mathrm{Iw}(\mathcal{O})$. C'est l'analogue de la

<u>Conjecture d'Artin</u> p-<u>adique</u>. Est-il vrai que la fonction $s \mapsto L_{(S)}(\pi, s)$ d'Artin p-adique associée à une représentation π irréductible de dimension >1 est une fonction d'Iwasawa sur $\mathbb{Z}_p$?

REFERENCES

Bo. Borel, A. Linear algebraic groups, Institute for Advanced Study, Princeton, W. A. Benjamin, 1969.

AC. Bourbaki, N. Algèbre commutative, Chapitre 7.

Co. Coates, J. p-adic L-functions and Iwasawa's theory, dans Algebraic Number Fields, Academic Press, 1977.

Iw. Iwasawa, K. On $\mathbb{Z}_p$-extensions of algebraic number fields, Ann. of Math., 98, 246-326 (1973).

Ma. Martinet, J. Character theory and Artin L-functions, dans Algebraic Number Fields, Academic Press, 1977.

M-W. Mazur, B. et Wiles, A. Class fields of abelian extensions of Q (to appear).

Seminaire Delange-Pisot-Poitou
(Theorie des Nombres)
1980-81

DESCENTE INFINIE ET HAUTEUR p-ADIQUE SUR UNE COURBE ELLIPTIQUE

Bernadette Perrin-Riou
Université Pierre et Marie Curie

La base de toute étude de l'arithmétique des courbes elliptiques est le théorème de Mordell-Weil qui affirme que le groupe des points rationnels d'une courbe elliptique E définie sur un corps de nombres F est un groupe abélien de type fini. On peut ensuite attacher à E/F un certain nombre d'invariants arithmétiques:

-le $\mathbb{Z}$-rang $g_{E/F}$ du groupe $E(F)$ des points rationnels de E/F,

-le groupe de Shafarevitch-Tate de E/F, défini comme le noyau de l'application produit des restrictions

$$H^1(F,E) \to \prod_v H^1(F_v,E),$$

-la hauteur quadratique canonique de Néron-Tate que l'on notera $< , >_{F,\infty}$.

On peut d'autre part lui associer la fonction $L(E/F,s)$ de Hasse-Weil qui est définie pour $Re(s) > 3/2$. La célèbre conjecture de Birch et Swinnerton-Dyer relie les invariants arithmétiques de E/F et le comportement de $L(E/F,s)$ au voisinage de $s = 1$.

<u>Conjecture</u> (Birch et Swinnerton-Dyer). (i) <u>La fonction complexe</u> $L(E/F,s)$ <u>admet un prolongement analytique sur le plan complexe et a un zéro en</u> $s = 1$ <u>de multiplicité</u> $g_{E/F}$.

(ii) <u>Le groupe de Shafarevitch-Tate</u> Ш(F) <u>est fini et on a</u>

$$\lim_{s\to 1}\left[L(E/F,s)/(s-1)^{g_{E/F}}\right] = \mu\left[(\#Ш(F)\cdot \det\langle\ ,\ \rangle_{F,\infty})/\#E(F)_{tor}{}^2\right]$$

où μ <u>est un facteur de correction faisant intervenir certains facteurs de Tamagawa aux places de mauvaise réduction de la courbe et aux places infinies et où</u> $\#E(F)_{tor}$ <u>désigne le cardinal du groupe de torsion</u> $E(F)_{tor}$ <u>de</u> $E(F)$.

Sous certaines hypothèses supplémentaires sur E, des analogues p-adiques de la fonction $L(E/F,s)$ et de la hauteur de Néron-Tate ont été construits. Il est alors naturel de chercher à formuler une conjecture p-adique analogue. C'est ce que nous allons faire en utilisant les idées de la théorie d'Iwasawa. On étudiera d'abord des analogues p-adiques de la fonction L. Dans le second paragraphe, on construit une hauteur p-adique. Dans le troisième paragraphe, on énoncera le théorème principal et on donnera les idées qui sont derrière la démonstration.

On fait désormais les hypothèses suivantes. On suppose que E est une courbe à multiplication complexe par l'anneau des entiers $\mathcal{O}$ d'un corps quadratique imaginaire K que l'on suppose naturellement plongé dans F. On considère un nombre premier p impair différent de 3 vérifiant

(i) p se décompose en deux idéaux premiers distincts de K: $p = \mathfrak{p}\mathfrak{p}^*$

(ii) E a bonne réduction aux places divisant p.

Ces hypothèses impliquent que E a bonne réduction partout sur le corps $F(E_{\mathfrak{p}})$ obtenu en rajoutant à F les points de $\mathfrak{p}$-torsion de E.

On fera d'autre part désormais l'hypothèses suivante liée à la conjecture de Leopoldt. Si L est une extension finie de K et v une place finie de L, soit $U_{L,v}$ le groupe des unités locales du complété L_v de L en v, congrues à 1 modulo v. Soit $\mathcal{E}_L$ le groupe des unités globales de L, congrues à 1 modulo toute place au dessus de $\mathfrak{p}$ et soit i_L l'injection diagonale

$$\mathcal{E}_L \to \prod_{v|\mathfrak{p}} U_{L,v}\ .$$

On note $\delta(L)$ la différence entre le $\mathbb{Z}_p$-rang de la clôture de $i_L(\mathcal{E}_L)$ pour la topologie $\mathfrak{p}$-adique et le $\mathbb{Z}$-rang de $\mathcal{E}_L$. L'hypothèse $\mathfrak{p}$-adique faible de Leopoldt que l'on fait est alors que les nombres $\delta(L)$ sont bornés lorsque L parcourt les extensions finies de F

contenues dans le corps $F(E_{\mathfrak{P}^\infty})$ où $E_{\mathfrak{P}^\infty}$ désigne le groupe des points de E annulés par une puissance de $\mathfrak{P}$. Remarquons que cette hypothèse est vérifiée dès que $\delta(F(E_{\mathfrak{P}}))$ est nul, par exemple d'après un théorème de Baker dès que $F(E_{\mathfrak{P}})$ est une extension abélienne de K, ce qui comprend un grand nombre de courbes elliptiques.

1. Modules d'Iwasawa

Notons $\mathcal{N}_\infty$ le corps $F(E_{\mathfrak{P}^\infty})$ et N_∞ l'unique $\mathbb{Z}_p$-extension de F contenue dans $\mathcal{N}_\infty$. C'est aussi le composé de F avec l'unique $\mathbb{Z}_p$-extension de K non ramifée au dehors de $\mathfrak{P}$ (théorie classique de la multiplication complexe). L'extension $\mathcal{N}_\infty/N_\infty$ est cyclique de degré divisant $p-1$, de groupe de Galois Δ isomorphe au groupe de Galois de $F(E_{\mathfrak{P}})/F$. On note Γ le groupe de Galois de $\mathcal{N}_\infty/F(E_{\mathfrak{P}})$ que l'on identifiera au groupe de Galois de N_∞/F. Soit $T_{\mathfrak{P}}$ le module de Tate associé à $E_{\mathfrak{P}^\infty}$ et κ le caractère de Γ à valeurs dans $\mathcal{O}_{\mathfrak{P}}$ donnant l'action de Γ sur $T_{\mathfrak{P}}$. L'algèbre $\mathbb{Z}_p[[\Gamma]]$ est isomorphe à l'algèbre Λ des séries formelles à une variable à coefficients dans $\mathbb{Z}_p$, par le choix d'un générateur γ de Γ: $\gamma \leftrightarrow 1+T$. On posera $u = \kappa(\gamma)$. C'est un élément de $1+p\mathbb{Z}_p$.

Soit maintenant L une extension de F. Le groupe de Selmer $S(L)$ relatif a $\mathfrak{P}^\infty$ est défini comme le noyau de

$$H^1(L,E_{\mathfrak{P}^\infty}) \to \prod_v H^1(L_v,E) .$$

On a alors la suite exacte fondamentale

$$(1)\quad 0 \to E(L) \otimes K_{\mathfrak{P}}/\mathcal{O}_{\mathfrak{P}} \to S(L) \to Ш(L)(\mathfrak{P}) \to 0$$

(si M est un $\mathcal{O}$-module, $M(\mathfrak{P})$ désigne la composante $\mathfrak{P}$-primaire de M).

Soit Y_∞ le dual de Pontryagin de $S(N_\infty)$. Il est muni naturellement d'une structure de Λ-module compact. Plus précisemment, Greenberg ([Ge]) a montré que Y_∞ est un Λ-module compact de type fini de torsion, sans Λ-modules finis non nuls (cela sous l'hypothèse $\mathfrak{P}$-adique faible de Leopoldt). On a une autre interprétation de Y_∞ qui servira dans la suite. Soit $X(\mathcal{N}_\infty)$ le groupe de Galois de la p-extension abélienne non ramifiée au dehors de $\mathfrak{P}$ maximale de $\mathcal{N}_\infty$ sur $\mathcal{N}_\infty$. Alors Y_∞ est égal à $\mathrm{Hom}(T_{\mathfrak{P}},X(\mathcal{N}_\infty))^\Delta$. Le théorème énoncé dans cet exposé porte sur la série caractéristique $f(N_\infty,T)$ de Y_∞

(qui n'est définie qu'à une unité près de Λ). Cette série est d'autre part liée conjecturalement à une fonction L p-adique dont nous allons parler maintenant.

On suppose que F est égal à K et on fixe un modèle de Weierstrass de E sur K. Soient $\psi_{E/K}$ le grössencharakter de E sur K, $\mathfrak{f}$ son conducteur et f un générateur de $\mathfrak{f}$. Soit Ω une période complexe. Alors, Damerell a montré que $\Omega^{-k}L(\bar{\psi}^k_{E/K},k)$ appartient à K pour $k > 1$, si $L(\bar{\psi}^k_{E/K},s)$ est la fonction L de Hecke associée au grössencharakter $\bar{\psi}^k_{E/K}$. Rappellons que l'on a la formule $L(E/K,s) = L(\bar{\psi}_{E/K},s)L(\psi_{E/K},s)$. Il existe alors une série formelle G à coefficients dans l'anneau des entiers $I_{\mathfrak{P}}$ du complété de l'extension maximale non ramifiée de $K_{\mathfrak{P}}$ telle que

$$G(u^k - 1) = \Omega_{\mathfrak{P}}^{1-k}\ 12(-1)^{k-1}(k-1)!(1 - (\psi_{E/K}(\mathfrak{P})/p))(\Omega/f)^{-k}L(\bar{\psi}^k_{E/K},k)$$

pour k entier congrue à 1 modulo $p-1$ ($\Omega_{\mathfrak{P}}$ est une unité p-adique; [C-W]). On a alors la conjecture principale.

Conjecture. Les séries $G(T)$ et $f(N_\infty,u^{-1}(1+T)-1)$ sont égales à une unité près de $I_{\mathfrak{P}}[[T]]$.

Le théorème du paragraphe 3 permet alors de donner une conjecture sur la multiplicité de T dans la série $G(u(1+T)-1)$ et sur son premier coefficient non nul.

2. Hauteur $\mathfrak{P}$-adique.

Plusieurs hauteurs p-adiques ont été construites jusqu'à maintenant ([B],[N],[Go], cf aussi [O]). Je rappelle ici la construction de la hauteur quadratique attachée à E et a $\mathfrak{P}$ donnée dans [P1]. On convient désormais de plonger K dans $K_{\mathfrak{P}}$ par le plongement $\mathfrak{P}$-adique.

Soit L une extension finie de F telle que E a bonne réduction en toute place de L. Une telle extension existe, E étant à multiplication complexe, par exemple $L = F(E_{\mathfrak{P}})$. On choisit un modèle de Weierstrass de E sur l'anneau des entiers de L, c'est-à-dire une équation de la forme

$$y^2 + a_1xy + a_3y = x^3 + a_2x^2 + a_4x + a_6$$

où les a_i appartiennent à l'anneau des entiers de L. Soit Δ son discriminant. On suppose que ce modèle a bonne réduction pour toute place au dessus de $\mathfrak{p}$. Si v est une place de L, soit ν_L la valuation associée telle que $\nu_L(L^\times) = \mathbb{Z}$. D'après un théorème de Néron-Tate, il existe une unique fonction $\lambda_{L,v}$ de $E(L_v) - \{0\}$ dans $\mathbb{Q}$, continue pour la topologie v-adique et telle que

(i) $\lim\limits_{P\to 0} \lambda_{L,v}(P) - \nu_L(t(P))$ existe pour un, donc pour tout, paramètre uniformisant de E à l'origine,

(ii) pour tout couple (P,Q) de $E(L_v)$ tel que $P \pm Q \neq 0$, on a

$$(2)\quad \lambda_{L,v}(P+Q) + \lambda_{L,v}(P-Q) = 2\lambda_{L,v}(P) + 2\lambda_{L,v}(Q) + \nu_L(x(P) - x(Q)) - (1/6)\nu_L(\Delta).$$

La fonction $\lambda_{L,v}$ vérifie aussi la propriété

$$(3)\quad \lambda_{L,v}(\alpha P) = \deg \alpha . \lambda_{L,v}(P) + (1/2)\nu_L\Big(\prod_{\substack{\mu \in \operatorname{Ker}\alpha \\ \mu \neq 0}} (x(P) - x(\mu))\Big) + \nu_L(\alpha) - ((\deg \alpha - 1)/12)\nu_L(\Delta),$$

pour tout α appartenant à $\mathcal{O}$ (où $\deg \alpha$ est la norme de α sur K). De plus, $\lambda_{L,v}(P)$ est un entier p-adique pour toute place v où E a bonne réduction quelque soit le modèle choisi, la fonction $\lambda_{L,v}$ ne dépendant pas du modèle.

D'autre part, soient v une place de L au dessus de $\mathfrak{p}$, $t = -x/y$ un paramètre uniformisant de E en l'origine 0, $\mathcal{L}_v$ le logarithme du groupe formel $E_{1,v}$, noyau de la réduction modulo v et ϕ_v la série entière réciproque de $\mathcal{L}_v$. On définit alors successivement les séries

$$\mathcal{P}_v(z) = x(\phi_v(z)) + (a_1^2 + 4a_2)/12 = 1/z^2 + \sum_2^\infty \gamma_k z^{2k-2}$$

$$\theta_v(z) = \Delta z^{12} \exp\Big(-6s_2 z^2 - 12 \sum_2^\infty \gamma_k z^{2k}/(2k(2k-1))\Big)$$

(pour la définition de s_2, voir [B1]). La série $\theta_v(z)$ converge pour $\nu_L(z) > \nu_L(p)/(p-1)$. Cependant, on peut montrer que la série

$\log \theta_v(\mathcal{L}_v(t))/\Delta\mathcal{L}_v(t)^{12}$ comme série formelle en t converge pour $\nu_L(t) > 0$ (on notera $R_v(t)$ cette série).

Soit $E_1(L)$ le groupe des points de $E(L)$ qui sont dans le noyau de la réduction pour toutes les places divisant $\wp$. On pose alors

$$h_L(P) = \sum_v \lambda_{L,v}(P) \log_p \psi_{E/L}(v) - (1/12) \sum_{v|\wp} tr_{L_v/K_\wp} R_v(t(p)) + \log_p N_{L_v/K_\wp}(\Delta\mathcal{L}_v(t(P))^{12})$$

pour P appartenant à $E_1(L)$ et non nul et

$$h_L(0) = 0.$$

Ici, $\psi_{E/L}$ designe le grössencharakter de E/L et $\log_p$ n'importe quel prolongement du logarithme p-adique usuel sur les unités de $K_\wp$ congrues à 1 module $\wp$ à $K_\wp$. Le miracle est que grâce aux propriétés (2) et (3), aux propriétés analogues pour la fonction θ_v et à la "formule du produit" pour le grössencharakter: $\psi_{E/L}((a)) = N_{L/K}(a)$ pour a appartenant à $L^\times$, on a le lemme:

<u>Lemme 1</u>. (<u>i</u>) <u>La fonction</u> h_L <u>est quadratique, c'est-à-dire que l'on a la formule</u>

$$h_L(P + Q) + h_L(P - Q) = 2h_L(P) + 2h_L(Q);$$

(<u>ii</u>) $h_L(\alpha P) = \deg \alpha \, h_L(P)$ <u>si</u> $\alpha \in \mathcal{O}$;

(<u>iii</u>) <u>Si</u> L' <u>est une extension finie de</u> L <u>de degré</u> $[L':L]$, <u>on a</u>

$$h_{L'}(P) = [L':L]h_L(P) \text{ pour } P \in E_1(L).$$

La propriété (ii) est fondamentale pour la suite; remarquons de plus que h_L peut se prolonger naturellement à $E(L)/E(L)_{tor}$ et que l'on peut poser

$$h_F(P) = h_{F(E_\wp)}(P)/[F(E_\wp):F]$$

pour P appartenant à $E(F)$.

Les deux lemmes suivants très simples sont fondamentaux.

Lemme 2. Soit h une fonction quadratique de $E(L)$ dans $K_{\wp}$ vérifiant $h(\alpha P) = \deg \alpha\, h(P)$ pour $\alpha \in \mathcal{O}$. Il existe une unique forme bilinéaire b de $E(L)$ dans $K_{\wp}$ vérifiant les trois propriétés suivantes:

(i) $b(P,P) = h(P)$

(ii) $b(\alpha P,Q) = \alpha b(P,Q)$

(iii) $b(P,\alpha Q) = \alpha^* b(P,Q)$

pour tout α appartenant à $\mathcal{O}$ (α^* est le conjugué de α).

Notons $t_{\wp}(F)$ le cardinal de $E_{\wp^\infty}(F(E\ ))$. On notera $<\ ,\ >_{F,\wp}$ La forme bilinéaire ainsi associée à $t_{\wp}(F)^{-1}h_F$.

Lemme 3. Soit h une forme quadratique sur $E_1(F)$ vérifiant $h(\alpha P) = \deg \alpha\, h(P)$ pour tout α appartenant à $\mathcal{O}$ et continue pour la topologie induite par l'inclusion $E_1(F) \to \prod_{v|\wp} E_1(F_v)$. Alors, h est nulle.

Démonstration. Soit α un élément de $\mathcal{O}$ qui n'est pas dans $\mathbb{Z}$. Soit (k_s) une suite d'entiers de $\mathbb{Z}$, dont la limite dans $\mathcal{O}_{\wp}$ est égale à α. On a alors $\alpha P = \lim_{s\to\infty} k_s P$ dans $\prod_{v|\wp} E_1(F_v)$. D'où les égalités:

$$h(\alpha P) = \lim_{s\to\infty} h(k_s P) = \lim_{s\to\infty} k_s^2\, h(P) = \alpha^2 h(P) = \deg \alpha\, h(P),$$

ce qui implique que h est identiquement nulle.

3. Modules d'Iwasawa et hauteur $\wp$-adique.

Théorème. Soit $n_{E/F}$ le $\mathcal{O}$-rang de $E(F)$.

(i) La série $f(N_\infty,T)$ est divisible par $T^{n_{E/F}}$; elle est exactement divisible par $T^{n_{E/F}}$ si et seulement si la composante $\wp$-primaire du groupe de Shafarevitch-Tate est finie et si $<\ ,\ >_{F,\wp}$ est une forme bilinéaire non dégénérée sur $E(F)/E(F)_{tor} \otimes \mathcal{O}_{\wp} \times E(F)/E(F)_{tor} \otimes \mathcal{O}_{\wp}^*$.

(ii) La valeur de $f(N_\infty,T)/T^{n_{E/F}}$ en $T = 0$ est alors (à une unité près de $K_{\wp}$)

$$\prod_{v|\mathfrak{p}} (1 - (\psi_{E/F}(v)/Nv))(\# Ш(F)(\ )/\# E_{\mathfrak{p}^{*\infty}}(F)) \det\langle\ ,\ \rangle_{F,\mathfrak{p}}$$

Le nombre Nv est le cardinal du corps résiduel de F en v.

Donnons une esquisse de la démonstration.

On montre d'abord qu'il existe une surjection de Y_∞ sur $U = \mathrm{Hom}(E(F) \otimes K_{\mathfrak{p}}/\mathcal{O}_{\mathfrak{p}}, K_{\mathfrak{p}}/\mathcal{O}_{\mathfrak{p}})$, ce qui donne la première assertion. Soit Z_∞ le noyau de cette surjection. Si M est un Γ-module, on note M^Γ (resp. M_Γ) le plus grand sous-module (resp. quotient) de M sur lequel Γ agit trivialement. De la suite exacte

$$0 \to Z_\infty \to Y_\infty \to U \to 0 ,$$

on déduit par le lemme du serpent la suite exacte

$$0 \to Z_\infty^\Gamma \to Y_\infty^\Gamma \to U \to (Z_\infty)_\Gamma \to (Y_\infty)_\Gamma \to U \to 0 .$$

Notons α_F l'application $Y_\infty^\Gamma \to U$. On peut alors montrer le lemme.

<u>Lemme 4</u>. (<u>i</u>) <u>La multiplicité de</u> T <u>dans</u> $f(N_\infty,T)$ <u>est égale à</u> $n_{E/F}$ <u>si et seulement si</u> $Ш(F)(\mathfrak{p})$ <u>est fini et si le conoyau de</u> α_F <u>est fini</u>.

(<u>ii</u>) <u>Dans ce cas</u>, α_F <u>est injective et la valeur de</u> $f(N_\infty,T)/T^{n_{E/F}}$ <u>en</u> $T = 0$ <u>est (à une unité près)</u>

$$\prod_{v|\mathfrak{p}} \left(1 - \frac{\psi_{E/F}(v)}{Nv}\right) \left(\frac{\# Ш(F)(\mathfrak{p})\ \#\ \mathrm{coker}\ \alpha_F}{\# E_{\mathfrak{p}^{*\infty}}(F)[E(F)/E(F)_{tor} \otimes \mathcal{O}_{\mathfrak{p}^*} : E_1(F) \otimes \mathcal{O}_{\mathfrak{p}^*}]}\right)$$

La seconde partie de la démonstration consiste à construire un isomorphisme canonique entre $E_1(F) \otimes \mathcal{O}_{\mathfrak{p}^*}$ et Y_∞^Γ qui est égal aussi à $\mathrm{Hom}(T_{\mathfrak{p}}, X(\mathcal{N}_\infty))^{G(\mathcal{N}_\infty/F)}$. On n'en donne ici que la philosphie ([P2]).

L'idée due à Weil ([W]) consiste à comparer théorie de Kummer sur la courbe elliptique et théorie de Kummer multiplicative classique. Elle est tout-à-fait essentielle pour montrer que le groupe de Selmer d'une courbe elliptique sur un corps de nombres relatif à une isogénie est fini. Le principe est le suivant. Soit π un élément de K tel que $(\pi) = \mathfrak{p}^h$ pour un $h \geq 1$, π^* son conjugué et $q = \pi\pi^*$. La division d'un point P de $E_1(F)$ par π^{*n} sur $\mathcal{F}_n = F(E_{q^n})$ permet par la théorie de Kummer multiplicative d'obtenir un élément de $\mathcal{F}_n^\times$

et même de $\mathcal{N}_n^\times$ modulo les puissances q^n=ièmes (où $\mathcal{N}_n = F(E_{\mathfrak{P}^n})$). On montre alors que l'idéal principal engendré par cet élément est la puissance q^n-ième d'un idéal de $\mathcal{N}_n$. On pourrait associer au point P l'image de cet idéal par l'application de réciprocité d'Artin dans le groupe de Galois du corps de Hilbert de $\mathcal{N}_n$. Cependant, en se limitant aux points de $E_1(F)$, il est possible de lui associer, par une méthode plus fine, un élément du groupe de Galois de la p-extension abélienne non-ramifiée au dehors de $\mathfrak{P}$ maximale de $\mathcal{N}_n$ sur $\mathcal{N}_n$. Il reste à preciser cette idée par

-l'étude des actions de $G(\mathcal{N}_n/F)$ sur les différents éléments considérés,

-leur compatibilité lorsqu'on effectue le descente relativement à chacun des π^{*n} ($n \in \mathbb{N}$) et le passage à la limite projective.

Le composé de l'isomorphisme entre $E_1(F) \otimes \mathcal{O}_{\mathfrak{P}^*}$ et Y_∞^Γ avec l'homomorphisme α_F permet de construire une forme bilineaire b sur $E_1(F) \times E(F)$ à valeurs dans $\mathcal{O}_{\mathfrak{P}}$. Elle vérifie

$$b(\alpha P,Q) = \alpha b(P,Q)$$

et

$$b(P,\alpha Q) = \alpha^* b(P,Q)$$

pour tout $\alpha \in \mathcal{O}$.

Une construction analogue pour l'extension cyclotomique a été faite par P. Schneider ([S]) dans un cadre différent. Cependant l'étape suivante reste à faire.

La troisième partie de la démonstration consiste à prouver l'égalité de b avec $\langle\ ,\ \rangle_{F,\mathfrak{P}}$. Pour cela, d'après le lemme 2, il suffira de montrer que $b(P,P)$ est égal à $t_{\mathfrak{P}}(F)^{-1}h_F(P)$ pour P appartenant à $E_1(F)$. On calculera alors l'image de la partie première à $\mathfrak{P}$ de l'idéal associé à P, en reliant l'élément de Kummer associé à P avec des fonctions du type $\prod_\mu (x(P) - x(\mu))$ où le produit est pris sur les éléments non nuls du noyau de l'endomorphisme π^{*n} (cf. formule (3)). Ce calcul permettra de montrer que $b(P,P) - t_{\mathfrak{P}}(F)^{-1}h_F(P)$ vérifie les conditions du lemme 3, donc est nul et finira la démonstration.

Donnons maintenant quelque exemples numériques qui utilisent des calculs sur la dérivée de G faits par D. Bernardi.

Considérons la courbe d'équation $y^2 = x^3 - 12x$ de rang 1 sur $\mathbb{Q}$ et à multiplication complexe par l'anneau des entiers de $K = \mathbb{Q}(i)$ (avec $i^2 = -1$). On prend 5 comme nombre premier p et $\mathfrak{P} = (-1+2i)$. Le corps $K(E_{\mathfrak{P}})$ est égal a $K(\sqrt[4]{27(-1+2i)})$. On vérifie facilement que 2 divise son nombre de classes mais que par les minorations d'Odlyzko ([D]), 10 ne le divise pas. On en déduit que le nombre de classes de $K(E_{\mathfrak{P}})$ est premier à 5. Par un théorème de Coates et Wiles ([C-W]), on en déduit que $f(N_\infty,T)$ divise $G(u(1+t)-1)$. Mais la valeur de $G(u(1+T)-1)/T$ en $T = 0$ est égale à 1 à une unité près. On en déduit que la conjecture principale est vraie, que le rang de $E(N_\infty)/E(N_\infty)_{tor}$ est égal à 1 et que $Ш(N_\infty)(5)$ est égal à 1 de même que $Ш(K)(5)$.

Pour la courbe d'équation $y^2 = x^3 - 36x$ qui est aussi de rang 1 sur $\mathbb{Q}$, on peut de la même manière montrer que $f(N_\infty,T)$ divise $G(u(1+T)-1)$. Mais la valeur de $G(u(1+T)-1)/T$ en $T = 0$ est égale à 5 à une unité près. Donc $G(u(1+T)-1)$ est égal au produit de T par une série irréductible $g(T)$ première à T. On en déduit que T^2 ne divise pas $f(N_\infty,T)$, donc que $Ш(K)(\mathfrak{P})$ est fini. Un calcul de hauteur $\mathfrak{P}$-adique montre alors que $f(N_\infty,T)/T$ est égale en $T = 0$ à $5\,\#Ш(K)(\mathfrak{P})$. On en déduit de nouveau la conjecture principale et le fait que $Ш(K)(5)$ est égal à 1.

REFERENCES

B. Bernardi, D. Hauteurs p-adiques sur les courbes elliptiques, Séminaire de théorie des nombres, Paris 1979-1980, Progress in Mathematics, vol. 12, Birkhäuser, 1-14.

C-W. Coates J. et Wiles A. On p-adic L-functions and elliptic units, J. Austral. Math. Soc. (Series A) 26, 1-25 (1978).

D. Diaz Y Diaz, F. Tables minorant la racine n-ième du discriminant d'un corps de degré n, Publ. Math. Orsay, 80-06 (1980).

Ge. Greenberg, R. On the structure of certains Galois groups, Inv. Math. 47, 85-99 (1978).

Go. Gross, B. H. Lettre à S. Bloch (janvier 1981).

N. Neron, A. Hauteurs et fonctions thêta, Rend. Sci. Math. Milano 46, 111-135 (1976).

O. Oesterle, J. Construction de hauteurs archimédiennes et p-adiques suivant la méthode de Bloch, Séminaire de théorie des nombres, Paris 1980-1981, Progress in Mathematics, Birkhäuser.

P1. Perrin-Riou, B. Groupe de Selmer d'une courbe elliptique à multiplication complexe, Compositio Mathematica, 43 387-417 (1981).

P2. Perrin-Riou, B. Descente infinie et hauteur p-adique sur une courbe elliptique à multiplication complexe, à paraître.

S. Schneider, P. Height pairings in the Iwasawa theory of abelian varieties, this volume.

W. Weil, A. L'arithmétique sur les courbes algébriques, Acta Math. 52, 281-315 (1928).

Seminaire Delange-Pisot-Poitou
(Theorie des Nombres)
1980-81

INTERPOLATION DANS LES ESPACES AFFINES

Patrice Philippon
Ecole Polytechnique

1. Introduction

Soient K un corps de caractéristique 0 et n un entier ≥ 1. Soit K^n l'espace vectoriel de dimension n sur K d'élément générique $\underline{z} = (z_1,\ldots,z_n)$, soit S un ensemble fini non vide de K^n, et soit t un entier ≥ 1.

Dans [6] M. Waldschmidt définit le nombre $\omega_t(S)$ comme étant le plus petit entier d tel qu'il existe un élément $P(\underline{z})$ de $K[\underline{z}]$ non nul de degré total inférieur ou égal à d et qui s'annule à un ordre t en tout point de S, c'est à dire tel que, si l'on pose $\mathcal{D} = (\partial/\partial z_1)^{t_1}\ldots(\partial/\partial z_n)^{t_n}$ et $|\ | = |\underline{t}| = t_1 + \ldots + t_n$ pour $\underline{t} = (t_1,\ldots,t_n) \in \mathbb{N}^n$, on ait:

$$\forall\ \underline{s} \in S\ \forall\,\mathcal{D}\ ;\quad |\mathcal{D}| < t\ ;\quad \mathcal{D}P(\underline{s}) = 0.$$

Dans [3] D. Masser définit le nombre $\omega_t^*(S)$, correspondant au problème d'interpolation, comme étant le plus petit entier d tel que pour tout ensemble $(a(\underline{s},\mathcal{D});\ \underline{s} \in S,\ |\mathcal{D}| < t)$ d'éléments de K il existe un polynôme $P(\underline{z})$ de $K[\underline{z}]$ de degré total strictement plus petit que d tel que:

$$\forall\ \underline{s} \in S\ \forall\,\mathcal{D};\quad |\mathcal{D}| < t\ ;\quad \mathcal{D}P(\underline{s}) = a(\underline{s},\mathcal{D}).$$

La sous-additivité, évidente, de $t \to \omega_t(S)$ permet de définir ce que, dans [0], G.V. Choodnovsky appelle le degré singulier de S, c'est à dire:

$$\Omega(S) = \inf_{t \geq 1} \{\omega_t(S)/t\} = \lim_{t \to \infty} (\omega_t(S)/t) .$$

Toujours dans [6] M. Waldschmidt montre les inégalités suivantes:

$$\forall\ t_1, t_2 \geq 1 \quad \omega_{t_1}(S)/(t_1 + n - 1) \leq \Omega(S) \leq \omega_{t_2}(S)/t_2 .$$

La démonstration se fait en utilisant un théorème d'analyse complexe.

Dans [3] D. Masser montre que $\omega_t^*(S) \leq t\omega_1^*(S)$ (mais ce n'est pas trivial), il montre également par l'algèbre linéaire que:

$$\omega_t(S) \geq (t/n!n)\omega_1(S)$$

(résultat également démontré par G. Wüstholz dans [7] par l'algèbre commutative).

Notre propos ici est le suivant:

- montrer que la fonction $t \to \omega_t^*(S)$ est sous-additive et définir $\Omega^*(S)$, le degré d'interpolation de S,

- montrer que: $((\omega_{t_1}^*(S) + n - 1)/(t_1 + n - 1)) - 1 \leq \Omega^*(S) \leq \omega_{t_2}^*(S)/t_2$; pour $t_1, t_2 \geq 1$.

Nous verrons dans quelle mesure les encardremarts proposés sont ameliorables,

- en calculant la valeur de $\omega_t^*(S)$ lorsque S est un ensemble produit, et aussi lorsque S est un "polytope" (voir § 4.B).

Nous utiliserons les notations suivantes:

- pour $P \in K[\underline{z}]$, d^oP désigne le degré total de P.

- $\mathbb{N}^* = \mathbb{N} \setminus \{0\}$.

2. Degré d'Interpolation de S.

Nous allons montrer, dans ce paragraphe, que l'application

$t \to \omega_t^*(S)$ est sous-additive. Soit donc S un ensemble fini de K^n:

<u>Proposition 1</u>: <u>Pour tout</u> $t_1, t_2 \geq 1$ <u>on a</u> $\omega^*_{t_1+t_2}(S) \leq \omega^*_{t_1}(S) + \omega^*_{t_2}(S)$.

<u>Démonstration</u>: Remarquons que pour démontrer la proposition il suffit d'exhiber pour tout $\mathcal{D}$ tel que $|\mathcal{D}| < t_1 + t_2$ et tous $\underline{s} \in S$ un polynôme P de degré $< \omega^*_{t_1}(S) + \omega^*_{t_2}(S)$ et satisfaisant:

$$\text{(i)} \quad \begin{cases} \mathcal{D}'P(\underline{s}') = 0 \text{ si } |\mathcal{D}'| < t_1 + t_2 \text{ et } \underline{s}' \in S \setminus \{\underline{s}\} \\ \mathcal{D}'P(\underline{s}) = 0 \text{ si } |\mathcal{D}'| \leq |\mathcal{D}| \text{ et } \mathcal{D}' \neq \mathcal{D} \\ \mathcal{D}P(\underline{s}) \neq 0 \end{cases}$$

Pour exhiber ce pôlynome nous procédons comme suit, en distinguant deux cas:

<u>1er cas</u>: $|\mathcal{D}| = 0$. Prenons deux polynômes P_1, P_2 satisfaisant pour $\ell = 1,2$:

$$d^0 P_\ell < \omega^*_{t_\ell}(S)$$

$$\mathcal{D}'P_\ell(\underline{s}') = 0 \text{ si } |\mathcal{D}'| < t_\ell \text{ et } \underline{s}' \in S \setminus \{\underline{s}\}$$

$$P_\ell(\underline{s}) \neq 0$$

Posons $P = P_1 P_2$, ce polynôme est de degré $\leq \omega^*_{t_1}(S) + \omega^*_{t_2}(S) - 2$.

De plus on vérifie sans peine que ce polynôme satisfait aux conditions (i).

<u>2éme cas</u>: $|\mathcal{D}| > 0$. On peut écrire $\mathcal{D} = \mathcal{D}_0 \circ \mathcal{D}_1 \circ \mathcal{D}_2$ avec $|\mathcal{D}_1| < t_1$, $|\mathcal{D}_2| < t_2$ et $\mathcal{D}_0 = \partial/\partial x_j$ pour un certain j. Prenons alors deux polynômes P_1, P_2 satisfaisant pour $\ell = 1,2$:

$$d^0 P_\ell < \omega^*_{t_\ell}(S)$$

$$\mathcal{D}'P_\ell(\underline{s}') = 0 \text{ si } |\mathcal{D}'| < t_\ell \text{ et } \underline{s}' \in S \setminus \{\underline{s}\}$$

$$\mathcal{D}'P_\ell(\underline{s}) = 0 \text{ si } |\mathcal{D}'| \leq |\mathcal{D}_\ell| \text{ et } \mathcal{D}' \neq \mathcal{D}_\ell$$

$\mathcal{D}_\ell P_\ell(\underline{s}) \neq 0$

Posons $P = P_1 P_2 (x_j - s_j)$ (où $\underline{s} = (s_1,\ldots,s_n) \in K^n$), c'est un polynôme de degré $\leq (\omega^*_{t_1}(S) - 1) + (\omega^*_{t_2}(S) - 1) + 1 < \omega^*_{t_1}(S) + \omega^*_{t_2}(S)$.

De plus on vérifie en utilisant une formule de Leibnitz que ce polynôme satisfait aux conditions (i). Ceci achève de montrer la proposition 1.

Mentionnons alors le lemma bien connu:

Lemme 2: Soit f une application de $\mathbb{N}^*$ dans $\mathbb{N}$ sous-additive. Alors la limite de $f(t)/t$ lorsque t tend vers l'infini existe et l'on a:

$$\lim_{t\to\infty} (f(t)/t) = \inf\{f(t)/t;\ t \in \mathbb{N}^*\}$$

Démonstration: Pour tout t_1, t_2 dans $\mathbb{N}^*$ écrivons $t_1 + t_2 = qt_1 + r$ avec $0 \leq r < t_1$. La sous-additivité de f entraine alors que

$$f(t_1+t_2) \leq q\,f(t_1) + f(r) \leq \left((t_1+t_2)/t_1\right)f(t_1) + t_1\ f(1)$$

d'où l'on déduit que:

$$f(t_1+t_2)/(t_1+t_2) \leq \left(f(t_1)/t_1\right) + \left(t_1/(t_1+t_2)\right)f(1)\ .$$

On en déduit que:

$$\forall\ t_1 \in \mathbb{N}^*\ \forall\ \eta > 0\ \exists\ T \in \mathbb{N};\ \forall\ t_2 > T\ \ \left(f(t_1+t_2)/(t_1+t_2)\right) \leq \left(f(t_1)/t_1\right) + \eta\ .$$

Le lemme en découle immédiatement.

Ceci nous permet de définir le degré d'interpolation de S, c'est par définition, la fonction $t \to \omega^*_t(S)$ étant sous-additive,

$$\Omega^*(S) = \lim_{t\to\infty} (\omega^*_t(S)/t) = \inf\{\ \omega^*_t(S)/t\ ;\ t \in \mathbb{N}^*\}\ .$$

Pour terminer ce paragraphe nous formulons les conjectures suivantes:

Conjectures: Pour tout t_1, t_2 dans $\mathbb{N}^*$ on a:

$$(\omega_{t_1}(S) + n - 1) / (t_1 + n - 1) \leq \Omega(S) \leq \omega_{t_2}(S) / t_2$$

$$(\omega^*_{t_1}(S) + n - 1) / (t_1 + n - 1) \leq \Omega^*(S) \leq \omega^*_{t_2}(S) / t_2 \quad .$$

La première est due à J.P. Demailly et contient une conjecture de G.V. Choodnovsky (cf. [O]). Demailly a démontré cette conjecture dans les cas $n = 1,2$ et le cas où S est un polytope (voir §4.B). Nous verrons également que la deuxième conjecture est vraie dans le cas d'un polytope.

3. Minoration du Degré d'Interpolation.

Le théorème est donc le suivant:

Théorème 3: Soit S un sous-emsemble fini non vide de K^n alors pour tout $t_1, t_2 \geq 1$ on a: $\left((\omega^*_{t_1}(S) + n - 1) / (t_1 + n - 1)\right) - 1 \leq \Omega^*(S) \leq (\omega^*_{t_2}(S) / t_2)$.

La deuxième inégalité étant une conséquence de la définition de $\Omega^*(S)$ nous montrerons la première. Pour cela nous introduisons quelques considérations techniques.

Posons $N = \text{card } S$, $S = \{\underline{s}_1, \ldots, \underline{s}_N\}$ et considérons le corps k engendré sur $\mathbb{Q}$ par les coordonnées, dans la base canonique de K^n, des points de S. C'est un corps de caractéristique zéro et de type fini sur $\mathbb{Q}$, on peut donc le plonger dans $\mathbb{C}$ nous noterons S_o et k_o les images, par ce plongement, de S dans $\mathbb{C}^n$ et k dans $\mathbb{C}$. Nous définissons alors un coefficient technique, pour $t \in \mathbb{N}^*$:

$$\omega^{**}_t(S_o) = \min \{ \max_{i=1,\ldots,N} \{d^o P_i\} / P_i \in k_o[x_1, \ldots, x_n]; \text{ord}_{\underline{s}} P_i \geq t, \; \underline{s} \in S_o \setminus \{\underline{s}_i\};\; P_i(\underline{s}_i) \neq 0\} \quad .$$

Et nous avons la proposition:

Proposition 4: Pour tout $t_1, t_2 \geq 1$ on a:

$$(\omega^{**}_{t_1}(S_o))/(t_1 + n - 1) \leq (\omega^{**}_{t_2}(s_o)/t_2) \quad .$$

Démonstration: Elle s'inspire fortement de celle du lemme 7.5.2 de [6]. Considérons un des polynômes P_i d'une famille $(P_1,\ldots,P_N)$ réalisant les conditions précédentes avec $d^oP_i \leq \omega^{**}_{t_2}(S_o)$ $(i=1,\ldots,N)$. Et prenons un nombre réel μ quelconque vérifiant:

$$\mu > (t_1 + n - 1)/t_2 .$$

Posons $\phi(z) = 2\mu \operatorname{Log} |P_i(\underline{z})|$, ϕ est une fonction plurisousharmonique sur $\mathbb{C}^n$. D'autre part, comme $P_i(\underline{s}_i) \neq 0$, la fonction $e^{-\phi}$ est sommable au voisinage de $\underline{s}_i$. On déduit alors du théorème (p. 318 de [4]) de Bombieri-Skoda qu'il existe pour tout $\varepsilon > 0$ une fonction u_i entière telle que:

$$u_i(\underline{s}_i) = 1 \quad \text{et} \quad \int_{\mathbb{C}^n} |u_i(\underline{z})|^2 (e^{-\phi(\underline{z})}/(1+|\underline{z}|^2)^{n+\varepsilon}) d\lambda(\underline{z}) < +\infty$$

où $|\underline{z}|^2 = |z_1|^2 + \ldots + |z_n|^2$ et $d\lambda$ est la mesure de lebesque de $\mathbb{C}^n$. Remarquons alors que l'on a:

$$|P_i(\underline{z})| \leq c_1 |\underline{z}|^{d^oP_i}$$

où c_1 ne dépend pas de $\underline{z}$. On a donc;

$$e^{-\phi(\underline{z})} \geq c_1^{-2\mu} \cdot |\underline{z}|^{-2\mu d^oP_i}$$

d'où

$$\int_{\mathbb{C}^n} |u_i(\underline{z})|^2/(1+|\underline{z}|^2)^{n+\varepsilon+\mu d^oP_i} d\lambda(\underline{z}) \leq$$

$$c_1^{2\mu} \int_{\mathbb{C}^n} |u_i(\underline{z})|^2 (e^{-\phi(\underline{z})}/(1+|\underline{z}|^2)^{n+\varepsilon}) d\lambda(\underline{z}) < +\infty ,$$

et comme $|u_i(\underline{z})|^2$ est sous-harmonique on en déduit pour tout réel $R \geq 1$ et tout élément $\underline{w}$ de $B(\underline{o},R)$:

$$|u_i(\underline{w})|^2 \leq (n!/\pi^n R^{2n}) \int_{B(\underline{w},R)} |u_i(\underline{z})|^2 d\lambda(\underline{z}) \leq c_2 R^{2(\varepsilon+\mu d^oP_i)} ,$$

où c_2 ne dépend pas de R (cf [5], Prop. 2.4).

Cette majoration de la croissance de u_i nous permet d'affirmer que u_i est un polynôme en $z_1,\ldots,z_n$ de degré total majoré par $\mu d^oP_i + \varepsilon \leq \mu\omega^{**}_{t_2}(S_o) + \varepsilon$. D'autre part en tout point $\underline{s}$ de

$S_o \setminus \{\underline{s}_i\}$ considérons une boule de rayon $r < 1$, $B(\underline{s},r)$. Comme P_i s'annule en $\underline{s}$ à l'ordre t_2 on a:

$$\sup_{\underline{z}\in B(\underline{s},r)} \{|P_i(\underline{z})|\} \leq c_3 r^{t_2}$$

où c_3 ne dépend pas de r. On a donc:

$$\min_{\underline{z}\in B(\underline{s},r)} \{e^{-\phi(\underline{z})}\} \geq c_3^{-2\mu} \cdot r^{-2\mu t_2},$$

d'où l'on déduit que:

$$\int_{B(\underline{s},r)} |u_i(\underline{z})|^2 d\lambda(\underline{z}) \leq c_4 r^{2\mu t_2}$$

et donc que

$$\sup_{\underline{z}\in B(\underline{s},r)} \{|u_i(\underline{z})|\} \leq c_5 r^{\mu t_2 - n} .$$

Ceci impose que $\mathrm{ord}_{\underline{s}} u_i \geq \mu t_2 - n > t_1 - 1$.

En réalisant la construction ci-dessus pour tous les $i = 1,\ldots,N$ et en choisissant ε suffisamment petit et μ suffisamment proche de $(t_1 + n - 1)/t_2$ on obtient une famille $(u_1,\ldots,u_n)$ de polynômes de $\mathbb{C}[x_1,\ldots,x_n]$ vérifiant pour $i = 1,\ldots,N$:

$$u_i(\underline{s}_i) = 1 \quad \text{et} \quad \mathrm{ord}_{\underline{s}} u_i \geq t_1 \quad \text{pour} \quad \underline{s} \in S_o \setminus \{\underline{s}_i\} ,$$

et $\max_{i=1,\ldots,N} \{d^o u_i\} < [((t_1 + n - 1)/t_2)\omega_{t_2}^{**}(S_o)] + 1$. ([ ] désigne la partie entière). Enfin il est clair que si l'on a trouvé de tels polynômes dans $\mathbb{C}[x_1,\ldots,x_n]$ ou peut en trouver d'autres satisfaisant les mêmes conditions et dans $k_o[x_1,\ldots,x_n]$. On a ainsi montré que:

$$\omega_{t_1}^{**}(S_o) \leq ((t_1 + n - 1)/t_2)\omega_{t_2}^{**}(S_o)$$

ce qui achève de montrer la proposition 4.

<u>Démonstration du théorème 3</u>: Remarquons que l'on peut définir un $\omega_t^{**}(S)$, en remplaçant dans la définition de $\omega_t^{**}(S_o)$, k_o par k et S_o par S, et que l'isomorphisme entre k et k_o permet d'affirmer que: $\omega_t^{**}(S) = \omega_t^{**}(S_o)$. De plus on voit facilement que:

$\omega_t^{**}(S) < \omega_t^*(S) \leq \omega_t^{**}(S) + t.$

Ceci nous permet de déduire que:

$$\left[(\omega_{t_1}^*(S)+n-1)/(t_1+n-1)\right] - 1 = \left[(\omega_{t_1}^{**}(S)-t_1)/(t_1+n-1)\right]$$
$$\leq \left[\omega_{t_2}^{**}(S)/(t_1+n-1)\right]$$
$$\leq \left[\omega_{t_2}^{**}(S)/t_2\right] < \left[\omega_{t_2}^{*}(S)/t_2\right]$$

d'où;

$$\left[(\omega_{t_1}^*(S)+n-1)/(t_1+n-1)\right] < \left[\omega_{t_2}^*(S)/t_2\right] + 1 \quad .$$

Le théorème s'en déduit grâce à la définition de $\Omega^*(S)$.

<u>Corollaire</u>: <u>Soit</u> S <u>un ensemble fini non vide de</u> K^n <u>alors on a</u>:

$$\left[\omega_1^{**}(S)/n\right] = \left[(\omega_1^*(S)-1)/n\right] \leq \Omega^*(S).$$

4. Calculs Divers.

Nous allons maintenant calculer $\omega_t^*(S)$ pour deux types d'ensembles S.

A) <u>le cas des ensembles produits</u>

Soit donc $S_1 \times \ldots \times S_n$ un ensemble produit dans K^n. Appelons δ_i le cardinal de S_i et supposons sans perte de généralité que; $\delta_1 \leq \delta_2 \leq \ldots \leq \delta_n$. Pour tout entier $m \in \{1,\ldots,n\}$ et tout entier $t \geq 1$, on pose $S^m = S_1 \times \ldots \times S_m$,

$$L_m = K[a(\underline{s},\boldsymbol{\vartheta});\ \underline{s} \in S^m \text{ et } |\boldsymbol{\vartheta}| < t] \text{ et } K_m = L_m[x_1,\ldots,x_{m-1}] .$$

(Les $a(\underline{s},\boldsymbol{\vartheta})$ et les x_i sont considérés comme des variables indépendantes sur K.)

On considère pour s dans S_m et $\tau = 0,\ldots,t-1$ les polynômes suivants:

$$P_{m,s,\tau}(x) = \left[\left(\prod_{s'\varepsilon S_m} (x-s')^t\right) / \left(\tau!(t-\tau-1)!\right)\right] \cdot$$

$$(\partial/\partial\xi)^{t-\tau-1}\left\{\left[1/(\xi-x)\right] \cdot \prod_{s'\varepsilon S_m\setminus\{s\}} \left[1/(\xi-s')^t\right]\right\}\Big|_{\xi=s} .$$

On a le lemme suivant:

<u>Lemme 5</u>:

(i) $(d/dx)^{\tau'} P_{m,s,\tau}(s') = 0$ <u>si</u> $(\tau',s') \neq (\tau,s)$ <u>avec</u> $s' \varepsilon S_m$ <u>et</u> $\tau' \varepsilon \{0,\ldots,t-1\}$.

$(d/dx)^{\tau} P_{m,s,\tau}(s) = 1$

(ii) $d_x^o P_{m,s,\tau} \leq t\,\delta_m - 1$ <u>et</u> $d_x^o P_{m,s,t-1} = t\,\delta_m - 1.$

(iii) <u>les polynômes</u> $(P_{m,s,\tau})$, $s \varepsilon S_m$, $\tau = 0,\ldots,t-1$ <u>sont linéairement indépendants sur</u> K_m.

<u>Démonstration</u>: (i) est bien connu, confère [2].

(ii) est évident.

(iii) Supposons que l'on ait $\sum_{s\varepsilon S_m} \sum_{\tau=0}^{t-1} \lambda_{s,\tau} P_{m,s,\tau} \equiv 0$ dans $K_m[x]$ $(\lambda_{s,\tau} \varepsilon K_m)$. Alors;

$$0 = \sum_{s\varepsilon S_m} \sum_{\tau=0}^{t-1} \lambda_{s,\tau} (d/dx)^{\tau_o} P_{m,s,\tau}(s_o) = \lambda_{s_o,\tau_o} \quad \text{pour } s_o \varepsilon S_m \text{ et}$$

$$\tau_o \varepsilon \{0,\ldots,t-1\}.$$

<u>N.B.</u>: D'après (ii) et (iii) du lemme on déduit que les $P_{m,s,\tau}$ forment une base des polynômes de $K[x]$ de degré $< t\,\delta_m$; donc une base du K_m-module des polynômes $K_m[x]$ de degré en $x < t\delta_m$.

Nous pouvons maintenant énoncer la proposition:

<u>Proposition 6</u>: <u>Pour</u> $S_1 \times \ldots \times S_n$ <u>un ensemble produit de</u> K^n <u>on a:</u>

$$\omega_t^*(S_1 \times \ldots \times S_n) = (t-1) \max_{1\leq i\leq n} \{\text{card } S_i\} + \sum_{i=1}^{n} \text{card } S_i - n + 1.$$

<u>Rappelons pour mémoire que</u>: $\omega_t(S_1 \times \ldots \times S_n) = t \min_{1\leq i\leq n} \{\text{card } S_i\}$.

<u>Démonstration</u>: Elle se fait par récurrence sur n, le cas n = 1 étant trivial. Supposons donc que l'on ait montré pour un $m \in \{2,\dots,n\}$:

$$\omega_t^*(S_1 \times \dots \times S_{m-1}) = (t-1)\,\delta_{m-1} + \sum_{i=1}^{m-1} \delta_i - m + 2 .$$

1) Le Majroation de $\omega_t^*(S_1 \times \dots \times S_m)$.

Considérons les polynômes suivants; pour $\underline{s} = (s_1,\dots,s_m) \in S^m$ et $\underline{\tau} \in \mathbb{N}^m$ de longueur $< t$:

$$Q_{\underline{s},\tau}(x_1,\dots,x_m) = \prod_{i=1}^{m}\left[\prod_{s_i'\in S_i\setminus\{s_i\}}\left[(x_i - s_i')/(s_i - s_i')\right]^{\tau_i+1} \cdot \left[(x_i - s_i)^{\tau_i}/\tau_i!\right]\right]$$

Ces polynômes vérifient:

$$d^oQ_{\underline{s},\tau} = \sum_{i=1}^{m}((\tau_i+1)(\delta_i-1)+\tau_i) \leq (t-1)\delta_m + \sum_{i=1}^{m}\delta_i - m .$$

$$\mathcal{D}Q_{\underline{s},\tau}(\underline{s}') = \begin{cases} 0 \text{ si } \underline{s}' \in S^m\setminus\{\underline{s}\}, \text{ ou, } |\mathcal{D}| \leq \tau_1+\dots+\tau_m \text{ et } \mathcal{D} \neq (\partial/\partial x_1)^{\tau_1}\dots(\partial/\partial x_m)^{\tau_m} \\ 1 \text{ si } \underline{s}' = \underline{s} \text{ et } \mathcal{D} = (\partial/\partial x_1)^{\tau_1}\dots(\partial/\partial x_m)^{\tau_m} . \end{cases}$$

Maintenant considérons le polynôme:

$$P(x_1,\dots,x_m) = \sum_{\underline{s}\in S^m}\ \sum_{|\underline{\tau}|<t} p(\underline{s},\underline{\tau}) \cdot Q_{\underline{s},\underline{\tau}}(x_1,\dots,x_m)$$

où $p(\underline{s},\underline{\tau}) = a(\underline{s},\mathcal{D}) - \sum_{\underline{s}'\in S^m}\ \sum_{|\underline{\tau}'|<|\underline{\tau}|} p(\underline{s}',\underline{\tau}')\mathcal{D}Q_{\underline{s}',\underline{\tau}'}(\underline{s})$ avec

$$\mathcal{D} = (\partial/\partial x_1)^{\tau_1}\dots(\partial/\partial x_m)^{\tau_m} .$$

Ce polynôme vérifie: $\forall\, \underline{s} \in S^m$, $\forall\, |\mathcal{D}| < t$ $\mathcal{D}P(\underline{s}) = a(\underline{s},\mathcal{D})$, et de plus:

$$d^oP \leq (t-1)\delta_m + \sum_{i=1}^{m}\delta_i - m .$$

Ceci nous permet de conclure que:

$$\omega_t^*(S_1 \times \dots \times S_m) \leq (t-1)\delta_m + \sum_{i=1}^{m}\delta_i - m + 1.$$

2) La minoration de $\omega_t^*(S_1 \times \dots \times S_m)$.

Comme les polynômes $P_{m,s,\tau}(x)$ forment une base des polynômes de $K_m[x]$ de degré $< t\delta_m$, tout polynôme P dans $L_m[x_1,\ldots,x_m]$ tel que;

(*) $\forall\ \underline{s} \in S^m\ \forall\ |\mathcal{D}| < t\quad \mathcal{D}P(\underline{s}) = a(\underline{s},\mathcal{D})$

peut s'écrire sous la forme,

$$P(x_1,\ldots,x_m) = \sum_{s\in S_m}\sum_{\tau=0}^{t-1} P_{m,s,\tau}(x_m)\cdot Q_{s,\tau}(x_1,\ldots,x_{m-1}) + \ldots$$

$$\ldots + \prod_{s\in S_m}(x_m - s)^t \cdot R(x_1,\ldots,x_m)$$

Posons;

$$\tilde{P}(x_1,\ldots,x_m) = \sum_{s\in S_m}\sum_{\tau=0}^{t-1} P_{m,s,\tau}(x_m)\cdot Q_{s,\tau}(x_1,\ldots,x_{m-1})$$

et remarquons que l'on a:

$$d^o P = \max\{d^o\tilde{P},\ d^o R + t\delta_m\} \geq d^o\tilde{P}\ .$$

Nous allons maintenant montrer que:

$$d^o\tilde{P} \geq (t\delta_m - 1) + (\omega_1^*(S^{m-1}) - 1).$$

Appelons $\alpha_{s,\tau}$ le coefficient de $x^{t\delta_m - 1}$ dans $P_{m,s,\tau}$ et notons que $\alpha_{s,t-1} \neq 0$. Si l'on pose $H(x_1,\ldots,x_{m-1}) = \sum_{s\in S_m}\sum_{\tau=0}^{t-1} \alpha_{s,\tau}Q_{s,\tau}(x_1,\ldots,x_{m-1})$ il est clair que, si $H \not\equiv 0$;

$$d^o\tilde{P} = d^o H + t\delta_m - 1\ .$$

Mais d'un autre côté on a, pour $\underset{\sim}{s} \in S^{m-1}$;

$$Q_{s,\tau}(\underset{\sim}{s}) = (\partial/\partial x_m)^\tau P(\underline{s}) = a(\underline{s},(\partial/\partial x_m)^\tau)\quad \text{où}\quad \underline{s} = (\underset{\sim}{s},s) \in S^m.$$

Prenant $\{b(\underset{\sim}{s});\ \underset{\sim}{s} \in S^{m-1}\}$ une nouvelle famille de variables indépendantes, et considérant l'homomorphisme de L_m dans $K[b(\underset{\sim}{s})]$ défini par:

$$a(\underline{s},D) = 0 \quad \text{lorsque} \quad D \neq (\partial/\partial x_m)^{t-1} \quad \text{ou} \quad \underline{s} \neq (\tilde{s},s_o)$$

$$a(\underline{s},(\partial/\partial x_m)^{t-1}) = (b(\tilde{s})/\alpha_{s_o,t-1}) \quad \text{lorsque} \quad \underline{s} = (\tilde{s},s_o),$$

on spécialise le polynôme H en un polynôme $H_o(x_1,\dots,x_{m-1})$ qui vérifie:

$$\forall\ \tilde{s} \in S^{m-1} \qquad H_o(\tilde{s}) = b(\tilde{s}),$$

on en déduit que H est non nul et que

$$d^oH \geq d^oH_o \geq \omega_1^*(S^{m-1}) - 1 = \delta_1 + \dots + \delta_{m-1} - m + 1 .$$

Ceci étant valable pour tout polynôme P satisfaisant (*), on a:

$$\omega_t^*(S^m) \geq (t-1)\,\delta_m + \delta_1 + \dots + \delta_m - m + 1 .$$

En combinant la majoration et la minoration on obtient la valeur annoncée de $\omega_t^*(S^m)$.

Ceci achève la démonstration, par récurrence, de la proposition 6.

Pour conclure mentionnons que les calculs ci-dessus conduisent dans le cas d'une puissance cartésienne $(S = S_o^n)$ aux résultats suivants:

$$\forall\ t \geq 1 \quad \left\lfloor (\omega_t^*(S) + n - 1) \,/\, (t + n - 1) \right\rfloor = \left\lfloor (\omega_1^*(S) + n - 1) \,/\, n \right\rfloor = \Omega^*(S) \ ,$$

tandis que pour le degré singulier de S on a:

$$\forall\ t \geq 1 \quad \Omega(S) = \omega_1(S) = \omega_t(S)/t \ .$$

B. <u>la cas des polytopes</u>

Un polytope à $p_n = \binom{\delta + n - 1}{n}$ sommets est obtenu de la façon suivante (cf. [1]). On prend une famille de $\delta + n - 1$ hyperplans $H_j \subset K^n$, concourant n à n, et qui pris $n+1$ à $n+1$ sont d'intersection vide. Les sommets du polytope sont les intersections z_J des familles de n hyperplans $(H_j)_{j\in J}$, $J \subset \{1,\dots,\delta + n - 1\}$, $|J| = n$. Appelons S_n le polytope décrit ci-dessus. Pour calculer $\omega_t^*(S_n)$ nous aurons besoin de la remarque suivante:

(η) $S_n \cap H_j$ $(j \in \{1,\dots,\delta+n-1\})$ est un polytope S_{n-1} de K^{n-1}

$$\text{à } p_{n-1} = \binom{\delta+n-2}{n-1}$$

sommets.

On peut énoncer:

<u>Proposition 7</u>: <u>Soit</u> S_n <u>un polytope à</u> $p_n = \binom{\delta+n-1}{n}$ <u>sommets dans</u> K^n <u>alors</u>:

$$\omega_t^*(S_n) = \omega_t^{**}(S_n) + t = t\delta, \quad \underline{\text{d'où}} \quad \Omega^*(S_n) = \delta .$$

<u>Démonstration</u>: La majoration est obtenue de la façon suivante; pour tout $z_J \in S_n$ le polynôme $A_J = (\prod_{j \notin J} H_j)^t$ vérifie:

(i) $A_J(z_J) \neq 0$

(ii) $\forall\ |\mathcal{D}| < t\ \forall\ I \neq J\ \mathcal{D}A_J(z_I) = 0$

(iii) $d^0 A_j = t(\delta-1)$

On en déduit que: $\omega_t^*(S_n) \leq \omega_t^{**}(S_n) + t \leq t\delta$.

La minoration utilise la remarque (η) ci-dessus. Si p est un polynôme solution du problème d'interpolation, c'est à dire tel que:

$$\forall\ J \subset \{1,\dots,\delta+n-1\};\ |J| = n,\ \forall\ |\mathcal{D}| < t\ \mathcal{D}P(z_J) = a(J,\mathcal{D}),$$

alors $P|_{H_j}$ satisfait au problème d'interpolation pour S_{n-1} dans H_j. On a donc: $d^0P \geq d^0P|_{H_j} \geq \omega_t^*(S_{n-1}) - 1$, ce qui permet de conclure que:

$\omega_t^*(S_n) \geq \omega_t^*(S_{n-1})$.

En itérant on a: $\omega_t^*(S_n) \geq \omega_t^*(S_{n-1}) \geq \dots \geq \omega_t^*(S_1)$.

Mais S_1 est un ensemble de δ points dans un espace affine de dimension 1 dont on calcule facilement le coefficient $\omega_t^*(S_1)$, d'où:

$$\omega_t^*(S_n) \geq \omega_t^*(S_1) = t\delta .$$

Combinant la majoration et la minoration on obtient la proposition. Rappelons que J.P. Demailly a calculé $\Omega(S_n)$, et trouve dans [1];

$$\Omega(S_n) = \left\lceil(\delta + n - 1)/n\right\rceil = \left\lceil(\omega_1(S_n) + n - 1)/n\right\rceil \quad .$$

Enfin notons que tous ces calculs s'accordent avec les conjectures du §2.

REFERENCES

0. Choodnovsky, G. V. Singular points on complex hypersurfaces and multidimensional Schwarz lemma, séminaire D.P.P. 1979-80, Progress in Mathematics, Birkhäuser Verlag 29-69 (1981).

1. Demailly, J. P. Formules de Jensen en plusieurs variables et applications arithmétiques (à paraitre).

2. Mahler, K. On a class of entire functions, Acta Mathematica, Acad. Sci. Hung., Tome 18 (1-2), 83-96 (1967).

3. Masser, D. A note on multiplicities of polynomials, Publications Mathématiques de l'Université Pierre et Marie Curie (1981).

4. Skoda, H. Estimations L^2 pour l'opérateur $\bar{\partial}$ et applications arithmétiques, sem. P. Lelong 1975-76, Lecture Notes in Math. 578, 314-323 (1977).

5. Waldschmidt, M. Propriétés arithmétiques de fonctions de plusieurs variables, cours rédigé par A. Juhel et J. M. Menegaut (1975/76).

6. Waldschmidt, M. Nombres transcendants et groupes algébriques, Astérisque, 69-70 (1980).

7. Wüstholz, G. On the degree of algebraic hypersurfaces having given singularities, Publications Mathématiques de l'Université Pierre et Marie Curie (1981).

Séminaire Delange-Pisot-Poitou
(Théorie des Nombres)
1980-81

DÉVELOPPEMENT EN ALGORITHME DE JACOBI DE CERTAINS COUPLES D'IRRATIONNELLES

Charles Pisot
Institut Henri Poincaré
11 Rue Pierre et Marie Curie
75231 Paris Cedex 05

Cet exposé précise et complète une Note [4] et un article [5]. La théorie des fractions continues fournit un algorithme simple pour trouver les meilleures approximations rationnelles d'un nombre irrationnel. De tels algorithmes trouvent un regain d'interêt depuis l'avènement des ordinateurs. Pour obtenir des approximations rationnelles simultanées, c'est-à-dire ayant le même dénominateur, C. G. J. Jacobi [2] a généralisé la théorie des fractions continues de la manière suivante: Etant donnés deux réels α et β avec $\alpha > 1$, $\alpha > \beta > 0$, on pose $\alpha_0 = \alpha$, $\beta_0 = \beta$, puis ayant défini α_n et β_n pour $n \geq 0$, on pose

$$\alpha_n = a_n + \frac{\beta_{n+1}}{\alpha_{n+1}}, \ \beta_n = b_n + \frac{1}{\alpha_{n+1}},$$

où a_n et b_n sont les "parties entieres" de α_n et β_n, c'est-à-dire ce sont les entiers vérifiant $a_n \leq \alpha_n < a_n + 1$, $b_n \leq \beta_n < b_n + 1$. De tels développements ont été étudiés à fond par O. Perron [3]; on pourra trouver un exposé récent dans L. Bernstein [1]. O. Perron a montré qui si α et β sont rationnellement indépendants, c'est-à-dire s'il n'existe aucune relation de le forme $P\alpha + Q\beta + R = 0$ avec P,Q,R entiers non tous nuls, alors l'algorithme continue indéfiniment. Par analogie avec les fractions continues ordinaires, nous appellerons "quotients incomplets" les couples a_n, b_n. Ces couples vérifient pour $n \geq 0$ les inégalités $a_n \geq 1$, $a_n \geq b_n \geq 0$ et si pour un indice n on a $a_n = b_n$, alors $b_{n+1} \geq 1$. Nous appellerons "suite de Jacobi" une suite de couples d'entiers a_n, b_n vérifiant les inégalités indiquées.

A toute suite de Jacobi nous associons la récurrence:

$$u_{n+3} = a_n u_{n+2} + b_n u_{n+1} + u_n . \tag{1}$$

Nous désignons par p_n, q_n, r_n les solutions de (1) définies respectivement par

$$p_o = 0 , \; p_1 = 0 , \; p_2 = 1 ;$$

$$q_o = 0 , \; q_1 = 1 , \; q_2 = 0 ;$$

$$r_o = 1 , \; r_1 = 0 , \; r_2 = 0 ;$$

p_n, q_n, r_n sont alors des entiers positifs augmentant indéfiniment avec n. O. Perron a montré que pour toute suite de Jacobi les limites

$$\alpha = \lim_{n\to\infty} \frac{p_n}{r_n} \quad \text{et} \quad \beta = \lim_{n\to\infty} \frac{q_n}{r_n}$$

existent et le développement en algorithme de Jacobi de α et β a pour quotients incomplets les couples a_n, b_n. De plus on a $|p_n - \alpha r_n| < 1$, $|q_n - \beta r_n| < 1$ pour tout $n \geq 0$. Toutefois il existe des suites de Jacobi telles que les quantités précédentes ne tendent pas vers zéro. Si ces quantités tendent vers zéro, nous dirons que $\frac{p_n}{r_n}$ et $\frac{q_n}{r_n}$ constituent des "approximations non triviales" de α et β. On sait que pour tout couple d'irrationnelles α, β il existe toujours une infinité de triplets différents d'entiers p,q,r tels que $|p - \alpha r| < \frac{1}{\sqrt{r}}$, $|q - \beta r| < \frac{1}{\sqrt{r}}$; si les triplets p_n, q_n, r_n vérifient ces inegalites, nous dirons q'ils constituent de "bonnes approximations" de α et β.

L. Euler avait obtenu les développements en fraction continue des nombres de la forme $\coth \frac{1}{m}$ pour $m \geq 1$ entier. Les quotients incomplets de ces fractions continues constituent alors les termes d'une progression arithmétique. L. Euler en a déduit les développements en fraction continue des nombres $e^{2/m}$. Ici nous nous proposons d'étudier les suites de Jacobi telles que $a_n = an + c$, $b_n = bn + d$, où a,b,c,d sont des entiers avec $a \geq 1$, $a \geq b \geq 0$, $c \geq 1$, $c \geq d \geq 0$. (Nous écartons le cas $a = 0$, car il donnerait $b = 0$, donc la suite de Jacobi se réduirait à la suite périodique $a_n = c$, $b_n = d$, pour laquelle α est le zéro unique vérifiant $\alpha > 1$ du polynôme $z^3 - cz^2 - dz - 1$, et $\beta = d + \frac{1}{\alpha}$.)

1. EDUDE DE LA RÉCURRENCE (1). (Vour aussi [5].)

Dans le cas que nous étudions, la récurrence (1) s'écrit:

$$u_{n+3} = (an+c)u_{n+2} + (bn+d)u_{n+1} + u_n \quad . \tag{2}$$

Nous associons à cette récurrence la "fonction génératrice":

$$Y(X) = \sum_{n=0}^{\infty} u_n \frac{X^n}{n!} \quad .$$

La récurrence (2) exprime alors que l'on a:

$$(aX-1)Y''' + (bx+c)Y'' + dY' + Y = 0 \quad . \tag{3}$$

C'est une équation différentielle linéaire du troisième ordre. Dans le plan complexe elle ne peut avoir comme point singulier que le point $X = \frac{1}{a}$. Il y a effectivement des solutions de (3) qui ont un rayon de convergence $\frac{1}{a}$, par exemple lorsque u_n vaut soit p_n , soit q_n , soit r_n . Or si on pose:

$$p(X) = \sum_{n=0}^{\infty} (p_n-\alpha r_n)\frac{X^n}{n!} \quad \text{et} \quad q(X) = \sum_{n=0}^{\infty} (q_n-\beta r_n)\frac{X^n}{n!}$$

on obtient deux solutions de (3) linéairement indépendantes car $p'(0) = p_1-\alpha r_1 = 0$ et $q'(0) = q_1-\beta r_1 = 1$. D'autre part comme $|p_n-\alpha r_n| < 1$ et $|q_n-\beta r_n| < 1$, les fonctions $p(X)$ et $q(X)$ sont des fonctions entières vérifiant $|p(X)| < e^{|X|}$ et $|q(X)| < e^{|X|}$ pour tout X complexe.

Ainsi l'équation (3) possède un espace vecoriel E de solutions fonctions entières de type exponentiel et la dimension de E est exactement 2 .

Pour déterminer E , portons dans (3) l'origine en $X = \frac{1}{a}$, en posant $X = x + \frac{1}{a}$, $y(x) = Y(x + \frac{1}{a})$; il vient:

$$axy''' + (bx+\delta)y'' + dy' + y = 0 \tag{4}$$; on a posé

$$\delta = c + \frac{b}{a}$$

et cette notation sera utilisée dans toute la suite de l'exposé.

Comme toute fonction de E est développable en série entière convergente dans tout le plan complexe, cherchons les solutions de (4) sous la forme:

$$y(x) = \sum_{n=0}^{\infty} v_n \frac{x^n}{n!} ,$$

on obtient:

$$(an+\delta)v_{n+2} + (bn+d)v_{n+1} + vn = 0 . \tag{5}$$

Une telle récurrence a au plus deux solutions linéairement indépendantes; elles fournissent donc toutes les fonctions de E et celles-la seulement.

Soient $f(x)$ et $g(x)$ deux fonctions entières formant une base de E . Il existe alors des constantes $\lambda_\alpha,\mu_\alpha$ d'une part, λ_β,μ_β d'autre part, telles que

$$p(x + \frac{1}{a}) = \lambda_\alpha f(x) + \mu_\alpha g(x) \quad \text{et} \quad q(x + \frac{1}{a}) = \lambda_\beta f(x) + \mu_\beta g(x) .$$

En prenant les dérivees jusqu'à l'ordre deux au point $x = -\frac{1}{a}$, on a:

$$\begin{aligned}
&\lambda_\alpha f(-\tfrac{1}{a}) + \mu_\alpha g(-\tfrac{1}{a}) + \alpha = 0 && \lambda_\beta f(-\tfrac{1}{a}) + \mu_\beta g(-\tfrac{1}{a}) + \beta = 0\\
&\lambda_\alpha f'(-\tfrac{1}{a}) + \mu_\alpha g'(-\tfrac{1}{a}) = 0 && \lambda_\beta f'(-\tfrac{1}{a}) + \mu_\beta g'(-\tfrac{1}{a}) = 1\\
&\lambda_\alpha f''(-\tfrac{1}{a}) + \mu_\alpha g''(-\tfrac{1}{a}) = 1 && \lambda_\beta f''(-\tfrac{1}{a}) + \mu_\beta g''(-\tfrac{1}{a}) = 0 .
\end{aligned}$$

Pour résoudre ces équations en $\lambda_\alpha,\mu_\alpha,\alpha$ d'une part, en $\lambda_\beta,\mu_\beta,\beta$ d'autre part, nous désignerons par $W_{u,v}(x)$ le wronskien $u'(x)v(x) - u(x)v'(x)$ des fonctions $u(x)$ et $v(x)$ et nous remarquerons que $W_{u',v}(x) = -W'_{u,v}(x)$. On obtient alors:

$$\alpha W_{f',g'}(-\tfrac{1}{a}) = W_{f,g}(-\tfrac{1}{a}) \quad \text{et} \quad \beta W_{f',g'}(-\tfrac{1}{a}) = -W'_{f,g}(-\tfrac{1}{a}) \quad .$$

2. RÉSOLUTION DE L'ÉQUATION DIFFÉRENTIELLE (5)

Pour obtenir les fonctions de E solutions de (5), nous pouvons observer qu'elles ont une transformée de Laplace-Borel. L'image par cette transformation d'une fonction entière de type exponentiel $y(x)$ est la fonction $l(s) = \int_0^\infty e^{-sx} y(x)\,dx$; la fonction $l(\frac{1}{\sigma})$ est alors holomorphe autour de $\sigma = 0$ et nulle en $\sigma = 0$, et réciproquement toute fonction de cette nature est la transformée de Laplace-Borel d'une fonction entière de type exponentiel que l'on peut obtenir par exemple par $y(x) = \int_\Omega e^{xs} l(s)\,ds$, où Ω est un cercle de centre $s = 0$ parcouru dans le sens direct et de rayon assez grand pour que lui-même et son extérieur soit en entier dans le domaine d'holomorphie de $l(s)$. Dorénavant nous appellerons "fonction L. B." les fonctions du type précédent, c'est-à-dire transformée de Laplace-Borel d'une fonction entière de type exponentiel. On remarquera encore que si

$$y(x) = \sum_{n=0}^{\infty} v_n \frac{x^n}{n!} \quad \text{alors} \quad l(s) = \sum_{n=0}^{\infty} \frac{v_n}{s^{n+1}} \; .$$

En utilisant le fait que si $l(s)$ est la transformée de Laplace-Borel de $y(x)$, alors $sl(s) - v_o$ est celle de $y'(x)$ et $-l'(s)$ est celle de $xy(x)$, l'équation (4) donne:

$$(6) \qquad s^2(as+b)l'(s) = \{(\delta-3a)s^2 + (d-2b)s + 1\}l(s) = As + B$$

où

$$A = (2a-\delta)v_o \quad \text{et} \quad B = (a-\delta)v_1 + (b-d)v_o \; .$$

L'équation (6) est une équation différentielle linéaire du premier ordre qui s'intègre donc par quadratures; nous avons à chercher ses solutions qui soient des fonctions L. B.; nous savons que celles-ci forment un espace vectoriel de dimension deux. Nous utiliserons la méthode de la variation de la constante, ce qui nous conduit à distinguer deux cas.

1° - Cas $b \neq 0$

On obtient:

$$l(s) = (D(s) + C)e^{-\frac{1}{bs}}\left(1 + \frac{b}{as}\right)^{\xi} s^{\theta+\xi} \quad ,$$

où $$D'(s) = \frac{1}{a} e^{\frac{1}{bs}}(1 + \frac{b}{bs})^{-\xi-1} s^{-\theta-\xi-3}(As+B) \quad ,$$

où C est une constante arbitraire et ξ et θ sont définis par

$$(\delta-3a)s^2 + (d-2b)s + 1 = (\theta s + \frac{1}{b})(as+b) + a\xi s^2 .$$

On a: $D'(s) = \sum_{n=0}^{\infty} \frac{\gamma_n}{s^{n+\theta+\xi+2}}$; nous allons prendre pour primitive $D(s)$ la fonction obtenue en intégrant la série terme à terme, avec la convention que $\frac{s^{\rho+1}}{\rho+1}$ sera la primitive de s^ρ si ρ-1 et log s celle de $\frac{1}{s}$.

On obtient alors: $D(s) = \sum_{n=0}^{\infty} \frac{\tilde{\gamma}_n}{s^{n+\theta+\xi+1}}$, sauf si pour un certain $n_o \geq 0$ on a $n_o+\theta+\xi+2 = 1$, alors $\theta+\xi = -(n_o+1)$ est un entier négatif. Or $\theta+\xi = \frac{\delta}{a} - 3$ et $\delta = c + \frac{b}{a} > 0$, donc $-(n_o+1) > -3$ et $n_o \geq 0$ ne peut prendre que les valeurs 0 ou 1 . Donc les seules valeurs entieres possibles pour $\theta+\xi$ sont -1 et -2 .

Si cette circonstance n'a pas lieu, la fonction $e^{-\frac{1}{bs}}(1 + \frac{b}{as})^{\xi} s^{\theta+\xi}$ ne peut être du type L. B., car $\theta+\xi$ n'est pas entier. Comme l'espace vectoriel E est de dimension deux, il est donc necessaire que toutes les fonctions $D(s)e^{-\frac{1}{bs}}(1 + \frac{b}{as})^{\xi} s^{\theta+\xi}$ soient du type L. B. pour toutes les valeurs des constantes A et B , ce qui pourrait aussi se vérifier directement. On a d'ailleurs dans ce cas: $A = (2a-\delta)v_o$, $B = (a-\delta)v_1 + (b-d)v_o$ et v_o, v_1 sont des constantes arbitraires au même titre que A et B . Les fonctions $l(s)$ correspondant à l'espace vectoriel E s'obtiennent donc pour A et B arbitraires, $C = 0$.

Dans les cas exceptés $n_o = 0$ et $n_o = 1$, la fonction $e^{-\frac{1}{bs}}(1 + \frac{b}{as})^{\xi} s^{\theta+\xi}$ est du type L. B.. Mais les constantes A et B ne sont plus indépendantes et on vérifie que dans ces le coefficient de $\frac{1}{s}$ dans $D'(s)$ est nul et que $D(s)e^{-\frac{1}{bs}}(1 + \frac{b}{as})^{\xi} s^{\theta+\xi}$ est du type L. B.. On obtient les fonctions $l(s)$ correspondant à l'espace vectorial E pour $A = 0$, $B = (a-d)v_0 - av_1$, $C = v_0$ lorsque $n_0 = 0$ et pour $A = av_0$, $B = (a-d)v_0$, $C = v_1 + \frac{d}{a}$ lorsque $n_0 = 1$. Dans ces deux derniers cas, la valeur de n_0 s'obtient par $n_0 = 2 - \frac{\delta}{a}$.

2° - Cas b = 0

Dans ce cas on obtient:

$$l(s) = (D(s) + C)e^{-\frac{d}{as} - \frac{1}{2as^2}} s^{\frac{c}{a} - 3} ,$$

où

$$D'(s) = \frac{1}{a} e^{\frac{d}{as} + \frac{1}{2as^2}} s^{-\frac{c}{a}} (As+B) ,$$

où C est une constante arbitraire et $A = (2a-c)v_0$, $B = (a-c)v_1 - dv_0$.

On voit de manière analogue à plus haut que $D'(s)$ ne peut contenir un terme en $\frac{1}{s}$ que s'il existe un entier $n_0 \geq 0$ tel que $n_0 + \frac{c}{a} - 1 = 1$, donc si $\frac{c}{a} = 2 - n_0$. Or $\frac{c}{a} > 0$, par suite les seuls cas sont $n_0 = 0$ et $n_0 = 1$; c'est la seule possibilitié pour que $\frac{c}{a} - 3$ soit un entier strictement négatif.

Si cette circonstance n'a pas lieu, la fonction $e^{-\frac{d}{as} - \frac{1}{2as^2}} s^{\frac{c}{a} - 3}$ ne peut être du type L. B.. Il est donc nécessaire que toutes les fonctions $D(s)e^{-\frac{d}{as} - \frac{1}{2as^2}} s^{\frac{c}{a} - 3}$ soient du type L. B.. On a alors $A = (2a-c)v_0$, $B = (a-c)v_1 - dv_0$, avec v_0, v_1 constantes arbitraires au même titre que A et B , et les fonctions $l(s)$ correspondant à l'espace vectoriel E s'obtiennent pour A et B arbitraires et $C = 0$.

Dans les cas exceptés $n_0 = 0$ et $n_0 = 1$, la fonction $e^{-\frac{d}{as} - \frac{1}{2as^2}} s^{\frac{c}{a} - 3}$ est du type L. B.. Mais les constantes A et B ne sont plus indépendantes et on vérifie encore dans ces cas que le coefficient de $\frac{1}{s}$ dans $D'(s)$ est nul et que la fonction $D(s)e^{-\frac{d}{as} - \frac{1}{2as^2}} s^{\frac{c}{a} - 3}$ est du type L. B.. On aura donc les fonctions $l(s)$ correspondant à l'espace vectoriel E pour $A = 0$, $B = (a-d)v_0 - av_1$, $C = v_0$ lorsque $n_0 = 0$ et pour $A = av_0$, $B = (a-d)v_0$, $C = v_1 + \frac{d}{a}$ lorsque $n_0 = 1$. Dans ces deux derniers cas, la valeur de n_0 s'obtient par $n_0 = 2 - \frac{c}{a}$.

MÉTHODES DIVERSES PERMETTANT DE PRÉCISER CERTAINS CAS

Une méthode parfois efficace consiste à utiliser la transformée de Laplace d'un "produit de convolution." Etant données deux fonctions f_1 et f_2, on appelle "produit de convolution" de f_1 et f_2, noté f_1*f_2, la fonction définie par $(f_1*f_2)(x) = \int_0^\infty f_1(t)f_2(x-t)dt$. Si f_1 a pour transformée de Laplace la fonction l_1 et si f_2 a pour transformée de Laplace la fonction l_2, alors si f_1*f_2 a une transformée de Laplace, celle-ci est en général le produit des fonctions l_1 et l_2.

Considérons le cas $b = 0$.

Partons du developpement classique suivant:

$$e^{xt - \frac{x^2}{2}} = \sum_{n=0}^{\infty} \frac{H_n(t)x^n}{n!}$$

où $H_n(t)$ represente un polynôme d'Hermite défini par:

$$H_n(t) = (-1)^n e^{\frac{t^2}{2}} \frac{d^n}{dt^n}(e^{-\frac{t^2}{2}}) = t^n - C_n^2 t^{n-2} + 1\cdot 3\ C_n^4 t^{n-4} - \dots .$$

On a de même:

$$e^{xt + \frac{x^2}{2}} = \sum_{n=0}^{\infty} \frac{\tilde{H}_n(t)x^n}{n!}$$

où

$$\tilde{H}_n(t) = i^{-n} H_n(it) = t^n + C_n^2 t^{n-2} + 1\cdot 3\ C_n^4 t^{n-4} + \dots .$$

Posons alors $\frac{d}{\sqrt{a}} = \tau$ et tenons compte de ce que $H_n(-t) = (-1)^n H_n(t)$, alors

$$e^{-\frac{d}{as} - \frac{1}{2as^2}} s^{\frac{c}{a} - 3} = \sum_{n=0}^{\infty} \frac{(-1)^n H_n(\tau)}{a^{\frac{n}{2}} s^{n+3-\frac{c}{a}}} ;$$

lorsque $\frac{c}{a} \leq 2$, cette fonction est la transformée de Laplace de

$$\eta(x) = \sum_{n=0}^{\infty} \frac{(-1)^n H_n(\tau) x^{n+2-\frac{c}{a}}}{a^{\frac{n}{2}}\, n!\, \Gamma(n+3-\frac{c}{a})} .$$

D'autre part on a

$$D'(s) = \frac{1}{a}(As+B)s^{-\frac{c}{a}} \, e^{\frac{d}{as} + \frac{1}{2as^2}} ;$$

lorsque $\frac{c}{a} \geq 2$, cette fonction est la transformée de Laplace de

$$\tilde{\eta}(x) = \sum_{n=0}^{\infty} \frac{H_n(\tau)}{a^{\frac{n}{2}+1}\, n!} \left(\frac{Ax^{n+\frac{c}{a}-2}}{\Gamma(n+\frac{c}{a}-1)} + \frac{Bx^{n+\frac{c}{a}-1}}{\Gamma(n+\frac{c}{a})} \right) .$$

Or pour $\frac{c}{a} = 2$, on a vu que $A = 0$, donc dans ces conditions $D(s)$ est la transformée de Laplace de $\frac{\tilde{\eta}(x)}{x}$ (avec $A = 0$). En tenant compte de ce que $1(s)$ est la transformée de Laplace de $\phi * \eta$ où $\phi(x) = \frac{\tilde{\eta}(x)}{x} + C$ et de ce que le produit de convolution de

$$\frac{x^\lambda}{\Gamma(\lambda+1)} \quad \text{et} \quad \frac{x^\mu}{\Gamma(\mu+1)} \quad \text{est} \quad \frac{x^{\lambda+\mu+1}}{\Gamma(\lambda+\mu+2)} ,$$

on obtient pour $y(x) = (\phi * \eta)(x)$:

$$y(x) = B \sum_{n=1}^{\infty} \frac{x^n}{a^{\frac{n}{2}-1} (n!)^2} \left(\sum_{k=0}^{n} (-1)^k C_n^k H_k(\tau) \tilde{H}_{n-k}(t) \right) + C \sum_{n=0}^{\infty} \frac{(-1)^n H_n(\tau) x^n}{a^{\frac{n}{2}} (n!)^2} ;$$

comme on a vu, on a $B = (a-d)v_0 - av_1$, $C = v_0$.

Un autre méthode consiste à chercher directement des solutions de la récurrence (5). Comme celle-ci est linéaire à trois termes, on peut essayer d'en trouver des solutions particulières.

Cas $b \neq 0$

Cherchons à déterminer le réel ν de sorte que (5) possède une solution de la forme $w_n = \frac{(-1)^n}{b^n \Gamma(n+\nu+1)}$. On trouve que c'est possible,

si on a la relation

(7) $$b^2\delta - ab(b+d) + a^2 = 0 \quad ,$$

avec la valeur $$\nu = \frac{bd-a}{b^2} - 1 = \frac{\delta}{a} - 2 \quad .$$

On obtient ainsi déjà un espace vectoriel de dimension 1 de fonctions $y(x)$. Il a pour base la fonction

$$y(x) = \sum_{n=0}^{\infty} w_n \frac{x^n}{n!} = \sum_{n=0}^{\infty} \frac{(-\frac{x}{b})^n}{\Gamma(n+\nu+1)n!} \quad .$$

Cette fonction se ramène à une fonction de Bessel modifiée. En effet on a

$$I_\nu(t) = \sum_{n=0}^{\infty} \frac{(\frac{t}{2})^{\nu+2n}}{\Gamma(n+\nu+1)n!} \quad ,$$

donc $y(x) = (2\sqrt{-\frac{x}{b}})^{-\nu} I_\nu(2\sqrt{-\frac{x}{b}})$. Dans le cas de la relation (7), pour avoir toutes les solutions de (5), posons $v_n = w_n\omega_n$, alors (5) s'écrit:

$$(an+\delta)w_{n+2}\omega_{n+2} - (bn+d)w_{n+1}\omega_{n+1} + w_n\omega_n = 0 \quad .$$

Or

$$w_{n+1} = \frac{-w_n}{b(n+\nu+1)} \quad , \quad w_{n+2} = \frac{w_n}{b^2(n+\nu+1)(n+\nu+2)} \quad ,$$

donc

$$\frac{(an+\delta)\omega_{n+2}}{b^2(n+\nu+1)(n+\nu+2)} - \frac{(bn+d)\omega_{n+1}}{b(n+\nu+1)} + \omega_n = 0 \quad .$$

Mais $n+\nu+2 = n + \frac{\delta}{a} \neq 0$ pour tout $n \geq 0$, car $\frac{\delta}{a} = c + \frac{b}{a} > 0$. On peut donc simplifier par $n + \frac{\delta}{a}$ et il reste:

$$a\omega_{n+2} - b(bn+d)\omega_{n+1} + b^2(n+\nu+1)\omega_n = 0 \quad .$$

Posons

$$\omega_{n+1} - \omega_n = \eta_n ,$$

alors

$$\omega_{n+2} = \omega_n + \eta_n + \eta_{n+1}$$

et

$$a\eta_{n+1} - \{b(bn+d)-a\}\eta_n = \{b(bn+d)-a-b^2(n+\nu+1)\}\omega_n = (bd-a- \frac{b^2(db-a)}{b^2}\}\omega_n = 0 .$$

Par suite

$$\eta_n = \eta_o \sum_{k=0}^{n-1}(\frac{b^2}{a}k + \frac{bd-a}{a}) = \eta_o(\frac{b^2}{a})^n \prod_{k=0}^{n-1}(k+\nu+1) = \eta_o(\frac{b^2}{a})^n \frac{\Gamma(n+\nu+1)}{\Gamma(\nu+1)} .$$

Enfin

$$\omega_n = \omega_o + \sum_{k=0}^{n-1} \eta_k$$

et $v_n = w_n\omega_n$, d'où

$$\omega_o = \frac{v_o}{w_o} = v_o\Gamma(\nu+1)$$

et

$$\omega_1 = \frac{v_1}{w_1} = -bv_1(\nu+1)\Gamma(\nu+1) .$$

Ainsi on obtient finalement:

$$v_n = \left\{v_o\Gamma(\nu+1) - (bv_1(\nu+1) + v_o)\sum_{k=0}^{n-1}(\frac{b^2}{a})^k\Gamma(k+\nu+1)\right\}\frac{(-1)^n}{b^n\Gamma(n+\nu+1)} .$$

Dans le cas particulier où $a = b$, on a $\delta = c+1$, et la relation (7) donne $c = a+d-2$. L'équation différentielle (4) devient alors $(axy''+(d-1)y'+y)' + axy'' + (d-1)y' + y = 0$. Une premiere integration donne: $axy'' + (d-1)y' + y = Ce^{-x}$, où C est une constante arbitraire. Si l'on pose

$$x = -a\frac{t^2}{4} , \; y = t^{\nu}\Phi_{\nu}(t) , \quad \text{où} \quad \nu = \frac{\delta}{a} - 2 = \frac{d-1}{a} - 1 ,$$

l'équation différentielle "sans second membre" est pour Φ_{ν} l'équation des fonctions de Bessel modifiées. Pour avoir les solutions de l'equation (6), on utilisera la méthode de variation des constantes et on choisira les solutions qui sont des fonctions entières de x. On obtient ainsi les valeurs suivantes pour α et β :

Posons
$$S = \chi + \int_0^{\frac{2}{a}} t^{1+\nu} e^{\frac{at^2}{4}} I_\nu(t)dt \quad ,$$

où
$$\chi = 0 \text{ , si } \nu > -1 \text{ , donc si } d \geq 2 \text{ ,}$$
$$\chi = 1 \text{ , si } \nu = -1 \text{ , donc si } d = 1 \text{ ,}$$

$$\chi = \left(\frac{a^2}{2}\right)^{\frac{1}{a}} \frac{1}{\Gamma(\nu+2)} - \int_0^{\frac{2}{a}} \frac{t^{1+2\nu} e^{\frac{at^2}{4}}}{2^\nu \Gamma(1+\nu)} dt \text{ , si } \nu = -1-\frac{1}{a} \text{ ,}$$
$$\text{donc si } d = 0 \text{ ;}$$

posons encore
$$\Delta = \left(\frac{2}{a}\right)^{\nu+1} e^{\frac{1}{a}} I_{\nu+1}\left(\frac{2}{a}\right) - S \quad ,$$

alors on a:
$$\alpha\Delta = S \quad \text{et} \quad \beta\Delta = \left(\frac{2}{a}\right)^{\nu+1} e^{\frac{1}{a}} I_\nu\left(\frac{2}{a}\right) - a(1+\nu)S \quad .$$

Ainsi pour $\nu = -\frac{1}{2}$, c'est-à-dire pour $a = 2d-2$ (donc $b = a$, $c = 3d-4$), on obtient des fonctions élémentaires et on a:
$$S = \int_0^{\frac{2}{a}} e^{\frac{at^2}{4}} \operatorname{ch} t \, dt \text{ , } \Delta = e^{\frac{1}{a}} \operatorname{sh}\left(\frac{2}{a}\right) - S$$

et alors
$$\alpha\Delta = S \text{ , } \beta\Delta = e^{\frac{2}{a}} \operatorname{ch}\left(\frac{2}{a}\right) - \frac{a}{2} S \quad .$$

(Voir aussi [4] et [5].)

Cas $b = 0$

La récurrence (5) se traîte aisément si on a de plus $d = 0$, c'est-à-dire si le quotient incomplet $b_n = 0$. La recurrence (5) devient en effet:

$$(an+c)v_{n+2} + v_n = 0 \quad .$$

Elle donne:

$$v_{n+2j} = \frac{(-1)^n v_j}{(c+ja)(c+(j+2)a)\dots(c+(j+2n-2)a)}$$

où $j = 0$ où bien $j = 1$. En tenant compte de ce que

$$(2n)! = 2^{2n}\ n!\ \frac{\Gamma(n+\frac{1}{2})}{\Gamma(\frac{1}{2})} \quad \text{et} \quad (2n+1)! = 2^{2n}\ n!\ \frac{\Gamma(n+\frac{3}{2})}{\Gamma(\frac{3}{2})} \quad ,$$

on a
$$y(x) = v_0 f(x) + v_1 g(x)$$

avec

$$f(x) = {}_0F_2(\frac{c}{2a},\frac{1}{2};-\frac{x^2}{8a^3}) \ , \ g(x) = x\,{}_0F_2(\frac{c+a}{2a},\frac{3}{2};-\frac{x^2}{8a^3}) \quad ,$$

où

$${}_0F_2(\lambda,\mu;z) = \sum_{n=0}^{\infty} \frac{\Gamma(\lambda)\Gamma(\mu)}{\Gamma(n+\lambda)\Gamma(n+\mu)}\,\frac{z^n}{n!}$$

est une fonction hypergéométrique généralisée avec la notation de Pochhammer. Les fonction f et g constituent une base de l'espace vectoriel E [5].

ETUDE DE L'APPROXIMATION RATIONNELLE SIMULTANÉE OBTENUE POUR α ET β

Cette étude peut se déduire de celle des v_n . En effet, comme

$$Y(X) = \sum_{n=0}^{\infty} u_n \frac{X^n}{n!} \quad \text{et} \quad y(x) = Y(x+\frac{1}{a}) = \sum_{n=0}^{\infty} v_n \frac{x^n}{n!}$$

on a

$$y(x) = Y(x+\frac{1}{a}) = \sum_{k=0}^{\infty} \frac{u_k}{k!} \sum_{n=0}^{\infty} \frac{k!}{n!(k-n)!}\, x^n\, \frac{1}{a^{k-n}} \quad ,$$

d'où

$$v_n = \sum_{k=n}^{\infty} \frac{u_k}{(k-n)!}\,\frac{1}{a^{k-n}} \ , \ \text{donc} \quad |v_n| \le U_n \sum_{k=0}^{\infty} \frac{1}{k!a^k} = U_n\, e^{\frac{1}{a}} \quad ,$$

lorsqu'on pose

$$U_n = \sup_{k\geq 0} |u_{n+k}| \quad .$$

Si l'on pose

$$V_n = \sup_{k\geq 0} |v_{n+k}| \quad ,$$

on obtient de manière analogue

$$|u_n| \leq V_n \, e^{\frac{1}{a}} \quad .$$

Dans le cas $b \neq 0$, l'équation (6) montre que $l(s)$ est holomorphe pour $|s| > \frac{b}{a}$, donc

$$\limsup_{n\to\infty} |v_n|^{\frac{1}{n}} \leq \frac{b}{a} \, .$$

Par suite si $b < a$, alors v_n tend vers zéro, donc ausi u_n , et par conséquent $p_n - \alpha r_n$ et $q_n - \beta r_n$ tendent vers zéro à peu près comme $(\frac{b}{a})^n$; on a donc des approximations non triviales.

Pour $b = a$, une estimation directe à partir de la récurrence (5) (voir [5]) montre que

$$v_n = 0\left(\frac{1}{n^{\frac{2}{3a}}}\right) \quad ,$$

c'est-à-dire on a encore des approximations non triviales. Si de plus on a la relation (7), on a $u_n = 0(\frac{1}{n})$.

Dans le cas $b = 0$, une majoration des polynômes d'Hermite montre que

$$\limsup_{n\to\infty} (|u_n|\sqrt{r_n})^{\frac{1}{n}} \leq 1 \quad ,$$

on a donc encore des approximations non triviales qui sont presque du type des bonnes approximations. Si de plus $d = 0$, c'est-à-dire si $b_n = 0$, on déduit de l'expression obtenue pour v_n que l'on a $|u_n|\sqrt{r_{n+1}} < 6$; ce résultat est à rapprocher de celui des fractions continues ordinaires. Il en résulte aussi que

$$|u_n|\sqrt{r_n} = 0\left(\frac{1}{\sqrt{n}}\right) \quad ,$$

on obtient donc un peu mieux que de bonnes approximations rationnelles simultanées.

REFERENCES

[1] Bernstein, L., The Jacobi-Perron algorithm. Its theory and applications. Berlin, Springer, 1971, Lecture Notes 207.

[2] Jacobi, C. G. J., Allgemeine Theorie der kettenbruchähnlichen Algorithmen, in welchen jede Zahl aus drei vorhergehenden gebildet wird. Journ. f. d. reine u. ang. Math. t. 69 (1868), 29-64.

[3] Perron, O., Grundlagen für eine Theorie des Jacobischen Kettenbruchalgorithmus. Math. Ann. t. 64 (1907), 1-76.

[4] Pisot, Ch., Sur des développements en algorithme de Jacobi de certaines irrationnelles liées a des fonctions de Bessel. C. R. Ac. Sci. Paris. t. 292, Ser. 1 (1981), 131-134.

[5] Pisot, Ch., Développement en algorithme de Jacobi de certains couples d'irrationnelles liés à des fonctions de Bessel. Bull. Sec. Sci. Comité Trav. Hist. et Sci. N°3 (1981).

Charles Pisot
Institut Henri Poincaré
11 Rue Pierre et Marie Curie
75231 Paris Cedex 05, France

Séminaire Delange-Pisot-Poitou
(Théorie des Nombres)
1980-81

DESCENTE ET PRINCIPE DE HASSE POUR CERTAINES VARIETES RATIONNELLES

Jean-Jacques Sansuc
Ecole Normale Supérieure

On s'intéresse dans cet exposé au problème de l'existence d'un point rationnel pour les variétés appartenant à certaines classes $\mathcal{V}$ de variétés algébriques définies sur un corps de nombres k. On s'y limite aux variétés rationnelles, i.e. birationnelles à l'espace projectif sur une extension de k. Lorsqu'on suppose le problème résolu sur les complétés k_v de k, on est amené naturellement à poser la question de la validité du principe de Hasse dans $\mathcal{V}$: l'existence, pour une variété appartenant à $\mathcal{V}$, d'un point dans chaque complété k_v implique-t-elle l'existence d'un point dans k? Si le principe de Hasse vaut pour $\mathcal{V}$, l'étude locale permet donc de décider quelles sont les variétés de cette classe qui possèdent un point rationnel. Mais le principe de Hasse est souvent en défaut, même parmi les variétés rationnelles. A cet égard, Manin a mis en évidence une obstruction générale, liée au groupe de Brauer de la variété, qui rend compte de la plupart des contre-exemples connus. En ce cas, la méthode de la descente propose néanmoins un plan qui peut encore réussir à ramener le problème de l'existence d'un point rationnel à une question purement locale. Cette méthode associe en effet à la classe $\mathcal{V}$ une autre classe $\mathcal{W}$ pour laquelle l'obstruction de Manin disparaît. Le plan aboutit lorsqu'on peut démontrer que la nouvelle classe $\mathcal{W}$ vérifie le principe de Hasse. Le problème de l'existence d'un point rationnel pour les variétés de $\mathcal{V}$ est alors ramené à une question purement locale relative aux variétés de $\mathcal{W}$ et, pour la classe $\mathcal{V}$, l'obstruction de Manin est la seule obstruction au principe de Hasse.

L'exposé oral s'est proposé d'illustrer cette problématique sur un exemple tiré d'un article en collaboration avec J.-L. Colliot-Thélène et D. Coray [6]. On prouve précisément dans cet article que, pour une certaine classe $\mathcal{V}$ de surfaces fibrées en coniques, la classe $\mathcal{W}$ associée vérifie le principe de Hasse ([6] théorème A), alors même qu'il est en défaut dans $\mathcal{V}$. Le texte qui suit résume d'abord cette illustration (§§1-3). La description de la méthode de la descente y est assez allusive et l'on doit s'en remettre pour les détails à [6] et à [3]. On expose ensuite une variante, due à J.-L. Colliot-Thélène et à l'auteur, de la démonstration du théorème A de [6], que de récents résultats de M. Waldschmidt ont permis d'obtenir et qui peut être lue indépendamment (§§4-5).

1. A propos du principe de Hasse.

Une obstruction naïve à l'existence d'un point rationnel pour une variété algébrique V définie sur le corps de nombres k est l'existence d'une place v de k pour laquelle $V(k_v) = \emptyset$. On peut considérer cette obstruction comme assez aisément calculable pour certaines classes $\mathcal{V}$. Une fois analysée cette obstruction, on doit se poser la question de la validité du principe de Hasse dans $\mathcal{V}$: l'obstruction naïve est-elle, dans $\mathcal{V}$, la seule obstruction à l'existence d'un point rationnel? On connaît un petit nombre de cas où il en est ainsi, sans restriction de dimension: la classe des quadriques, celle des variétés de Severi-Brauer, celle des espaces homogènes principaux sous certains groupes algébriques linéaires,... Dans ces cas, le problème de l'existence d'un point rationnel pour une variété de $\mathcal{V}$ est ramené à un problème purement local, ne faisant intervenir, de fait, qu'un nombre fini de places critiques. On peut considérer ce problème local comme relativement aisé à régler dans plusieurs cas.

D'autre part, on connaît beaucoup de classes $\mathcal{V}$ pour lesquelles le principe de Hasse est en défaut: les surfaces cubiques lisses (Swinnerton-Dyer), les surfaces fibrées en coniques au-dessus de $\mathbb{P}^1_k$ (Iskovskih), les intersections lisses de deux quadriques dans $\mathbb{P}^4_k$ (Birch et Swinnerton-Dyer), les espaces homogènes principaux sous beaucoup de groupes algébriques, linéaires (Hasse, Serre) ou non (Reichardt-Lind),... Précisons à cet égard que, si $\mathcal{V}$ n'est pas uniquement formée de variétés lisses et complètes, il est plus raisonnable de substituer au principe de Hasse ordinaire, le principe de Hasse suivant ("fin" ou "non-singulier"): si V a des points lisses dans tous les complétés k_v, tout modèle propre de V a un point dans k. On notera le caractère k-birationnel de ce principe de Hasse fin par opposition au principe de Hasse usuel. Dans tous les exemples évoqués, le principe de Hasse fin est encore en défaut.

Malgré tout, les méthodes analytiques, essentiellement la méthode du cercle, permettent d'obtenir des résultats remarquables, affirmant, très grossièrement, que, pour un type donné de sous-variété de l'espace projectif, le principe de Hasse vaut en grande dimension. De façon précise, on a par exemple le théorème suivant:

Théorème (Birch [1]). Soit, dans $\mathbb{P}^{n-1}_{\mathbb{Q}}$, la classe $\mathcal{V}^{h,d}_n$ des intersections complètes V définies par h équations $f_i(x_1,\dots,x_n) = 0$, chacune de degré d. Si

$$n - 1 - \dim V_{sing} > h(h+1)(d-1)2^{d-1},$$

alors V vérifie le principe de Hasse non-singulier. En particulier ($\dim \emptyset = -1$), la sous-classe $\mathcal{V}^{h,d}_{n,lis}$ des variétés lisses vérifie le principe de Hasse si

$$n > h(h+1)(d-1)2^{d-1}.$$

On notera que ce théorème donne, dans le cas de variétés lisses et projectives, le principe de Hasse pour les quadriques pour $n \geq 5$ ($\dim V \geq 3$), pour les intersections de deux quadriques pour $n \geq 13$ ($\dim V \geq 10$) et pour les hypersurfaces cubiques pour $n \geq 17$ ($\dim V \geq 15$). Dans chacun de ces trois cas, on a même affaire au principe de Hasse suivant: $V(\mathbb{Q}) \neq \emptyset \Leftrightarrow V(\mathbb{R}) \neq \emptyset$, soit, dans le dernier cas, $V(\mathbb{Q}) \neq \emptyset$. On peut ajouter que, dans chacun de ces cas, il existe des entiers $n_0 \leq n_1 \leq n_2$ tels que, pour $n < n_0$, on ait des contre-exemples au principe de Hasse, pour $n \geq n_0$, l'obstruction de Manin disparaisse, pour $n \geq n_1$, on ait toujours des points dans les complétés non réels, enfin, pour $n \geq n_2$, le théorème précédent s'applique. Pour les quadriques, $n_0 = 0$ et $n_1 = n_2 = 5$, pour les intersections de deux quadriques, $n_0 = 6$, $n_1 = 9$ et $n_2 = 13$, pour les hypersurfaces cubiques, $n_0 = 5$, $n_1 = 10$ et $n_2 = 17$. En général, on peut se demander, pour les valeurs critiques de n, si, pour $n < n_0$, l'obstruction de Manin est la seule obstruction au principe de Hasse, et si, pour $n_0 \leq n < n_2$, le principe de Hasse vaut.

Avant d'aborder l'analyse au paragraphe suivant d'un contre-exemple au principe de Hasse, illustrons, sur deux exemples très simples, l'efficacité du principe de Hasse pour déterminer les variétés d'une famille donnée qui possèdent un point rationnel. Considérons d'abord la famille de coniques d'équation affine

$$y^2 + 3z^2 = a \qquad (C_a)$$

pour $a \in \mathbb{Z}$ non nul. Dans le cas des coniques, on a mieux que le principe de Hasse, puisqu'en vertu de la loi de réciprocité, on a même l'implication:

$$C_a(\mathbb{Q}_v) \neq \emptyset \quad \text{pour} \quad v \neq v_o \Rightarrow C_a(\mathbb{Q}) \neq \emptyset.$$

On peut donc ignorer $v_o = 3$ dans l'analyse locale. Celle-ci donne alors aisément:

$$C_a(\mathbb{Q}) \neq \emptyset \Leftrightarrow a > 0 \quad \text{et} \quad v_p(a) \quad \text{pair pour tout } p \text{ inerte dans } K = \mathbb{Q}(\sqrt{-3}), \text{ i.e. pour tout } p \equiv 2 \bmod 3.$$

Considérons ensuite la famille de quadriques d'équation affine

$$y^2 + 3z^2 = c - x^2 \qquad (Q_c)$$

pour $c \in \mathbb{Z}$ non nul. Il est utile de noter pour la suite que seul $p = 3$ est ramifié dans $K = \mathbb{Q}(\sqrt{-3})$ et que les éléments de $\mathbb{Q}_p^*$ de la forme $y^2 + 3z^2$ sont, pour p inerte dans K, ceux de valuation paire et, pour $p = 3$, ceux de la forme $3^t u$ avec $u \equiv 1 \bmod 3$. L'étude locale donne alors les résultats suivants (on doit ici considérer toutes les places!): à l'infini, $Q_c(\mathbb{R}) \neq \emptyset \Leftrightarrow c > 0$; pour $p \neq 3$, on a toujours $Q_c(\mathbb{Q}_p) \neq \emptyset$ (chercher une solution avec $x = 1/p$); enfin, pour $p = 3$, une analyse assez facile donne $Q_c(\mathbb{Q}_3) \neq \emptyset \Leftrightarrow c \neq 3^{2n+1}(3m+2)$: en effet, pour un z donné, la relation $c - 3z^2 = x^2 + y^2 \neq 0$ équivaut à $v_3(c - 3z^2)$ pair; d'où, pour $v_3(c)$ pair, une solution pour $v_3(z)$ assez grand; si $c = 3^{2n+1}\alpha$ avec $v_3(\alpha) = 0$, on a une solution avec $z = 3^m\beta$ où $v_3(\beta) = 0$, si et seulement si $m = n$ et $v_3(\alpha - \beta^2)$ est impair; ceci impose $\alpha \equiv 1 \bmod 3$, condition également suffisante d'après Hensel (prendre β tel que $\alpha - \beta^2 = 3$). En résumé, d'après le principe de Hasse:

$$Q_c(\mathbb{Q}) \neq \emptyset \Leftrightarrow \quad c > 0 \text{ et } c \neq 3^{2n+1}(3m+2) \qquad \text{avec } m \text{ et } n \text{ entiers} \geq 0.$$

2. Analyse d'un contre-exemple au principe de Hasse.

Il s'agit d'un contre-exemple extrait de [6] (exemple 5.5) et tout analogue à celui d'Iskovskih [7]. Considérons la famille de surfaces fibrées en coniques au-dessus de la droite affine $\mathbb{A}^1_{\mathbb{Q}}$ d'équation affine

$$y^2 + 3z^2 = (c - x^2)(x^2 - c + 1) \qquad (V_c)$$

pour $c \in \mathbb{Z}$, $c \neq 0,1$. On commence par observer ce que donne l'obstruction naïve. A l'infini, $V_c(\mathbb{R}) \neq \emptyset \Leftrightarrow c > 1$, car nécessairement $c - 1 \leq x^2 \leq c$. En $p \neq 3$, on trouve toujours $V_c(\mathbb{Q}_p) \neq \emptyset$ (chercher une solution avec $x = 1/p$). Enfin, en $p = 3$, une analyse cas par cas montre qu'on a encore $V_c(\mathbb{Q}_3) \neq \emptyset$ pour tout c: pour $c \equiv 0$, 2 mod 3, puis 1, 4, 7 mod 9, on a des solutions pour $x = 1, 0, 1/2$, 1 et 0 respectivement. L'obstruction naïve impose donc seulement la condition $c > 1$: pour tout $c > 1$, la $\mathbb{Q}$-variété V_c a des points dans tous les complétés $\mathbb{Q}_v$. Dans la suite, on évite le cas "trivial" où c ou $c - 1$ est un carré.

Lemme 2.1. Si $(x,y,z) \in V_c(\mathbb{Q})$, il existe u_1 et $v_1 \in \mathbb{Q}$ tels que $0 \neq c - x^2 = u_1^2 + 3v_1^2$.

D'après l'étude de (C_a) pour $a = c - x^2 \neq 0$, il suffit de voir que $c - x^2 > 0$, ce qui est bien le cas, et que $v_p(c - x^2)$ est pair pour p inerte dans $K = \mathbb{Q}(\sqrt{-3})$. Or, ou bien $v_p(x) < 0$, et alors $v_p(c - x^2) = v_p(-x^2)$ est pair; ou bien $v_p(x) \geq 0$ avec $v_p(c - x^2) = 0$ qui est effectivement pair; ou bien $v_p(x) \geq 0$ avec $v_p(c - x^2) > 0$ auquel cas $v_p(x^2 - c + 1) = 0$; l'équation de V_c donne alors $v_p(c - x^2) = v_p(y^2 + 3z^2)$ qui est pair puisque p est inerte dans $\mathbb{Q}(\sqrt{-3})$.

On peut donner de ce résultat la version géométrique suivante. Introduisons la $\mathbb{Q}$-variété rationnelle W_c de dimension 3 définie dans $\mathbb{A}^5_{\mathbb{Q}}$ par les équations

$$u_1^2 + 3v_1^2 = c - x^2$$
$$u_2^2 + 3v_2^2 = x^2 - c + 1 \qquad (W_c)$$

et le $\mathbb{Q}$-morphisme $\pi: W_c \to V_c$ défini par $(u_1,u_2,v_1,v_2,x) \mapsto (x,y,z)$ avec $y = u_1u_2 - 3v_1v_2$ et $z = u_1v_2 + u_2v_1$. On note V_c^* et W_c^* les ouverts respectifs de V_c et W_c définis par $(c - x^2)(x^2 - c + 1) \neq 0$. Le cas "trivial" étant écarté, $V_c(\mathbb{Q}) = V_c^*(\mathbb{Q})$ et $W_c(\mathbb{Q}) = W_c^*(\mathbb{Q})$; de plus, $\pi: W_c^* \to V_c^*$ fait de W_c^* un torseur sur V_c^* sous le tore de dimension 1 d'équation $u^2 + 3v^2 = 1$.

<u>Lemme 2.2</u>. L'application $W_c(\mathbb{Q}) \xrightarrow{\pi} V_c(\mathbb{Q})$ est surjective.

Or l'analyse de l'obstruction naïve pour W_c donne des renseignements supplémentaires! A l'infini, on retrouve $c > 1$. Pour $p \neq 3$, on trouve $W_c(\mathbb{Q}_p) \neq \emptyset$ pour tout c (chercher une solution avec $x = 1/p$). Pour $p = 3$, l'étude de (Q_c) montre déjà que $W_c(\mathbb{Q}_3) = \emptyset$ pour $c = 3^{2n+1}(3m + 2)$. Une analyse détaillée (résumée dans le tableau ci-dessous qui indique, en fonction de c, des valeurs de x conduisant à des solutions, et où $n > 0$) montre que $W_c(\mathbb{Q}_3) \neq \emptyset$ pour les autres valeurs de c:

c	$3^n(3m+1)$	$3^{2n}(3m+2)$	mod 9:	1	2	4	5	7	8
x	0	3^n		1/2	2	1	1/2	0	1

.

<u>Assertion 2.3</u>. La variété W_c a des points dans tous les complétés $\mathbb{Q}_v$ si et seulement si $c > 1$ et $c \neq 3^{2n+1}(3m+2)$ avec m et n entiers ≥ 0.

On a ainsi mis en évidence une <u>nouvelle obstruction</u> à l'existence d'un point rationnel pour (V_c): si $c = 3^{2n+1}(3m + 2)$, alors $W_c(\mathbb{Q}_3) = \emptyset \Rightarrow W_c(\mathbb{Q}) = \emptyset \Rightarrow V_c(\mathbb{Q}) = \emptyset$. De fait, ce type d'obstruction au principe de Hasse, dû initialement à Swinnerton-Dyer [11] (voir aussi [2] et Iskovskih [7]), se rencontre dans la littérature sous d'autres formes que cette forme géométrique. L'analyse ci-dessus peut effectivement se traduire de la façon suivante. Soient $K = \mathbb{Q}(\sqrt{-3})$ et $f \in \mathbb{Q}(V_c)$ la fonction régulière définie par $f(x,y,z) = c - x^2$, et inversible sur V_c^*.

Assertion 2.4. Pour toute place $v \neq 3$ de $\mathbb{Q}$ et tout point $P_v = (x_v, y_v, z_v) \in V_c^*(\mathbb{Q}_v)$, on trouve $f(P_v) \in NK_w^*$ (où w prolonge v), alors que, pour $v = 3$ et $c = 3^{2n+1}(3m+2)$, on trouve $f(P_3) \notin NK_w^*$ quel que soit $P_3 \in V_c^*(\mathbb{Q}_3)$.

La loi de réciprocité (ou formule de produit pour le symbole normique $(\ ,K/\mathbb{Q}))$ interdit donc l'existence d'un point rationnel pour V_c lorsque $c = 3^{2n+1}(3m+2)$. Une dernière façon, très voisine, d'interpréter cette obstruction consiste à utiliser l'algèbre de quaternions A définie par f et l'extension $K[V_c^*]/\mathbb{Q}[V_c^*]$ et "appartenant" à $\mathrm{Br}\,\mathbb{Q}[V_c^*] = \mathrm{Br}\,V_c^*$:

Assertion 2.5. Pour toute place $v \neq 3$ de $\mathbb{Q}$ et tout point $P_v \in V_c^*(\mathbb{Q}_v)$, la fibre $A(P_v)$ est nulle dans $\mathrm{Br}\,\mathbb{Q}_v$, alors que, lorsque $c = 3^{2n+1}(3m+2)$, la fibre $A(P_3)$ en tout point $P_3 \in V_c^*(\mathbb{Q}_3)$ est $\neq 0$ dans $\mathrm{Br}\,\mathbb{Q}_3$.

Dans ce cas, c'est la suite exacte $0 \to \mathrm{Br}\,\mathbb{Q} \to \bigoplus_v \mathrm{Br}\,\mathbb{Q}_v \xrightarrow{\sum \mathrm{inv}_v} \mathbb{Q}/\mathbb{Z}$ qui empêche V_c d'avoir un point rationnel pour $c = 3^{2n+1}(3m+2)$. Il est intéressant de noter que l'algèbre A se prolonge à toute $\mathbb{Q}$-compactification lisse X_c de V_c (ce qui tient au fait que le diviseur de f sur X_c est la norme d'un diviseur de $X_{c,K}$) et définit donc un élément de $\mathrm{Br}\,X_c$ qui, pour des raisons de continuité, possède encore les propriétés locales indiquées en 2.5. Ce qui prouve qu'on a même $X_c(\mathbb{Q}) = \emptyset$ pour $c = 3^{2n+1}(3m+2)$.

En résumé, $V_c(\mathbb{Q}) = \emptyset$ si $c < 0$ ou $c = 3^{2n+1}(3m+2)$. Sinon, pour $c > 1$ et $\neq 3^{2n+1}(3m+2)$, les méthodes utilisées ne donnent pas d'obstruction à l'existence d'un point rationnel pour V_c. Il reste donc dans ce cas à trouver un autre type d'obstruction, ou à établir que V_c possède un point rationnel.

3. L'obstruction de Manin et la méthode de la descente.

L'exemple précédent illustre trois aspects différents du même type d'obstruction au principe de Hasse: on a une version géométrique liée à la méthode de la descente [3], une version "fonctionnelle" et une version "groupe de Brauer" qui généralise la précédente et a été introduite par Manin [9].

Soit V une variété algébrique, géométriquement intègre, propre et lisse, définie sur le corps de nombres k. L'obstruction de Manin, liée au groupe de Brauer $\mathrm{Br}\,V$ de la variété, est la suivante ([9], chap. VI): pour tout $(P_v) \in \prod_v V(k_v)$, il existe $A \in \mathrm{Br}\,V$, telle que $\sum_v \mathrm{inv}_v A(P_v) \neq 0$ dans $\mathbb{Q}/\mathbb{Z}$. Elle généralise l'obstruction fonctionnelle avec laquelle elle coïncide si V devient K-rationnelle sur une extension cyclique K/k (voir [6] §4, propositions 4.4 et 4.6). Cette dernière a l'avantage de se prêter fort bien au calcul.

La méthode de la descente ([3],[4] II et [6] §4) associe à V, de plusieurs façons possibles, un nombre fini de k-morphismes dominants $\pi_i : W_i \to V$ où, pour V rationnelle, les W_i sont encore des variétés rationnelles, de telle sorte que

$$V(k) = \bigcup_i \pi_i(W_i(k)) \ . \tag{3.1}$$

L'obstruction liée à cette descente est la suivante: pour chaque variété W_i, il existe une place v en laquelle $W_i(k_v) = \emptyset$. C'est précisément l'obstruction observée au §2: il y avait là, pour $c \in \mathbb{Z}$, une seule variété de descente W_c (ou plutôt W_c^*) et, pour $c > 1$ et $c = 3^{2n+1}(3m+2)$, celle-ci fournissait une obstruction du type indiqué pour $v = 3$. A condition de bien choisir le "type" des variétés de descente, l'obstruction de Manin sur V équivaut à celle donnée par la descente, et l'obstruction de Manin disparaît sur les variétés de descente W_i(qui ont ainsi une chance supplémentaire de vérifier le principe de Hasse). L'intérêt de cette version géométrique est résumé dans l'assertion suivante:

Assertion 3.2. Si, pour une classe $\mathcal{V}$, les variétés de descente d'un type donné W_i associées à toute variété de la classe vérifient le principe de Hasse, alors l'obstruction de Manin est la seule obstruction au principe de Hasse dans $\mathcal{V}$ et le problème de l'existence d'un point rationnel pour une variété de $\mathcal{V}$ est ramené à une question purement locale, relative aux W_i.

De fait, le résultat principal de [6] établit le principe de Hasse pour une classe convenable $\mathcal{W}$ de variétés de descente relatives à la famille suivante de surfaces fibrées en coniques au-dessus de $\mathbb{P}^1_k$, d'équation affine

$$y^2 + dz^2 = P_1(x)P_2(x) \tag{3.3}$$

où $d \in k^*$ et où $P_1, P_2 \in k[x]$ sont deux polynômes du second degré, irréductibles et étrangers. L'hypothèse (H) de Schinzel [10] permet même d'étendre conjecturalement ce résultat, pour $k = \mathbb{Q}$, au cas de l'équation

$$y^2 + dz^2 = P(x) \tag{3.4}$$

lorsque $P \in \mathbb{Q}[x]$ est de degré impair (auquel cas l'équation a toujours des solutions localement), ou bien a tous ses facteurs irréductibles de degré pair [5]. De façon précise, les résultats relatifs aux variétés de descente sont les suivants:

<u>Théorème 3.5</u> (théorème A de [6]). <u>Soit</u> k <u>un corps de nombres. Dans</u> $\mathbb{A}_k^5$, <u>les intersections de deux quadriques du type</u>

$$u_1^2 + dv_1^2 = P_1(x), \qquad u_2^2 + dv_2^2 = P_2(x)$$

<u>où</u> $d \in k^*$ <u>et</u> P_1 <u>et</u> P_2 <u>sont deux polynômes irréductibles de</u> $k[x]$, <u>de degré</u> ≤ 2, <u>satisfont le principe de Hasse fin.</u>

<u>Théorème 3.6</u> ([5]). <u>L'hypothèse</u> (H) <u>de Schinzel implique la validité du principe de Hasse pour les variétés définies dans</u> $\mathbb{A}_{\mathbb{Q}}^{2n+1}$ <u>par des équations du type</u>

$$0 \neq P_i(x) = y_i^2 - d_i z_i^2 \qquad i = 1,\dots,n$$

<u>où les polynômes</u> $P_1,\dots,P_n$ <u>sont des polynômes irréductibles de</u> $\mathbb{Q}[x]$ <u>et où</u> $d_1,\dots,d_n \in \mathbb{Q}^*$.

Le théorème 3.5 permet d'achever l'étude de l'exemple du §2. Il s'applique aux variétés W_c, ce qui donne les équivalences ($W_c(\mathbb{Q}_p) \neq \emptyset$ pour tout c et tout $p \neq 3$): $V_c(\mathbb{Q}) \neq \emptyset \Leftrightarrow W_c(\mathbb{Q}) \neq \emptyset \Leftrightarrow [W_c(\mathbb{R}) \neq \emptyset$ et $W_c(\mathbb{Q}_3) \neq \emptyset] \Leftrightarrow [c > 1$ et $c \neq 3^{2n+1}(3m+2)]$.

<u>Proposition 3.7</u> (exemple 5.5 de [6]). <u>Soit</u> c <u>un entier</u> $\neq 0,1$. <u>L'équation</u>

$$y^2 + 3z^2 = (c - x^2)(x^2 - c + 1)$$

a une solution $(x,y,z) \in \mathbb{Q}^3$ si et seulement si $c > 1$ et $c \neq 3^{2n+1}(3m+2)$ avec $m,n \in \mathbb{N}$.

4. Autour du théorème de la progression arithmétique.

Les §4 et §5 ont pour objet d'indiquer une variante, due à J.-L. Colliot-Thélène et à l'auteur, de la démonstration du théorème 3.5 ci-dessus. La démonstration donnée dans [6] utilise une version, due à Hecke, du théorème de la progression arithmétique généralisé (loc. cit. §2 et [8] chap. XV, thm. 6, p. 317). De fait, il est plus agréable et naturel d'utiliser une autre version du théorème de Dirichlet généralisé classique ([8] Chap. VIII, §4, p. 166), que de récents résultats d'approximation dus à Waldschmidt [12,13] permettent d'obtenir. A cet égard, il est utile de disposer d'une version plus précise du corollaire 4.3 de [13]:

Théorème 4.1. Soient k un corps de nombres de degré d et $\underline{m}$ un idéal entier de k. Soit $T = \{v_1,\ldots,v_\ell\}$ un nombre fini de places de k au-dessus de ℓ nombres premiers $p_j \in \mathbb{N}$. On suppose T et $\underline{m}$ étrangers et les p_j complètement décomposés dans la clôture galoisienne de k. On note $k_T^*(\underline{m}_+)$ le groupe des T-unités de k qui sont totalement > 0 et $\equiv 1 \bmod^* \underline{m}$. Si $\ell > d^2 - d + 1$, ce groupe $k_T^*(\underline{m}_+)$ est dense dans la composante neutre de $(k \otimes_{\mathbb{Q}} \mathbb{R})^*$.

Quelques points de terminologie: une T-unité de k est un élément α de k^* tel que $v_j(\alpha) = 0$ pour toute place finis $v_j \notin T$. Si $\alpha \in k^*$, la congruence $\alpha \equiv 1 \bmod^* \underline{m}$ signifie que $v(\alpha - 1) \geq v(\underline{m})$ pour toute place v telle que $v(\underline{m}) \neq 0$ et, pour α et $\beta \in k^*$, la congruence $\alpha \equiv \beta \bmod^* \underline{m}$ signifie $\alpha/\beta \equiv 1 \bmod^* \underline{m}$. La démonstration de ce théorème est celle donnée dans [13], mise à part la modification suivante du lemme 3.2, où l'on désigne par σ_i, pour $1 \leq i \leq d$, les divers plongements de k dans $\mathbb{C}$:

Lemme 4.2. Il existe ℓ éléments α_j de $k_T^*(\underline{m}_+)$ tels que, pour $1 \leq i \leq d$ et $1 \leq j \leq \ell$, les nombres $\sigma_i\alpha_j$ soient multiplicativement indépendants.

Notons d'abord qu'il suffit de prouver ce lemme pour k_T^* au lieu de $k_T^*(\underline{m}_+)$: comme T et $\underline{m}$ sont étrangers, il existe en effet un entier $q > 0$ tel qu'on ait $k_T^{*q} \subset k_T^*(\underline{m}_+)$. Soient alors K la clôture galoisienne de k, plongé dans $\mathbb{C}$ via σ_1, puis $\underline{g}$ le groupe de Galois de $K/\mathbb{Q}$ et $\underline{h}$ celui de K/k. Soit, pour chaque i, un élément g_i de $\underline{g}$ tel que $\sigma_i = g_i\sigma_1$. Noter que $g_{i'} \notin g_i\underline{h}$ si $i' \neq i$. Soient w_j une place de K au-dessus de v_j et $\underline{p}_j$ l'idéal premier associé. Soit π_j un générateur d'une puissance convenable non triviale de $\underline{p}_j$. On définit alors α_j par la relation

$$\sigma_1(\alpha_j) = N_{K/k}(\pi_j).$$

Compte tenu du fait que p_j est complètement décomposé dans K, les seules places w de K pour lesquelles $w(\sigma_i(\alpha_j)) \neq 0$ sont les $g_i h(w_j)$ pour $h \in \underline{h}$ (par définition, $(gw)(g\alpha) = w(\alpha)$ pour $g \in \underline{g}$ et $\alpha \in K^*$). On en déduit, en posant $w_{i,j} = g_i(w_j)$, l'équivalence:

$$w_{i',j'}(\sigma_i(\alpha_j)) \neq 0 \Leftrightarrow (i',j') = (i,j).$$

D'où le lemme.

Pour ce qui est de la démonstration du théorème, il suffit de reprendre la démonstration du théorème 4.1 de [13]. Avec les notations de celle-ci, on considère ℓ éléments α_j ayant les propriétés indiquées au lemme 4.2, puis ℓ éléments $y_j = (y_{\nu j}) \in k \otimes_{\mathbb{Q}} \mathbb{R}$ vérifiant $\exp(y_{\nu j}) = \sigma_\nu(\alpha_j)$. En reprenant exactement la démonstration de [13], dont l'ingrédient essentiel est, sous la forme du corollaire 1.2 de [13], un résultat de transcendance prouvé en [12], on trouve alors, pour $Y = \oplus\, \mathbb{Z} y_j$ et pour tout hyperplan réel H de $k \otimes_{\mathbb{Q}} \mathbb{R}$, la minoration

$$\mathrm{rg}_{\mathbb{Z}} Y / Y \cap H \geq \ell - d^2 + d$$

et, a fortiori, d'après l'hypothèse sur ℓ,

$$\mathrm{rg}_{\mathbb{Z}} Y / Y \cap H \geq 2.$$

Ce qui assure la densité de Y dans $k \otimes_{\mathbb{Q}} \mathbb{R}$ (voir [13] lemme 4.4), donc celle du sous-groupe engendré par les α_j dans la composante neutre de $(k \otimes_{\mathbb{Q}} \mathbb{R})^*$.

Remarque 4.3. Le point important pour l'application que nous avons en vue est la possibilité de contrôler la nature des places appartenant à

T, alors que leur nombre précis (fini ou infini) importe peu. On peut néanmoins se demander, à titre général, quel est le rang minimum d'un sous-groupe de type fini de k^* qui soit dense dans $(k \otimes_{\mathbb{Q}} \mathbb{R})^*$. Pour ce qui est de la densité dans la composante neutre, ce nombre est en tout cas majoré par $d^2 - d + 2$ comme l'indique la démonstration ci-dessus, ou celle de [13]. Une démonstration antérieure due à Lenstra dans le cas où $k/\mathbb{Q}$ est abélien permet d'atteindre en ce cas la valeur 2d.

Corollaire 4.4. _Soit_ k _un corps de nombres de degré_ d. _Soit_ T _un ensemble fini de_ ℓ _places de_ k _au-dessus de_ ℓ _nombres premiers complètement décomposés dans la clôture galoisienne de_ k. _On suppose_ $\ell > d^2 - d + 1$. _Soient_ ε _un réel_ > 0 _et_ $\underline{m}$ _un idéal entier de_ k _étranger à_ T. _Soit_ $\alpha^0 \in k^*$ _et, pour chaque place archimédienne_ v, _soit_ $\alpha^v \in k_v^*$. _Il existe alors une infinité d'idéaux premiers_ $\underline{p}$ _de_ k _de degré_ 1, _étrangers à_ $\underline{m}$ _et_ T, _et d'idéaux fractionnaires principaux_ (α) _de_ k _possédant un générateur_ $\alpha \in k^*$ _tels que_:

(i) $\alpha \equiv \alpha^0 \bmod^* \underline{m}$

(ii) $|\alpha - \alpha^v|_v < \varepsilon$ _pour toute place archimédienne_ v

(iii) $(\alpha) = \underline{p}\underline{d}$ _avec_ $\operatorname{supp} \underline{d} \subset T \cup \operatorname{supp} \underline{m}$.

La notation $\operatorname{supp} \underline{a}$ désigne l'ensemble des diviseurs premiers de l'idéal $\underline{a}$. Pour la démonstration de ce corollaire, montrons d'abord qu'on peut supposer $\operatorname{sgn}_v \alpha^0 = \operatorname{sgn} \alpha^v$ pour chaque place réelle v. Par approximation faible, il existe en effet $\alpha_1 \in k^*(\underline{m})$ tel que, pour chaque place réelle v, on ait $\operatorname{sgn}_v \alpha^0\alpha_1 = \operatorname{sgn} \alpha^v$. Il suffit alors de remplacer α^0 par $\alpha^0\alpha_1$ pour obtenir la relation voulue. Le théorème de Dirichlet généralisé ([8] chap. VIII, §4, p. 166), appliqué à la donnée $(k,\underline{m}_+,(\alpha^0)'_{\underline{m}})$, où $(\alpha^0)'_{\underline{m}}$ désigne la partie de (α^0) étrangère à $\underline{m}$ et où $\underline{m}_+$ désigne le module de k obtenu en ajoutant à $\underline{m}$ l'ensemble des places réelles, assure l'existence d'une infinité d'idéaux premiers $\underline{p}$ de degré 1, étrangers à $\underline{m}$ et T, et d'idéaux principaux fractionnaires (α') possédant un générateur $\alpha' \in k^*$ tels que:

(i)' $\alpha' \equiv \alpha^0 \bmod^* \underline{m}_+$

(iii)' $(\alpha') = \underline{p}\underline{d}'$ avec $\operatorname{supp} \underline{d}' \subset \operatorname{supp} \underline{m}$.

Dès lors, pour un tel α', et pour chaque place réelle v, la condition (i)' et l'hypothèse $\operatorname{sgn}_v\alpha^0 = \operatorname{sgn} \alpha^v$ entraînent que α^v/α' appartient à la composante neutre de k_v^*. Le théorème précédent assure alors l'existence d'un élément $\beta \in k_T^*(\underline{m}_+)$ tel que

$$|\alpha'\beta - \alpha^v|_v < \varepsilon$$

pour chaque place archimédienne v. Il suffit alors de considérer $\alpha = \alpha'\beta$.

<u>Corollaire 4.5</u>. <u>Soient</u> k <u>un corps de nombres de degré</u> d <u>et</u> ϕ <u>une forme quadratique binaire à coefficients dans l'anneau des entiers de</u> k. <u>On note</u> D <u>son discriminant et</u> $\underline{d}$ <u>l'idéal de ses coefficients. On suppose</u> ϕ <u>anisotrope. Soit</u> T <u>un ensemble fini de</u> ℓ <u>places de</u> k <u>au-dessus de</u> ℓ <u>nombres premiers complètement décomposés dans la clôture galoisienne de</u> $k(\sqrt{D})$, <u>avec</u> $\ell > 4d^2 - 2d + 1$. <u>Soient</u> ε <u>un réel</u> > 0 <u>et</u> $\underline{m}$ <u>un idéal entier de</u> k <u>étranger à</u> T. <u>Soient enfin</u> $\xi^0 \in k^2$ <u>un vecteur non nul</u> T<u>-entier, et, pour chaque place archimédienne</u> v, <u>un vecteur non nul</u> $\xi^v \in k_v^2$. <u>Il existe alors une infinité de vecteurs</u> T<u>-entiers</u> $\xi \in k^2$ <u>et d'idéaux premiers</u> $\underline{p}$ <u>de</u> k, <u>étrangers à</u> $\underline{m}$ <u>et</u> T, <u>tels que</u>:

(i) $\xi \equiv \xi^0 \bmod \underline{m}$

(ii) $|\xi - \xi^v|_v < \varepsilon$ <u>pour toute place à l'infini</u> v

(iii) $(\phi(\xi)) = \underline{p}\underline{a}$ <u>avec</u> $\operatorname{supp} \underline{a} \subset T \cup \operatorname{supp}(\operatorname{pgcd}(\underline{m}\underline{d}, \phi(\xi^0)))$.

Ici, la notation k^2 désigne $k \times k$ et un vecteur $\xi = (x,y) \in k^2$ est dit T-entier si x et y sont T-entiers dans k, i.e. entiers aux places non archimédiennes $\notin T$. La proposition ci-dessus est un corollaire du résultat précédent appliqué à $k(\sqrt{D})$, de la même manière que, dans [6], le théorème 2.4 se déduit du corollaire 2.3. Il est clair qu'on pourrait écrire d'autres corollaires analogues pour $N_{K/k}$ au lieu de ϕ, avec K/k finie quelconque.

<u>Remarque 4.6</u>. Dans les deux énoncés précédents 4.4 et 4.5, l'ensemble T doit être considéré comme une donnée auxiliaire intervenant essentiellement dans la condition (iii). Il est important de noter qu'il existe toujours un tel ensemble T vérifiant les conditions indiquées, ceci d'après le théorème de Čebotarev.

<u>Commentaire 4.7</u>. Pour apprécier les particularités de chacune des variantes du théorème de la progression arithmétique, prenons l'exemple

d'une forme quadratique binaire ϕ à coefficients entiers, primitive et définie > 0. On se donne un entier $m > 0$, puis $\varepsilon > 0$ un réel, $\xi^0 \in \mathbb{Z}^2$ un vecteur non nul et $\xi^\infty \in \mathbb{R}^2$ également non nul. On se donne encore un secteur angulaire Δ non trivial dans $\mathbb{R}^2$ et un ensemble T d'au moins 4 nombres premiers ne divisant pas m et complètement décomposés dans $\mathbb{Q}(\sqrt{D})$ où D désigne le discriminant de ϕ. On suppose enfin $(\phi(\xi^0),m) = 1$. Dans les diverses variantes (Dirichlet, Hecke et corollaire ci-dessus), la conclusion obtenue est la suivante: il existe une infinité de vecteurs $\xi \in \mathbb{Q}^2$ entiers (resp. entiers, resp. T-entiers) et une infinité de nombres premiers p tels que:

(D) $\xi \equiv \xi^0 \bmod m$ et $\phi(\xi) = p$

(H) $\xi \equiv \xi^0 \bmod m$ et $\phi(\xi) = p$ avec en outre $\xi \in \Delta$

(W) $\xi \equiv \xi^0 \bmod m$ et $\phi(\xi) = pa$ où a est une T-unité avec en outre $|\xi - \xi^\infty|_\infty < \varepsilon$.

5. Le principe de Hasse pour certaines intersections de quadriques.

On se propose de voir comment le corollaire 4.5 peut se substituer au théorème 2.4 de [6] pour donner, suivant l'esquisse indiquée à la remarque 3.8 de [6], une légère variante, plus agréable et naturelle, de la démonstration du théorème 3.2 de [6] (auquel se ramène aisément le théorème A):

Théorème 5.1 ([6]). *Soient k un corps de nombres et ϕ, ϕ_1 et ϕ_2 trois formes quadratiques binaires non dégénérées à coefficients dans k. Soit, dans $\mathbb{P}^5_k$, la k-variété V de dimension 3, intersection des deux quadriques d'équations*

$$\phi(u_1,v_1) = \phi_1(x,y)$$
$$\phi(u_2,v_2) = \phi_2(x,y) .$$

On suppose ϕ_1 ou ϕ_2 anisotrope. Si V possède un k_v-point lisse dans chaque complété k_v de k, alors V possède un k-point lisse.

Si ϕ_1 et ϕ_2 sont étrangères, cela revient à dire que V vérifie le principe de Hasse. Des arguments géométriques montrent en outre que, si V possède un k-point lisse, la variété V est k-unirationnelle et possède donc beaucoup de points rationnels!

Nous donnons simplement les grandes lignes de la démonstration, en indiquant seulement de façon détaillée les passages qui diffèrent de la démonstration donnée dans [6] auquel nous renvoyons pour les autres détails (pp. 166-171).

1. Nous noterons ici n le degré de $k/\mathbb{Q}$. On peut d'abord supposer $\phi = \langle 1,d \rangle$ avec $d \in k^*$ et $-d$ non carré. On peut également supposer d et les coefficients des ϕ_i dans l'anneau des entiers de k. En liaison avec un théorème de Brumer-Amer sur les zéros communs à deux formes quadratiques, on introduit une variable auxiliaire t et on pose

$$\Phi = \langle 1,d,t,dt \rangle,$$

forme quadratique à coefficients dans $k(t)$, et, pour tout couple (ξ_1,ξ_2) de vecteurs $\xi_i \in K^2$, où K désigne un surcorps quelconque de k, on considère le polynôme auxiliaire

$$f(\xi_1,\xi_2;t) = \phi_1(\xi_1 + t\xi_2) + t\phi_2(\xi_1 + t\xi_2) \in K[t]$$

qui dépend des paramètres ξ_1 et ξ_2. Ce polynôme est de $d^o 3$ au plus et a pour coefficients extrêmes $\phi_1(\xi_1)$ et $\phi_2(\xi_2)$. On vérifie alors aisément qu'en vertu du théorème de Brumer-Amer déjà évoqué, il suffit, pour établir le théorème, de trouver deux vecteurs ξ_1 et ξ_2 dans k^2, non tous deux nuls, tels que le polynôme correspondant $f(\xi_1,\xi_2;t)$ soit représenté par la forme Φ dans $k(t)$.

2. Il revient en fait au même de voir que Φ représente ce polynôme $f(\xi_1,\xi_2;t)$ dans chaque $k_v(t)$, pour les diverses places v de k. Ceci ([6] prop. 1.3) est une conséquence du fait que Φ est une forme de Pfister, du principe de Hasse usuel pour les formes quadratiques sur un corps de nombres et de la suite exacte de Milnor calculant le groupe de Witt de $K(t)$.

3. L'hypothèse sur V implique l'existence, pour chaque place v de k, de vecteurs non nuls $\xi^v \in k_v^2$ tels que le polynôme

$$f(\xi^v,\xi^v;t) = (1 + t)^2(\phi_1(\xi^v) + t\phi_2(\xi^v))$$

ait ses coefficients extrêmes non nuls et soit représenté par Φ sur $k_v(t)$. On fixe, pour chaque place v, un tel vecteur ξ^v qu'on suppose en outre à coordonnées v-entières pour v non archimédienne.

4. On fixe un ensemble fini S de places délicates, à savoir la réunion des places réelles et de l'ensemble S_1 des places associées à l'un des diviseurs premiers de $2d$ ou de l'un des coefficients de ϕ_1 ou ϕ_2.

5. La suite exacte de Milnor calculant $W(K(t))$ et le lemme de Krasner dans le cas $\underline{p}$-adique, fournissent, pour K local, des résultats d'approximation assurant que, si $\Phi = <1,d,t,dt>$ représente dans $K(t)$ un polynôme $f_0 \in K[t]$ tel que $f_0(0) \neq 0$, et si elle représente aussi tout facteur irréductible de multiplicité paire, alors Φ représente aussi dans $K(t)$ tout polynôme $f \in K[t]$ suffisamment proche de même degré. On en déduit l'existence d'un idéal entier $\underline{m}$ de k de support S_1 et d'un réel $\varepsilon > 0$, tels que les conditions

$$\begin{array}{llll} \xi_1 \equiv \xi^v & \text{et} \quad \xi_2 \equiv \xi^v \bmod \underline{m} & \text{si} \quad v \in S_1 & \\ & & & (*) \\ |\xi_1 - \xi^v|_v < \varepsilon & \text{et} \quad |\xi_2 - \xi^v|_v < \varepsilon & \text{si} \quad v \text{ est réelle} & \end{array}$$

impliquent, individuellement pour chacune de ces places v, que le polynôme $f(\xi_1,\xi_2;t)$ est représenté par Φ dans $k_v(t)$ et a ses coefficients extrêmes non nuls et représentés par la forme $<1,d>$ sur k_v. On fixe un tel idéal $\underline{m}$ et un tel réel $\varepsilon > 0$.

6. D'après le théorème des restes chinois, il existe un vecteur entier non nul ξ^0 de k^2 tel que $\xi^0 \equiv \xi^v \bmod \underline{m}$ pour chaque $v \in S_1$. On fixe un tel vecteur ξ^0, ce qui permet de remplacer ξ^v par ξ^0 dans les conditions (*) relatives aux places $v \in S_1$ tout en en conservant les propriétés.

7. Supposons désormais ϕ_1 et ϕ_2 anisotropes. Soient d_1 et d_2 les discriminants respectifs de ϕ_1 et ϕ_2. Fixons un ensemble fini T de places de k ayant les propriétés suivantes: T est disjoint de S et formé de ℓ places situées au-dessus de ℓ nombres premiers complètement décomposés dans la clôture galoisienne de $k(\sqrt{-d},\sqrt{d_1},\sqrt{d_2})$ et $\ell > 4n^2 - 2n + 1$. L'existence d'un tel T est assurée par le théorème de Čebotarev. On peut alors appliquer le corollaire 4.5 successivement aux données $(k,\phi_1,T,\varepsilon,\underline{m},\xi^0,\xi^v)$ et $(k,\phi_2,T,\varepsilon,\underline{m},\xi^0,\xi^v)$ où v parcourt les places archimédiennes et où, pour v complexe, on prend ξ^v non nul quelconque dans $\mathbb{C}^2$. On trouve ainsi deux vecteurs T-entiers ξ_1 et ξ_2 de k^2 vérifiant

les conditions:

$$\xi_1 \equiv \xi^0 \quad \text{et} \quad \xi_2 \equiv \xi^0 \bmod \underline{m}$$

$$|\xi_1 - \xi^v|_v < \varepsilon \text{ et } |\xi_2 - \xi^v|_v < \varepsilon \text{ pour chaque place réelle } v \qquad (**)$$

$$(\phi_1(\xi_1)) = \underline{p}_1\underline{a}_1 \quad \text{et} \quad (\phi_2(\xi_2)) = \underline{p}_2\underline{a}_2 \qquad (^o)$$

où $\underline{a}_1$ et $\underline{a}_2$ sont deux idéaux dont le support est contenu dans $S_1 \cup T$ et $\underline{p}_1$ et $\underline{p}_2$ deux idéaux premiers distincts étrangers à $S_1 \cup T$, dont on note v_1 et v_2 les places associées. On fixe ces vecteurs ξ_1 et ξ_2 et on se propose de montrer que le polynôme correspondant $f(\xi_1,\xi_2;t)$ est effectivement représenté par Φ sur chaque $k_v(t)$, donc sur $k(t)$ d'après 2.

8. Puisque ξ_1 et ξ_2 vérifient les conditions (*), les choix de $\underline{m}$ et ε faits en 5 assurent que le polynôme $f(\xi_1,\xi_2;t)$ est représenté par Φ sur chaque $k_v(t)$ pour $v \in S_1$ ou v réelle.

9. C'est aussi le cas pour v complexe ou $v \in T$, mais de façon triviale, puisqu' alors, d'après le choix de T, la forme $<1,d>$ est isotrope sur k_v pour un tel v; il en est donc de même de $\Phi = <1,d,t,dt>$ sur $k_v(t)$ dont elle représente donc tout élément. Le cas des places appartenant à $S \cup T$ est donc réglé.

10. Il en est encore de même pour $v \neq v_1, v_2$ et $\notin S \cup T$. En effet, le polynôme $f(\xi_1,\xi_2;t)$ a alors ses coefficients v-entiers et ses coefficients extrêmes sont même des v-unités d'après (^{o}). Comme $v(2d) = 0$, on sait que la forme $<1,d,t,dt>$ représente alors automatiquement $f(\xi_1,\xi_2;t)$ sur $k_v(t)$ ([6] cor. 1.5).

11. Il ne reste plus qu'à examiner les cas de v_1 et v_2. Montrons que la forme $<1,d>$ est isotrope sur k_{v_1}. Comme $\phi_1(\xi_1)$ est le terme constant non nul d'un polynôme représenté par la forme $<1,d,t,dt>$ sur tout corps $k_v(t)$ avec $v \neq v_1,v_2$, c'est une norme locale de l'extension $k(\sqrt{-d})/k$ en toutes ces places v (essentiellement faire $t = 0$). C'en est une aussi en v_2, car la relation $(\phi_1(\xi_1)) = \underline{p}_1\underline{a}_1$ prouve, comme $v_2 \notin \text{supp } \underline{a}_1$, que c'est une unité en v_2, place en laquelle $2d$ est aussi une unité. En résumé, $\phi_1(\xi_1)$ est une norme locale de $k(\sqrt{-d})/k$ en toute place $v \neq v_1$. C'en est donc une aussi en v_1, par la loi de réciprocité. La formule

$(\phi_1(\xi_1)) = \underline{p}_1\underline{a}_1$ avec $\underline{p}_1 \nmid \underline{a}_1$ impose que l'extension $k_{v_1}(\sqrt{-d})/k_{v_1}$ soit triviale. On démontre de même que la forme $<1,d>$ est isotrope sur k_{v_2}. Aux places v_1 et v_2, la forme Φ est donc isotrope, et par suite universelle, sur $k_v(t)$. Elle y représente donc le polynôme $f(\xi_1,\xi_2;t)$. Ce qui achève la démonstration dans le cas où ϕ_1 et ϕ_2 sont anisotropes.

12. Indiquons brièvement les modifications à apporter à partir du point 3 dans le cas où ϕ_1 est isotrope et ϕ_2 anisotrope. D'après le lemme 3.7 de [6], on peut supposer:

(i) $\phi_1(x,y) = cxy$ avec $c \in k^*$ entier

(ii) pour chaque place v, il existe un vecteur $\xi^v = (x^v,1) \in k_v^2$, entier pour v non archimédienne, et tel que, pour tout v, le polynôme $f(\xi^v,\xi^v;t)$ ait ses coefficients extrêmes $\phi_1(\xi^v)$ et $\phi_2(\xi^v)$ non nuls (en particulier $x^v \neq 0$) et soit représenté par Φ sur $k_v(t)$.

En 3, on fixe alors un tel vecteur ξ^v pour chaque place v. De plus, dans la recherche de vecteurs ξ_1 et $\xi_2 \in k^2$ tels que $f(\xi_1,\xi_2;t)$ soit représenté par Φ sur $k(t)$, on se limite pour ξ_1 à des vecteurs de la forme $(x_1,1)$. En 5, on écrit les conditions (*) relatives à $\xi_1 = (x_1,1)$ sous la forme:

$$x_1 \equiv x^v \bmod \underline{m} \quad \text{pour } v \in S_1 \quad \text{et} \quad |x_1 - x^v|_v < \varepsilon \quad \text{pour } v \text{ réelle.} \qquad (*)$$

En 6, on fixe $\xi^o = (x^o,1)$ entier dans k^2, avec $x^o \neq 0$, tel que $x^o \equiv x^v \bmod \underline{m}$ pour chaque $v \in S_1$. En 7, on définit T en oubliant simplement d_1. On applique alors le corollaire 4.4 à la donnée $(k,T,\varepsilon,\underline{m},x^o,x^v)$ et le corollaire 4.5 à la donnée $(k,\phi_2,T,\varepsilon,\underline{m},\xi^o,\xi^v)$ où v parcourt toujours les places archimédiennes. On trouve ainsi deux vecteurs T-entiers $\xi_1 = (x_1,1)$, avec $x_1 \neq 0$, et ξ_2 de k^2 vérifiant les conditions (**), modifiées comme (*), et les relations

$$(\phi_1(\xi_1)) = (cx_1) = \underline{p}_1\underline{a}_1 \quad \text{et} \quad (\phi_2(\xi_2)) = \underline{p}_2\underline{a}_2 \qquad (^o)$$

où les idéaux $\underline{a}_1$, $\underline{a}_2$, $\underline{p}_1$ et $\underline{p}_2$ ont les mêmes propriétés que précédemment (on notera que les diviseurs premiers de c appartiennent à S_1). A partir du point 8, la démonstration demeure inchangée.

REFERENCES

1. Birch, B. J. Forms in many variables, Proc. Royal Soc. London 265, Ser. A, 245-263 (1961/62).

2. Birch, B. J. et Swinnerton-Dyer, H. P. F. The Hasse problem for rational surfaces, J. reine angew. Math. 274, 164-174 (1975).

3. Colliot-Thélène, J.-L. et Sansuc, J.-J. La descente sur une variété rationnelle définie sur un corps de nombres, C. R. Acad. Sci. Paris 284, Série A, 1215-1218 (1977).

4. Colliot-Thélène, J.-L. et Sansuc, J.-J. La descente sur les variétés rationnelles, Journées de Géométrie Algébrique d'Angers 1979, Sijthoff et Noordhoff, 221-235 (1980).

5. Colliot-Thélène, J.-L. et Sansuc, J.-J. Sur le principe de Hasse et l'approximation faible, et sur une hypothèse de Schinzel, Acta Arith. 41, 33-53 (1981).

6. Colliot-Thélène, J.-L., Coray, D. et Sansuc, J.-J. Descente et principe de Hasse pour certaines variétés rationnelles, J. reine angew. Math. 320, 150-191 (1980).

7. Iskovskih, V. A. Un contre-exemple au principe de Hasse pour un système de deux formes quadratiques en cinq variables, Mat. Zametki 10, 253-257 (1971) (trad. anglaise: Math. Notes 10, 575-577 (1971)).

8. Lang, S. Algebraic Number Theory, Addison Wesley, Reading 1970.

9. Manin, Ju. I. Formes Cubiques, Nauka, Moscou 1972 (trad. anglaise: North-Holland, Amsterdam 1974).

10. Schinzel, A. et Sierpinski, W. Sur certaines hypothèses concernant les nombres premiers, Acta Arith. 4, 185-208 (1958); Errat. ibid. 5, 259 (1959).

11. Swinnerton-Dyer, H. P. F. Two special cubic surfaces, Mathematika 9, 54-56 (1962).

12. Waldschmidt, M. Transcendance et exponentielles en plusieurs variables, Invent. Math. 63, 97-127 (1981).

13. Waldschmidt, M. Sur certains caractères du groupe des classes d'idèles d'un corps de nombres, Sém. de Théorie des Nombres (Sém. Delange-Pisot-Poitou), Paris 1980-81, 13 Octobre 1980 (même volume).

Séminaire Delange-Pisot-Poitou
(Théorie des Nombres)
1980-81

UNE CLASSE DE COURBES ELLIPTIQUES A MULTIPLICATION COMPLEXE

Norbert Schappacher
Göttingen

A. Soient K un corps quadratique imaginaire et $\mathcal{O}$ son anneau d'entiers. Nous fixons une fois pour toutes un plongement de K dans $\mathbb{C}$.

On considère des caractères de Hecke complexes ϕ de K , de conducteur $\mathcal{F}$, tels que, pour chaque α dans K^* premier à $\mathcal{F}$, on ait $\phi(\alpha\mathcal{O}) = \alpha$, si $\alpha \equiv 1 \bmod \mathcal{F}$.

Les courbes elliptiques annoncées par le titre se construisent à partir de tels caractères ϕ : - Soit F une extension finie abélienne de K , telle que le caractère $\psi = \phi \circ N_{F/K}$ de F prenne des valeurs dans K^* en les idéaux entiers de F premiers à son conducteur. Alors F contient forcément le corps de classes de Hilbert H de K . Le caractère ψ détermine une classe de F-isogénie de courbes elliptiques E sur F telles que $\mathrm{End}_F E \cong \mathcal{O}$ et que ψ soit le Grössencharakter attaché à E/F . Cf. [5], §9.

Les notations résumées ci-dessous seront utilisées pendant tout l'exposé:

$E \;/\; F$		ψ	$\mathrm{End}_F E = \mathcal{O}$
$G = \mathrm{Gal}(F/K)$ abelien	$n = [F:K]$	$N_{F/K}$	$\psi = \psi_{E/F}$
K		ϕ	$\mathcal{F} = \mathrm{cond}\ \phi$
			$\mathcal{G} = \mathrm{ppcm}(\mathrm{cond}\ F/K, \mathcal{F})$

B. EXEMPLE

Si $K = \mathbb{Q}(\sqrt{-p})$ avec p premier, $p \equiv 3 \bmod 4$, $p \geq 7$, et que l'on pose $\phi(\alpha \mathcal{O}) = \pm\alpha \equiv x^2 \pmod{\sqrt{-p}\ \mathcal{O}}$, on obtient $E = A(p)$ sur H , dans les notations de [5].

C. Les courbes elliptiques introduites dans (A) représentent des outils puissants dans l'étude des caractères de Hecke des corps quadratiques imaginaires. Cet exposé va en donner un exemple. D'autre part, elles forment la plus grande classe de courbes elliptiques pour laquelle on sait démontrer le

THÉORÈME DE COATES ET WILES. Si $E(F)$ est infini, alors $L(\psi,1) = 0$. Voir [1] et [2].

Le point essentiel est qu'on contrôle l'arithmétique de E/F par la théorie du corps de classes de K .

D. PLAN DE L'EXPOSÉ

Dans (E), on caractérise les courbes envisagées de différents points de vue. Les données sont ensuite développés -- (F) à (K) -- afin de préparer les énoncés de rationalité, (L), pour les valeurs spéciales de fonctions L : $L(\overline{\Phi},1)$ et $L(\overline{\Psi},1)$, prédits par la conjecture de Deligne, (M).

E. ÉQUIVALENCES

Soient F une extension abélienne de K ; E une courbe elliptique sur F telle que $\mathrm{End}_F E = \mathcal{O}$, de Grössencharakter associé ψ . Alors les conditions suivantes sont équivalentes:

(1) Il existe un caractère ϕ de K , tel que $\psi = \phi \circ N_{F/K}$.

(2) $F(E_{tors})$, le corps engendré sur F par les coordonnées des points de division de E , est abélien sur K .

(3) Pour tout premier ℓ , la représentation $\mathrm{Ind}_{F/K}\rho_\ell(E)$, induite par rapport à $G(\overline{\mathbb{Q}}/F) \hookrightarrow G(\overline{\mathbb{Q}}/K)$ par la représentation ℓ-adique $\rho_\ell(E)$ attachée à E sur F , est abélienne.

(4) Pour $B = R_{F/K}E$ la restriction de scalaires selon Weil, on a

$$\mathrm{End}_K B \otimes \mathbb{Q} = \prod_{i=1}^{r} T_i =: T \ ,$$

où chaque T_i (i = 1,...,r) est un corps de type CM contenant K , et $\sum_{i=1}^{r} [T_i:K] = n$.

F. Voici comment on peut visualiser les r corps T_i à partir des données ϕ et F : ψ étant $\phi \circ N_{F/K}$, on voit facilement que l'ensemble des caractères ϕ' de K satisfaisant $\psi = \phi' \circ N_{F/K}$ est $\{\phi\chi : \chi \in \hat{G}\}$. Les corps T_i (i = 1,...,r) correspondent alors aux orbites de cet ensemble sous $\mathrm{Aut}_K \mathbb{C}$. Ainsi, si $T_1 = K(\phi)$ et $[T_1:K] = n_1$, on aura que

$$\{\phi^{\sigma} : \sigma \in \mathrm{Aut}_K \mathbb{C}\} = \{\phi, \phi\chi_2, \ldots, \phi\chi_{n_1}\} \quad .$$

Ensuite $T_2 = K(\phi\chi_{n_1+1})$, pour un certain χ_{n_1+1} , etc.

Si l'on est dans le cas particulier où F égale H , le corps de classes de Hilbert de K , il est démontré dans [6], que r = 1 .

G. Appelons $\tilde{\psi}$ (resp. $\tilde{\phi}$) les quasi-caractères d'idèles attachés -- selon [7], Th. 10 -- à E/F (resp. B/K) . On a donc

$$\tilde{\psi} : F^* \to K^* , \tilde{\psi}|_{F^*} = N_{F/K} \quad ;$$

et de $\psi \otimes N^{-1}_{F\otimes\mathbb{R}/K\otimes\mathbb{R}}$ se déduisent, par les deux plongements possibles de K dans $\mathbb{C}$, les deux caractères complexes ψ et $\overline{\psi}$. De même, $\tilde{\phi} : K^* \to T^*$, $\tilde{\phi}|_{K^*}$ = (diag.) ; et les caractères complexes $\phi\chi$, pour $\chi \in \hat{G}$, ainsi que leurs conjugués complexes, se déduisent de $\tilde{\phi} \otimes (\text{compos. à } l'\infty)^{-1}$ par les différents $\mathbb{Q}$-homomorphismes de $T = \Pi T_i$ dans $\mathbb{C}$.

H. Soit un idéal entier de K premier à G (notation de (A)). L'action de l'endormorphisme $\tilde{\phi}(\ )$ sur un point de G-division P de B est alors donnée par le symbole d'Artin σ de l'idéal :

$$\tilde{\phi}(\ )(P) = P^{\sigma} \quad .$$

$\tilde{\phi}(\ )$ induit donc une isogénie $E \to E^{\sigma}$. (Si est une norme de F , alors $E^{\sigma} = E$ et on voit aussitôt que $\tilde{\psi} = \tilde{\phi} \circ N_{F/K}$).

I. DU POINT DE VUE ANALYTIQUE...

Choisissons un plongement de F dans $\mathbb{C}$ qui est compatible au plongement fixé de K, et tel que l'invariant j algébrique de E s'identifie à l'invariant modulaire $j(\mathcal{O})$. Choisissons également une forme différentielle de première espèce ω de E définie sur F. Le couple (E,ω) détermine donc, par la théorie de Weierstrass, un réseau L du plan complexe qui, dans notre cas, s'écrit sous la forme $L = \Omega\mathcal{O}$, pour un $\Omega \in \mathbb{C}^*$. On fixe un des $|\mathcal{O}^*|$ choix possibles de la période Ω.

Pour comme dans (H), on note (E , ω) le modèle conjugué de (E,ω) par σ. Soit L le réseau dans $\mathbb{C}$ correspondant. Définissons $\Lambda(\ ) \in F^*$ par la formule

$$\Lambda(\ )\omega = \tilde{\phi}(\ )^*(\omega\ ) .$$

Cette constante $\Lambda(\ )$ dépend du choix de ω : si l'on passe de ω à $\alpha\omega$ $(\alpha \in F^*)$, $\Lambda(\ )$ se multiplie par $\alpha^{(1-\sigma\ )}$. On voit tout de suite que $\Lambda(\ )$ est un homomorphisme croisé par l'action de G :

$$\Lambda(\ b) = \Lambda(\ )^{\sigma_b}\Lambda(b) .$$

Nous avons le diagramme commutatif suivant

$$\begin{array}{ccc} E & \xrightarrow{\text{Weierstrass}} & \mathbb{C}/L \\ \tilde{\phi}(\ ) \downarrow & & \downarrow .\Lambda(\ ) \\ E & \xrightarrow{\text{Weierstrass}} & \mathbb{C}/L \end{array} .$$

La théorème principal de la multiplication complexe des courbes elliptiques -- [8], Th. 5.4 -- dit que L s'écrit $L = \Lambda(\ )\Omega^{-1}$. En d'autres termes, $\tilde{\phi}(\ )$ induit une isogénie $E \to E$ de noyau isomorphe à $^{-1}/\mathcal{O}$.

J. Posons $\Phi(\ ) = \tilde{\phi}(\ )\Lambda(\ )^{-1} \in (T \otimes_K F)^*$. Alors il est facile de voir que $\Phi(\ )$ dépend uniquement de $\sigma\,|_F \in G$. (Ceci n'est pas vrai au niveau des $\Lambda(\ )$!).

On obtient donc une application

$$\Phi : G \to (T \otimes_K F)^* ,$$

qui est visiblement un 1-cocycle, si l'on munit $(T \otimes_K F)^*$ de l'action de G qui est triviale sur T et naturelle sur F. Une légère généralisation du "théorème 90" de Hilbert fournit donc un élément x de $(T \otimes_K F)^*$ (bien détermine à T^* près) tel que $\Phi(\sigma) = x^{(\sigma-1)}$, pour tout $\sigma \in G$.

K. On note ε un élément de $J := \mathrm{Hom}_K(T,\mathbb{C})$. Par le plongement choisi de F dans $\mathbb{C}$ -- voir (I) -- $T \otimes_K F$ s'injecte dans $T \otimes_K \mathbb{C} = \mathbb{C}^J$.

On associe donc à ε la composante x_ε de l'élément x construit plus haut. De même, ϕ_ε est l'élément de $\{\phi\chi : \chi \in \hat{G}\}$ qui se déduit de $\tilde{\phi}$ au moyen de ε - voir (G). Enfin, notons T_ε l'image de ε.

La forme differèntielle $\eta_\varepsilon = \sum_{\sigma\in G} (x^\sigma)_\varepsilon \, \omega^\sigma \in H^0(B,\Omega^1/T_\varepsilon)$ est une forme propre pour l'action de T. Plus précisément, on a $\tilde{\phi}(\ )^*(\eta_\varepsilon) = \phi_\varepsilon(\ )\cdot\eta_\varepsilon$. On deduit de cela que, pour chaque cycle $c \in H_1(B,\mathbb{Z})$, l'intégrale $\int_c \eta_\varepsilon$ vaut $x_\varepsilon \Omega$, à un élément de T_ε^* près: $(\int_c \eta_\varepsilon)_\varepsilon \underset{T^*}{\sim} x\Omega \in (T \otimes_K \mathbb{C})^*$.

L. <u>THÉORÈMES DE RATIONALITÉ</u>

<u>On garde les notations précédentes</u>

1) $$(L(\overline{\phi}_\varepsilon,1))_\varepsilon \underset{T}{\sim} x\Omega \in (T \otimes_K \mathbb{C})^*$$

2) $$L(\overline{\psi},1) \underset{K}{\sim} \delta \,.\, \Pi(\Lambda(\ )\Omega)$$

où $\delta = \det_{i,\sigma}(f_i^\sigma) \neq 0$, <u>pour un système</u> $\mathcal{O}$-<u>libre d'éléments</u> $f_i \in F$ $(i = 1,\ldots,n)$; <u>et</u> <u>décrit un ensemble d'idéaux entiers de</u> K <u>premiers à</u> G <u>dont les symboles d'Artin couvrent</u> G <u>sans répétition</u>.

M. On vérifie que 1) équivaut à la conjecture de Deligne, [3], 2.8, pour le motif $R_{K/\mathbb{Q}} H_1(B)$. En fait, on a $H_1(B) = M(\phi^{-1})$ dans les notations de [3], 8.1. De même, 2) équivaut à la conjecture pour $R_{F/\mathbb{Q}} H_1(E)$, le terme à droit de 2) étant celui de la proposition 8.16 de [3].

N. La démonstration des énoncés de (L) repose sur deux résultats cruciaux.

1) Pour $\sigma \in G$, posons $L(\phi,\sigma,s) = \sum\limits_{\sigma\ \ =\sigma} \phi(\ \ )N^{\ -s}$, pour $\mathrm{Re}(s)$ assez grande, pour obtenir une fonction L partielle par prolongement analytique. Elle se décompose en somme de séries d'Eisenstein: Soit $\rho \in \Omega K^*$ tel que $\frac{\rho}{\Omega}\mathcal{O} = \frac{h}{G}$, pour un idéal entier h de K premier à G .

On notera $\mathcal{B}$ un ensemble d'idéaux entiers b de K premiers à G représentant les classes de rayon mod.G de K dont le symbole d'Artin fixe F .

Finalement, E_1 est la série d'Eisenstein dont la valeur en L et $z \notin L$ serait $E_1(z,L) = \sum\limits_{\omega\in L} (z+\omega)^{-1}$, si cette dernière serie convergeait... -- voir [9], III -- et on note E_1^* la fonction L-périodique déduite de E_1 : [9], VI §2.

Alors on trouve, pour tout $\varepsilon \in \mathrm{Hom}_K(T,\mathbb{C})$ et tout $(\ \ ,G) = 1$, la formule

$$\frac{\phi_\varepsilon(\ \ h)}{\Lambda(\ \ )\rho}\, L(\overline{\phi}_\varepsilon,\sigma_{\ \ h},1) = \sum_{b\in\mathcal{B}} E_1^*(\phi_\varepsilon(b)\Lambda(\ \ )\rho,L\ \ ) \ .$$

Notons $E(\ \ ,b)$ les termes de la somme à droite. Ils ne dépendent pas, en fait, de ε .

2) On démontre (voir [4], §6) que $E(\ \ ,b)$ appartient au corps des rayons modulo G de K , et que

$$E(\mathcal{O},b)^{\sigma} = E(\ \ ,b) = E(\ \ ,\mathcal{O})^{\sigma_b} \ .$$

Pour plus de détails de la démonstration de (L), voir [4], §7.

REFERENCES

[1] Arthaud, N., On Birch and Swinnerton-Dyer's Conjecture for elliptic curves with complex multiplication, II; à paraître.

[2] Coates, M. et Wiles, A., On the Conjecture of Birch and Swinnerton-Dyer. Inventiones Math. 39 (1977), 223-251.

[3] Deligne, P., Valeurs de fonctions L et périodes d'intégrales. Proc. Symp. in Pure Math. 33 (1979), Part 2, 313-346.

[4] Goldstein, C. et Schappacher, N., Séries d'Eisenstein et fonctions L de courbes elliptiques à multiplication complexe; à paraître, Crelle.

[5] Gross, B., Arithmetic on elliptic curves with complex multiplication. Springer Lect. Notes Math. 776 (1980).

[6] Rohrlich, D., Galois Conjugacy of unramified twists of Hecke characters. Duke Math. J. 47 (1980).

[7] Serre, J.-P. et Tate, J., Good reduction of abelian varieties. Ann. of Math. 88 (1968), 492-517.

[8] Shimura, G., Introduction to the arithmetic theory of automorphic functions. Princeton U. Press, 1971.

[9] Weil, A., Elliptic functions according to Eisenstein and Kronecker. Springer Ergebn. 88 (1976).

Norbert Schappacher
Mathematisches Institut der Universität
Bunsenstr. 3-5
D-3400 Göttingen

Séminaire Delange-Pisot-Poitou
(Théorie des Nombres)
1980-81

SIMULTANEOUS RATIONAL ZEROS OF QUADRATIC FORMS

Wolfgang M. Schmidt
University of Colorado

ABSTRACT

A system of r rational quadratic forms has a nontrivial rational zero, provided it has a nonsingular real zero and provided each form in the complex pencil has rank $> 4r^2 + 4r$.

1. INTRODUCTION

A classical theorem of Meyer [3] asserts that <u>an indefinite quadratic form with rational coefficients in 5 variables has a nontrivial, rational zero</u>.

But not much has been known about common zeros of systems of quadratic forms. In what follows, when we speak of a <u>zero</u> of a form, it will always be understood that it is nontrivial. By the <u>rational pencil</u> generated by forms $F_1,\ldots,F_r$ we shall understand the set of forms $\lambda_1 F_1 + \ldots + \lambda_r F_r$ where $\lambda_1,\ldots,\lambda_r$ are rational, and not all zero; the real pencil or complex pencil are defined similarly.

For a pair of quadratic forms, Swinnerton-Dyer [6] improved a result of Mordell [4], and obtained the following.

<u>Suppose</u> $F,\mathfrak{G}$ <u>are quadratic forms with rational coefficients, in 11 variables, such that</u>

(i) <u>each form in the real pencil generated by</u> $F,\mathfrak{G}$ <u>is indefinite,</u>

(ii) <u>each form in the rational pencil generated by</u> $F,\mathfrak{G}$ <u>has rank</u> ≥ 5 .

Then $F, \mathfrak{G}$ have a common rational zero.

Actually, Swinnerton-Dyer does not stipulate (ii). But that (i) is not enough is seen from the example

$$F = x_1^2 + x_2^2 + x_3^2 - 7x_4^2 ,$$

$$\mathfrak{G} = x_1^2 + x_2^2 + x_3^2 + x_4^2 - x_5^2 - \dots - x_s^2 ,$$

where the number s of variables may be arbitrarily large. Observe that $F = 0$ for rational $x_1,\dots,x_4$ only when $x_1 = \dots = x_4 = 0$. The problem in [6] is with the proof of Lemma 3, in particular with the passage "there are real points -- and so rational points -- on $F = 0$ which make $\mathfrak{G}$ negative." In general, it is not clear how to get the asserted rational points from the real points. But if (ii) holds, so that F has rank ≥ 5, then it may be deduced from Meyer's Theorem that the rational points on $F = 0$ are dense among the real points.

Now let $F_1,\dots,F_r$ be r quadratic forms in variables $\underline{x} = (x_1,\dots,x_s)$. A point $\underline{x}$ will be called singular if the matrix $\partial F_i/\partial x_j$ $(1 \leq i \leq r,\ 1 \leq j \leq s)$ has rank $< r$ at $\underline{x}$.

THEOREM. Suppose $F_1,\dots,F_r$ are quadratic forms with rational integer coefficients[†)], such that each form in their rational pencil has

$$\text{rank} > 2r^2 + 3r . \tag{1.1}$$

Given a box $B \subset \mathbb{R}^s$ with sides parallel to the coordinate axes, let $z(P)$ be the number of common integral zeros of $F_1,\dots,F_r$ in PB (i.e., the set of points $P\underline{x}$ with $\underline{x} \in B$). Then as $P \to \infty$,

$$z(P) = P^{s-2r}\mathfrak{J}\gamma + O(P^{s-2r-\delta}) .$$

Here $\delta = \delta(r,s) > 0$, and the "singular integral" $\mathfrak{J}$ depends on $F_1,\dots,F_r$ and on B, while the "singular series" $\mathfrak{S}$ depends only on $F_1,\dots,F_r$. Moreover, if

---

†) Thus each form is of the type $\sum_{1 \leq i,j \leq s} c(i,j)x_i x_j$ with $c(i,j) = c(j,i) \in \mathbb{Z}$.

(I) <u>the given forms have a common nonsingular real zero in the interior of</u> $\mathcal{B}$,

<u>then</u> $\mathfrak{J} > 0$, <u>and if</u>

(II) <u>each form in the complex pencil has rank</u> $> 4r^2 + 4r$, <u>or if</u>

(II.1) <u>each form in the rational pencil has rank</u> $> 4r^3 + 4r^2$,

<u>then</u> $\mathfrak{S} > 0$.

Birch [1] proves a general result, which holds for forms of degree d . However, Birch instead of (1.1) has to assume that the variety $F_1 = \ldots = F_r = 0$ has dimension $s - r$ (which is reasonable enough), but also that $s - v^*$ is large, where v^* is the dimension of the variety of singular points, which in general is hard to determine. Moreover, in order to obtain $\mathfrak{S} > 0$, Birch has to stipulate the existence of a nonsingular, common p-adic zero for each prime p .

Our proof will be via the Hardy-Littlewood method, and will use ideas introduced by Davenport [2] in his work on cubic forms. In an earlier paper [5] I had established the existence of p-adic zeros, and in fact had obtained rather more explicit results. This is why no p-adic condition is needed in our theorem.

Observe that the number s of variables is bounded from below by the condition (1.1) and by (II), but no explicit lower bound for s is stipulated. A natural question is, how far may (1.1), or the conditions (I) or (II) be relaxed.

2. THE CONDITION (I)

Clearly the existence of a real zero is necessary for the existence of a rational zero. For a result like our theorem, apparently more is needed than just one real zero.

We will show in Section 4 that $\mathfrak{J} > 0$ if the set $M_{\mathcal{B}}$ of real zeros in the interior of $\mathcal{B}$ is a manifold of dimension $\geq s - r$. By the Implicit Function Theorem this is certainly the case if condition (I) holds, i.e., if there is a nonsingular zero in the interior of $\mathcal{B}$.

Swinnerton-Dyer [6] shows that his condition (i), that <u>every form of the real pencil is indefinite</u>, implies in the case $r = 2$ the existence of a common real zero of the pencil. A simple example shows that this is no longer the case when $r = 3$: Take

$$F_1 = x_1^2 - x_2^2 - x_3^2 - \ldots - x_s^2 ,$$

$$F_2 = x_2^2 - x_3^2 - \dots - x_s^2 ,$$

$$F_3 = x_1x_2 - x_3^2 .$$

A typical form $\lambda F_1 + \mu F_2 + \nu F_3$ of the real pencil is

$$\lambda x_1^2 + \nu x_1x_2 + (\nu-\lambda)x_2^2 - (\lambda+\mu+\nu)x_3^2 - (\lambda+\mu)(x_4^2+\dots+x_s^2) .$$

Now if $\lambda > 0$, the form is indefinite if $\mu < \lambda$, but also if $\mu \geqq \lambda$. The situation is similar when $\lambda < 0$. If $\lambda = 0$ and $\mu \neq 0$, the form is again indefinite. Since for $\lambda = \mu = 0$ the form νF_3 of the pencil is indefinite, the condition (i) holds.

Yet F_1,F_2,F_3 have no common real zero. For $F_2 = 0$ gives $x_2^2 \geqq x_3^2$, which in conjunction with $F_1 = 0$ and $F_3 = 0$ yields $x_1^2 \geqq x_2^2 + x_3^2 \geqq 2x_3^2$ and $x_3^4 = x_1^2x_2^2 \geqq 2x_3^3$, whence $x_3 = 0$. Thus either $x_1 = 0$ or $x_2 = 0$. If $x_1 = 0$, then $\underline{x} = \underline{0}$ as a consequence of $F_1 = 0$. If $x_2 = 0$, then $x_3 = \dots = x_s = 0$ from $F_2 = 0$, and again $\underline{x} = \underline{0}$ follows.

3. THE CONDITION (II)

That we cannot simply remove condition (II) or (II.1) was shown at the beginning, in the discussion of Swinnerton-Dyer's Theorem.

Sometimes when the condition (II.1) does not hold, we still may assert the existence of a common rational zero, as follows. Suppose that the form F_r has rank $\leqq 4r^3 + 4r^2$. Further suppose that the number s of variables exceeds $4r^3 + 4r^2$. After a linear change of variables, F_r will depend only on $x_{s_1+1},\dots,x_s$ where $s_1 = s - 4r^3 - 4r^2$. All we need, then, is a common rational zero of the $r - 1$ forms

$$F_i(x_1,\dots,x_{s_1},0,\dots,0) \qquad (i = 1,\dots,r-1) .$$

Such a zero will certainly exist if these forms satisfy the hypotheses of our theorem with $r - 1$ in place of r .

In a totally imaginary number field K , say the Gaussian field, presumably no condition such as (I) is needed. If this is so, then one could use the argument above and induction on r to remove condition

(II.1) as well. Hence there is some hope that for such a field one can prove the existence of a common zero if only $s > c_0(K)r^3$.#

Define the <u>joint rank</u> of a set of forms $\mathfrak{G}_1,\ldots,\mathfrak{G}_\ell$ as the smallest number σ such that there are linear forms $L_1,\ldots,L_\sigma$ such that each $\mathfrak{G}_i$ can be expressed as a quadratic form in $L_1(\underline{x}),\ldots,L_\sigma(\underline{x})$.

Call ℓ forms

$$\mathfrak{G}_j = \lambda_{j1}F_1 + \ldots + \lambda_{jr}F_r \qquad (j = 1,\ldots,\ell)$$

of the pencil of $\underline{\underline{F}} = (F_1,\ldots,F_r)$ <u>independent</u>, if the ℓ vectors $\underline{\underline{\lambda}}_j = (\lambda_{j1},\ldots,\lambda_{jr})$ $(j = 1,\ldots,\ell)$ are linearly independent. Besides (II) and (II.1), we introduce the further condition

(II.$\frac{1}{2}$) <u>for every</u> ℓ <u>in</u> $1 \leq \ell \leq r$, <u>any</u> ℓ <u>independent forms of the rational pencil have joint rank</u>

$$> \ell(4r^2 + 4r) .$$

<u>LEMMA 1</u>. <u>We have</u>

$$(II.1) \Rightarrow (II.\tfrac{1}{2}) \Rightarrow (II) .$$

<u>Proof</u>. It is obvious that (II.1) implies (II.$\frac{1}{2}$). Before we turn to the implication (II.$\frac{1}{2}$) $\Rightarrow$ (II), a few remarks about the joint rank may be in order.

It follows from the definition that if $\underline{\underline{\mathfrak{G}}}$ is an ℓ-tuple of joint rank σ and if $\underline{\underline{\mathfrak{G}}}'$ is an ℓ'-tuple of joint rank σ', then the $(\ell+\ell')$-tuple $(\underline{\underline{\mathfrak{G}}},\underline{\underline{\mathfrak{G}}}')$ has joint rank $\leq \sigma + \sigma'$.

To each quadratic form F with rational coefficients there belongs a unique symmetric, bilinear form $F(\underline{\underline{x}}|\underline{\underline{y}})$ such that

$$F(\underline{\underline{x}}) = F(\underline{\underline{x}}|\underline{\underline{x}}) .$$

Suppose now that $\mathfrak{G}_1,\ldots,\mathfrak{G}_\ell$ have joint rank σ. After a nonsingular linear transformation of the variables, each $\mathfrak{G}_i$ will be a function of $x_1,\ldots,x_\sigma$ only. Thus after the linear transformation we have

$$\mathfrak{G}_i(\underline{\underline{x}}|\underline{\underline{e}}_j) = 0 \qquad (1 \leq i \leq \ell , \sigma < j \leq s) ,$$

#Added in proof. In fact $c_0(K)r^2$ variables suffice. For the elementary proof, see D. LEEP, <u>Systems of quadratic forms</u>. (To appear) identically in $\underline{\underline{x}}$, where $\underline{\underline{e}}_1,\ldots,\underline{\underline{e}}_s$ are the basis vectors. Therefore if A is the subspace consisting of vectors $\underline{\underline{y}}$ having

$$(3.1) \qquad \mathfrak{G}_i(\underline{\underline{x}}|\underline{\underline{y}}) = 0 \qquad (1 \leq i \leq \ell)$$

identically in $\underline{\underline{x}}$, then $\dim A \geq s - \sigma$. It is now easy to infer that $\sigma = \operatorname{codim} A$. Since A is defined by the linear condition (3.1), $\sigma = \operatorname{codim} A$ remains independent of possible field extensions. In particular, in the definition of the joint rank, it does not matter whether we stipulate $L_1,\ldots,L_\sigma$ to have coefficients in $\mathbb{Q}$ or not.

We now return to the proof of the lemma. Suppose (II) does not hold; then some form

$$(3.2) \qquad \lambda_1 F_1 + \ldots + \lambda_r F_r$$

of the complex pencil has rank $\leq 4r^2 + 4r$. The condition on the rank is an algebraic condition on $\lambda_1,\ldots,\lambda_r$. By the (weak form of the) Hilbert Nullstellensatz there are $\lambda_1,\ldots,\lambda_r$, not all zero, which are algebraic (over $\mathbb{Q}$) such that (3.2) has rank $\leq 4r^2 + 4r$.

Suppose that $\lambda_1,\ldots,\lambda_r$ span a vector space of dimension ℓ over $\mathbb{Q}$, and suppose that this space is spanned by $\lambda_1,\ldots,\lambda_\ell$, say. Then

$$\lambda_1 F_1 + \ldots + \lambda_r F_r = \lambda_1 \mathfrak{G}_1 + \ldots + \lambda_\ell \mathfrak{G}_\ell$$

where $\mathfrak{G}_1,\ldots,\mathfrak{G}_\ell$ are independent forms of the rational pencil. Now $\lambda_1,\ldots,\lambda_\ell$ generate an algebraic number field L of degree at least ℓ . There are ℓ conjugations (i.e., isomorphisms of L into $\mathbb{C}$), say $\lambda \to \lambda^{(1)},\ldots,\lambda \to \lambda^{(\ell)}$, such that the matrix $(\lambda_i^{(j)})$ $(1 \leq i,j \leq \ell)$ has rank ℓ . We put

$$\lambda_1^{(1)}\mathfrak{G}_1 + \ldots + \lambda_\ell^{(1)}\mathfrak{G}_\ell = \mathfrak{H}^{(1)} \quad ,$$

$$\cdots\cdots$$

$$\lambda_1^{(\ell)}\mathfrak{G}_1 + \ldots + \lambda_\ell^{(\ell)}\mathfrak{G}_\ell = \mathfrak{H}^{(\ell)} \quad .$$

Each of the forms $\mathfrak{H}^{(1)},\ldots,\mathfrak{H}^{(\ell)}$ has rank $\leq 4r^2 + 4r$, so that they have joint rank $\leq \ell(4r^2 + 4r)$. By the nonsingularity of the matrix $(\lambda_i^{(j)})$, the forms $\mathfrak{G}_1,\ldots,\mathfrak{G}_\ell$ have joint rank $\leq \ell(4r^2 + 4f)$. Hence

(II.$\frac{1}{2}$) is violated.

4. THE SINGULAR INTEGRAL

Because of their intrinsic interest, we begin with the singular integral and the singular series. Put

$$\Psi(y) = \begin{cases} 1 - |y| & \text{if } |y| \leq 1 , \\ 0 & \text{if } |y| > 1 . \end{cases}$$

For $T > 0$, put

$$\Psi_T(y) = T\Psi(Ty) = \begin{cases} T(1 - T|y|) & \text{if } |y| \leq T^{-1} , \\ 0 & \text{if } |y| > T^{-1} , \end{cases}$$

and further

$$\Psi_T(\underline{\underline{y}}) = \Psi_T(y_1) \cdots \Psi_T(y_r)$$

if $\underline{\underline{y}} = (y_1,\cdots,y_r)$.

We will use the vector notation $\underline{\underline{F}} = (F_1,\ldots,F_r)$. With this notation we define

$$\mathfrak{J}_T = \int_{\mathcal{B}} \Psi_T(\underline{\underline{F}}(\underline{\underline{\xi}}))d\underline{\underline{\xi}} \quad . \tag{4.1}$$

It will follow in the course of the proof of our theorem that under the condition (1.1), the limit

$$\mathfrak{J} = \lim_{T\to\infty} \mathfrak{J}_T \tag{4.2}$$

exists. This limit is the singular integral $\mathfrak{J}$ of the theorem. Following Birch one could try to express $\mathfrak{J}$ as an integral over the manifold of real zeros of $\underline{\underline{F}}$. Since (4.2) is probably just as convenient, we will not do this here.

Let $M_{\mathcal{B}}$ be the set of real zeros of $\underline{\underline{F}}$ in the interior of $\mathcal{B}$. It is a real differentiable manifold.

<u>LEMMA 2</u>. $\mathfrak{J} > 0$ <u>if</u> $\dim M_{\mathcal{B}} \geq s - r$.

Proof. There is a submanifold $M' \subseteq M_{\mathcal{B}}$ which has a positive distance ε from the boundary of $\mathcal{B}$. There is a manifold $M'' \subseteq M'$ of precise dimension $s - r$. There is a manifold $M''' \subseteq M''$ which can be parametrized by $s - r$ of the coordinates, say by $\xi_1, \ldots, \xi_{s-r}$. Write $\underline{\xi}' = (\xi_1, \ldots, \xi_{s-r})$ and $\underline{\xi}'' = (\xi_{s-r+1}, \ldots, \xi_s)$. There is an open set $\mathcal{O} \subset \mathbb{R}^{s-r}$ and a continuous map $\underline{f}$ from $\mathcal{O}$ into $\mathbb{R}^r$, such that

$$(\underline{\xi}', \underline{f}(\underline{\xi}'))$$

lies in M''' for $\underline{\xi}' \in \mathcal{O}$. For $D > \varepsilon^{-1}$, the set S_D of points $(\underline{\xi}', \underline{\xi}'')$ with $\underline{\xi}' \in \mathcal{O}$ and $|\underline{\xi}'' - \underline{f}(\underline{\xi}')| > D^{-1}$ still lies in $\mathcal{B}$. Here and throughout, for vectors $\underline{\xi}$ of any dimension t,

$$|\underline{\xi}| = \max(|\xi_1|, \ldots, |\xi_t|) \quad .$$

Now $\underline{F}(\underline{\xi}', \underline{f}(\underline{\xi}')) = \underline{0}$ for $\underline{\xi}' \in \mathcal{O}$. The forms of $\underline{F}$ are Lipschitz on $\mathcal{B}$; therefore $|\underline{F}(\underline{\xi}', \underline{\xi}'')| < (2T)^{-1}$ if $(\underline{\xi}', \underline{\xi}'') \in S_{cT}$ for a suitable constant c. So

$$\Psi(\underline{F}(\underline{\xi})) \geq (T/2)^r$$

for $\underline{\xi} \in S_{cT}$. Since S_{cT} has volume $\gg T^{-r}$,

$$\mathfrak{J}_T \gg 1 \quad ,$$

whence $\mathfrak{J} > 0$.

Now if the given forms have a nonsingular zero in $\mathcal{B}$, then it follows from the Implicit Function Theorem that some component of $M_{\mathcal{B}}$ has dimension $s - r$. So $\mathfrak{J} > 0$, i.e., assertion (I) of the theorem holds.

5. THE SINGULAR SERIES

Write $e(x) = e^{2\pi i x}$ and

$$S(\underline{a}, q) = \sum_{\underline{x} \pmod q} e(q^{-1} \underline{a}\underline{F}(\underline{x})) \quad . \tag{5.1}$$

Here $\underline{a} = (a_1, \ldots, a_r)$, $\underline{x} = (x_1, \ldots, x_s)$, and $\underline{a}\underline{F}$ is the inner product $a_1 F_1 + \ldots + a_r F_r$. The sum S has q^s summands. Put

(5.2) $$A(q) = \sum_{\substack{\underline{a} (\mathrm{mod}\ q) \\ (\underline{a},q)=1}} q^{-s} S(\underline{a},q) \quad ;$$

here $(a,q) = (a_1,\ldots,a_s,q) = \gcd(a_1,\ldots,a_s,q)$. It will be shown in the course of the proof of our theorem that the sum

(5.3) $$\mathfrak{S} = \sum_{q=1}^{\infty} A(q)$$

is absolutely convergent if (1.1) holds. This sum $\mathfrak{S}$ is the "singular series" of the theorem. By the absolute convergence,

$$\mathfrak{S} = \prod_p \chi(p) \quad ,$$

where for each prime p,

$$\chi(p) = 1 + A(p) + A(p^2) + \ldots \quad .$$

It is well known and easily proved that

$$1 + A(p) + \ldots + A(p^\ell) = p^{-(s-r)\ell} \nu_\ell \quad ,$$

where ν_ℓ is the number of solutions of the congruences

$$F_1(\underline{x}) \equiv \ldots \equiv F_r(\underline{x}) \equiv 0 \pmod{p^\ell} \quad .$$

Hence in order to show that $\chi(p) > 0$, which by the absolute convergence yields $\mathfrak{S} > 0$, we have to show that for each given p,

(5.4) $$\nu_\ell \gg p^{(s-r)\ell} \quad .$$

Put

(5.5) $$\omega_1 = 2r + 2 + \sigma \qquad \text{where} \qquad 0 < \sigma < 1/(2r) \quad .$$

In Theorem 2 of [5] it was shown that if the r-tuple $\underline{F}$ is "ω_1-bottomed," then indeed (5.4) holds.

There remains the possibility that $\underline{F}$ is "ω_1-bottomless." Then by Theorem 6 of [5] there is a nonsingular linear transformation τ of the space $\mathbb{Q}_p^s$ into itself, where $\mathbb{Q}_p$ is the field of p-adic numbers, and there is a nonsingular linear transformation T of $\mathbb{Q}_p^r$ into itself, such that if we apply τ to the variables $\underline{x} = (x_1,\dots,x_s)$, and T to the r-tuple $(F_1,\dots,F_r)$, we obtain an r-tuple of quadratic forms $(\mathfrak{G}_1,\dots,\mathfrak{G}_r)$ with the following special property.

There exist nonnegative integers $a_1,\dots,a_s$ and $b_1,\dots,b_r$ such that

$$a_1 + \dots + a_s < \omega_1(b_1 + \dots + b_r) \quad , \tag{5.6}$$

and that

$$\mathfrak{B}_j(\underline{e}_h|\underline{e}_k) = 0$$

for every j and every pair h,k with

$$a_h + a_k < b_j \quad .$$

Here of course $\mathfrak{B}_j(\underline{x}|\underline{y})$ is the bilinear form associated with $\mathfrak{G}_j(\underline{x})$, and $\underline{e}_1,\dots,\underline{e}_s$ are the basis vectors. We may suppose without loss of generality that

$$a_1 \geq \dots \geq a_s \qquad \text{and} \qquad b_1 \geq \dots \geq b_r \quad ,$$

so that by (5.6),

$$a_1 + \dots + a_s < \omega_1 r b_1 \quad . \tag{5.7}$$

Let u be the largest number such that

$$a_i + a_{u+1-i} \geq b_1 \qquad (i = 1,\dots,u) \quad .$$

Then $a_1 + \dots + a_u \geq b_1 u/2$, so that

$$u < 2\omega_1 r$$

by (5.7). Further $2\omega_1 r < 4r^2 + 4r + 1 \leq s$ by (5.5) and by the condition (II). There exist v,w with $v + w = u + 2$ having

$$a_v + a_w < b_1 \quad .$$

Then $\mathfrak{G}_1(\underline{\underline{e}}_h|\underline{\underline{e}}_k) = 0$ for $v \leq h \leq s$, $w \leq k \leq s$. Hence the matrix $\mathcal{O}_1(\underline{\underline{e}}_h|\underline{\underline{e}}_k)$ $(1 \leq h,k \leq s)$ of $\mathfrak{G}_1$ has rank $\leq v - 1 + w - 1 = u$, and therefore the quadratic form $\mathfrak{G}_1$ has rank $\leq u < 2\omega_1 r < 4r^2 + 4r + 1$, hence has rank

$$\leq 4r^2 + 4r \quad .$$

What does this have to do with the given r-tuple $\underline{\underline{F}}$? The transformation τ does not affect ranks. And $\mathfrak{G}_1$ is a linear combination

$$\mathfrak{G}_1 = \lambda_1 F_1 + \ldots + \lambda_r F_r \quad ,$$

with p-adic coefficients $\lambda_1,\ldots,\lambda_r$, not all zero. The condition that $\mathfrak{G}_1$ be of rank $\leq 4r^2 + 4r$ is an algebraic condition on $\lambda_1,\ldots,\lambda_r$. By the Nullstellensatz, there are $\lambda_1,\ldots,\lambda_r$ which are algebraic (over $\mathbb{Q}$) such that $\lambda_1 F_1 + \ldots + \lambda_r F_r$ has rank $\leq 4r^2 + 4r$. In particular, the complex pencil of $\underline{\underline{F}}$ contains a form of rank $\leq 4r^2 + 4r$. But this contradicts condition (II). Hence $\underline{\underline{F}}$ cannot be ω_1-bottomless.

6. A LEMMA WITH THREE ALTERNATIVES

We will need the cube

$$\mathcal{U}_t : 0 < \xi_i < 1 \qquad (i = 1,\ldots,t) \quad ,$$

as well as the cube

$$\mathfrak{E} : -1 < \xi_i < 1 \qquad (i = 1,\ldots,s) \quad .$$

To our given r-tuple $\underline{\underline{F}} = (F_1,\ldots,F_r)$ of quadratic forms there belongs an r-tuple $\underline{\underline{F}}(\underline{\underline{x}}|\underline{\underline{y}}) = (F_1(\underline{\underline{x}}|\underline{\underline{y}}),\ldots,F_r(\underline{\underline{x}}|\underline{\underline{y}}))$ of symmetric, bilinear forms. By our hypothesis, the bilinear forms here have coefficients in $\mathbb{Z}$. Given $\underline{\underline{a}} = (a_1,\ldots,a_r) \in \mathbb{R}^r$, put

$$\underline{\underline{a}}\underline{\underline{F}}(\underline{\underline{x}}) = a_1 F_1(\underline{\underline{x}}) + \ldots + a_r F_r(\underline{\underline{x}})$$

and

$$\underline{\underline{a}}\underline{\underline{F}}(\underline{\underline{x}}|\underline{\underline{y}}) = a_1 F_1(\underline{\underline{x}}|\underline{\underline{y}}) + \ldots + a_r F_r(\underline{\underline{x}}|\underline{\underline{y}}) \quad .$$

The sum

$$S(\underline{\underline{\alpha}}) = \sum_{\underline{\underline{x}} \in P\mathcal{B}} e(\underline{\underline{\alpha}}\underline{\underline{F}}(\underline{\underline{x}})) \tag{6.1}$$

is crucial for the Hardy Littlewood method: clearly

$$z(P) = \int_{\mathcal{U}_r} S(\underline{\underline{\alpha}}) d\underline{\underline{\alpha}} \ . \tag{6.2}$$

We will always assume that P is large. We may suppose without loss of generality that $\mathcal{B}$ has sides at most 1.

<u>LEMMA 3</u>. <u>Suppose</u> $K > 0$, $\varepsilon > 0$, $\theta > 0$. <u>Given</u> $\underline{\underline{\alpha}}$, <u>we have either</u>

(i) $$|S(\underline{\underline{\alpha}})| \leq P^{s-K} ,$$

<u>or</u>

(ii) <u>there are rational approximations</u> $(a_1/q,\dots,a_r/q)$ <u>to</u> $\underline{\underline{\alpha}} = (\alpha_1,\dots,\alpha_r)$ <u>satisfying</u>

$$1 \leq q \leq P^{r\theta} , \tag{6.3}$$

$$(\underline{\underline{a}},q) = 1 , \tag{6.4}$$

$$|q\alpha_i - a_i| < P^{-2+r\theta} \qquad (i = 1,\dots,r) , \tag{6.5}$$

<u>or</u>

(iii) <u>there are</u>

$$\gg P^{\theta s-2K-\varepsilon}$$

<u>integer points</u> $\underline{\underline{x}} \in P^{\theta}\mathfrak{E}$ <u>for which</u>

$$\operatorname{rank}(F_i(\underline{\underline{x}}|\underline{\underline{e}}_j))_{1\leq i\leq r, 1\leq j\leq s} < r . \tag{6.6}$$

<u>Here</u> $\underline{\underline{e}}_1,\dots,\underline{\underline{e}}_s$ <u>are the basis vectors</u>, <u>and the constant in</u> $\gg$ <u>may depend on</u> r,s,K,θ,ε .

Proof. This is essentially the case $d = 2$ of Lemma 2.5 in Birch [1].

7. ON TRILINEAR FORMS

This section is the heart of the paper. We shall have to deal with the trilinear forms

$$\mathfrak{T}(\underline{x}|\underline{y}|\underline{z}) = \underline{z}\underline{F}(\underline{x}|\underline{y}) = z_1F_1(\underline{x}|\underline{y}) + \dots + z_rF_r(\underline{x}|\underline{y}) \quad . \tag{7.1}$$

But first an auxiliary result:

LEMMA 4. *Let $D_1(\underline{x}),\dots,D_N(\underline{x})$ be forms with integer coefficients in $\underline{x} = (x_1,\dots,x_s)$, and suppose that N and the degrees of the forms D_h are bounded in terms of s. Suppose that a is an integer in $1 \leq a \leq s$, and that there are more than*

$$AR^{a-1}$$

integer points $\underline{x} \neq \underline{0}$ which satisfy $|\underline{x}| < R$ and

$$D_1(\underline{x}) = \dots = D_N(\underline{x}) = 0 \quad ,$$

where A is greater than a certain function of s only. Then there exist some of these points for which the rank of the matrix

$$\partial D_i/\partial x_j \qquad (1 \leq i \leq N \ , 1 \leq j \leq s)$$

is at most $s - a$.

Proof. This is Lemma 2 in [2]. It is a consequence of elementary algebraic geometry.

LEMMA 5. *Let $\mathfrak{T}(\underline{x}|\underline{y}|\underline{z})$ be a trilinear form with integral coefficients, in vectors $\underline{x} \in \mathbb{Q}^s$, $\underline{y} \in \mathbb{Q}^t$, $\underline{z} \in \mathbb{Q}^r$. For given $\underline{x}$, let $Z(\underline{x})$ be the subspace of $\mathbb{Q}^r$ consisting of $\underline{z}$ having $\mathfrak{T}(\underline{x}|\underline{y}|\underline{z}) = 0$ for every $\underline{y}$.*

Suppose that $\varepsilon > 0$, that a is an integer in $1 \leq a \leq s$, and that for some arbitrarily large values of R, there are more than

$R^{a-1+\varepsilon}$

integer points $\underline{\underline{x}} \neq \underline{\underline{0}}$ which satisfy $|\underline{\underline{x}}| < R$ and

(7.2) $$\dim Z(\underline{\underline{x}}) \geq d \ .$$

Then for given w in $1 \leq w \leq d$, there are subspaces $Y \subseteq Q^t$ and $Z \subseteq Q^r$ with

$$\dim Y \geq t - r - w(s-a) \quad , \quad \dim Z \geq w \ ,$$

such that

(7.3) $$\mathfrak{C}(\underline{\underline{x}}|\underline{\underline{y}}|\underline{\underline{z}}) = 0 \quad \text{for} \quad \underline{\underline{x}} \in \mathbb{Q}^s \ , \ \underline{\underline{y}} \in Y \ , \ \underline{\underline{z}} \in Z \ .$$

Proof. We will use ideas from the proof of Lemma 3 in Davenport [2].

Let $Y(\underline{\underline{x}})$ be the subspace of $\mathbb{Q}^t$ consisting of $\underline{\underline{y}}$ with $\mathfrak{C}(\underline{\underline{x}}|\underline{\underline{y}}|\underline{\underline{z}}) = 0$ for all $\underline{\underline{z}}$. This equation holds for all $\underline{\underline{z}}$ if it holds for the unit vectors $\underline{\underline{z}} = \underline{\underline{e}}_1, \ldots, \underline{\underline{z}} = \underline{\underline{e}}_r$, and hence it amounts to r linear conditions on $\underline{\underline{y}}$. Thus

(7.4) $$\dim Y(\underline{\underline{x}}) \geq t - r \ .$$

We may suppose that $t > r$, since otherwise the space Y in the conclusion of the lemma may be $\underline{\underline{0}}$, in which case the conclusion is trivial.

The set $Z(\underline{\underline{x}})$ is defined by the equations $\mathfrak{C}(\underline{\underline{x}}|\underline{\underline{y}}|\underline{\underline{z}}) = 0$ in $\underline{\underline{z}}$, where $\underline{\underline{y}}$ runs through $\mathbb{Q}^t$. Thus if $\underline{\underline{z}} = z_1\underline{\underline{e}}_1 + \ldots + z_r\underline{\underline{e}}_r$, we obtain t linear equations in the r variables $z_1, \ldots, z_r$, with matrix

(7.5) $$\begin{pmatrix} \mathfrak{C}(\underline{\underline{x}}|\underline{\underline{e}}_1|\underline{\underline{e}}_1) & \ldots & \mathfrak{C}(\underline{\underline{x}}|\underline{\underline{e}}_1|\underline{\underline{e}}_r) \\ & \cdot\ \cdot\ \cdot & \\ \mathfrak{C}(\underline{\underline{x}}|\underline{\underline{e}}_t|\underline{\underline{e}}_1) & \ldots & \mathfrak{C}(\underline{\underline{x}}|\underline{\underline{e}}_t|\underline{\underline{e}}_r) \end{pmatrix} .$$

Let X be the set of nonzero integer points $\underline{\underline{x}}$ with $|\underline{\underline{x}}| < R$ and (7.2). For $\underline{\underline{x}} \in X$, the matrix (7.5) has rank $\leq r - d$. Thus $\underline{\underline{x}} \in X$ satisfies

$$D_1(\underline{\underline{x}}) = \ldots = D_N(\underline{\underline{x}}) = 0 \quad ,$$

where $D_1,\ldots,D_N$ are the $(r - d + 1)$ -subdeterminants of (7.5), arranged in some order. We may apply Lemma 4. Writing

$$\underline{\underline{D}}(\underline{\underline{x}}) = (D_1(\underline{\underline{x}}),\ldots,D_N(\underline{\underline{x}})) \quad ,$$

we see that for certain points of X , at most $s - a$ of the vectors

$$\partial\underline{\underline{D}}/\partial x_1,\ldots,\partial\underline{\underline{D}}/\partial x_s \tag{7.6}$$

are independent.

Now if a positive proportion of the vectors $\underline{\underline{x}} \in X$ has $\dim Z(\underline{\underline{x}}) > d$, then we may replace d by $d + 1$ in the hypothesis and in the conclusion. We therefore may suppose that a positive proportion of the elements of X has $\dim Z(\underline{\underline{x}}) = d$, and after taking an appropriate subset of X , we may suppose that $\dim Z(\underline{\underline{x}}) = d$ for $\underline{\underline{x}} \in X$. Thus for $\underline{\underline{x}} \in X$, the matrix (7.5) has rank $r - d$. We may further suppose that for $\underline{\underline{x}} \in X$, the top left $(r - d)$ -subdeterminant of (7.5) is nonzero.

Denote this determinant by $\Delta = \Delta(\underline{\underline{x}})$, and for $1 \leq i \leq d$ and $1 \leq j \leq r - d$, let $\Delta_j^{(i)} = \Delta_j^{(i)}(\underline{\underline{x}})$ be the subdeterminant formed from the first $r\text{-}d$ rows and from the columns $1,2,\ldots,j\text{-}1,r\text{-}d\text{+}i,j\text{+}1,\ldots,r\text{-}d$. Put

$$\underline{\underline{z}}^{(1)} = (\Delta_1^{(1)},\ldots,\Delta_{r-d}^{(1)}, -\Delta,0,\ldots,0) \quad ,$$

$$\underline{\underline{z}}^{(2)} = (\Delta_1^{(2)},\ldots,\Delta_{r-d}^{(2)}, 0,-\Delta,\ldots,0) \quad ,$$

$$\cdot \ \cdot \ \cdot \ \cdot$$

$$\underline{\underline{z}}^{(d)} = (\Delta_1^{(d)},\ldots,\Delta_{r-d}^{(d)}, 0,0,\ldots,-\Delta) \quad .$$

Then $\underline{\underline{z}}^{(1)} = \underline{\underline{z}}^{(1)}(\underline{\underline{x}}),\ldots,\underline{\underline{z}}^{(d)} = \underline{\underline{z}}^{(d)}(\underline{\underline{x}})$ are independent and lie in $Z(\underline{\underline{x}})$ for $\underline{\underline{x}} \in X$. Now

$$\mathfrak{T}(\underline{\underline{x}}|\underline{\underline{e}}_j|\underline{\underline{z}}^{(i)}(\underline{\underline{x}}))$$

is identically zero for $1 \leq j \leq r - d$, while for $r - d < j \leq t$ it is $\pm$ one of the determinants $D_h(\underline{\underline{x}})$. It follows that

$$(7.7) \qquad \mathfrak{T}(\underline{\underline{x}}|\underline{\underline{y}}|\underline{\underline{z}}^{(i)}(\underline{\underline{x}})) = B^{(i)}(\underline{\underline{y}}|\underline{\underline{D}}(\underline{\underline{x}})) \qquad (i = 1,\dots,d) \quad ,$$

where $B^{(i)}$ is a bilinear form, in the vector $\underline{\underline{y}}$ with t components and the vector $\underline{\underline{D}}$ with N components.

Taking the partial derivative of the identity (7.7) with respect to x_ℓ , we obtain

$$(7.8) \qquad \mathfrak{T}(\underline{\underline{e}}_\ell|\underline{\underline{y}}|\underline{\underline{z}}^{(i)}(\underline{\underline{x}})) + \mathfrak{T}(\underline{\underline{x}}|\underline{\underline{y}}|\frac{\partial}{\partial x_\ell}\underline{\underline{z}}^{(i)}(\underline{\underline{x}})) = B^{(i)}(\underline{\underline{y}}|\frac{\partial}{\partial x_\ell}\underline{\underline{D}}(\underline{\underline{x}}))$$

$$(1 \leq i \leq d \ , \ 1 \leq \ell \leq s) \quad .$$

We substitute $\underline{\underline{x}} = \underline{\underline{a}}$ where $\underline{\underline{a}}$ is a point of X for which at most $s - a$ of the vectors (7.6) are independent. Let Y be the subspace of $Y(\underline{\underline{a}})$ for which

$$B^{(i)}(\underline{\underline{y}}|\frac{\partial}{\partial x_\ell}\underline{\underline{D}}(\underline{\underline{a}})) = 0 \qquad (1 \leq i \leq w \ , \ 1 \leq \ell \leq s) \quad .$$

In view of (7.4),

$$\dim Y \geq t - r - w(s - a) \quad .$$

Since for $\underline{\underline{y}} \in Y \subseteq Y(\underline{\underline{a}})$ we have $\mathfrak{T}(\underline{\underline{a}}|\underline{\underline{y}}|\underline{\underline{z}}) = 0$ for every $\underline{\underline{z}}$, the relation (7.8) yields

$$\mathfrak{T}(\underline{\underline{e}}_\ell|\underline{\underline{y}}|\underline{\underline{z}}^{(i)}(\underline{\underline{a}})) = 0 \qquad (1 \leq i \leq w \ , \ 1 \leq \ell \leq s) \quad .$$

So if Z is spanned by $\underline{\underline{z}}^{(1)}(\underline{\underline{a}}),\dots,\underline{\underline{z}}^{(w)}(\underline{\underline{a}})$, then

$$\mathfrak{T}(\underline{\underline{e}}_\ell|\underline{\underline{y}}|\underline{\underline{z}}) = 0 \qquad (1 \leq \ell \leq s)$$

for $\underline{\underline{y}} \in Y$, $\underline{\underline{z}} \in Z$. But this is the desired relation (7.3).

8. THE MINOR ARCS

Let $\mathfrak{T}$ be the trilinear form (7.1). For every point $\underline{\underline{x}}$ with (6.6) there is a $\underline{\underline{z}} \neq \underline{\underline{0}}$ such that

$$\mathfrak{T}(\underline{\underline{x}}|\underline{\underline{y}}|\underline{\underline{z}}) = \underline{\underline{z}}\underline{\underline{F}}(\underline{\underline{x}}|\underline{\underline{y}}) = 0$$

for each $\underline{\underline{y}}$. In other words, $Z(\underline{\underline{x}}) \neq \underline{\underline{0}}$. If alternative (iii) of

Lemma 3 holds for certain arbitrarily large values of P, then Lemma 5 may be applied with $R = P^{\theta}$, with $a = s - [2K/\theta]$[†)], with $t = s$ and $d = w = 1$. There is then a rational $\underline{\underline{z}}_0 \neq \underline{\underline{0}}$ and a subspace $Y \subseteq \mathbb{Q}^s$ with

$$\dim Y \geq a = r \geq s - (2K/\theta) - r ,$$

such that

$$\mathfrak{T}(\underline{\underline{x}}|\underline{\underline{y}}|\underline{\underline{z}}_0) = \underline{\underline{z}}_0\underline{\underline{F}}(\underline{\underline{x}}|\underline{\underline{y}}) = 0 \qquad \text{for} \qquad \underline{\underline{x}} \in \mathbb{Q}^s, \ \underline{\underline{y}} \in Y .$$

But this means that the quadratic form $\underline{\underline{z}}_0\underline{\underline{F}}(\underline{\underline{x}})$ in the rational pencil of $\underline{\underline{F}}$ has rank

$$\leq \operatorname{codim} Y = s - \dim Y \leq (2K/\theta) + r .$$

We now set

$$K = \theta(r^2 + r + \tfrac{1}{3}) .$$

Then the form $\underline{\underline{z}}_0\underline{\underline{F}}(\underline{\underline{x}})$ of the pencil would have rank $\leq 2r^2 + 3r$, contrary to (1.1). Thus alternative (iii) of Lemma 3 is not possible.

We now put $\Delta = r\theta$ and

(8.1) $$\rho = (3r)^{-1} ,$$

so that $K = \Delta(r + 1 + \rho)$. We summarize our conclusions in

<u>LEMMA 6</u>. <u>For large</u> P, <u>each</u> $\underline{\underline{\alpha}}$ <u>either has</u>

(i) $$|S(\underline{\underline{\alpha}})| \leq P^{s-\Delta(r+1+\rho)} ,$$

<u>or</u>

(ii) $\underline{\underline{\alpha}}$ <u>lies in the set</u> $N(\Delta)$, <u>consisting of</u> r-<u>tuples</u> $\underline{\underline{\alpha}}$ <u>with approximations</u> $(a_1/q,\dots,a_r/q)$ <u>satisfying</u>

(8.2) $$1 \leq q \leq P^{\Delta} ,$$

---

†) where [ ] denotes the integer part.

(8.3) $$(\underline{\underline{a}},q) = 1 \ ,$$

(8.4) $$|q\alpha_i - a_i| < P^{-2+\Delta} \qquad (i = 1,\dots,r) \ .$$

The remainder of this section, as well as the next section, are close to Birch [1], but they are included for completeness.

Define $S(\underline{\underline{a}},q)$ by (5.1).

LEMMA 7. *Suppose* $(\underline{\underline{a}},q) = 1$. *Then*

(8.5) $$|S(\underline{\underline{a}},q)| \ll q^{s-r-1-\frac{1}{2}\rho} \ .$$

Proof. $S(\underline{\underline{a}},q) = S(\underline{\underline{\alpha}})$ where $\underline{\underline{\alpha}} = q^{-1}\underline{\underline{a}}$, where $P = q$ and $\mathcal{B} = \mathcal{U}_s$. We apply Lemma 6 with

$$\Delta = (r + 1 + \frac{1}{2}\rho)/(r + 1 + \rho) \ .$$

Alternative (i) of Lemma 6 gives precisely (8.5).

Alternative (ii) gives an approximation $\underline{\underline{a}}'/q'$ to $\underline{\underline{\alpha}} = \underline{\underline{a}}/q$ with

$$1 \leq q' \leq q^{\Delta} < q \ , \ |q' \frac{a_i}{q} - a_i'| \leq q^{-2+\Delta} < q^{-1}$$

(provided that $q > 1$). But since $(\underline{\underline{a}},q) = 1$, this is impossible.

Let $n(\Delta)$ be the complement of $N(\Delta)$ in the unit cube $\mathcal{U}_r$.

LEMMA 8. *For* $0 < \Delta < 2r/(r + 1)$ *we have*

$$\int_{n(\Delta)} |S(\underline{\underline{\alpha}})| d\underline{\underline{\alpha}} \ll P^{s-2r-\frac{1}{2}\rho\Delta} \ .$$

Proof. Suppose we are given $\Delta_0,\Delta_1,\dots,\Delta_h$ with

(8.6) $$\Delta_0 = \Delta < \Delta_1 < \dots < \Delta_h = 2r/(r + 1) \ .$$

Each $\underline{\underline{\alpha}}$ lies in $N(\Delta_h)$, for by Dirichlet we can always find $\underline{\underline{a}} = (a_1,\dots,a_r)$ and q with

$$1 \leq q \leq P^{2r/(r+1)}, \ (\underline{a},q) = 1, \ |q\alpha_i - a_i| \leq P^{-2+2r/(r+1)} = P^{-2/(r+1)},$$

which is (8.2), (8.3), (8.4) with $\Delta = \Delta_h$. Now $n(\Delta) = n(\Delta_0)$ is the complement of $N(\Delta_0)$ in the unit cube U_r, hence is the union of the set theoretic differences

$$N'(\Delta_h) - N'(\Delta_{h-1}), N'(\Delta_{h-1}) - N'(\Delta_{h-2}), \ldots, N'(\Delta_1) - N'(\Delta_0)$$

where $N'(\Delta) = N(\Delta) \cap N_r$.

In the set $N'(\Delta_g) - N'(\Delta_{g-1})$, alternative (i) of Lemma 6 applies with $\Delta = \Delta_{g-1}$, so that

$$|S(\underline{\alpha})| \leq P^{s-\Delta_{g-1}(r+1+\rho)}.$$

The measure of this set does not exceed the measure of $N'(\Delta_g)$, which is

$$\leq \sum_{q \leq P^{\Delta_g}} \ \sum_{\substack{\underline{a} (\mathrm{mod}\ q) \\ (\underline{a},q) = 1}} (q^{-1}P^{-2+\Delta_g})^r$$

$$\leq P^{-2r+\Delta_g(r+1)}.$$

Hence the contribution of this set to the integral of $|S(\underline{\alpha})|$ is

$$\leq P^{s-2r+(\Delta_g-\Delta_{g-1})(r+1)-\Delta\rho}.$$

This is $\leq P^{s-2r-\frac{1}{2}\rho\Delta}$, if h and $\Delta_0, \ldots, \Delta_h$ in (8.6) are chosen with

$$(\Delta_g - \Delta_{g-1})(r^2 + r) < (1/6)\Delta.$$

The proof of Lemma 8 is complete.

We now enlarge $N'(\Delta)$ slightly, to a new set $M = M(\Delta)$, where (8.4) is replaced by

$$(8.7) \qquad |\alpha_i - \frac{a_i}{q}| \leq P^{-2+\Delta} \qquad (i = 1, \ldots, r).$$

Then the complement $m = m(\Delta)$ of $M = M(\Delta)$ in U_r is contained in $n(\Delta)$. It is traditional to call M the "major arcs" and m the "minor arcs." By Lemma 8, the integral of $S(\underline{\underline{\alpha}})$ over the minor arcs is small.

9. THE MAJOR ARCS

Given $\underline{\underline{a}},q$ with (8.2), (8.3), let $M_{\underline{\underline{a}},q} = M_{\underline{\underline{a}},q}(\Delta)$ be the set of $\underline{\underline{\alpha}}$ with (8.7).

LEMMA 9. Suppose $\underline{\underline{\alpha}} = q^{-1}\underline{\underline{a}} + \underline{\underline{\beta}} \in M_{\underline{\underline{a}},q}$. Then

$$S(\underline{\underline{\alpha}}) = q^{-s}S(\underline{\underline{a}},q)I(\underline{\underline{\beta}}) + O(qP^{s-1+\Delta}) \quad ,$$

where

$$I(\underline{\underline{\beta}}) = \int_{PB} e(\underline{\underline{\beta}}\underline{\underline{F}}(\underline{\underline{\xi}}))d\underline{\underline{\xi}} \quad . \tag{9.1}$$

Proof. In the definition (6.1) of $S(\underline{\underline{\alpha}})$, put $\underline{\underline{x}} = q\underline{\underline{y}} + \underline{\underline{z}}$ where $\underline{\underline{z}}$ runs through points with $0 \leq z_j < q$ $(j = 1,\ldots,s)$. Since

$$\underline{\underline{\alpha}}\underline{\underline{F}}(\underline{\underline{x}}) \equiv q^{-1}\underline{\underline{a}}\underline{\underline{F}}(\underline{\underline{z}}) + \underline{\underline{\beta}}\underline{\underline{F}}(q\underline{\underline{y}} + \underline{\underline{z}}) \pmod 1 \quad ,$$

we have

$$S(\underline{\underline{\alpha}}) = \sum_{\underline{\underline{z}}} e(q^{-1}\underline{\underline{a}}\underline{\underline{F}}(\underline{\underline{z}}))\sum_{\underline{\underline{y}}}{}' e(\underline{\underline{\beta}}\underline{\underline{F}}(q\underline{\underline{y}} + \underline{\underline{z}})) \quad , \tag{9.2}$$

where the sum $\sum'$ is over $\underline{\underline{y}}$ with $q\underline{\underline{y}} + \underline{\underline{z}} \in PB$. We wish to replace the sum $\sum'$ by the integral

$$\int_{q\underline{\underline{\eta}}+\underline{\underline{z}}\in PB} e(\underline{\underline{\beta}}\underline{\underline{F}}(q\underline{\underline{\eta}} + \underline{\underline{z}}))d\underline{\underline{\eta}} = q^{-s}I(\underline{\underline{\beta}}) \quad . \tag{9.3}$$

The edges of the cube of summation in $\sum'$, and of integration in (9.3), are of length $\leq P/q$. For this we have to make an allowance $\ll (P/q)^{s-1}$ in the replacement. We also have to allow for the variation of the integrand in a box of side 1. We have

$$\frac{\partial}{\partial \eta_j} \beta F(q\eta + z) = q\beta \frac{\partial F}{\partial x_j}(q\eta + z)$$

$$\ll q|\beta| P \ll q P^{-2+\Delta} P \quad .$$

The resulting error is obtained by multiplying with the volume of the region of integration, which is $\leq (P/q)^s$. So the difference between the sum $\sum'$ and the integral (9.3) is

$$\ll (P/q)^{s-1} + qP^{-1+\Delta}(P/q)^s \ll P^{s-1+\Delta} q^{1-s} \quad .$$

We yet have to take the outer sum in (9.2), which has q^s summands. We obtain

$$S(\alpha) = \sum_{z} e(q^{-1} a F(z)) q^{-s} I(\beta) + O(P^{s-1+\Delta} q) \quad , \tag{9.4}$$

whence the desired result.

LEMMA 10. For sufficiently small $\Delta > 0$,

$$\int_M S(\alpha) d\alpha = P^{s-2r} \mathfrak{S}(P^\Delta) \mathfrak{J}(P^\Delta) + O(P^{s-2r-\delta})$$

for some $\delta > 0$, where

$$\mathfrak{S}(P^\Delta) = \sum_{q \leq P^\Delta} A(q) \quad ,$$

with $A(q)$ given by (5.2), and

$$\mathfrak{J}(P^\Delta) = \int_{|\gamma| < P^\Delta} \left(\int_B e(\gamma F(\xi)) d\xi \right) d\gamma \quad .$$

Proof. We have to take the approximate formula of Lemma 9, integrate over $M_{a,q}$, and take the sum over the sets $M_{a,q}$. The distinct sets $M_{a,q}$ modulo 1 are the sets with $1 \leq q \leq P^\Delta$ and $(a,q) = 1$ and $0 \leq a_i < q$ $(i = 1,\dots,r)$. These sets $M_{a,q}$ are disjoint if Δ is sufficiently small.

The error term in Lemma 9, when integrated over $M_{a,q}$, i.e., over $|\underline{\underline{\beta}}| \leq P^{-2+\Delta}$, gives

$$<< P^{-2r+\Delta r}P^{s-1+2\Delta} = P^{s-2r-1+(r+2)\Delta} \quad .$$

Summation over $\underline{\underline{a}}$ gives a factor $\leq q^r$, and summation over $q \leq P^{\Delta}$ gives a factor $\leq \sum q^r << P^{\Delta(r+1)}$, so that the total error is

$$<< P^{s-2r-1+(2r+3)\Delta} \quad .$$

This is $<< P^{s-2r-\delta}$, provided Δ is sufficiently small.

The main term in Lemma 9 gives

$$\mathfrak{S}(P^{\Delta}) \int_{|\underline{\underline{\beta}}|<P^{-2+\Delta}} I(\underline{\underline{\beta}})d\underline{\underline{\beta}} \quad .$$

The integral becomes, with $\underline{\underline{\beta}} = P^{-2}\underline{\underline{\gamma}}$,

$$P^{-2r} \int_{|\underline{\underline{\gamma}}|<P^{\Delta}} I(P^{-2}\underline{\underline{\gamma}})d\underline{\underline{\gamma}} = P^{s-2r}\mathfrak{J}(P^{\Delta}) \quad ,$$

since

$$I(P^{-2}\underline{\underline{\gamma}}) = \int_{P\mathcal{B}} e(P^{-2}\underline{\underline{\gamma}}\underline{\underline{F}}(\underline{\underline{\xi}}))d\underline{\underline{\xi}} = P^{s}\int_{\mathcal{B}} e(\underline{\underline{\gamma}}\underline{\underline{F}}(\underline{\underline{\xi}}))d\underline{\underline{\xi}} \quad .$$

Combining (6.2) with Lemmas 8 and 10 we have

$$z(P) = P^{s-2r}\mathfrak{J}(P^{\Delta})\mathfrak{S}(P^{\Delta}) + O(P^{s-2r-\delta}) \quad .$$

By Lemma 7, the quantity $A(q)$ given by (5.2) has

$$|A(q)| << q^{-1-\frac{1}{2}\rho} \quad ,$$

and therefore the singular series $\mathfrak{S}$ given by (5.3) is indeed absolutely convergent. Moreover,

$$|\mathfrak{S} - \mathfrak{S}(P^{\Delta})| << P^{-\frac{1}{2}\rho\Delta} \quad .$$

To complete the proof of our theorem, it will suffice to show that $\mathfrak{J}$

as defined by (4.2) exists, and that

$$|\mathfrak{J} - \mathfrak{J}(P^{\Delta})| \ll P^{-\Delta} .$$

10. BOUNDS FOR AN INTEGRAL

Put

$$\mathfrak{X}(\underline{\underline{\gamma}}) = \int_{\mathcal{B}} e(\underline{\underline{\gamma}}\,\underline{\underline{\mathfrak{J}}}(\underline{\underline{\xi}}))d\underline{\underline{\xi}} .$$

LEMMA 11.

$$|\mathfrak{X}(\underline{\underline{\gamma}})| \ll \min(1, |\underline{\underline{\gamma}}|^{-r-1}) .$$

Proof. We proceed as in Lemma 5.2 of [1]. We may suppose that $|\underline{\underline{\gamma}}| > 2$. Writing $\underline{\underline{\xi}} = P^{-1}\underline{\underline{\eta}}$, we obtain

(10.1) $$\mathfrak{X}(\underline{\underline{\gamma}}) = P^{-r}\int_{P\mathcal{B}} e(P^{-2}\underline{\underline{\gamma}}\,\underline{\underline{F}}(\underline{\underline{\eta}}))d\underline{\underline{\eta}} = P^{-s}I(\underline{\underline{\beta}})$$

with

$$\underline{\underline{\beta}} = P^{-2}\underline{\underline{\gamma}} ,$$

and with I defined in (9.1). The parameter P here is at our disposal (note that P does not enter in the definition of $\mathfrak{X}(\underline{\underline{\gamma}})$); we now put

$$P = |\underline{\underline{\gamma}}|^{r+2} .$$

Then $P|\underline{\underline{\beta}}| = P^{-1}|\underline{\underline{\gamma}}| = |\underline{\underline{\gamma}}|^{-r-1} < \frac{1}{2}$.

Define $S(\underline{\underline{\beta}})$ by (6.1). We claim that

$$|S(\underline{\underline{\beta}})| \leq P^{s}(P^{2}|\underline{\underline{\beta}}|)^{-r-1} .$$

Put $\phi = (r + 2)^{-1}$; then $P^{\phi} < \frac{1}{2}P$ and

$$P^{\phi} = P^{2}|\underline{\underline{\beta}}| = |\underline{\underline{\gamma}}| .$$

Further, $\underline{\underline{\beta}}$ lies on the boundary of the cube $N_{0,1}(\phi)$, given by (8.4) with $\underline{\underline{a}} = \underline{\underline{0}}$, $q = 1$, $\Delta = \phi$. The cubes $N_{\underline{\underline{a}},q}(\phi)$ with (8.2), (8.3) (with $\Delta = \phi$) are disjoint: for if $\underline{\underline{\alpha}}$ were both in $N_{\underline{\underline{a}},q}(\phi)$ and in

$N_{\underline{b},p}(\phi)$ where $q^{-1}\underline{a} \neq p^{-1}\underline{b}$, say where $q^{-1}a_1 \neq p^{-1}b_1$, then the impossible relation

$$1 \leq |pa_1 - qb_1| = |p(a_1 - q\alpha_1) - q(b_1 - p\alpha_1)| < 2P^{\phi}P^{-2+\phi} < \frac{1}{2}$$

would follow. So $\underline{\beta}$, which lies on the boundary of $N_{0,1}(\phi)$, cannot lie in $N(\phi)$, so that by Lemma 6, if $|\underline{\gamma}|$ and hence P is large,

$$|S(\underline{\beta})| \leq P^{s-\phi(r+1)} = P^s|\underline{\gamma}|^{-r-1} \quad . \tag{10.2}$$

On the other hand, $\underline{\beta}$ lies on the boundary of $N_{\underline{0},1}(\phi)$, and hence $\underline{\beta}$ lies in $M_{\underline{0},1}(\phi)$. We apply Lemma 9, to obtain

$$S(\underline{\beta}) = I(\underline{\beta}) + O(P^{s-1+\phi}) = I(\underline{\beta}) + O(P^s|\underline{\gamma}|^{-r-1}) \quad .$$

The lemma follows from this together with (10.1) and (10.2).

The integral

$$\mathfrak{J}_0 = \int \mathfrak{K}(\underline{\gamma})d\underline{\gamma}$$

over $\mathbb{R}^r$ is absolutely convergent. The integral

$$\mathfrak{J}(P^{\Delta}) = \int_{|\underline{\gamma}|<P^{\Delta}} \mathfrak{K}(\underline{\gamma})d\underline{\gamma}$$

of Lemma 10 has

$$\mathfrak{J}_0 - \mathfrak{J}(P^{\Delta}) \ll P^{-\Delta} \quad .$$

11. THE FINAL FORM OF THE SINGULAR INTEGRAL

By what we said above, all that remains for us to do is to show that

$$\mathfrak{J}_0 = \mathfrak{J} \quad ,$$

with $\mathfrak{J}$ given by (4.2).

It is well known that

$$\Psi(y) = \int_{-\infty}^{\infty} e(\gamma y)\left(\frac{\sin \pi\gamma}{\pi\gamma}\right)^2 d\gamma \quad ,$$

so that

$$\psi_T(y) = \int_{-\infty}^{\infty} e(\gamma y)\left(\frac{\sin \pi\gamma T^{-1}}{\pi\gamma T^{-1}}\right)^2 d\gamma$$

and

$$\psi_T(\underline{y}) = \int_{\mathbb{R}^r} e(\underline{\gamma}\underline{y}) k_T(\underline{\gamma}) d\underline{\gamma}$$

with

$$k_T(\underline{\gamma}) = \prod_{i=1}^{r} \left(\frac{\sin \pi\gamma_i T^{-1}}{\pi\gamma_i T^{-1}}\right)^2 .$$

The integral for $\psi_T(\underline{y})$ is absolutely convergent, so that in (4.1) we may interchange the orders of integration, to obtain

$$\mathfrak{J}_T = \int_{\mathbb{R}^r} \mathfrak{K}(\underline{\gamma}) k_T(\underline{\gamma}) d\underline{\gamma} .$$

We thus have

$$\mathfrak{J}_0 - \mathfrak{J}_T = \int_{\mathbb{R}^r} \mathfrak{K}(\underline{\gamma})(1 - k_T(\underline{\gamma})) d\underline{\gamma} = A + B ,$$

say, where A, B respectively are the integrals over the domains $|\underline{\gamma}| < T$ and $|\underline{\gamma}| > T$. For $|\underline{\gamma}| < T$ we have

$$\sin \pi\gamma_i T^{-1} = \pi\gamma_i T^{-1} + O((\gamma_i T^{-1})^3) = \pi\gamma_i T^{-1}(1 + O(|\underline{\gamma}|^2 T^{-2}))$$

whence

$$k_T(\underline{\gamma}) = 1 + O(T^{-2}|\underline{\gamma}|^2) .$$

In view of Lemma 11, we obtain

$$A \ll T^{-2}\int_{|\underline{\gamma}|<T} |\underline{\gamma}|^{2-r-1} d\underline{\gamma} \ll T^{-2}\int_0^T \gamma^{1-r}\gamma^{r-1} d\gamma = T^{-1} .$$

On the other hand, for $|\underline{\gamma}| > T$ we observe that $k_T(\underline{\gamma}) \ll 1$, so that, again with the aid of Lemma 11,

$$B \ll \int_{|\underline{\underline{\gamma}}|>T} |\underline{\underline{\gamma}}|^{-r-1} d\underline{\underline{\gamma}} \ll \int_T^\infty \gamma^{-r-1}\gamma^{r-1} d\gamma = T^{-1} \quad .$$

Hence the limit of $\mathfrak{I}$ of $\mathfrak{I}_T$ exists, and equals $\mathfrak{I}_0$.

REFERENCES

[1] B. J. Birch, Forms in many variables. Proc. Royal Soc. A, 265 (1962), 245-263.

[2] H. Davenport, Cubic forms in 16 variables. Proc. Royal Soc. A, 272 (1963), 285-303.

[3] A. Meyer (1884), Über die Auflösung der Gleichung $ax^2 + by^2 + cz^2 + du^2 + ev^2 = 0$ in ganzen Zahlen. Vierteljahrschrift Naturf. Ges. Zürich 29, 220-222.

[4] L. J. Mordell, Integer solutions of simultaneous quadratic equations. Hamb. Abh. 23 (1959), 126-143.

[5] W. M. Schmidt, Simultaneous p-adic zeros of quadratic forms. Monatsh. Math. 90 (1980), 45-65.

[6] H. P. F. Swinnerton-Dyer, Rational zeros of two quadratic forms. Acta Arith. 9 (1964), 261-270.

Wolfgang M. Schmidt
University of Colorado
Boulder, Colorado

Seminaire Delange-Pisot-Poitou
(Theorie des Nombres)
1980-81

HEIGHT PAIRINGS IN THE IWASAWA THEORY OF ABELIAN VARIETIES

Peter Schneider
University of Regensburg

Let $k|\mathbb{Q}$ be a finite algebraic number field. We fix an odd prime number p and denote by $\mu(p)$ resp. μ_{p^n} the group of all roots of unity of order a power of p resp. dividing p^n. The Galois group $G := \mathrm{Gal}(k_\infty|k)$ of $k_\infty := k(\mu(p))$ over k has the canonical decomposition $G = \Gamma \times \Delta$ with $\Gamma := \mathrm{Gal}(k_\infty|k(\mu_p))$ and $\Delta := \mathrm{Gal}(k(\mu_p)|k)$; furthermore the action of G on $\mu(p)$ defines a character $\kappa: G \to \mathbb{Z}_p^*$ into the p-adic units. We choose a topological generator γ of Γ in a canonical way by the requirement that $\kappa(\gamma)$ is of the form $1+p^e$ with $e \in \mathbb{N}$. The principle of Iwasawa theory is now the following: Given an algebraic object over k one tries to associate with it in a natural way certain modules over the completed group ring $\mathbb{Z}_p[[\Gamma]]$. If this is done in the right way, there should exist a deep connection between the "characteristic polynomials" of γ on these modules and the complex zeta functions of the object.

The Iwasawa theory of an abelian variety over k was initiated by Mazur in [3]. This talk will give a discussion of an analog of the conjecture of Birch/Swinnerton-Dyer/Tate in this setting.

1. The Iwasawa zeta function of an abelian variety.

Let A be an abelian variety over k and $\mathcal{A}$ its Néron-model over the ring of integers $\mathfrak{o}$ in k. Furthermore $\mathcal{A}(p) := \varinjlim \mathcal{A}_{p^j}$ denotes the ind-group scheme of kernels $\mathcal{A}_{p^j}$ of multiplication p^j

with p^j in $\mathcal{A}$. We then have the natural G-modules

$$H^i(\mathcal{O}_\infty,\mathcal{A}(p)),$$

where $\mathcal{O}_\infty$ is the ring of integers in k_∞ and the cohomology is (during the whole talk) understood to be taken with respect to the FPQF-topology. In order to get nice results about these cohomology groups we have to impose the following restriction on p, which from now on is assumed to be fulfilled:

> A has good ordinary reduction at all primes of k above p.

Moreover we need some notation: Let $\tilde{A}$ be the dual abelian variety and $\tilde{\mathcal{A}}$ its Néron-model over $\mathcal{O}$; let $\tilde{\mathcal{A}}^o$ be the connected component of the $\mathcal{O}$-scheme $\tilde{\mathcal{A}}$ in the sense of SGA3 VI_B§3. For an abelian group M let M(p) be the p-primary torsion component; for a $\mathbb{Z}_p$-module N let $N^* := \mathrm{Hom}_{\mathbb{Z}_p}(N,\mathbb{Q}_p/\mathbb{Z}_p)$ be the Pontrjagin dual. Finally $\mathcal{O}_n$ denotes the ring of integers in $k_n := k(\mu_{p^n})$.

Proposition 1 (Artin/Mazur). The cup-product induces a complete duality of finite groups

$$H^i(\mathcal{O},\mathcal{A}_{p^j}) \times H^{3-i}(\mathcal{O},\tilde{\mathcal{A}}_{p^j}) \to \mathbb{Q}/\mathbb{Z}.$$

Proposition 2.

i) $H^o(\mathcal{O},\mathcal{A}(p))$ is finite;

ii) $H^i(\mathcal{O},\mathcal{A}(p)) = 0$ for $i \geq 3$;

iii) $0 \to A(k) \otimes \mathbb{Q}_p/\mathbb{Z}_p \to H^1(\mathcal{O},\mathcal{A}(p)) \to H^1(\mathcal{O},\mathcal{A})(p) \to 0$ is exact;

iv) if $H^1(\mathcal{O},\mathcal{A})(p)$ is finite, then $H^2(\mathcal{O},\mathcal{A}(p)) = (\tilde{\mathcal{A}}^o(\mathcal{O}) \otimes \mathbb{Z}_p)^*$ and corank $H^1(\mathcal{O},\mathcal{A}(p))$ = corank $H^2(\mathcal{O},\mathcal{A}(p)) = \mathrm{rank}_{\mathbb{Z}} A(k)$.

Proof: This follows from Proposition 1 and a detailed study of the cohomology of the exact sequence $0 \to \mathcal{A}_{p^j} \to \mathcal{A} \xrightarrow{p^j} \mathcal{A}$.

Proposition 3.

i) $H^o(\mathcal{O}_\infty,\mathcal{A}(p))$ is finite;

ii) $H^1(\mathcal{O}_\infty,\mathcal{A}(p))^*$ is a finitely generated $\mathbb{Z}_p[[\Gamma]]$-module;

iii) $H^i(\mathcal{O}_\infty,\mathcal{A}(p)) = 0$ for $i \geq 3$;

iv. if $H^1(\mathcal{O}_\infty,\mathcal{A}(p))^*$ is a $\mathbb{Z}_p[[\Gamma]]$-torsion module and $H^1(\mathcal{O}_n,\mathcal{A})(p)$ is finite for all $n \in \mathbb{N}$, then $H^2(\mathcal{O}_\infty,\mathcal{A}(p)) = 0$.

Proof: For i) see [1]. The other assertions follow from Proposition 2 and results in [3].

Remark: 1) In [3] it is shown that the p-primary component of the Tate-Šafarevič-group $Ш_k(A)$ of A is contained in $H^1(\mathcal{O},\mathcal{A})(p)$ with finite index. Therefore the conjectured finiteness of $Ш_k(A)$ would imply the finiteness of $H^1(\mathcal{O},\mathcal{A})(p)$.

2) Mazur conjectures in [3] that $H^2(\mathcal{O}_\infty,\mathcal{A}(p))^*$ is (under our condition on p - otherwise definitely not) always a $\mathbb{Z}_p[[\Gamma]]$-torsion module.

From now on we assume that

$$\mathcal{H} := H^1(\mathcal{O}_\infty,\mathcal{A}(p))^* \text{ is a } \mathbb{Z}_p[[\Gamma]]\text{-torsion module}$$

and

$$Ш_{k_n}(A)(p) \text{ is finite for all } n \in \mathbb{N}.$$

We think of $\mathcal{H}$ as the "right" module which is associated with A and p in a natural way. Since $d := \#\Delta$ is prime to p we have the natural decomposition

$$\mathcal{H} = \bigoplus_{j \bmod d} e_j\mathcal{H},$$

where $e_j\mathcal{H}$ is the maximal submodule on which $\delta \in \Delta$ acts as multiplication by $\kappa(\delta)^j$. If we identify $\mathbb{Z}_p[[\Gamma]]$ with the power series ring in one variable $\mathbb{Z}_p[[T]]$ by $\gamma \mapsto 1 + T$, then the general theory of $\mathbb{Z}_p[[T]]$-modules tells us the existence of quasi-isomorphisms (i.e. homomorphisms with finite kernel and cokernel)

$$e_j\mathcal{H} \to \bigoplus_{\alpha=1}^{\alpha_j} \mathbb{Z}_p[[T]]/\langle f^{(j)}(T)\rangle,$$

where $f_\alpha^{(j)}(T) \in \mathbb{Z}_p[T]$ is a distinguished polynomial or a power of p. Furthermore

$$F_j(T) := \prod_{\alpha=1}^{\alpha_j} f_\alpha^{(j)}(T)$$

depends only on $e_j\mathcal{H}$ and is called the characteristic polynomial of $e_j\mathcal{H}$ (see [2]).

<u>Definition</u>: The Iwasawa zeta function of A at p is

$$\zeta_p(A,s) := F_o((1+p^e)^{1-s} - 1).$$

According to [3], $\zeta_p(A,s)$ has a functional equation with respect to $s \mapsto 2 - s$. Our aim is the study of this function at $s = 1$. This means we have to consider the numbers $\rho \geq 0$ and $c_p(A) \in \mathbb{Q}_p$ which are defined by

$$F_o(T) \cdot T^{-\rho}\Big|_{T=0} =: c_p(A) \neq 0.$$

For this purpose we have to connect the cohomology groups of $\mathfrak{A}(p)$ over $\mathbf{O}_\infty$ and over $\mathbf{O}$. But the morphism $\mathrm{Spec}(\mathbf{O}_\infty) \to \mathrm{Spec}(\mathbf{O})$ is not proetale; therefore, in this situation, a Hochschild-Serre spectral sequence does not exist!

2. <u>The descent diagram.</u>

Let $\pi : X := \mathrm{Spec}(\mathbf{O}_\infty) \to Y := \mathrm{Spec}(\mathbf{O})$ be the canonical morphism. If $\tilde{Y}$ denotes the category of sheaves on the fpqf-situs of Y, we then have the functors

$$\Gamma_X^G : \tilde{Y} \rightsquigarrow \text{abelian groups}$$
$$\mathcal{F} \mapsto (\pi^*\mathcal{F}(X))^G,$$

$$\pi_G : \tilde{Y} \rightsquigarrow Y$$
$$\mathcal{F} \mapsto \pi_G\,(V \to Y) := (\pi^*\mathcal{F})(V \times_Y X)^G,$$

and the commutative diagrams of functors

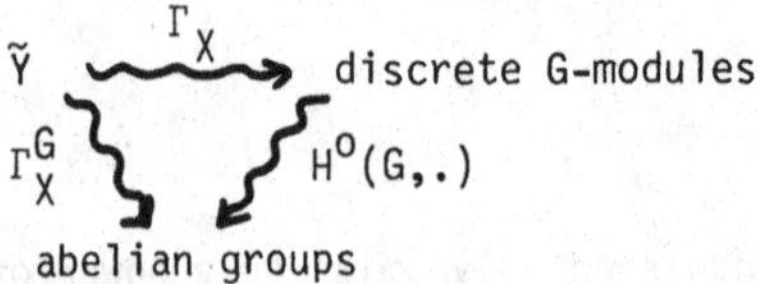

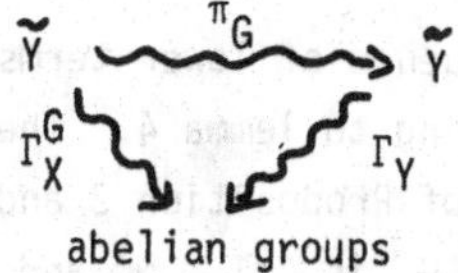

where Γ_X and Γ_Y are the usual section functors. Now let

$$H^i(\mathcal{O}_\infty/\mathcal{O},.) := R^i\Gamma_X^G,$$

denote the right derived functions of Γ_X^G. Then it is not hard to show the existence of two spectral sequences

$$H^i(G,H^j(\mathcal{O}_\infty,\pi^*\mathcal{F})) \Rightarrow H^{i+j}(\mathcal{O}_\infty/\mathcal{O},\mathcal{F}) \tag{1}$$

and

$$H^i(\mathcal{O},R^j\pi_G\mathcal{F}) \Rightarrow H^{i+j}(\mathcal{O}_\infty/\mathcal{O},\mathcal{F}), \quad \mathcal{F} \in \tilde{Y}. \tag{2}$$

The following fact enables us to use these spectral sequences for our purposes.

Lemma 4. $\mathcal{A}(p) = \pi_G\mathcal{A}(p)$ as sheaves in $\tilde{Y}$ (not as ind-group schemes).

We are now ready to establish the exact "descent" diagram:

$$\begin{array}{ccccccccc}
 & & & & 0 & & & & \\
 & & & & \downarrow & & & & \\
 & & & & H^1(\mathcal{O},\mathcal{A}(p)) & \overset{\alpha}{\searrow} & & & \\
 & & & & \downarrow & & & & \\
0 & \to & H^1(G,A(k_\infty)(p)) & \to & H^1(\mathcal{O}_\infty/\mathcal{O},\mathcal{A}(p)) & \to & H^0(G,H^1(\mathcal{O}_\infty,\mathcal{A}(p))) & \to & 0 \\
 & & & & \downarrow & & & & \\
 & & & & H^0(\mathcal{O},R^1\pi_G\mathcal{A}(p)) & & & & \\
 & & & & \downarrow & & & & \\
 & & & & H^2(\mathcal{O},\mathcal{A}(p)) & \overset{\beta}{\searrow} & & & \\
 & & & & \downarrow & & & & \\
 & & & & H^2(\mathcal{O}_\infty/\mathcal{O},\mathcal{A}(p)) & = & H^1(G,H^1(\mathcal{O}_\infty,\mathcal{A}(p))) & . &
\end{array} \tag{3}$$

Here the vertical line is given by the exact sequence of lower terms of (2) after replacing $\mathcal{G}(p)$ by $\pi_G\mathcal{G}(p)$ according to lemma 4. The horizontal sequences are induced by (1) because of Proposition 3 and the fact that the cohomological p-dimension of G is ≤ 1. α and β denote simply the induced maps.

3. <u>The numbers</u> ρ <u>and</u> $c_p(A)$.

The key fact for the analysis of the descent diagram (3) is the following result.

<u>Proposition 5.</u> $H^0(\mathcal{O}, R^1\pi_G\mathcal{G}(p))$ is finite of order $(\prod_{\mathfrak{P}|p} \#\mathcal{G}(\kappa_{\mathfrak{P}})(p))^2$, where $\kappa_{\mathfrak{P}}$ denotes the residue class field of $\mathcal{O}$ at $\mathfrak{P}$.

<u>Idea of proof</u>: First we observe that the restriction of $R^1\pi_G\mathcal{G}(p)$ to $Y\setminus\{\mathfrak{P}|p\}$ is zero. Therefore $H^0(\mathcal{O}, R^1\pi_G\mathcal{G}(p))$ turns out to be a product of local cohomology groups at the primes above p. But the latter ones we can compute because of our assumption that A has not only good but ordinary reduction at all $\mathfrak{P}|p$.

<u>Corollary</u>: The maps α and β in (3) are quasi-isomorphisms.

<u>Proof</u>: Use Proposition 2 iv) and Proposition 5.

Now we consider the sequence of maps

$$\begin{array}{l} H^0(G,\mathcal{H}) \xrightarrow{f} H^1(G,\mathcal{H}) \xrightarrow{\alpha^*} H^1(\mathcal{O},\mathcal{G}(p))^* \to \mathrm{Hom}(A(k)\otimes\mathbb{Z}_p,\mathbb{Z}_p) \\ \quad\downarrow * \\ H^2(\mathcal{O},\mathcal{G}(p))^* \\ \quad\| \\ \tilde{\mathcal{G}}^0(\mathcal{O})\otimes\mathbb{Z}_p \\ \quad\cap\!\| \\ \tilde{A}(k)\otimes\mathbb{Z}_p , \end{array}$$

where f is induced by the identity on $\mathcal{H}$ (because of our chosen generator γ we can identify $H^1(G,\mathcal{H})$ with the coinvariants of G in $\mathcal{H}$), and the non-specified maps are given by Proposition 2.

Evidently this sequence of maps determines uniquely a pairing

$$< , > : A(k) \times \tilde{A}(k) \to \mathbb{Q}_p ,$$

which is non-degenerate if and only if f is a quasi-isomorphism. Furthermore we can express $|\det < , >|_p$ in terms of the orders of the kernels and cokernels of the maps in the above sequence taken modulo torsion subgroups. Why is this pairing useful for our problem?

<u>Lemma 6</u>:

i) $\rho \geq \operatorname{rank}_{\mathbb{Z}_p} H^0(G,\mathcal{H})$;

ii) $\rho = \operatorname{rank}_{\mathbb{Z}_p} H^0(G,\mathcal{H}) \Leftrightarrow f$ is a quasi-isomorphism; in this case we have

$$|c_p(A)|_p^{-1} = (\#\operatorname{coker} f)/(\#\ker f) .$$

<u>Proof</u>: This is an easy generalization of Lemma z.4 in [4] if one takes the general structure theory of $\mathbb{Z}_p[[\Gamma]]$-modules into consideration.

Therefore we have a close relation between $\det< , >$ and $c_p(A)$ in the case that $< , >$ is non-degenerate. Using the descent diagram and Proposition 5 we can give this relation the following form.

<u>Theorem</u>:

i) $\rho \geq \operatorname{rank}_{\mathbb{Z}} A(k)$;

ii) $\rho = \operatorname{rank}_{\mathbb{Z}} A(k) \Leftrightarrow < , >$ is non-degenerate;

if this is fulfilled and if $e_0\mathcal{H}$ has no finite Γ-submodules $\neq 0$ (in addition to the assumptions already made), we then have

$$|c_p(A)|_p^{-1} = \left|(\text{Ш}_k(A)(p)\cdot|\det< , >|_p^{-1})/(\#A(k)(p)\cdot\#\widetilde{A(k)}(p)\right|$$

$$\cdot \prod_{\mathfrak{q}} \#\pi_{\mathfrak{q}}(A)(p)\cdot(\prod_{\mathfrak{q}|p} \#\mathcal{C}(\kappa_{\mathfrak{q}})(p))^2 ,$$

where $\pi_{\mathfrak{q}}(A)$ denotes the group of $\kappa_{\mathfrak{q}}$-rational connected components of the reduction of A at $\mathfrak{q}$.

REFERENCES

1. Imai, H. A remark on the rational points of abelian varieties with values in cyclotomiz $\mathbb{Z}_p$-extensions, Proc. Japan Acad. 51, 12-16 (1975).

2. Iwasawa, K. On $\mathbb{Z}_\ell$-extensions of algebraic number fields, Ann. Math. 98, 246-326 (1973).

3. Mazur, B. Rational points of abelian varieties with values in towers of number fields, Inventiones Math. 18, 183-266 (1972).

4. Tate, J. On the conjecture of Birch and Swinnerton-Dyer and a geometric analog, Sém. Bourbaki, exp. 306 (1966).

Seminaire Delange-Pisot-Poitou
(Theorie des Nombres)
1980-81

ON SOME DIOPHANTINE EQUATIONS AND RELATED LINEAR RECURRENCE SEQUENCES

C. L. Stewart

Recently Shorey and Stewart [10] proved the following result.

Theorem 1. *Let* a, b, c *and* d *be integers with* b^2-4ac *and* acd *non-zero. If* x, y *and* t *are integers with* |x| *and* t *larger than one satisfying*

$$ax^{2t} + bx^t y + cy^2 = d , \quad (1)$$

then the maximum of |x| , |y| *and* t *is less than* C, *a number which is effectively computable in terms of* a, b, c *and* d.

One feature of the above result is that the exponent t is a variable. The proof depends in part upon a precise lower estimate for linear forms in the logarithms of algebraic numbers due to Baker [1]. This estimate is essentially best possible in terms of the height of one of the algebraic numbers. R. Tijdeman [12] made use of a similar estimate for his proof that there are only finitely many solutions of Catalan's equation $x^m-y^n = 1$, in integers x, y, m and n all larger than one. Tijdeman's advance initiated much work on exponential Diophantine equations, and in [13] he has chronicled progress in this area. If t is equal to one in (1) and a, b, c, d are integers with d non-zero and b^2-4ac positive and not a perfect square then Gauss proved, in contrast to Theorem 1, that if

$$ax^2 + bxy + cy^2 = d ,$$

has one solution in integers x and y then the equation has infinitely many solutions in integers x and y.

As an intermediate step in the proof of Theorem 1 we show that a certain binary recurrence sequence is a pure power only finitely many times. In fact we are able to prove such a result in general. Let r and s be integers with r^2+4s non-zero. Let u_0 and u_1 be integers and put

$$u_n = ru_{n-1} + su_{n-2} ,$$

for $n = 2, 3, \ldots$. Then for $n \geq 0$ we have

$$u_n = a\alpha^n + b\beta^n , \tag{2}$$

where α and β are the two roots of X^2-rX-s and

$$a = \frac{u_0\beta - u_1}{\beta - \alpha} , \quad b = \frac{u_1 - u_0\alpha}{\beta - \alpha} ,$$

whenever $\alpha \neq \beta$. The sequence of integers $(u_n)_{n=0}^{\infty}$ is a binary recurrence sequence. It is said to be non-degenerate if $ab\alpha\beta$ is non-zero and α/β is not a root of unity. We proved with T. N. Shorey [10]:

Theorem 2. *Let d be a non-zero integer and let u_n, defined as in (2), be the n-th term of a non-degenerate binary recurrence sequence. If*

$$dx^q = u_n ,$$

for integers x and q larger than one, then the maximum of x, q and n is less than C, a number which is effectively computable in terms of a, α, b, β and d.

If $(u_n)_{n=0}^{\infty}$ is a non-degenerate binary recurrence sequence then $|u_n|$ tends to infinity with n hence u_n is a pure power for only finitely many integers n. For the proof we first show that q is bounded and to this end we employ the estimate of Baker [1] referred to above when α and β are real, while if α and β are not real we appeal to a p-adic analogue of Baker's result due to van der Poorten [8]. We next bound x by means of a result of Kotov [4]. Let K be an algebraic number field, let m and n be distinct integers with $m \geq 2$ and $n \geq 3$, and let α, β, x and y be non-zero algebraic integers from K with x and y coprime. In 1976 Kotov proved that the greatest prime factor of $\mathrm{Norm}_{K/Q}(\alpha x^m + \beta y^n)$ tends to infinity with $\max\{|\mathrm{Norm}_{K/Q}(x)|, |\mathrm{Norm}_{K/Q}(y)|\}$ and this is useful for us here. To conclude we use the fact that $|u_n|$ tends to infinity with n to bound n.

Petho [6] has obtained a similar result to Theorem 2. He proved that if we suppose, in addition to the hypotheses of Theorem 2, that r and s are coprime then the maximum of x, q and n is less than a number which is effectively computable in terms of a, α, b, β and the greatest prime factor of d. Petho observed that for $n \geq 0$

$$u_{n+1}^2 - ru_{n+1}u_n - su_n^2 = t(\alpha\beta)^n , \tag{3}$$

where $t = u_1^2 - ru_0u_1 - su_0^2$. Since (3) is solvable in terms of u_{n+1} there exists an integer z such that

$$(r^2+4s)u_n^2 = z^2 - 4t(\alpha\beta)^n . \tag{4}$$

To conclude, Petho replaces u_n by dx^q in the above equation and employs a result of Shorey, van der Poorten, Tijdeman and Schinzel [9]. They proved that if $f \in Q[z, y]$ is a binary form with $f(1, 0) \neq 0$ such that $f(z, 1)$ has $k(\geq 2)$ distinct roots and if for non-zero integers, w, x, $q(\geq 2)$, z and y

$$wx^q = f(z, y) \quad ,$$

with z and y coprime, $|z|>1$ and $qk \geq 6$ then

$$\max \{|w|, |x|, |q|, |z|, |y|\} < C \quad ,$$

where C is a positive number which is effectively computable in terms of f and the greatest prime factor of wy.

For the Fibonacci sequence $(t_n)_{n=0}^{\infty}$ Cohn [3] proved that t_n is a square or twice a square only when n is 0, 1, 2, 3, 6 or 12. Petho [7] has shown that t_n is a perfect cube only when n is 0, 1, 2 or 6. At Oberwolfach in April of this year Mignotte and Waldschmidt remarked that indeed the distance from t_n to the closest square tends to infinity with n. If $t_n = (\alpha^n-\beta^n)/(\alpha-\beta)$ and $v_n = \alpha^n+\beta^n$ for $n > 0$ then we have

$$v_n^2 - (\alpha-\beta)^2 t_n^2 = 4(\alpha\beta)^n = \pm 4 \quad . \tag{5}$$

Let x and c be integers and assume $t_n = x^2+c$. Since $(\alpha-\beta)^2 = 5$

$$v_n^2 = 5x^4 + 10cx^2 + 5c^2 \pm 4 \quad . \tag{6}$$

Since $5X^4 + 10cX^2 + 5c^2 \pm 4$ has distinct roots it follows from Siegel's theorem [11] on the finiteness of the number of solutions of the hyper-elliptic equation that all the integers v_n which are solutions of (6) are less than some fixed positive number in absolute value hence, since $|v_n|$ tends to infinity with n, n is bounded. The result now follows. Combining the argument of Mignotte and Waldschmidt with that of Petho and [10] we see that the distance between u_n and the closest pure power tends to infinity with n whenever u_n is the n-th term of a non-degenerate binary recurrence sequence for which $\alpha\beta = \pm 1$. In particular, it suffices to show that if x, q, c and n are integers with $x^q + c = u_n$ and $q \geq 2$ then n is bounded in terms of a, α, b, β and c. If $|x|$ is larger than one then by Lemma 6 of [10], q is so bounded. We now argue as above with (4) in place of (5). Note that t is not zero since $\alpha\beta = \pm 1$ and the sequence is non-degenerate.

For linear recurrence sequences of order larger than two not much is known. Let u_n be the n-th term of a general linear recurrence sequence whose associated characteristic polynomial has one root of largest absolute value. In this case Shorey and Stewart [10] have proved, subject to some hypotheses to avoid degeneracy, that u_n is not a q-th power for q larger than C, where C is an effectively computable positive number which does not depend on n. In fact we use a result of this sort together with a generalization to algebraic number fields of Baker's theorem [2] on solutions of the hyperelliptic equation to prove the following theorem concerning simultaneous quadratic equations.

Theorem 3. *Let* a, b, c, d, a_1, b_1, c_1 *and* d_1 *be integers with* a, c, d, a_1, c_1 *and* d_1 *non-zero. Assume the simultaneous equations*

$$a_1x^2+b_1xy+c_1y^2 = d_1 \quad , \tag{7}$$

$$ax^2+bxy+cy^2 = dz^q \quad , \tag{8}$$

have solutions in integers x, y, z, *and* q *with* $|z|$ *and* q *larger than one. Let* α_1 *and* α_2 *be the roots of* $a_1x^2+b_1x+c_1$. *If* α_1 *and* α_2 *are not roots of* ax^2+bx+c, $b_1^2 \neq 4a_1c_1$ and $b^2 \neq 4\,ac$ *then the maximum of* $|x|$, $|y|$, $|z|$, *and* q *is less than* C, *a number which is effectively computable in terms of* a, b, c, d, a_1, b_1, c_1 *and* d_1.

Mordell, p. 59 of [5], showed that if q = 2 then the simultaneous equations (7) and (8) have only finitely many solutions in integers x, y and z since they correspond to solutions of a finite number of equations involving binary quartic forms and by a result of Thue they are finite in number.

REFERENCES

[1] A. Baker, A sharpening of the bounds for linear forms in logarithms II, Acta Arith. 24 (1973), 33-36.

[2] A. Baker, Bounds for the solutions of the hyperelliptic equation, Proc. Camb. Philos. Soc. 65 (1969), 439-444.

[3] J.H.E. Cohn, On square Fibonacci numbers, J. Lond. Math. Soc., 39 (1964), 537-540.

[4] S.V. Kotov, Uber die maximale Norm der Idealteiler des Polynoms $\alpha x^m+\beta y^n$ mit den algebraischen Koeffizienten, Acta Arith. 31 (1976), 219-230.

[5] L.J. Mordell, Diophantine equations, Academic Press, London and New York, 1969.

[6] A. Petho, Perfect powers in second order linear recurrences, J. Number Theory, to appear.

[7] A. Petho, private letter, January 9, 1980.

[8] A.J. van der Poorten, Linear forms in logarithms in the p-adic case, Transcendence theory: advances and applications, Academic Press, London and New York, 1977.

[9] T.N. Shorey, A.J. van der Poorten, R. Tijdeman and A. Schinzel, Applications of the Gel'fond-Baker method to Diophantine equations, Transcendence Theory: Advances and Applications, Academic Press, 1977.

[10] T.N. Shorey and C.L. Stewart, On the Diophantine equation $ax^{2t} + bx^ty + cy^2 = d$ and pure powers in recurrence sequences, Math. Scand., to appear.

[11] C.L. Siegel, The integer solutions of the equation $y^2 = ax^n+bx^{n-1}+ \dots +k$ (under the pseudonym X), J. London Math. Soc. 1 (1926), 66-68.

[12] R. Tijdeman, On the equation of Catalan, Acta Arith. 29 (1976), 197-209.

[13] R. Tijdeman, Exponential Diophantine equations, Proc. Intern. Congress Math. Helsinki (1978), Helsinki (1979), 381-387.

C.L. Stewart
University of Waterloo
Waterloo, Ontario, Canada

Seminaire Delange-Pisot-Poitou
(Theorie des Nombres)
1980-81

SUR CERTAINS CARACTERES DU GROUPE DES CLASSES D'IDELES D'UN CORPS DE NOMBRES

Michel Waldschmidt
Institut Henri Poincaré

Dans son étude de certains caractères du groupe des classes d'idèles d'un corps de nombres, A. Weil [8] a appelé caractères de type (A) ceux dont la restriction à $k_\lambda^\times$, pour chaque λ archimédien, est de la forme

$$z \mapsto (z/|z|)^{m_\lambda} \cdot |z|^{t_\lambda},$$

avec $m_\lambda \in \mathbb{Z}$ et $t_\lambda \in \mathbb{Q}$, et il a appelé caractères de type (A_0) ceux dont la restriction à chacun de ces $k_\lambda^\times$ est de la forme

$$z \mapsto \pm z^{r_\lambda} \bar{z}^{s_\lambda},$$

avec $r_\lambda \in \mathbb{Z}$, $s_\lambda \in \mathbb{Z}$, et le signe peut dépendre de z. Il a noté que si χ est un caractère de type (A), les coefficients de la série L de Hecke associée à χ sont algébriques; si χ est de type (A_0), ces coefficients se trouvent dans une extension algébrique finie de $\mathbb{Q}$. Il a alors suggéré que la réciproque pouvait être vraie, et nous allons voir qu'il en est bien ainsi.

La solution de ce problème repose sur un énoncé de transcendance [7] que nous présentons au §1. Après quelques généralités sur les caractères de Hecke (§2), nous donnons un premier critère (§3) permettant de reconnaître les caractères de type (A). Nous en déduisons des propriétés de densité liées au plongement de $k^\times$ dans la partie à l'infini du groupe des idèles (§4). Nous obtenons ensuite un énoncé (§5) sur les caractères de type (A_0). Enfin nous étudions les séries L de Hecke associées aux "Grössencharaktere".

Notons que l'analogue p-adique de ce problème, posé par J.-P. Serre [4], fait l'objet d'un exposé de G. Henniart [2] dans ce séminaire.

1. Un énoncé de transcendance [7].

Nous utiliserons le résultat suivant qui est démontré dans [7].

Théorème 1.1. Soient $X = \mathbb{Z}x_1 + \dots + \mathbb{Z}x_d$ et $Y = \mathbb{Z}y_1 + \dots + \mathbb{Z}y_\ell$ deux sous-groupes de $\mathbb{C}^n$ de rang d et ℓ respectivement, avec $\ell d > n(\ell + d)$. On suppose que les nombres

$$\exp \langle x,y\rangle, \quad (x \in X,\ y \in Y)$$

sont tous algébriques.

Alors il existe des sous-groupes X_1, X_2 de X, et Y_1, Y_2 de Y, avec

$$X = X_1 \oplus X_2, \quad Y = Y_1 \oplus Y_2, \quad \langle X_1, Y_2\rangle = 0,$$

et, en désignant par d_1 le rang de X_1, par ℓ_1 le rang de Y_1, et par n_1 la dimension du $\mathbb{C}$-espace vectoriel engendré par X_1,

$$d_1 > n_1\, d/n\,, \quad \text{et} \quad \ell_1 d_1 \le n_1(\ell_1 + d_1).$$

En fait, nous n'aurons besoin ici que du corollaire suivant:

Corollaire 1.2. Soient $\alpha_{\nu j}$, $(1 \le \nu \le n,\ 1 \le j \le \ell)$ des nombres algébriques multiplicativement indépendants, avec $\ell \ge n^2 + n + 1$. Pour $1 \le \nu \le n$, $1 \le j \le \ell$, soit $\log \alpha_{\nu j}$ une détermination du logarithme de $\alpha_{\nu j}$. Soient $t_1, \dots, t_n$ des nombres complexes. Si les ℓ nombres

$$\prod_{\nu=1}^{n} \alpha_{\nu j}^{t_\nu} = \exp\Big(\sum_{\nu=1}^{n} t_\nu \log \alpha_{\nu j}\Big), \quad (1 \le j \le \ell)$$

sont tous algébriques, alors $t_1, \dots, t_n$ sont tous rationnels.

<u>Démonstration du corollaire 1.2</u>. Notons

$$y_j = (\log\alpha_{1j},\ldots,\log\alpha_{nj}) \in \mathbb{C}^n, \qquad (1 \leq j \leq \ell),$$

et

$$X = \mathbb{Z}^n + \mathbb{Z}(t_1,\ldots,t_n), \quad Y = \mathbb{Z}y_1 + \ldots + \mathbb{Z}y_\ell.$$

Si l'un des t_ν est irrationnel, c'est-à-dire si X est de rang $d = n + 1$, comme Y est de rang ℓ avec $\ell d > n(\ell + d)$, le théorème 1.1 permet d'écrire

$$X = X_1 \oplus X_2, \quad Y = Y_1 \oplus Y_2, \quad \langle X_1, Y_2\rangle = 0,$$

avec $d_1 > n_1 d/n$, $\ell_1 d_1 \leq n_1(\ell_1 + d_1)$,
où

$$d_1 = \mathrm{rang}_{\mathbb{Z}} X_1, \quad \ell_1 = \mathrm{rang}_{\mathbb{Z}} Y_1, \quad n_1 = \dim_{\mathbb{C}} \mathbb{C}X_1.$$

La condition $d_1 > 0$ entraîne $X_1 \neq 0$, donc $n_1 > 0$; alors $d_1 \geq 2$, et il en résulte $X_1 \cap \mathbb{Z}^n \neq 0$. On choisit $a = (a_1,\ldots,a_n) \in X_1 \cap \mathbb{Z}^n$, $a \neq 0$.

Les inégalités

$$\ell_1 \leq d_1 n_1/(d_1 - n_1) < dn/(d - n) < \ell$$

impliquent $Y_2 \neq 0$. On choisit $b = (b_1,\ldots,b_\ell) \in \mathbb{Z}^\ell$ avec

$$0 \neq b_1 y_1 + \ldots + b_\ell y_\ell \in Y_2.$$

Alors

$$\langle a, b_1 y_1 + \ldots + b_\ell y_\ell\rangle = 0,$$

ce qui donne

$$\prod_{\nu=1}^{n} \prod_{j=1}^{\ell} \alpha_{\nu j}^{a_\nu b_j} = 1,$$

et contredit l'hypothèses d'indépendance multiplicative des nombres $\alpha_{\nu j}$.

Remarque. On peut affaiblir l'hypothèse sur l'indépendance multiplicative des $\alpha_{\nu j}$. Voir par exemple [7] corollaire 7.1.b.

2. Généralités sur les caractères de Hecke [3, 5, 8, 9].

Soient k un corps de nombres, $\mathbb{A}_k^\times$ le groupe des idèles de k, $C_k = \mathbb{A}_k^\times/k^\times$ le groupe des classes d'idèles de k. Un caractère de Hecke de k est un homomorphisme continu de C_k dans $\mathbb{C}^\times$, que l'on considérera aussi comme un homomorphisme continu $\chi: \mathbb{A}_k^\times \to \mathbb{C}^\times$ trivial sur $k^\times$.

Pour chaque place v de k, la restriction χ_v de χ à $k_v^\times$ définit un homomorphisme continu $k_v^\times \to \mathbb{C}^\times$. Si v est une place archimédienne, il existe $m_v \in \mathbb{Z}$ et $t_v \in \mathbb{C}$ tels que

$$\chi_v(z) = (z/|z|)^{m_v} \cdot |z|^{t_v} \quad \text{pour tout } z \in k_v^\times.$$

Si v est une place finie correspondant à un idéal premier $\mathfrak{P} = \mathfrak{P}_v$ de k, comme $k_v^\times$ est localement compact et totalement discontinu χ_v est localement constant, et il existe $m_v \in \mathbb{Z}$, $m_v \geq 0$, tel que χ_v soit trivial sur $1 + \mathfrak{P}^{m_v}$; on note alors f_v le plus petit de ces entiers m_v; c'est le degré de ramification de χ à la place v. Si $f_v = 0$, c'est-à-dire si χ_v est trivial sur le groupe U_v des unités de k_v, on dit que χ est non ramifié en v.

Comme tout voisinage de 1 dans $\mathbb{A}_k^\times$ contient un sous-groupe de la forme

$$\left(\prod_{v \in P} 1\right)\left(\prod_{v \notin P} U_v\right),$$

où P est un ensemble fini de places (contenant les places archimédiennes), il existe un ensemble fini de places en dehors duquel χ est non ramifié. Si $a = (a_v) \in \mathbb{A}_k^\times$, on a donc $\chi_v(a_v) = 1$ pour presque tout v, et

$$\chi(a) = \prod_v \chi_v(a_v).$$

L'idéal entier $\mathfrak{f} = \prod_v \mathfrak{P}_v^{f_v}$ (où le produit est étendu aux places finies ramifiées) est le conducteur de χ.

Notons $\sigma_1, \ldots, \sigma_d$ les plongements de k dans $\mathbb{C}$, où $\sigma_1, \ldots, \sigma_{r_1}$ sont les plongements réels, alors que σ_ν et $\sigma_{r_2+\nu}$ sont complexes conjugués, $(r_1 < \nu \leq r_1 + r_2)$. Ainsi

$$d = [k:\mathbb{Q}] = r_1 + 2r_2.$$

La partie à l'infini du groupe des idèles de k est le sous-groupe

$$(k \otimes_{\mathbb{Q}} \mathbb{R})^{\times} = \mathbb{R}^{\times^{r_1}} \times \mathbb{C}^{\times^{r_2}}$$

de $\mathbb{A}_k^{\times}$, et la restriction ψ de χ à ce sous-groupe s'écrit

$$\psi(z) = \prod_{\nu=1}^{n} (z_\nu/|z_\nu|)^{m_\nu} |z_\nu|^{t_\nu}, \qquad (z = (z_1,\ldots,z_n) \in \mathbb{R}^{\times^{r_1}} \times \mathbb{C}^{\times^{e_2}})$$

avec $n = r_1 + r_2$.

On notera ι l'injection $k^{\times} \to (k \otimes_{\mathbb{Q}} \mathbb{R})^{\times}$:

$$\iota(\alpha) = (\sigma_\nu \alpha)_{1 \leq \nu \leq n}.$$

Ainsi, pour $\alpha \in k^{\times}$,

$$\psi \circ \iota(\alpha) = \prod_{\nu=1}^{n} (\sigma_\nu\alpha/|\sigma_\nu\alpha|)^{m_\nu} |\sigma_\nu\alpha|^{t_\nu}.$$

Un caractère χ est <u>de type</u> (A) si $t_1,\ldots,t_n$ sont tous rationnels. Il est <u>de type</u> (A_0) si $t_\nu \in \mathbb{Z}$ pour $1 \leq \nu \leq r_1$, et $t_\nu - m_\nu \in 2\mathbb{Z}$ pour $r_1 < \nu \leq n$.

Dire que χ est de type (A_0) revient à dire qu'il existe des entiers rationnels a_ν, b_ν, $(1 \leq \nu \leq n)$, tels que

$$\psi(z) = \left(\prod_{\nu=1}^{r_1} (\operatorname{sgn} z_\nu)^{a_\nu} z_\nu^{b_\nu}\right)\left(\prod_{\nu=r_1+1}^{n} z_\nu^{a_\nu} \bar{z}_\nu^{b_\nu}\right),$$

où $\operatorname{sgn} x$ est le signe de x (égal à ± 1) pour $x \in \mathbb{R}$, et $\bar{z}$ est le complexe conjugué de z pour $z \in \mathbb{C}$.

Enfin si $\mathfrak{m}$ est un idéal entier de k, on notera $k^{\times}(\mathfrak{m})$ le sous-groupe de $k^{\times}$ formé des α vérifiant

$$\alpha \equiv 1 \bmod^{\times} \mathfrak{m}$$

(cf. par exemple [3] Chap. VI §1), et $k_+^{\times}(\mathfrak{m})$ le sous-groupe de $k^{\times}(\mathfrak{m})$ formé des α qui sont positifs en chaque place réelle:

$\sigma_\nu \alpha > 0 \quad$ pour $1 \leq \nu \leq r_1$.

3. Caractères de type (A).

Soient k un corps de nombres, χ un caractère de Hecke de k, $\mathfrak{m}$ un multiple du conducteur de χ, et ψ la restriction de χ à $(k \otimes_{\mathbb{Q}} \mathbb{R})^\times$.

Il est clair que si χ est de type (A), les valeurs de ψ sur $\iota(k^\times)$ sont algébriques. Nous montrons que la réciproque est vraie. Pour l'application que nous avons en vue au §6, nous établissons un résultat plus précis en nous restreignant à $k^\times(\mathfrak{m})$.

Théorème 3.1. Si les nombres $\psi \circ \iota(\alpha)$, $(\alpha \in k^\times(\mathfrak{m}))$ sont tous algébriques, alors χ est de type (A).

L'hypothèse s'écrit

$$\prod_{\nu=1}^{n} |\sigma_\nu \alpha|^{t_\nu} \in \bar{\mathbb{Q}} \qquad \text{pour tout } \alpha \in k^\times(\mathfrak{m}).$$

Il s'agit de montrer que $t_1,\ldots,t_n$ sont tous rationnels. Grâce au corollaire 1.2, il suffit de vérifier le lemme suivant:

Lemme 3.2. Il existe une suite $(\alpha_j)_{j\geq 1}$ d'éléments de $k_+^\times(\mathfrak{m})$ telle que les nombres

$$\sigma_i \alpha_j, \qquad (1 \leq i \leq d,\ j \geq 1)$$

soient multiplicativement indépendants.

Démonstration du lemme 3.2. Soit K une extension finie de $\mathbb{Q}$ dans $\mathbb{C}$ contenant tous les $\sigma_i(k)$, $1 \leq i \leq d$. Soit p_1 un nombre premier totalement décomposé dans K, vérifiant $(p_1, \mathfrak{m}) = 1$, et soit v_1 une place de K au dessus de p_1. Par le théorème d'approximation, il existe $\alpha_1 \in k_+^\times(\mathfrak{m})$ tel que $\sigma_1 \alpha_1$ soit une uniformisante en v_1, et que les $\sigma_i \alpha_1$, $(2 \leq i \leq d)$ soient des unités en v_1.

Une fois $\alpha_1,\ldots,\alpha_{\ell-1}$ construits, on considère un nombre premier p_ℓ totalement décomposé dans K, avec $(p_\ell, \mathfrak{m}) = 1$, et tel que les $\sigma_i \alpha_j$, $(1 \leq i \leq d,\ 1 \leq j < \ell)$ soient des unités en toutes les places de K au dessus de p_ℓ. On choisit une place v_ℓ de K au dessus de p_ℓ, et on construit $\alpha_\ell \in k_+^\times(\mathfrak{m})$ tel que $\sigma_1\alpha_\ell$ soit une uniformisante en v_ℓ et que les $\sigma_i\alpha_\ell$, $(2 \leq i \leq d)$ soient des unités en v_ℓ.

La théorie de Hecke permet de préciser le lemme 3.2. Voir en particulier [3], et [1] §2.

4. Plongement de $k^\times$ dans $(k \otimes_{\mathbb{Q}} \mathbb{R})^\times$.

Notons G l'image inverse de $\iota(k^\times)$ par l'application exponentielle $\exp: k \otimes_{\mathbb{Q}} \mathbb{R} \to (k \otimes_{\mathbb{Q}} \mathbb{R})^\times$.

Théorème 4.1. Soit H un hyperplan réel de $k \otimes_{\mathbb{Q}} \mathbb{R}$. Alors $G/G \cap H$ a un rang infini sur $\mathbb{Z}$.

On peut déduire cet énoncé du corollaire 7.3.c de [7], mais nous allons en donner une démonstration directe à partir du corollaire 1.2.

Démonstration du théorème 4.1. On reprend la suite $(\alpha_j)_{j \geq 1}$ du lemme 3.2 (avec $\mathfrak{m} = (1)$). Soit $\ell_0 > 0$, et soit j, $1 \leq j \leq \ell_0$; comme α_j est positif aux places réelles, il existe $y_j = (y_{\nu j})_{1 \leq \nu \leq n} \in G$ vérifiant

$$\exp(y_{\nu j}) = \sigma_\nu \alpha_j, \qquad (1 \leq \nu \leq n).$$

Notons

$$y = \mathbb{Z}y_1 + \ldots + \mathbb{Z}y_{\ell_0}.$$

On va montrer que le rang ℓ de $Y' = Y \cap H$ est majoré par $d(d-1)$. On en déduira

$$\mathrm{rang}_{\mathbb{Z}}\, Y/Y \cap H \geq \ell_0 - d(d-1),$$

donc

$$\mathrm{rang}_{\mathbb{Z}}\, G/G \cap H = \infty.$$

Soit $y'_1, \ldots, y'_\ell$ une base de Y' sur $\mathbb{Z}$. On définit $\alpha'_j \in k^\times$, $(1 \leq j \leq \ell)$ par

$$\exp(y'_{\nu j}) = \sigma_\nu \alpha'_j, \quad (1 \leq \nu \leq n).$$

On prend des coordonnées réelles $(x_1,\dots,x_d)$ sur $k \otimes_{\mathbb{Q}} \mathbb{R}$ en posant

$$z_\mu = \begin{cases} x_\nu, & (1 \leq \nu \leq r_1), \\ x_\nu + ix_{r_2+\nu}, & (r_1 < \nu \leq r_1 + r_2). \end{cases}$$

On écrit alors une équation de l'hyperplan réel H, et on trouve

$$\prod_{i=1}^{d} (\sigma_i \sigma'_j)^{t_i} = 1, \quad (1 \leq j \leq \ell),$$

avec $t = (t_1,\dots,t_d) \in \mathbb{C}^d$, $t \neq 0$. En divisant tous les t_i par l'un d'eux, on peut supposer qu'il existe i_0, $1 \leq i_0 \leq d$, avec $t_{i_0} = -1$. Alors pour $1 \leq j \leq \ell$ on a

$$\prod_{\substack{1<i<d \\ i \neq i_0}} (\sigma_i \alpha'_j)^{t_i} = \sigma_{i_0} \alpha'_j.$$

Comme les $\sigma_i \alpha'_j$, $(1 \leq i \leq d,\ 1 \leq j \leq \ell)$ sont multiplicativement indépendants, les t_i ne sont pas tous rationnels. Alors le corollaire 1.2 (avec n remplacé par $d-1$) entraîne $\ell \leq d(d-1)$.

On en déduit un énoncé analogue pour l'image de $k^\times$ dans $\mathbb{R}^n$, $(n = r_1 + r_2)$, par le plongement logarithmique:

$$L(\alpha) = (\log |\sigma_\nu \alpha|)_{1 \leq \nu \leq n}.$$

<u>Corollaire 4.2</u>. <u>Si</u> H <u>est un hyperplan de</u> $\mathbb{R}^n$, <u>le rang sur</u> $\mathbb{Z}$ <u>de</u> $L(k^\times)/L(k^\times) \cap H$ <u>est infini</u>.

<u>Démonstration du corollaire 4.2</u>. Soit $p: k \otimes_{\mathbb{Q}} \mathbb{R} \to \mathbb{R}^{r_1+r_2}$ la projection obtenue en prenant les parties réelles des r_2 dernières composantes de $\mathbb{R}^{r_1} \times \mathbb{C}^{r_2}$. On a $p(G) = L(k^\times)$, d'où

$$G/G \cap p^{-1}(H) \cong L(k^\times)/L(k^\times) \cap H.$$

Comme la codimension sur $\mathbb{R}$ de $p^{-1}(H)$ dans $k \otimes_{\mathbb{Q}} \mathbb{R}$ est ≥ 1, le théorème 4.1 donne le résultat.

Voici une autre conséquence du théorème 4.1 (cf. [1] §3, [7] p. 99 et 110-111), [10] et [11]).

Corollaire 4.3. Il existe un sous-groupe de type fini de $k^\times$ dont l'image par ι est dense dans $(k \otimes_{\mathbb{Q}} \mathbb{R})^\times$.

Démonstration. Comme le conoyau de $\exp: k \otimes_{\mathbb{Q}} \mathbb{R} \to (k \otimes_{\mathbb{Q}} \mathbb{R})^\times$ est isomorphe à $(\mathbb{Z}/2\mathbb{Z})^{r_1}$, grâce au théorème d'approximation il suffit de montrer que G contient un sous-groupe de type fini dense dans $k \otimes_{\mathbb{Q}} \mathbb{R}$. On combine alors le théorème 4.1 avec le lemme facile suivant:

Lemme 4.4. Soit G un sous-groupe du groupe additif $\mathbb{R}^n$. Les propriétés suivantes sont équivalentes.

(i) Il existe un sous-groupe de G, de type fini, dense dans $\mathbb{R}^n$.

(ii) Pour tout hyperplan H de $\mathbb{R}^n$ on a $\operatorname{rang}(G/G \cap H) \geq 2$.

(iii) On a $\mu(G, \mathbb{R}^n) > 1$.

Rappelons [6,7] que

$$\mu(G, \mathbb{R}^n) = \min\{\operatorname{rang}_{\mathbb{Z}} s_W(G)/\operatorname{codim} W,\ W \subsetneq \mathbb{R}^n\},$$

où, pour W sous-espace de $\mathbb{R}^n$, $s_W: \mathbb{R}^n \to \mathbb{R}^n/W$ désigne la surjection canonique. La condition $\mu(G, \mathbb{R}^n) > 1$ équivaut à dire qu'il existe un sous-groupe Γ de type fini de G tel que $\mu(\Gamma, \mathbb{R}^n) > 1$. D'autre part le théorème 4.1 s'énonce de manière équivalente:

$$\mu(G, k \otimes_{\mathbb{Q}} \mathbb{R}) = \infty.$$

5. Caractères de type (A_0).

On reprend les notations du §3. Si χ est de type (A_0), les valeurs de ψ sur $\iota(k^\times)$ appartiennent à une extension algébrique finie de $\mathbb{Q}$ (en fait au compositum des corps $\sigma_\nu(k)$, $1 \leq \nu \leq n$). Nous établissons la réciproque.

Théorème 5.1. S'il existe un corps de nombres K tel que

$$\psi \circ \iota(\alpha) \in K \quad \text{pour tout} \quad \alpha \in k^\times(\mathfrak{m}),$$

alors χ est de type (A_0).

Démonstration du théorème 5.1. On sait déjà, par le théorème 3.1, que χ est de type (A). D'autre part on peut supposer

$$K \supset \sigma_\nu(k), \qquad (1 \le \nu \le n).$$

On définit des nombres rationnels $q_1,\ldots,q_d$ en posant d'abord

$$q_\nu = \begin{cases} t_\nu, & (1 \le \nu \le r_1) \\ (t_\nu - m_\nu)/2, & (r_1 < \nu \le r_1 + r_2), \end{cases}$$

puis

$$q_i = q_{i-r_2}, \qquad (r_1 + r_2 < i \le d).$$

On peut alors écrire

$$\prod_{i=1}^{d} (\sigma_i\alpha)^{q_i} \in K \qquad \text{pour tout} \quad \alpha \in k_+^\times(\mathfrak{m}),$$

et il s'agit de montrer que $q_1,\ldots,q_d$ sont tous entiers. Si ce n'est pas le cas, il existe un nombre premier p et un entier N tels que les nombres $m_i = Nq_ip$ soient entiers et non tous divisibles par p. On utilise alors le lemme suivant:

Lemme 5.2. *Soient k un corps de nombres, $\mathfrak{m}$ un idéal entier de k, $\sigma_1,\ldots,\sigma_d$ les plongements de k dans $\mathbb{C}$, et K une extension finie de $\mathbb{Q}$ dans $\mathbb{C}$. Il existe $\alpha \in k_+^\times(\mathfrak{m})$ ayant la propriété suivante.*

Soient p un nombre premier, et $m_1,\ldots,m_d$ des entiers rationnels non tous divisibles par p. Alors le nombre

$$\prod_{i=1}^{d} (\sigma_i\alpha)^{m_i}$$

n'est pas une puissance p-ième dans K.

Démonstration du lemme 5.2. En fait la construction du lemme 3.2 montre qu'une relation de la forme

$$\prod_{i=1}^{d} \prod_{j=1}^{\ell} (\sigma_i\alpha_j)^{m_{ij}} \in K^p$$

avec p premier et $m_{ij} \in \mathbb{Z}$ implique que tous les m_{ij} sont divisibles par p.

6. Grössencharaktere et séries L de Hecke.

Soient χ un caractère de Hecke de k, $\mathfrak{f}$ son conducteur, $G(\mathfrak{f})$

le groupe des idéaux fractionnaires non nuls de k premiers à $\mathfrak{f}$.

Soit v une place finie de k où χ est non ramifié, c'est-à-dire telle que l'idéal premier $\mathfrak{P}_v = \mathfrak{P}$ correspondant ne divise pas $\mathfrak{f}$, et soit χ_v la restriction de χ à $k_v^\times$. La valeur $\chi_v(\pi_v)$ de χ_v en une uniformisante π_v de k_v ne dépend pas de l'uniformisante π_v, mais seulement de v, c'est-à-dire de $\mathfrak{P}$. On pose: $\tilde{\chi}(\mathfrak{P}) = \chi_v(\pi_v)$, ce qui définit par multiplicativité un homomorphisme $\tilde{\chi}: G(\mathfrak{f}) \to \mathbb{C}^\times$ qui est le "Grössencharakter" associé à χ.

Soit $\mathfrak{a} \in G(\mathfrak{f})$, $\mathfrak{a} = \prod_{v \text{ finie}} \mathfrak{P}_v^{m_v}$. On a $\tilde{\chi}(\mathfrak{a}) = \chi(a)$, chaque fois que $a = (a_v)$ est un idèle de la forme suivante: $a_v = 1$ si v est une place infinie, $a_v \in 1 + \mathfrak{P}_v^{f_v}$ si v est une place finie ramifiée (et f_v est le degré de ramification), et $a_v = \pi_v^{m_v} u_v$, si v est une place finie non ramifiée, avec π_v une uniformisante et u_v une unité dans k_v.

<u>Lemme 6.1</u>. <u>Pour</u> $\alpha \in k^\times(\mathfrak{f})$, <u>on a</u> $\tilde{\chi}((\alpha)) \cdot \psi \circ \iota(\alpha) = 1$.

<u>Démonstration</u> (cf. [8]). Comme χ est trivial sur $k^\times$, on a, en notant α_v l'image de $\alpha \in k$ dans k_v,

$$\Big(\prod_{f \text{ finie}} \chi_v(\alpha_v)\Big) \cdot \psi \circ \iota(\alpha) = 1 \quad \text{pour tout } \alpha \in k^\times.$$

D'autre part les propriétés qui ont servi à définir le conducteur $\mathfrak{f}$ (voir §2), et la construction de $\tilde{\chi}$, montrent que, pour $\alpha \in k^\times(\mathfrak{f})$, on a

$$\prod_{v \text{ finie}} \chi_v(\alpha_v) = \tilde{\chi}((\alpha)).$$

D'où le lemme 6.1.

<u>Corollaire 6.2</u>. <u>Le caractère</u> χ <u>est de type</u> (A) <u>si et seulement si les nombres</u> $\tilde{\chi}(\mathfrak{a})$, $(\mathfrak{a} \in G(\mathfrak{f}))$ <u>sont tous algébriques</u>.

<u>Il est de type</u> (A_0) <u>si et seulement si les nombres</u> $\tilde{\chi}(\mathfrak{a})$, $(\mathfrak{a} \in G(\mathfrak{f}))$ <u>engendrent une extension finie de</u> $\mathbb{Q}$.

<u>Démonstration</u>.

a) Supposons que χ soit de type (A) (resp. de type (A_0)), et notons $K = \bar{\mathbb{Q}}$ (resp. K = le compositum des corps $\sigma_\nu(k)$, $1 \leq \nu \leq n$). D'après le lemme 6.1 on a

$\tilde{\chi}((\alpha)) \in K$ pour tout $\alpha \in k^{\times}(\mathfrak{f})$.

On utilise alors le fait que l'image de $k^{\times}(\mathfrak{f})$ dans $G(\mathfrak{f})$ est d'indice fini (voir [8]).

b) La réciproque est une conséquence immédiate du lemme 6.1 et des théorèmes 3.2 et 5.1.

Le <u>série L de Hecke</u> attachée au Grössencharakter $\tilde{\chi}$ est définie, pour $s \in \mathbb{C}$ de partie réelle suffisamment grande, par

$$L(s,\tilde{\chi}) = \sum_{\mathfrak{a}} \tilde{\chi}(\mathfrak{a}) N\mathfrak{a}^{-s},$$

où $\mathfrak{a}$ décrit les idéaux entiers de $G(\mathfrak{f})$.

Ecrivons $L(s,\tilde{\chi})$ sous la forme habituelle d'une série de Dirichlet:

$$L(s,\tilde{\chi}) = \sum_{n \geq 1} a_n n^{-s}.$$

<u>Si les nombres</u>

$$a_n = \sum_{N\mathfrak{a}=n} \tilde{\chi}(\mathfrak{a}), \qquad (n \geq 1),$$

<u>sont tous algébriques, alors il en est de même des nombres</u> $\tilde{\chi}(\mathfrak{a})$, $(\mathfrak{a} \in G(\mathfrak{f}))$.

En effet, supposons $a_n \in \bar{\mathbb{Q}}$ pour tout $n \geq 1$. Pour chaque nombre premier p on écrit

$$A_p(T) = \prod_{\mathfrak{P}|p} (1 - \tilde{\chi}(\mathfrak{P})\, T^{\deg \mathfrak{P}})^{-1},$$

en posant $\tilde{\chi}(\mathfrak{P}) = 0$ si $\mathfrak{P}$ divise $\mathfrak{f}$. De la relation

$$L(s,\tilde{\chi}) = \prod_{\mathfrak{P}} (1 - \tilde{\chi}(\mathfrak{P}) N\mathfrak{P}^{-s})^{-1}$$

on déduit

$$A_p(T) = \sum_{k \geq 0} a_{p^k} T^k ,$$

donc $A_p(T)$ est une fraction rationnelle à coefficients algébriques. Il en résulte que ses pôles sont algébriques, donc $\tilde{\chi}(\mathfrak{P}) \in \bar{\mathbb{Q}}$ pour tout $\mathfrak{P}$ et finalement $\tilde{\chi}(\mathfrak{a}) \in \bar{\mathbb{Q}}$ pour tout $\mathfrak{a} \in G(\mathfrak{f})$.

REFERENCES

1. Colliot-Thélène, J.-L., Coray, D. et Sansuc, J.-J. Descente et principe de Hasse pour certaines variétés rationnelles, J. reine angew. Math. 320, 150-191 (1980).

2. Henniart, G. Représentations ℓ-adiques abéliennes, Séminaire de Théorie des Nombres, Paris 1980-81, (Séminaire Delange-Pisot-Poitou), 12 Janvier 1981, (même volume).

3. Lang, S. Algebraic number theory, Addison Wesley, 1970.

4. Serre, J.-P. Abelian ℓ-adic representations and elliptic curves, Benjamin New York, 1968 (McGill University Lecture Notes).

5. Taniyama, Y. L-functions of number fields and zeta functions of abelian varieties, J. Math. Soc. Japan 9, 330-366 (1957).

6. Waldschmidt, M. Propriétés arithmétiques de fonctions de plusieurs variables (III), Séminaire P. Lelong, H. Skoda (Analyse), 18e et 19e années, 1978/79, Lecture Notes in Math., 822, 332-356, (1980), Springer-Verlag.

7. Waldschmidt, M. Transcendance et exponentielles en plusieurs variables, Invent. Math. 63, 97-127 (1981).

8. Weil, A. On a certain type of characters of the idèle-class group of an algebraic number field, Proc. Intern. Symp. Alg. Geom., Tokyo Nikko 1955, Tokyo (1956). Oeuvres Scientifiques, Vol. II, 255-261 (1955c).

9. Weil, A. Basic number theory, Grund. der Math. Wiss. 144, Springer-Verlag 1974.

10. Lenstra, H. W. On a question of Colliot-Thélène, Séminaire Delange-Pisot-Poitou (théorie des nombres), 1980-81 (même volume).

11. Sansuc, J. J. Descent et principe de Hasse pour certaines variétés rationnelles, Séminaire Delange-Pisot-Poitou (théorie de nombres), 1980-81 (même volume).

Seminaire Delange-Pisot-Poitou
(Theorie des Nombres)
1980-81

ZEROES OF p-ADIC L-FUNCTIONS

by

Lawrence C. Washington

Introduction

In this paper we discuss the zeroes of the Kubota-Leopoldt p-adic L-functions. First we show how to obtain 3-adic L-functions with zeroes close to 1. In fact, it appears that it is possible to have zeroes arbitrarily close to 1, so in a certain sense p-adic L-functions may possibly have "Siegel zeroes." We then discuss a possible p-adic version of the Brauer-Siegel theorem, one which is true in some cases but turns out to be false in general. Finally, we consider the situation for function fields. In this case, the set of p-adic integers which appear as zeroes of p-adic L-functions is dense in $\mathbb{Z}_p$, so there does not seem to be a good p-adic analogue for the Riemann Hypothesis.

The author wishes to thank Daniel Shanks for many helpful conversations.

1. p-adic L-functions.

Let p be a prime. For simplicity we assume p is odd. $\mathbb{Z}_p$, $\mathbb{Q}_p$, and $\mathbb{C}_p$ will denote the p-adic integers, the p-adic rationals, and the completion of the algebraic closure of $\mathbb{Q}_p$, respectively. Let ω denote the Teichmüller character defined as follows: if $a \in \mathbb{Z}_p$, $p \nmid a$, then $\omega(a)$ is the unique $(p-1)$st root of unity satisfying

$\omega(a) \equiv a(\text{mod } p)$. Clearly ω is a p-adic valued Dirichlet character of conductor p.

Let χ be a primitive Dirichlet character of conductor f. The generalized Bernoulli numbers $B_{n,\chi}$ are defined by

$$\sum_{a=1}^{f} (\chi(a)e^{at}/(e^{ft} - 1)) = \sum_{n=0}^{\infty} B_{n,\chi}(t^n/n!) .$$

The p-adic L-function $L_p(s,\chi)$ is the unique continuous (in fact, meromorphic) p-adic function $\mathbb{Z}_p \to \mathbb{C}_p$ satisfying

$$L_p(1-n,\chi) = -(1 - \chi\omega^{-n}(p)p^{n-1})(B_{n,\chi\omega^{-n}}/n) \quad \text{for } n = 1,2,\ldots$$

If $n \equiv 0 \pmod{p-1}$ then $L_p(1-n,\chi)$ agrees with the classical Dirichlet L-function except that the Euler factor at p has been removed. If χ is odd $(\chi(-1) = -1)$ then $L_p(s,\chi)$ is identically zero, so henceforth we shall work with even χ. For more properties of p-adic L-functions, see [7].

Suppose p^2 does not divide the conductor f. Let $d = f$ if $p \nmid f$ and $d = f/p$ if $p|f$. Let $O_\chi = \mathbb{Z}_p[\chi(1),\chi(2),\ldots]$. Iwasawa has shown that there is a power series $F(T,\chi) \in O_\chi[[T]]$ such that

$$L_p(s,\chi) = F((1 + pd)^s - 1,\chi).$$

By the p-adic Weierstrass Preparation Theorem [9, p. 130], we may write

$$F(T,\chi) = \pi^{\mu}G(T)U(T),$$

where π is a generator for the ideal of O_χ above p, $\mu \geq 0$, $U(T)$ is a unit of $O_\chi[[T]]$, and $G(T)$ is a distinguished polynomial: that is, $G(T) = a_0 + a_1T + \ldots + T^\lambda$ with $\pi|a_i$ for $i \leq \lambda - 1$. However, $\mu = 0$ [5], so actually $F = GU$. If $F(T,\chi) = b_0 + b_1T + \ldots$, then λ is the index of the first coefficient not divisible by π. When $\chi\omega^{-1}$ is a quadratic character, λ is the Iwasawa λ-invariant for the cyclotomic $\mathbb{Z}_p$-extension of the associated quadratic field.

Since $(1 + pd)^s - 1 \equiv 0 \pmod p$ for $s \in \mathbb{Z}_p$, we have $U((1 + pd)^s - 1) \equiv U(0) \not\equiv 0 \pmod{\pi}$, since $U(T)$ is a unit. Therefore

$$L_p(s,\chi) = 0 \Longleftrightarrow G((1 + pd)^s - 1) = 0.$$

It follows that $L_p(s,\chi)$ can have at most λ zeroes.

Finally, we mention the p-adic class number formula of Leopoldt. Let K be a totally real abelian number field of degree n over $\mathbb{Q}$ and let X be the associated group of Dirichlet characters. Let h, R_p, and D denote the class number, p-adic regulator, and discriminant of K, respectively. Then (if we choose the signs of R_p and $\sqrt{D}$ suitably)

$$2^{n-1}hR_p/\sqrt{D} = \prod_{\substack{\chi\in X\\ \chi\neq 1}} (1 - (\chi(p)/p))^{-1}L_p(1,\chi) .$$

If K is a real quadratic field with character χ and fundamental unit $\varepsilon > 1$, then this formula becomes

$$((2h \log_p \varepsilon)/\sqrt{D})(1 - (\chi(p)/p)) = L_p(1,\chi) ,$$

where $\log_p$ is the p-adic logarithm.

2. Zeroes of p-adic L-functions.

Lemma 1. Assume p^2 does not divide the conductor of χ and let $F(T,\chi) = b_0 + b_1T + \ldots \in O_\chi[[T]]$. Then

$$L_p(0,\chi) \equiv L_p(1,\chi)(\text{mod } p^2) \Longleftrightarrow p|b_1 .$$

Proof. $L_p(0,\chi) = F(0,\chi) = b_0$ and $L_p(1,\chi) = F(pd,\chi) \equiv b_0 + b_1(pd)$ (mod p^2), since the coefficients are p-integral. Since $p \nmid d$, the result follows immediately.

We now restrict to the case $p = 3$.

Theorem 1. Let χ be a non-trivial even quadratic character of conductor f and assume 3 does not divide f. Let ε be the fundamental unit of $\mathbb{Q}(\sqrt{f})$. Suppose that

$$3^m|h(\mathbb{Q}(\sqrt{f})) = h^+, \qquad 3^n|\varepsilon^8 - 1 \;(\Longleftrightarrow 3^n|\log_3(\varepsilon)),$$

$$m + n \geq 3, \qquad 9 \nmid h(\mathbb{Q}(\sqrt{-3f})) = h^- .$$

Then $L_p(s,\chi)$ has a unique zero β, and $\beta \in \mathbb{Z}_p$ with

$\beta \equiv 1 \bmod 3^{m+n-2}$.

Proof. It follows from the above-mentioned result of Leopoldt that

$$L_3(1,\chi) \equiv 0 \bmod 3^{m+n-1}.$$

In particular, 9 divides $L_3(1,\chi)$. But 3 does not divide f, hence 3 divides the conductor of $\chi\omega^{-1}$, so $\chi\omega^{-1}(3) = 0$. Therefore

$$L_3(0,\chi) = -(1 - \chi\omega^{-1}(3))B_{1,\chi\omega^{-1}}$$

$$= -B_{1,\chi\omega^{-1}} = h^- \not\equiv 0 \bmod 9.$$

Let $F(T) = b_0 + b_1T + \ldots$ be as above. By Lemma 1, 3 does not divide b_1. However,

$$L_3(1,\chi) = b_0 + b_1(3d) + \ldots \equiv b_0 \bmod 3,$$

so 3 divides b_0. Therefore $\lambda = 1$, so $L_3(3,\chi)$ has at most one zero. By the p-adic Weierstrass preparation theorem,

$$F(T) = (T - \alpha)U(T)$$

with $\alpha \in 3\mathbb{Z}_3$, and $U(T)$ invertible. Let

$$\beta = \log_3(1 + \alpha)/\log_3(1 + 3d) \in \mathbb{Z}_3.$$

Then $(1 + 3d)^\beta - 1 = \alpha$, hence $L_3(\beta,\chi) = 0$. Also,

$$L_3(s,\chi) = ((1 + 3d)^s - (1 + 3d)^\beta)U((1 + 3d)^s - 1),$$

so

$$L_3(1,\chi) = ((1 + 3d) - (1 + 3d)^\beta)U.$$

Since 3^{m+n-1} divides $L_3(1,\chi)$, we obtain

$$1 + 3d \equiv (1 + 3d)^\beta \bmod 3^{m+n-1}.$$

It follows that

$$\beta \equiv 1 \bmod 3^{m+n-2}.$$

This completes the proof.

If m and n are chosen maximal for a given f, then the proof shows that the estimate on β is precise.

<u>Examples</u>. To obtain examples, we can either use h^+ (i.e., make m large) or ε (n large).

(1) With h^+.

From the table [18], we have extracted the following examples:

f	h^+	h^-	n	zero
21433	27	60	1	$\beta \equiv 1(9)$
36073	27	84	1	$\beta \equiv 1(9)$
94865	54	156	3	$\beta \equiv 1(81)$

Note that $94865 = (308)^2 + 1$, hence $\varepsilon = 308 + \sqrt{94865}$.

(2) With ε.

f or f/4	h^+	h^-	n	zero
$122 = 11^2 + 1$	2	12	5	$\beta \equiv 1(27)$
$48845 = 221^2 + 4$	12	192	6	$\beta \equiv 1(243)$
$64517 = 254^2 + 1$	6	276	7	$\beta \equiv 1(729)$

Clearly the examples using ε are better than those using h^+, but as we shall see below, it is probably better to work with h^+. To obtain good values of ε (i.e., large n), one could take $f = (3^a)^2+1$ with large a. However, for a small examples it is more efficient to proceed as follows: Let $k \equiv \sqrt{-1/2}$ modulo a high power of 3, and let $f = k^2 + 1$. Then

$$\varepsilon = k + \sqrt{f} \equiv \sqrt{-1/2} + \sqrt{1/2} \equiv \zeta_8 ,$$

hence $\varepsilon^8 \equiv 1$. This makes n large. The 3-adic expansion is

$$\sqrt{-1/2} = 2\cdot 1 + 0\cdot 3 + 1\cdot 3^2 + 0\cdot 3^3 + 0\cdot 3^4 + 1\cdot 3^5 + 0\cdot 3^6 + \ldots$$

The partial sums 11 and 254 yield two of the above examples. The abundance of 0's explains why the values of f are relatively small.

There is a general philosophy which shows that one should expect zeroes arbitrarily close to 1. Let r be the 3-rank of the ideal class group of $\mathbb{Q}(\sqrt{f})$ and let s be the 3-rank for $\mathbb{Q}(\sqrt{-3f})$. A classical theorem of Scholz [11] states that

$$r \leq s \leq r + 1.$$

Now let $k_\infty/\mathbb{Q}(\sqrt{-3f})$ be the cyclotomic $\mathbb{Z}_3$-extension. Let K_n be the n-th intermediate field, so $[K_n : \mathbb{Q}(\sqrt{-3f})] = 3^n$, and let A_n be the 3-Sylow subgroup of the class group of K_n. Then A_n injects naturally into A_{n+1}, and

$$\bigcup_{n\geq 1} A_n \simeq (\mathbb{Q}_3/\mathbb{Z}_3)^\lambda .$$

We have $s \leq \lambda$, and it is possible to have s small and λ large (see [6]). However, one would expect that if s is small then in many cases λ would be small.

Now suppose the 3-Sylow of the ideal class group of $\mathbb{Q}(\sqrt{f})$ is $\mathbb{Z}/3^N\mathbb{Z}$ with N large. Then $r = 1$, hence $s = 1$ or 2. One could hope that λ is small. From Leopoldt's class number formula, we find that $L_3(1,\chi)$ is small (divisible by 3^N). If λ is small, then there are only a few zeroes, hence at least one of them must be close to 1. In the theorem, we have $r = 1$, $s = 1$, and $\lambda = 1$. Since we had precise knowledge of λ, we were able to conclude that a zero had to be near 1.

Observe that the above philosophy does not mention ε. This is perhaps fortunate, since the following result shows that the use of ε to make $L_p(1,\chi)$ small could possibly be special to the quadratic case. In the above examples, we used fields of the form $\mathbb{Q}(\sqrt{a^2+1})$ and $\mathbb{Q}(\sqrt{a^2+4})$. The cubic analogue is the sequence of cyclic cubic fields of discriminant $(a^2 + 3a + 9)^2$ defined by

$$X^3 - aX^2 - (a + 3)X - 1 = 0 \qquad (*)$$

(for properties of these fields used in the following, see [12]).

Proposition 1. (a) Let ε_a be the fundamental unit of $\mathbb{Q}(\sqrt{a^2+1})$. Then

$$\liminf_{a \to \infty} \log_p \varepsilon_a = 0$$

(a similar result holds for $\mathbb{Q}(\sqrt{a^2+4})$.

(b) Let $R_{p,a}$ be the p-adic regulator for the field defined by Equation (*) above. If $p \not\equiv 1 \bmod 3$, then there exists a constant $C_p > 0$ such that

$$|R_{p,a}| \geq C_p \quad \text{for all } a \in \mathbb{Z}.$$

Proof. (a) Let $a = p^n$ and let $\eta = a + \sqrt{a^2+1}$. If a^2+1 is square-free then $\eta = \varepsilon_a$. In general, $\eta = \varepsilon_a^b$ for some $b \in \mathbb{Z}$. Since $\varepsilon_a \geq (1/2)(1+\sqrt{5})$, it follows easily that

$$b = O(\log a) = O(n).$$

Therefore $v_p(b) = O(\log n)$. But

$$b \log_p \varepsilon_a = \log_p \eta \equiv 0 \bmod p^n,$$

so

$$O(\log n) + v_p(\log_p \varepsilon_a) \geq n.$$

The result follows.

(b) Let ρ be a root of (*). From [12], we know that (up to sign)

$$R_{p,a} = (\log_p \rho)^2 - (\log_p \rho)(\log_p (1+\rho)) + (\log_p (1+\rho))^2.$$

Suppose $R_{p,a} \equiv 0 \bmod p^N$. Since

$$X^2 - XY + Y^2 = (X + \zeta_3 Y)(X + \zeta_3^2 Y)$$

where ζ_3 is a primitive 3rd root of unity, we may assume

$$\log_p \rho \equiv -\zeta_3 \log_p(1+\rho) \bmod p^{N/2},$$

where we are working in a fixed algebraic closure of $\mathbb{Q}_p$. We take the completion of K at a prime above p, call it K_p, and regard it as lying in this algebraic closure. There exists a constant d such that if $N/2 \geq d$ and $\log_p \rho \not\equiv 0 \bmod p^{(N/2)-d}$ then $\zeta_3 \in K_p$ (by Hensel's lemma). Since $p \not\equiv 1 \bmod 3$ and $[K_p:\mathbb{Q}_p] = 1$ or 3, it follows that $\zeta_3 \notin K_p$. Therefore

$$\log_p \rho \equiv \log_p(1 + \rho) \equiv 0 \bmod p^{(N/2)-d}.$$

Let L be the composite of all cyclic extensions of degree 3 over $\mathbb{Q}_p$. Then $L/\mathbb{Q}_p$ is finite and $\rho,\ 1 + \rho \in L$. In fact, since ρ and $1+\rho$ are global units, they lie in the compact set of local units of L. If the constant C_p of the proposition does not exist, then we may choose a sequence of integers a which make N tend to infinity. The corresponding sequence of ρ has a cluster point ρ_0 in L, and we have

$$\log_p \rho_0 = \log_p(1 + \rho_0) = 0.$$

Therefore ρ_0 and $1 + \rho_0 = \rho_1$ are roots of unity. We need the following lemma (it is probably well-known. It, and its proof, were shown to me by Bruce Ferrero).

Lemma 2. Suppose ζ and ζ' are roots of unity, $a,b,c \in \mathbb{Z}$, $abc \neq 0$, and $a + b\zeta = c\zeta'$. Then $\zeta^6 = (\zeta')^6 = 1$.

Proof. Taking the square of the absolute value yields $a^2 + b^2 + ab(\zeta + \zeta^{-1}) = c^2$, hence ζ is quadratic over $\mathbb{Q}$. The result follows easily.

From the lemma, we find that $\rho_0^6 = 1$. Clearly $\rho_0 \neq \pm 1$, so $\zeta_3 \in L$. Since $\zeta_3 \notin \mathbb{Q}_p$, ζ_3 has degree 2 over $\mathbb{Q}_p$, so L has even degree, contradiction. This completes the proof of Proposition 1.

Returning to Theorem 1, we note that there are similar results when 3 divides f but $\chi\omega^{-1}(3) \neq 1$, and also when $p = 2$. However, in these cases I do not have any good examples; and without examples, the above result becomes worthless. The case $p = 2$ is especially frustrating because it is not necessary to use a condition on h^- ($= h(\mathbb{Q}\sqrt{-f})$ in this case) to control λ. By the work of Ferrero [4] and Kida [8] we know that

$$\lambda_2 = -3 + \sum_{p|f} v_2(p^2 - 1).$$

So in any given case we have an explicit upper bound for the number of zeroes. It seems that this should allow one to construct examples of zeroes arbitrarily close to 1. But as $h^+ \log_2 \varepsilon$ becomes small 2-adically, there seems to be a tendency for λ_2 to grow. For example, let χ have conductor 65537. Then h^+ is odd since 65537 is prime. Since $\varepsilon = 256 + \sqrt{65537}$, we have

$$\log_2 \varepsilon \equiv 0 \bmod 256.$$

Reasoning as in the proof of Theorem 1, we obtain

$$L_2(1,\chi) \equiv 0 \bmod 256.$$

If we had a small number of zeroes then at least one of them would have to be close to 1. But $\lambda_2 = 14$, so there is the possibility of 14 zeroes. Without actually calculating the zeroes, we can conclude nothing.

We now turn our attention to other primes. The situation is more difficult for $p > 3$ since ω is not a quadratic character and we do not have a result as simple as Theorem 1. We discuss one example. Let χ be the real quadratic character of conductor 27689. The field $\mathbb{Q}(\sqrt{27689})$ has class number 25 (see [18]) so from Lemma 2 we obtain $L_5(1,\chi) \equiv 0 \pmod{25}$. This could lead us to hope for a zero $\beta \equiv 1 \pmod 5$, which is in fact the case. Write

$$L_5(s,\chi) = C_0 + C_1(s-1) + C_2(s-1)^2 + \dots$$

$$= b_0 + b_1((1+5d)^s - 1) + b_2((1+5d)^s - 1)^2 + \dots,$$

where $d = 27689$. We already have $C_0 \equiv 0 \pmod{25}$, and clearly $b_0 \equiv 0 \pmod 5$. Since

$$(1+5)^s = \exp(s \log_5(1+5d)) \equiv 1 + s \log_5(1+5d) (\bmod 25\,\mathbb{Z}_5[[s]])$$

it follows that

$$L_5(s,\chi) \equiv b_0 + b_1 s \log_5(1+5d) (\mathrm{mod}\ 25\,\mathbb{Z}_5[[s]]) .$$

Since the radius of convergence of $L_p(s,\chi)$ is greater than 1, we may rearrange the power series in s to obtain a power series in $s-1$. We find that $C_i \equiv 0 \pmod{25}$ for $i \geq 2$, so $L_p(s,\chi) \equiv C_1(s-1) \pmod{25}$. The coefficient C_1 was calculated (mod 25) on a computer from the formula [17]

$$L_5(s,\chi) = (1/(s-1))(1/5d) \sum_{\substack{a=1 \\ 5\nmid a}}^{5d} \chi(a)(a/\omega(a))^{1-s} \sum_{j=0}^{\infty} \binom{1-s}{j}(B_j)(F/a)^j .$$

It turned out that $C_1 \equiv 0 \pmod 5$ but $C_1 \not\equiv 0 \pmod{25}$. An easy calculation shows that we must have $b_1 \not\equiv 0 \pmod 5$. Therefore $\lambda = 1$ and, as before, $L_5(s,\chi)$ has exactly one zero, call it β. Since $C_1 \not\equiv 0 \pmod 5$ we must have $\beta \equiv 1 \pmod 5$.

Presumably it should be possible to use similar arguments to obtain zeroes closer to 1, but fields of class number 125 tend to have discriminants too large to carry out the needed computations easily. We could also use the fundamental unit to construct examples, but according to the above we should perhaps avoid this technique.

3. p-adic Brauer-Siegel.

The classical Brauer-Siegel theorem (see [9]) states that if K ranges through a sequence of number fields normal over $\mathbb{Q}$ such that

$$[K:\mathbb{Q}]/\log d_K \to 0$$

then

$$\log(h_K R_K)/\log\sqrt{d_K} \to 1$$

(h_K = class number, R_K = regulator, d_K = absolute value of the discriminant). Since log "additively" measures the size of a real number, we can regard it as the archimedean analogue of the p-adic valuation v_p (normalized by $v_p(p) = 1$). We may then ask the following question: If

$$[K:\mathbb{Q}]/v_p(d_K) \to 0$$

does

$$v_p(h_K R_{K,p})/v_p(\sqrt{d_K}) \longrightarrow 1\,?$$

($R_{K,p}$ is the p-adic regulator). We call this the p-adic Brauer-Siegel property for the sequence of fields K. We shall show that it does not hold in general. However, first we mention a positive result, due to Ferrero [3].

<u>Proposition 2</u>. Let K_0 be a totally real abelian number field and let $K_0 \subset K_1 \subset \dots \subset K_n \dots$ be the cyclotomic $\mathbb{Z}_p$-extension of K_0. Then there exists $\alpha > 0$ such that

$$v_p(\sqrt{d_{K_n}}) = \alpha n p^n + O(p^n)$$

and

$$v_p(h_{K_n} R_{K_n}) = \alpha n p^n + O(p^n).$$

The proof starts by showing that d_{K_n} behaves as claimed. Then, Leopoldt's p-adic class number formula and Iwasawa's theory of p-adic L-functions are combined to obtain

$$(h_{K_n} R_{K_n,p}/\sqrt{d_{K_n}}) = (h_{K_0} R_{K_0,p}/\sqrt{d_{K_0}}) \prod_{\chi \neq 1} \prod_{\substack{\zeta^{p^n}=1 \\ \zeta \neq 1}} f(\zeta(1+pd)-1,\chi)$$

where χ runs through the characters of K_0 (not K_n), $d = f_\chi$ or f_χ/p, and $f \in O_\chi[[T]]$ (we are assuming $p^2 \nmid f$ for all χ; otherwise, slight modifications must be made). Since $\zeta(1+pd) - 1 \equiv \zeta - 1 \pmod p$, it follows as in [7, pp. 92-94] that the exponent of p in the right hand side is $\mu p^n + \lambda n + \nu$ for sufficiently large n (μ,λ,ν are independent of n; in fact, $\mu = 0$). Therefore

$$v_p(h_{K_n} R_{K_n,p}) - v_p(\sqrt{d_{K_n}}) = O(p^n),$$

which implies the result.

It follows that $[K_n:\mathbb{Q}]/v_p(d_{K_n}) \to 0$ and $v_p(h_{K_n} R_{K_n,p})/v_p(\sqrt{d_{K_n}}) \to 1$.

If we allow K_0 to be imaginary then the p-adic Brauer-Siegel property does not hold. Let K_n^+ denote the maximal real subfield of K_n. The regulators $R_{K_n,p}$ and $R_{K_n^+,p}$ differ by a power of 2. The discriminant d_{K_n} is approximately $d^2_{K_n^+}$. The power of p dividing h_{K_n} is $p^{\lambda n+\nu}$ for large n. It follows easily from Proposition 3 that

$$v_p(h_{K_n}R_{K_n,p})/v_p(\sqrt{d_{K_n}}) \to 1/2 .$$

We therefore restrict our attention to totally real fields.

<u>Theorem 2</u>. There exists a sequence of totally real fields K such that

$$[K:\mathbb{Q}]/v_p(d_k) \to 0$$

and

$$v_p(h_K R_{K,p})/v_p(\sqrt{d_k}) \longrightarrow \infty .$$

<u>Proof</u>. Let $\varepsilon > 0$. Choose m large enough that

$$((p-1)p^{m-1})/2v_p(d(\mathbb{Q}(\zeta_{p^m})^+)) < \varepsilon$$

where ζ_n denotes a primitive n-th root of unity and the "+" denotes the real subfield.

Now let $\mathbb{Q}(\sqrt{d}) = k$ be a real quadratic field whose class number is divisible by a large power of p, say p^M. This is possible by a result of Yamamoto [19]. Let $K = k\cdot\mathbb{Q}(\zeta_{p^m})^+$. By lifting the class field of k up to K, using the fact that K/k is totally ramified (if $p \neq 2$; but if $p = 2$ this also works since $K/k(\zeta_8)$ is totally ramified), we see that p^M (2^{M-1} if $p = 2$) divides the class number of K. Since $v_p(\log_p X)$, $X \in k$, may be bounded below, with a bound depending only on the degree of K, we may also bound $v_p(R_{K,p})$ from below, with a bound depending only on m. Since

$$d(K) = ND \cdot d(\mathbb{Q}(\zeta_{p^m})^+)^2 ,$$

where D is the relative different for $K/\mathbb{Q}(\zeta_{p^m})^+$ and N is the norm from K to $\mathbb{Q}$, and since D divides $\sqrt{f}$, we find that $v_p(d(K))$ can be bounded above with a bound depending only on m. Therefore, letting M tend to infinity, we may make

$$v_p(h_K R_{K,p})/v_p(\sqrt{d_K})$$

as large as desired, while

$$[K:\mathbb{Q}]/v_p(d(K)) \leq (p-1)p^{m-1}/2v_p(d(\mathbb{Q}(\zeta_{p^m})^+)) < \varepsilon.$$

This completes the proof.

Finally, we give a result which corresponds to the "easy" half of the archimedean Brauer-Siegel theorem (i.e., the part that does not involve working with zeroes of L-series).

Theorem 3. Let K run through a sequence of totally real number fields such that

$$[K:\mathbb{Q}]/v_p(d_K) \to 0.$$

Then

$$\liminf\ (v_p(h_K R_{K,p})/v_p(\sqrt{d_K})) \geq 1.$$

(Note that we do not need to assume that any K is abelian over $\mathbb{Q}$. We therefore do not necessarily know that $R_{K,p} \neq 0$. But if it is 0 then the inequality is trivially true since $v_p(0) = \infty$.)

Proof. By the preceding remark we may assume $R_{K,p} \neq 0$ for each K. It follows from a result of Coates [2, p. 364] that

$$v_p\left(([K:\mathbb{Q}]pR_{K,p}/\sqrt{d_K}) \prod_{\mathfrak{p}|p} (N\mathfrak{p})^{-1}\right) \geq 0\ .$$

(Coates' result expresses the quantity in question in terms of a group index, which must be an integer). Here $\mathfrak{p}$ runs through the primes of K lying above p. We may include h_K in the above and preserve the inequality. Therefore

$$v_p(h_K R_{K,p}) \geq v_p(\sqrt{d_K}) + v_p(N(\Pi\ \mathfrak{p})) - 1 - v_p([K:\mathbb{Q}]).$$

Since $\Pi\ \mathfrak{p}$ divides p, $N(\Pi\ \mathfrak{p}) \leq p^{[K:\mathbb{Q}]}$. Consequently $v_p(N(\Pi\ \mathfrak{p})) \leq [K:\mathbb{Q}]$. Trivially $v_p([K:\mathbb{Q}]) \leq [K:\mathbb{Q}]$. Therefore if we divide both sides of the inequality by $v_p(\sqrt{d_K})$ and use the assumption that $[K:\mathbb{Q}]/v_p(d_K) \to 0$, we obtain

$$v_p(h_K R_{K,p})/v_p(\sqrt{d_K}) \geq 1 + o(1) .$$

This completes the proof.

In the proof of the classical Brauer-Siegel theorem, one needs the fact that there is at most one Siegel zero, that is, a zero close to 1. The fact that the Brauer-Siegel theorem fails p-adically could be taken as further evidence for the abundance of p-adic zeroes near 1. The case of $\mathbb{Z}_p$-extensions, where the p-adic Brauer-Siegel theorem works, can be explained as follows: Let ψ_n be a character of conductor p^{n+1} and order p^n, and let χ be as above ($p^2 \nmid$ conductor). Note that $\chi\psi_n$ is a character corresponding to the intermediate field K_n. We have

$$L_p(s,\chi\psi_n) = 2f(\alpha_{\psi_n}(1 + pd)^s - 1,\chi),$$

where $\zeta_{\psi_n} = \psi_n(1 + pd)$ is a primitive p^n-th root of unity. Barsky [1] has shown that $L_p(s,\chi\psi_n)$ has no zeroes if n is sufficiently large. Therefore, starting at a certain level of the $\mathbb{Z}_p$-extension, we find that the new L-functions which appear have no zeroes, hence no Siegel zeros.

We can give a quick proof of Barsky's result as follows: A zero of $L_p(s,\chi\psi_n)$ corresponds to a root of $f(T,\chi)$. Let α be such a root and suppose s_1 and s_2 correspond to α for the characters $\chi\psi_n$ and $\chi\psi_m$, respectively:

$$L_p(s_1,\chi\psi_n) = L_p(s_2,\chi\psi_m) = 0.$$

Then

$$\zeta_{\psi_n}(1 + pd)^{s_1} - 1 = \alpha = \zeta_{\psi_m}(1 + pd)^{s_2} - 1.$$

Hence

$$(1 + pd)^{p^{n+m}(s_2-s_1)} = 1,$$

so $s_2 = s_1$ and consequently $\zeta_{\psi_n} = \zeta_{\psi_m}$. Since ζ_ψ determines ψ, we have $\psi_n = \psi_m$. Therefore each root α of $f(T,\chi)$ corresponds to a zero of at most one $L_p(s,\chi\psi_n)$. Since $f(T,\chi)$ has only finitely many zeroes, the result follows easily.

Finally, we remark that the possible existence of p-adic Siegel zeroes and the failure of results such as the p-adic Brauer-Siegel theorem indicate that it could be difficult, if not impossible, to do analytic number theory with p-adic L-functions. For example, I do not know how to obtain estimates on $\pi(x)$, the number of primes less that or equal to x, using the fact that the p-adic zeta function has a pole at 1.

4. Function fields.

Let $\mathbb{F}_q$ be the finite field with q elements and let $k = \mathbb{F}_q(X,Y)$ be a function field (of transcendence degree 1) over $\mathbb{F}_q$. The zeta function of k may be written as

$$\zeta_k(s) = P(q^{-s})/((1 - q^{-s})(1 - q^{1-s}))$$

where $P(T)$ is a polynomial with integer coefficients and of degree $2g$, where g is the genus of k.

Let ℓ be an odd prime with $\ell \nmid q$. Let $\omega(a)$ for $a \in \mathbb{Z}_\ell^\times$ be defined as above and let $\langle a\rangle = a/\omega(a)$. Then $\langle a\rangle^s$ is a continuous ℓ-adic function of s and $\omega(a)\langle a\rangle^n = a^n$ for $n \equiv 1 \pmod{\ell-1}$. Therefore

$$\zeta_{k,\ell}(s) = \left[P(\omega(q)^{-1}\langle q\rangle^{-s})\right] / \left[(1 - \omega(q)^{-1}\langle q\rangle^{-s})(1 - \langle q\rangle^{1-s})\right]$$

is the unique continuous ℓ-adic function satisfying

$$\zeta_{k,\ell}(n) = \zeta_k(n) \quad \text{for } n \equiv 1 \pmod{\ell-1}$$

(note that the p-adic and Dirichlet L-functions are also equal, up to an Euler factor, at $s = n$ if $n \equiv 1 \pmod{p-1}$ and $n < 0$). We regard $\zeta_{k,\ell}(s)$ as the function field ℓ-adic zeta function. If k is an abelian extension of a field of genus 0, then $P(q^{-s})$ is a product of L-series, so $P(\omega(q)^{-1}\langle q\rangle^{-s})$ is correspondingly a product of function field ℓ-adic L-functions. Therefore, studying the zeroes of $\zeta_{k,\ell}(s)$ amounts to styding the zeroes of these L-functions.

Proposition 3. $\zeta_{k,\ell}(n) \neq 0$ for all $n \in \mathbb{Z}$.

Proof. Suppose $\zeta_{k,\ell}(n) = 0$. Then $\omega(q)^{-1}\langle q\rangle^{-n} = \omega(q)^{n-1}q^{-n}$ is a zero of $P(T)$. But all the zeroes of $P(T)$ have (archimedean) absolute value $q^{-1/2}$, while $\omega(q)^{n-1}q^{-n}$ has absolute value q^{-n}. This proves the proposition.

Remark. A similar result has been conjectured, but not proved, for the Kubota-Leopoldt p-adic L-functions (with the exception that $L_p(0,\chi) = 0$ if $\chi\omega^{-1}(p) = 1$).

We now restrict our attention to fields k of genus 1. The numerator of the zeta function is then an L-series, and we may write

$$P(T) = qT^2 + aT + 1.$$

Since the roots of P have absolute value $q^{-1/2}$, we must have

$$|a| \leq 2\sqrt{q}\ .$$

Conversely, it follows from results of Honda (see [14, pp. 95-98]) that for each integer a, with $(a,q) = 1$ and satisfying this inequality, there exists a function field k such that $qT^2 + aT + 1$ gives the numerator of the zeta function for k.

Proposition 4. Let $\ell \neq p$ be two primes and let $S = \{s \in \mathbb{Z} |$ there exists q = a power of p, and there exists k of genus 1 and constant field $\mathbb{F}_q$ with $\zeta_{k,\ell}(s) = 0\}$. Then S is dense in $\mathbb{Z}_\ell$.

Proof. Let $\beta \in \mathbb{Z}_\ell$ be given, and suppose $\varepsilon > 0$. Let $x = \omega(p)^{-1}\langle p\rangle^{-\beta}$, where ω and $\langle p\rangle$ are with respect to $\mathbb{Z}_\ell$. Let $\alpha = -(1 + px^2)/x$. Note that $\alpha^2 - 4p = ((1 - px^2)/x)^2$. If $\alpha^2 = 4p$, change β to β' with $|\beta - \beta'| < \varepsilon$ so that $\alpha^2 \neq 4p$. Since the non-zero squares in $\mathbb{Z}_\ell$ form an open set, we may choose $a \in \mathbb{Z}_\ell$ such that $a^2 - 4p \in (\mathbb{Z}_\ell)^2$ and

$$\left|\left[(-a \pm \sqrt{a^2 - 4p})/2p\right] - \left[(-\alpha \pm \sqrt{\alpha^2 - 4p})/2p\right]\right| \quad .$$

We may also assume that p does not divide a. Note that $(-\alpha \pm \sqrt{\alpha^2 - 4p})/2p = x$ or $1/px$. We may assume that the sign of $\sqrt{a^2 - 4p}$ is chosen so that

$$\left|\left[-a - \sqrt{a^2 - 4p})/2p\right] - x\right| < \varepsilon.$$

Now we choose n large enough that

$$q = p^{1+(\ell-1)\ell^n} > a^2/4, \qquad |q - p| < \varepsilon, \text{ and } |\ell^n| < \varepsilon.$$

Let $P(T) = qT^2 + aT + 1$. By the above-mentioned result of Honda, there exists a corresponding k. Let y,y' be the roots of $P(T)$, with

$$y = (-a - \sqrt{a^2 - 4q})/2q$$

Then $|y - x| < \varepsilon$ and $|\omega(p)y - \langle p\rangle^{-\beta}| < \varepsilon$. The image of the exponential function is an open subset of $\mathbb{Z}_\ell$, so we may assume ε was chosen small enough that $\omega(p)y = \langle p\rangle^t$ for some $t \in \mathbb{Z}$. Let

$$s = -(t \log_\ell \langle p\rangle)/\log_\ell\langle q\rangle \in \mathbb{Z}_\ell .$$

Since $\omega(q) = \omega(p)$, we have

$$y = \omega(q)^{-1}\langle q\rangle^{-s} .$$

It follows that $\zeta_{k,\ell}(s) = 0$. Since

$$(\log \langle p\rangle)/(\log \langle q\rangle) = 1/(1 + (\ell - 1)\ell^n) \equiv 1 \bmod \ell^n,$$

we have $|s + t| < \varepsilon$. Also,

$$|\langle p\rangle^t - \langle p\rangle^{-\beta}| < \varepsilon, \text{ hence } |t + \beta| < \varepsilon/|\log\langle p\rangle|.$$

Therefore $|s - \beta| < \varepsilon/|\log\langle p\rangle|$ (if we changed β to β' at the beginning, we still get the same result). This completes the proof.

We should point out that in the proposition we have considered L-functions for abelian extensions of $\mathbb{F}_q(X)$, where q is allowed to vary. Therefore the situation is perhaps not quite the analogue of the number field situation. However, it should at least give an idea of what might be expected. Also, we have considered only those zeroes in $\mathbb{Z}_\ell$, rather than in extensions. However, this suffices to show that one obtains zeroes arbitrarily close to 1.

Observe that although the polynomial $P(T)$ in the numerator of the zeta function satisfies a Riemann Hypothesis (all roots are algebraic of absolute value $q^{-1/2}$), when we pass to the p-adic zeta function, the Riemann Hypothesis is destroyed.

We now return to the number-field case. The analogue of $P(T)$ is the power series $F(T)$, and $\zeta_{k,\ell}(s)$ corresponds to $L_p(s,\chi) = F((1 + pd)^s - 1)$. As we have seen above, there is probably no analogue of the Riemann Hypothesis for $L_p(s,\chi)$. But from the function field case, we find that it is not the location of the zeroes of $L_p(s,\chi)$ that is important, but rather the zeroes of the power series $F(T)$. However, there is a problem. The power series $F(T)$ is non-canonical; it depends on the choice of a generator for the Galois group of the cyclotomic $\mathbb{Z}_p$-extension over the field corresponding to χ. The F we have used corresponds to $1 + pd$. In the function field case, this problem did not arise since the Frobenius is the canonical generator and $F(T)$ is the corresponding polynomial.

Suppose γ is a generator and $F(T)$ is the corresponding power series. Let $\alpha,\beta,\ldots$ be the roots of F. Another generator will have the form γ^b with $b \in \mathbb{Z}_p$, $p \nmid b$. The corresponding roots will be

$$(1 + \alpha)^b - 1,\ (1 + \beta)^b - 1,\ldots$$

By analogy with the function field case, one could ask whether or not there exists a generator γ such that the corresponding roots are algebraic. Of course this is true if $\lambda = 1$, since $(1 + \alpha)^b$ is algebraic for infinitely many b. The interesting case is when $\lambda \geq 2$. Presumably, such a generator should behave well under lifting; so choose a field with λ large. Then, corresponding to this generator, we would have roots $\alpha,\beta,\ldots$ all algebraic. If γ^b is another such (canonical) generator then $(1 + \alpha)^b, (1 + \beta)^b,\ldots$ would also be algebraic. But a result from transcendence theory [16, p. 254] states that if $x_1,x_2,x_3 \in \mathbb{Q}_p$ are algebraic over $\mathbb{Q}$ and multiplicatively independent, and $y \in \mathbb{Z}_p$ is such that x_1^y,x_2^y,x_3^y are algebraic over $\mathbb{Q}$, then $y \in \mathbb{Q}$, Thus one would expect a canonical generator γ, if it exists, to be determined up to a power $b \in \mathbb{Q} \cap \mathbb{Z}_p^*$. Surely anyone who could prove such a generator exists would have do difficulty deciding which b gives the correct analogue of the Riemann Hypothesis. However, at present it would appear to be very difficult to find any examples, or to show that they do not exist. In any case, of the proposed choices for canonical generators, for example $1 + p$, $1 + pd$, e^p, at most one could have the desired algebraicity properties. If no such γ exists, then it seems that no generator is better than the others.

REFERENCES

1. Barsky, D. Majoration du nombre de zéros des fonctions L p-adiques dans un disque, (to appear).

2. Coates, J. p-adic L-functions and Iwasawa's theory, in Algebraic Number Fields, ed. by A. Fröhlich, Academic Press, London and New York, 1977.

3. Ferrero, B. Iwasawa invariants of abelian number fields, Thesis, Princeton University, 1975.

4. Ferrero, B. The cyclotomic $\mathbb{Z}_2$-extension of imaginary quadratic fields, Amer. J. Math. 102, 447-459 (1980).

5. Ferrero, B. and Washington, K. The Iwasawa invariant μ_p vanishes for abelian number fields, Ann. of Math. 109, 377-395 (1979).

6. Gold, R. Examples of Iwasawa invariants, Acta Arith. 26, 21-32 21-32, 233-240 (1974-75).

7. Iwasawa, K. Lectures on p-adic L-functions, Ann. of Math. Studies, 74, Princeton, 1972).

8. Kida, Y. On cyclotomic $\mathbb{Z}_2$-extensions of imaginary quadratic fields, Tôhoku Math. J. (2) 31, 91-96 (1979).

9. Lang, S. Algebraic number theory, Addison-Wesley, Reading, MA, 1970.

10. Lang, S. Cyclotomic fields, Springer-Verlag, New York, 1978.

11. Scholz, A. Über die Beziehung der Klassenzahlen quadratischer Körper zueinander, J. reine angew. Math. 166, 201-203 (1932).

12. Shanks, D. The simplest cubic fields, Math. Comp. 28, 1137-1152 (1974).

13. Sunseri, R. Zeros of p-adic L-functions and densities relating to Bernoulli numbers, Ph.D. Thesis, Univ. of Illinois, 1979.

14. Tate, J. Classes d'isogénie des variétés abéliennes sur un corps fini (d'après T. Honda), Sém. Bourbaki 1968/69, no. 352.

15. Wagstaff, S. Zeros of p-adic L-functions, Math. Comp. 29, 1138-1143 (1975).

16. Waldschmidt, M. Nombres transcendants, Springer Lecture Notes in Math., Vol. 402, 1974.

17. Washington, L. A note on p-adic L-functions, J. Number Theory 8, 245-250 (1976).

18. Williams, H. C. and Broere, J. UMT file. See: "A computational technique for evaluating $L(1,\chi)$ and the class number of a real quadratic field, Math. Comp. 30, 887-893 (1976).

19. Yamamoto, Y. On unramified Galois extensions of quadratic number fields, Osaka J. Math. 7, 57-76 (1970).

Séminaire de Théorie des Nombres, Paris 1980-1981
Séminaire Delange-Pisot-Poitou

13 Octobre 1980

NULLSTELLENABSCHÄTZUNGEN AUF VARIETÄTEN

- G. Wüstholz -

G. Wüstholz
FB 7 - Mathematik
Gesamthochschule Wuppertal
Gaußstr, 20
5600 Wuppertal

Grad ist gleich der Dimension n von V. Der führende Koeffizient des Hilbertpolynoms ist gleich dem Grad deg V von V. Es ist nicht allzu schwer, das folgende Resultat zu beweisen.

Proposition. Sei $S \subset V'$ $\omega_1(S;V)$-minimal. Dann gilt

$$H(\omega_1(S;V)-1;V) = M,$$

wobei M die Anzahl der Elemente von S ist.

Dieses Ergebnis verallgemeinert ein Resultat von Chudnovsky [1] für den Fall $V = \mathbb{P}^n$.

Wir wenden uns nun der Beziehung zwischen ω_T und ω_1 zu. Für $K = \mathbb{C}$ und $V = \mathbb{P}^n$ konnte Waldschmidt folgende Beziehungen beweisen [4]:

$$\frac{1}{n}\,\omega_1\,(S;\mathbb{P}^n) \leq \frac{1}{T}\,\omega_T(S;\mathbb{P}^n) \leq \omega_1(S;\mathbb{P}^n).$$

Die wesentlichen Schritte des Beweises dieser Ungleichungen benützen weitgehende analytische Hilfsmittel aus der Theorie der plurisubharmonische Funktionen. Unter Benutzung von kommutativer Algebra ist es möglich, folgendes allgemeine Resultat zu beweisen.

Satz 1. Es gelten die folgenden Ungleichungen:

$$T[\omega_1(S;V)^{n-1}\deg V]^{-1}H(\omega_1(S;V)-1;\,V) \leq \omega_T(S;V) \leq T\omega_1(S;V).$$

Man leitet hieraus sofort ohne Schwierigkeiten das folgende Korollar her.

Korollar 1. Sei $V = {}^n$. Dann gilt

$$\frac{T}{n!}\,(\omega_1 + n-1) \leq \omega_T \leq T\,\omega_1.$$

Dies beweist eine Vermutung von Chudnovsky im Falle von n = 2. Es scheint sehr schwierig zu sein, dieses Resultat mit algebraischen Hilfsmitteln zu verschärfen. Ein etwas schwächeres Ergebnis wurde von Masser [2] mit Methoden aus der linearen Algebra bewiesen.

Der folgende Spezialfall ist für die Theorie der transzendenten Zahlen noch von Interesse. Dazu sei V = G eine quasi-projektive kommutative algebraische Gruppe und $K = \mathbb{C}$. Sei $\Gamma \subset G$ eine endlich erzeugte Untergruppe von G. Wir definieren den Exponenten $\mu(\Gamma;\,G)$ in der folgenden Weise. Für $1 \leq r \leq n$ sei $p_r = l$ (l = Rang(Γ)), falls G keine algebraische Untergruppe der Dimension n-r besitzt. Sonst sei p_r

Sei K ein algebraisch abgeschlossener Körper von unendlichem Transzendenzgrad über dem Primkörper, der in K enthalten ist. Sei V^n eine quasi-projektive Varietät der Dimension n. Wir denken uns V eingebettet in einem projektiven Raum $\mathbb{P}^N$ für ein N. Die Menge der regulären Punkte auf V sei mit V' bezeichnet. Dies ist eine Zariski-offene Menge. Mit $\mathfrak{P}$ bezeichnen wir schließlich das homogene Ideal von V im Polynomring $K[X_0,\ldots,X_N]$. Wir setzen $K[V] = K[X_0,\ldots,X_N]/\mathfrak{P}$, und π sei die kanonische Projektion von $K[X_0,\ldots X_N]$ nach K[V].

Sei $s \in V'$ ein regulärer Punkt auf V und m(s) das zugehörige maximale Ideal im lokalen Ring von s. Dieser besteht aus allen Quotienten f/g aus homogenen Elementen $f,g \in K[V]$ mit $g(s) \neq 0$ und $\text{grad}(f) = \text{grad}(g)$. Hierbei ist zu beachten, daß der Ring K[V] in natürlicher Weise graduiert ist.

Für homogene Elemente $P \in K[X_0,\ldots,X_N]$ definieren wir die Ordnung in dem Punkte s in der folgenden Weise. Wir setzen

$$\text{ord}_s(P) = \sup\{l,\ \pi(P) \in m(s)^l\}.$$

Diese Zahl ist nichtnegativ oder ∞. Letzteres ist genau dann der Fall, wenn $P \in \mathfrak{P}$ ist.

Sei nun $S \subset V'$ eine endliche Teilmenge mit M Elementen. Dann definieren wir für positive ganze Zahlen T die Zahl $\omega_T(S;V)$ als

$$\omega_T(S;V) = \min\{\deg P;\ P \in K[X_0,\ldots X_N],\ \pi(P) \neq 0,\ P \text{ homogen},\ \text{ord}_s(P) \geq T \text{ für alle } s \in S\}$$

Im Falle $V = \mathbb{P}^N$ und $\mathbb{K} = \mathbb{C}$ wurde diese Funktion von Waldschmidt eingeführt [4]. Es ist nun aus verschiedenen Gründen interessant, diese Funktion genauer zu studieren. Es stellt sich dabei heraus, daß die folgende Definition zweckmäßig ist.

<u>Definition</u>. <u>Eine endliche Menge</u> $S \subset V'$ <u>heißt</u> $\omega_1(S;V)$ - <u>minimal, wenn für Teilmengen</u> $S' \subsetneq S$ <u>gilt</u>

$$\omega_1(S';V) < \omega_1(S;V).$$

Sei nun H(t;V) die Hilbertfunktion von V. Diese ist nach Definition gleich der Anzahl der homogenen Polynome vom Grad t, die linear unabhängig über K modulo dem Ideal $\mathfrak{P}$ sind. Nach einem Satz von Hilbert ist die Hilbertfunktion für große t ein Polynom in t. Sein der minimale Co-Rang von Untergruppen $\Gamma' \subset \Gamma$, welche in einer algebraischen Untergruppe der Dimension n-r liegen. Dann setzen wir $\mu = \mu(\Gamma; G) = \min (p_r/r)$. Nun sei Γ etwa erzeugt von $\gamma_1,\ldots,\gamma_m$. Für reelle $S > 0$ setzen wir dann

$$\Gamma(S) = \{s_1\gamma_1 + \ldots + s_m\gamma_m;\ 0 \leq s_1,\ldots,s_m \leq S\}.$$

Dann gilt der folgende Satz (siehe [3]).

Satz 2. Es gibt eine nur von G abhängige positive Konstante c, so daß

$$\omega_1\ (\Gamma(S);\ G) \geq c(\tfrac{S}{n})\mu^{(\Gamma;G)}.$$

Kombiniert man die Sätze 1 und 2, so ergibt sich das folgende Korollar.

Korollar 2. Es gibt eine nur von G abhängige positive Konstante c', so da für alle ganzen $T \geq 1$ gilt

$$\omega_T\ (\Gamma(S);\ G) \geq c'\ T(\tfrac{S}{n})\mu^{(\Gamma;G)}.$$

Dieses Resultat kann ohne Mühe in eine analytische Sprache umgesetzt werden und beinhaltet dann eine Nullstellenabschätzung mit Vielfachheiten.

Literatur

[1] G.V. Chudnovsky, Singular points on complex hypersurfaces and multidimensional Schwarz lemma, Séminaire DPP, Progress in Math. (1981), Birkhäuser Verlag.

[2] D.W. Masser, A note on multiplicities of polynominals, Pub. Math. Univ. Pierre et Marie Curie (1980/1981).

[3] D.W. Masser, G. Wüstholz, Zero estimates on group varieties I, Inventiones math. 64, 489-516 (1981).

[4] M. Waldschmidt, Nombres transcendants et groupes algébriques, Astérisque 69-70 (1979).

[5] G. Wüstholz, On the degree of algebraic hypersurfaces with given given singularities, Pub. Math. Univ. Pierre et Marie Curie (1980-(1981).

Progress in Mathematics

Edited by J. Coates and S. Helgason

Progress in Physics

Edited by A. Jaffe and D. Ruelle

- A collection of research-oriented monographs, reports, notes arising from lectures or seminars
- Quickly published concurrent with research
- Easily accessible through international distribution facilities
- Reasonably priced
- Reporting research developments combining original results with an expository treatment of the particular subject area
- A contribution to the international scientific community: for colleagues and for graduate students who are seeking current information and directions in their graduate and post-graduate work.

Manuscripts

Manuscripts should be no less than 100 and preferably no more than 500 pages in length.

They are reproduced by a photographic process and therefore must be typed with extreme care. Symbols not on the typewriter should be inserted by hand in indelible black ink. Corrections to the typescript should be made by pasting in the new text or painting out errors with white correction fluid.

The typescript is reduced slightly (75%) in size during reproduction; best results will not be obtained unless the text on any one page is kept within the overall limit of 6x9½ in (16x24 cm). On request, the publisher will supply special paper with the typing area outlined.

Manuscripts should be sent to the editors or directly to: Birkhäuser Boston, Inc., P.O. Box 2007, Cambridge, Massachusetts 02139

PROGRESS IN MATHEMATICS

Already published

PM 1 Quadratic Forms in Infinite-Dimensional Vector Spaces
Herbert Gross
ISBN 3-7643-1111-8, 431 pages paperback

PM 2 Singularités des systèmes différentiels de Gauss-Manin
Frédéric Pham
ISBN 3-7643-3002-3, 339 pages paperback

PM 3 Vector Bundles on Complex Projective Spaces
C. Okonek, M. Schneider, H. Spindler
ISBN 3-7643-3000-7, 389 pages paperback

PM 4 Complex Approximation, Proceedings, Quebec, Canada, July 3-8, 1978
Edited by Bernard Aupetit
ISBN 3-7643-3004-X, 128 pages paperback

PM 5 The Radon Transform
Sigurdur Helgason
ISBN 3-7643-3006-6, 202 pages paperback

PM 6 The Weil Representation, Maslov Index and Theta Series
Gérard Lion, Michèle Vergne
ISBN 3-7643-3007-4, 345 pages paperback

PM 7 Vector Bundles and Differential Equations
Proceedings, Nice, France, June 12-17, 1979
Edited by André Hirschowitz
ISBN 3-7643-3022-8, 255 pages paperback

PM 8 Dynamical Systems, C.I.M.E. Lectures, Bressanone, Italy, June 1978
John Guckenheimer, Jürgen Moser, Sheldon E. Newhouse
ISBN 3-7643-3024-4, 300 pages paperback

PM 9 Linear Algebraic Groups
T. A. Springer
ISBN 3-7643-3029-5, 304 pages hardcover

PM10 Ergodic Theory and Dynamical Systems I
A. Katok
ISBN 3-7643-3036-8, 352 pages hardcover

PM11 18th Scandinavian Congress of Mathematicians, Aarhus, Denmark, 1980
Edited by Erik Balslev
ISBN 3-7643-3034-6, 528 pages hardcover

PM12 Séminaire de Théorie des Nombres, Paris 1979-80
Edited by Marie-José Bertin
ISBN 3-7643-3035-X, 408 pages hardcover

PM13 Topics in Harmonic Analysis on Homogeneous Spaces
Sigurdur Helgason
ISBN 3-7643-3051-1, 142 pages hardcover

PM14 Manifolds and Lie Groups, Papers in Honor of Yozô Matsushima
Edited by J. Hano, A. Marimoto, S. Murakami, K. Okamoto, and H. Ozeki
ISBN 3-7643-3053-8, 480 pages hardcover

PM15 Representations of Real Reductive Lie Groups
David A. Vogan, Jr.
ISBN 3-7643-3037-6, 771 pages hardcover

PM16 Rational Homotopy Theory and Differential Forms
Phillip A. Griffiths, John W. Morgan
ISBN 3-7643-3041-4, 264 pages hardcover

PM17 Triangular Products of Group Representations and their Applications
S.M. Vovsi
ISBN 3-7643-3062-7, 150 pages hardcover

PM18 Géométrie Analytique Rigide et Applications
Jean Fresnel, Marius van der Put
ISBN 3-7643-3069-4, 215 pages hardcover

PM19 Periods of Hilbert Modular Surfaces
Takayuki Oda
ISBN 3-7643-3084-8, 144 pages hardcover

PM20 Arithmetic on Modular Curves
Glenn Stevens
ISBN 3-7643-3088-0, 214 pages hardcover

PM21 Ergodic Theory and Dynamical Systems II
A. Katok, editor
ISBN 3-7643-3096-1, 215 pages hardcover

PM22 Séminaire de Théorie des Nombres, Paris 1980-81
Marie-José Bertin, editor
ISBN 3-7643-3066-X hardcover

PM23 Adeles and Algebraic Groups
A. Weil
ISBN 3-7643-3092-9, 136 pages hardcover

PROGRESS IN PHYSICS

Already published

PPh1 Iterated Maps on the Interval as Dynamical Systems
Pierre Collet and Jean-Pierre Eckmann
ISBN 3-7643-3026-0, 256 pages hardcover

PPh2 Vortices and Monopoles, Structure of Static Gauge Theories
Arthur Jaffe and Clifford Taubes
ISBN 3-7643-3025-2, 275 pages hardcover

PPh3 Mathematics and Physics
Yu. I. Manin
ISBN 3-7643-3027-9, 111 pages hardcover

PPh4 Lectures on Lepton Nucleon Scattering and Quantum Chromodynamics
W.B. Atwood, J.D. Bjorken, S.J. Brodsky, and R. Stroynowski
ISBN 3-7643-3079-1, 587 pages hardcover

PPh5 Gauge Theories: Fundamental Interactions and Rigorous Results
P. Dita, V. Georgescu, R. Purice, editors
ISBN 3-7643-3095-3, 375 pages hardcover

Printed in the United States
By Bookmasters